Weltkarte
der Hochkulturen

Hochkulturen

	3100 − bis 500 +	⑧ Chinesen	1500 − bis 1840 +
	3000 − bis 500 +	⑨ Phönizier	1500 − bis 149 −
	2600 − bis 1400 −	⑩ Hellenen	1250 − bis 150 −
...ultur	2500 − bis 1500 −	⑪ Römer (schraff.)	500 − bis 500 +
...kultur	1500 − bis 200 +	⑫ Araber	750 + bis ?
	1900 − bis 1100 −	⑬ Europäer	800 + bis ?
...sche Kulturen (unter anderen:)			
	1800 − bis 605 −		
	1700 − bis 1200 −		
	1000 − bis ?		
	600 − bis 300 +		

HERBERT GRUHL

HIMMEL-
FAHRT
INS
NICHTS

Autor des
Bestsellers
»Ein Planet
wird geplündert«

HERBERT GRUHL

HIMMEL-FAHRT INS NICHTS

Der geplünderte Planet
vor dem Ende

Langen Müller

© 1992 Albert Langen/Georg Müller Verlag
in der F. A. Herbig Verlagsbuchhandlung GmbH, München
Alle Rechte vorbehalten
Umschlagentwurf: Wolfgang Heinzel
Umschlagfoto: The Image Bank, München
Grafiken: Atelier Numberger, München
Satz: Filmsatz Schröter GmbH, München
Gesetzt aus: 10/12 Punkt Times auf Linotronic 300
Druck: Jos. C. Huber, Dießen
Binden: R. Oldenbourg, München
Printed in Germany
ISBN 3-7844-2396-5

Inhalt

Vorwort

Das große Thema vom Aufstieg und Untergang der Kulturen steht aus dringendem Anlaß erneut auf der Tagesordnung der Weltgeschichte – und diesmal für die Erde insgesamt, erweitert um das Entstehen und Vergehen der Lebewesen überhaupt. In den letzten 200 Jahren wurde die Oberfläche unseres Planeten immer schneller umgestaltet, zerfurcht, ja verwüstet, die Luft verändert und die Gewässer verdorben. Nichts läuft mehr so, wie es die letzten Jahrtausende und sogar noch die letzten Jahrhunderte im natürlichen Rhythmus des Himmels und der Erde verläßlich dahinging. Die Ereignisse haben ein rasendes Tempo und eine globale Gleichzeitigkeit angenommen, in deren Wirbel alle besinnungslos hineingerissen werden. Nur einzelne gewinnen soviel Abstand, um das Geschehen noch überschauend zu begreifen.

Wir erleben zur Zeit das faszinierende Schauspiel, wie *eine* Art von Lebewesen – unsere eigene – die kosmische Tragödie ihres Unterganges inszeniert. Die Einleitung meines Buches »Ein Planet wird geplündert« schloß ich 1975 mit den Worten des Dichters Eugène Ionesco: »Ich bin ein Mensch unter drei Milliarden Menschen. Wie kann da meine Stimme gehört werden? Ich predige in einer übervölkerten Wüste. Weder ich noch andere können einen Ausweg finden. Ich glaube, es gibt keinen Ausweg.«[1] Danach habe ich 15 Jahre nach Auswegen gesucht und wohl um die tausend Vorschläge von Zeitgenossen überprüft, die solche gefunden zu haben vorgaben oder auch nur vortäuschten. Alle griffen zu kurz, erwiesen sich als einseitig und verkannten außerdem die Schwierigkeiten jeder politischen Umsetzung.

Die Zahl der Bücher, die sich mit der Krise des Menschen auf diesem Planeten auseinandersetzen, ist inzwischen auf einige tausend Titel angeschwollen. Die meisten schließen mit klugen Plänen, wie diese Erde zu retten sei; doch fast nichts davon wurde politisch aufgegriffen. Alles blieb so folgenlos wie gelesene Romane oder Gedichte. Folgenlos blieben auch die unzähligen wohlgemuten Konferenzen, zu denen die Teilnehmer von Erdteil zu Erdteil jagen. In der UNO wurde am 29. 10. 1982 eine »Weltcharta für die

Natur« von 111 Nationen »verabschiedet«. Bedeutende Wirkungen hätte die »Erste Umweltkonferenz der Vereinten Nationen« 1972 in Stockholm haben sollen. Man schrieb damals: »Die Menschheit hat vielleicht gerade noch eine geringe Chance, ihr Überleben für einige Zeit zu sichern.«[2] Diese »Umweltkonferenz« wird 1992 ihren zwanzigsten Jahrestag in Brasilien feiern, ohne eine nennenswerte Erfolgsbilanz vorlegen zu können, obgleich doch schon der seinerzeitige Generalsekretär der UNO, U Thant, 1969 erklärt hatte, daß nach seiner Schätzung nur noch *ein* Jahrzehnt zur Verfügung stünde, weil danach »die Probleme derartige Ausmaße erreicht haben werden, daß ihre Bewältigung menschliche Fähigkeiten übersteigt«.[3] Die geschätzten zehn Jahre sind bereits *zweimal* verstrichen, obwohl wir seit jener Zeit den Ruf hören: »Es ist fünf vor zwölf!« Wie lange bleibt es immer noch fünf vor zwölf? Hat jemand die Weltuhr angehalten? Nein! *Nichts* wurde in den zwei Jahrzehnten gestoppt, das Tempo ins Unheil vielmehr weiter gesteigert! Dem suchen einige Weltbetrachter Rechnung zu tragen, indem sie variieren: »Es ist schon zwölf« oder »es ist eine Minute nach zwölf«. Das gibt Anlaß zu fragen, wie lange denn nun eine solche Weltminute dauert.

In der Bibel heißt es: »Tausend Jahre sind vor Dir wie ein Tag oder eine Nachtwache.« Rechnen wir die Nacht zu acht Stunden, gleich 480 Minuten, dann vergehen pro Minute zwei Jahre. »Fünf vor zwölf« hieße dann: *zehn Jahre vor dem Ende.* Wenn es also *heute* »fünf vor zwölf« wäre, dann würde ausgerechnet im Jahre 2000 die Posaune der Apokalypse ertönen! Wie erfreulich suggestiv für diverse Sekten! Doch ich halte nichts von solchen runden Jahreszahlen; denn das Jahr 2000 wird ein Jahr wie jedes andere sein. Daß die meisten Länder heute dem gregorianischen Kalender folgen, ist purer Zufall; für die Juden wird dann das Jahr 5761 sein, die Mohammedaner werden dann Mitte Juli vom Jahr 1378 in das Jahr 1379 übergehen.

In welchem der Jahre die große Katastrophe eintreten wird, läßt sich nicht vorausberechnen, abgesehen davon, daß es wahrscheinlich Ketten von Katastrophen geben wird. Sicher ist nur, daß sich das Verhängnis nicht mehr aufhalten läßt – genauso wenig wie eine Lawine zu stoppen ist, wenn sie sich gelöst hat. Aus Amerika kam vor 20 Jahren die Vorstellung eines »point of no return«. Bevor ein

Flugzeug soweit geflogen ist, daß es die Hälfte seines Treibstoffs verbraucht hat, muß es umkehren, wenn es seinen Heimathafen noch erreichen will. Für die Entscheidung bleiben letztlich nur Sekunden, bevor der Punkt, von dem aus keine Rückkehr mehr möglich ist, überflogen wird – und die Reise ins Nichts beginnt. Auch dabei könnte geschehen, daß die Passagiere das Ereignis zunächst nicht einmal bemerken.

Auf unseren Planeten übertragen heißt das: Eine Umkehr müßte frühzeitig in die Wege geleitet werden, wenn die Gegenmaßnahmen überhaupt noch Aussicht auf Erfolg haben sollen. Der amerikanische Wissenschaftler Thomas Lovejoy meinte 1988, »daß die meisten Kämpfe um die Erhaltung der Umwelt in den neunziger Jahren entweder gewonnen oder verloren werden. Im nächsten Jahrhundert wird es zu spät sein.«[4] Aber wir befinden uns noch keineswegs im Stadium der Kämpfe und Gegenmaßnahmen, sondern im Stadium der Diskussion, ja des Streites darüber, ob die Lage überhaupt bedrohlich sei! Und während einige wenige über die Altlasten *diskutieren, schaffen* Milliarden Menschen Tag für Tag Neulasten und jubeln darüber!

Der Psychologe Erich Fromm wunderte sich schon 1976: »Alle Daten sind der Öffentlichkeit zugänglich und weithin bekannt. Die nahezu unglaubliche Tatsache ist jedoch, daß bisher keine ernsthaften Anstrengungen unternommen werden, um das uns verkündete Schicksal abzuwenden. Während im Privatleben nur ein Wahnsinniger bei der Bedrohung seiner gesamten Existenz untätig bleiben würde, unternehmen die für das öffentliche Wohl Verantwortlichen praktisch nichts, und diejenigen, die sich ihnen anvertraut haben, lassen sie gewähren. Wie ist es möglich, daß der stärkste aller Instinkte, der Selbsterhaltungstrieb, nicht mehr zu funktionieren scheint?«[5]

Ja, wie ist das möglich? Diese Frage erforscht das vorliegende Buch. Dazu müssen wir das Wesen des Menschen und seine Vergangenheit studieren. Eine mögliche Antwort gab uns bereits der bekannte britische Schriftsteller Herbert George Wells: »Es gibt große, ungewisse Massen im Ameisenhaufen, deren Führer, weil sie unfähig sind zu erfassen, was geschieht, ihre Zuflucht zu den übelsten und bösartigsten Beschwörungen nehmen ... Die unglückselige, von diesen wimmelnden, stoßenden Massen gepackte

Ameise tut ihr Bestes, sich ihren Glauben an die zu erhalten, denen sie sich überantwortet hat.«[6] Die Menschenmassen glauben immer noch an eine ihnen weit überlegene und überlegende Führung, und die Völker sind Mitläufer und Mittäter der ökologischen Zerstörung. Dabei dürften sie sich heute durchaus entscheiden, dagegen zu sein, zu protestieren oder sogar »auszusteigen«. Doch einige Dutzend anderer Themen erscheinen den Menschen der Gegenwart wichtiger als die Grundlagen ihres Lebens. Das Wissen von der belebten Natur ist in unheimlich kurzer Zeit aus den Köpfen verschwunden. Die Wissenschaften haben, um zu immer detaillierteren Kenntnissen zu kommen, unsere Welt in zunehmend winzigere Stückchen aufgesplittert, und nun ist niemand da, der sie wieder zusammenfügen könnte. Andererseits haben es die Wissenschaften, an denen wir zugrunde gehen werden, auch möglich gemacht, jetzt das große Welttheater vor uns aufzurollen, was ich mit diesem Buch versuche.

Eine die Lebensvorgänge zusammenfassende Wissenschaft, *die Ökologie*, ist erst im Laufe dieses Jahrhunderts zögernd entstanden. Sie hat inzwischen das Weltbild des Menschen der industriellen Zivilisation als fatal entlarvt. Die Ergebnisse der Ökologie sind für die menschliche Gattung deprimierend. Das auserwählte Geschöpf, ja Statthalter Gottes auf Erden, sieht sich zeitlich und räumlich eingebunden in die Lebenskette und in das Lebensnetz aller Wesen. Seine Vorfahren waren nicht nur affenähnlich, sondern seine Ahnenreihe reicht weit zurück bis zum Einzeller. Da findet sich keine göttliche Abstammung, von der viele Religionen ausgehen, und auch keine Gottähnlichkeit. Und kein ehrlicher Biologe kann dem Menschengeschlecht die gewünschte herrliche Zukunft versprechen, er muß vielmehr vor den von Jahr zu Jahr steigenden Gefahren warnen. Die Wissenschaft hat nach *Wahrheit* zu streben. Noch viel wichtiger: »Nicht eine glücksorientierte, nur eine wahrheitsorientierte Gesellschaft kann auf die Dauer gedeihen«, befand der Physiker Carl Friedrich von Weizsäcker.[7] Damit ist aber auch unsere Situation gekennzeichnet; denn wann hat es je so glücks*besessene* Gesellschaften gegeben wie heute? Der Philosoph Martin Heidegger konstatierte schon kurz nach dem Krieg die Notlage: »Der geistige Verfall der Erde ist so weit fortgeschritten, daß die Völker die letzte geistige Kraft zu verlieren drohen, die es ermöglicht, den ... Verfall auch nur zu sehen und als solchen abzuschätzen. Diese einfache Feststellung hat nichts mit Kulturpessimismus zu tun, freilich auch nichts mit einem Optimismus; denn die Verdüsterung der Welt, die Flucht der Götter, die Zerstörung der Erde, die Vermassung des Menschen, der hassende Verdacht gegen alles Schöpferische und Freie hat auf der ganzen Erde bereits ein Ausmaß erreicht, daß so kindische Kategorien wie Pessimismus und Optimismus längst lächerlich geworden sind.«[8]

Es ist bezeichnend, daß sich die sogenannte »Öffentlichkeitsarbeit« sowohl der Wirtschaft wie der Politik des kindischsten optimistischen Geschwätzes bedient, um sich die frisch-fröhlichen Konsumenten zu erhalten. So haben nicht einmal die entsetzlichsten Ereignisse dieser Jahre einen Schrecken, geschweige eine Lähmung auszulösen vermocht. Im Gegenteil! Es kam zu gewaltigen Anstrengungen in Richtung »wirtschaftliches Wachstum« gerade bei den Völkern, die schon längst das meiste verschwenden – also zur Forcierung der Kräfte auf ein schnelleres Ende! Und das auf allen Gebieten: Wissenschaft, Technik, Produktion, Verkehr, folglich auch Erhöhung der Müllberge, der chemischen und radioaktiven Vergiftungen rund um die Erde. Nach dem kurzen Schock der Ölkrise des Jahres 1973 wurden in den achtziger Jahren wieder phantastische Steigerungsraten erzielt. Die Bewohner des Planeten Erde schwelgen im »Erfolg«, da sie die Massenstatistik als Wertmaßstab betrachten. Die Völker werden mit Geld und Zahlen gefüttert und ruhig gestellt. Wer denkt da noch an die Warnungen des »Club of Rome« vor bald 20 Jahren, an meine »Schreckensbilanz unserer Politik« vor 17 Jahren und an die Unheil verkündenden Prognosen der Untersuchung für den amerikanischen Präsidenten Jimmy Carter vor zehn Jahren mit dem Titel »Global 2000«.

Seit rund zwei Jahrzehnten erweisen sich immer wieder die negativsten Umweltprognosen als die zutreffendsten, wenngleich sie stets im ohrenbetäubenden Lärm rastloser Geschäftigkeit untergehen und nur ab und zu mit unerwarteten Schreckensmeldungen die Bewußtseinsschwelle durchbrechen – allerdings in immer kürzeren Abständen. Das heißt, daß die verschrienen Pessimisten zunehmend Recht behalten und mit Friedrich Nietzsche gelassen antworten können: »*Pessimismus ... hat in der Not seine Mutter. Er ist* älter und ursprünglicher *als der Optimismus*, produktiv, so daß er *selbst noch seinen Gegensatz* an's Licht ruft.«[9] (Alle Hervorhebungen innerhalb der Zitate stammen von den zitierten Autoren selbst.) Ich schließe mich darum Nietzsche an: »Weg mit den bis zum Überdruß verbrauchten Wörtern Optimismus und Pessimismus! Denn der Anlaß, sie zu gebrauchen, fehlt von Tag zu Tag mehr: nur die Schwätzer haben sie jetzt noch so unumgänglich nötig.«[10] Ich werde den letzten genialen Philosophen, Friedrich Nietzsche, vielfach heranziehen, denn er sah bereits ein Jahrhundert früher, wohin sich die Welt mit unausweichlicher Konsequenz entwickelt. Der monumentale Block seiner Gedanken über das Leben und die Geschichte ist bei weitem noch nicht in seiner ganzen Dimension erkannt. Nur einzelne erklimmen wie er »den archimedischen Punkt außerhalb der Vorgänge«[11], die mit ihrem Getöse die heutige Zeit erfüllen; denen aber wird immer klarer, »daß der *kosmische Ablauf* der Ereignisse in wachsendem Maße der geistigen Struktur unseres Alltagslebens entgegengesetzt ist«.[12]

Wo sollten da noch Menschen zu finden sein, die Notwendiges nicht nur mit*dächten*, sondern auch mit*täten*? Wo das Mittun jetzt ein Mit*verzichten* sein müßte – also etwas, was der Mensch wie jedes Lebewesen noch nie einüben konnte und auch nicht einüben durfte, weil er sonst die Millionen Jahre nicht überstanden hätte. Der Bericht »Zur Lage der Welt 89/90« endet mit der Erkenntnis, daß, solange nicht mehr Menschen mitmachen, um die Zerstörung der Erde aufzuhalten, wenig *Hoffnung* bleibt. Welt*verbesserer* laufen scharenweise herum. Um aber einige zu finden, die sich damit begnügen, die Welt zu *erhalten*, muß man lange suchen. Das ist meine Erfahrung aus einem zwanzigjährigen hoffnungslosen Kampf gegen die Gleichgültigkeit. Weder mit *Gott* noch mit dem *Teufel* kann man heute den Menschen so viel *Angst* einjagen, daß sie ihr Leben ändern würden. Dennoch bin ich im siebzigsten Lebensjahr immer noch darauf bedacht, in dieser Zeit der Verwirrung für die angesammelten Erfahrungen nutzbringende Verwendung zu finden. Um Zustimmung bemühe ich mich nicht mehr, schreibe aber infolge des gleichen Dranges, unter dem der Mensch vor einigen zehntausend Jahren angetreten ist, um schließlich den Geist bis an die äußersten Grenzen seiner Möglichkeiten voranzutreiben.

Einleitung
Wir sind unbehaust im Universum »zu Hause«

Denn schließlich, was ist der Mensch in der Natur?
Ein Nichts im Hinblick auf das Unendliche, ein
Alles im Hinblick auf das Nichts, eine Mitte zwi-
schen Nichts und Allem.

Der französische Philosoph
Blaise Pascal

Es hat nur eines Anlaufs von wenigen Jahrzehnten unseres Jahrhunderts bedurft, um Astronauten auf dem Mond landen und Tauchboote auf 6000 Meter Tiefe sinken zu lassen, fernste Objekte im Weltraum millionenfach zu vergrößern und andererseits winzigste Teilchen sichtbar zu machen, die nur den millionsten Teil eines Millimeters groß sind. Und das alles kann fotografiert und auf drahtlose Weise über unvorstellbare Entfernungen gesendet werden. So schickte uns die 1970 gestartete Raumsonde »Voyager« auch im Jahre 1990, nachdem sie 1989 den fernsten Planeten unseres Sonnensystems passiert hatte, immer noch scharfe Bilder. Erst nach 40000 Jahren wird sie wieder einem Himmelskörper im Sternbild der Andromeda nahekommen. Doch mehr noch als unser Bild vom Universum haben diese plötzlich aufgetauchten technischen Möglichkeiten unsere Vorstellung von der Kleinstlebewelt, von der Innenwelt aller Pflanzen und Tiere revolutioniert. Selbst begabteste Menschen sind den daraus zu ziehenden Folgerungen nicht nachgekommen, und auch die Philosophen sind nicht mehr auf der Höhe des fundamentalen Erkenntnisstandes. Eine neue Wissenschaft vom Leben, *die Ökologie*, bemüht sich, die Erkenntnisse zu ordnen, doch die Menschen können geistig kaum folgen. Wir sind heute im Universum »zu Hause«, das heißt, wir kennen seine ungeheuren Dimensionen. In der ganzen Geschichte bis in die neueste Zeit war für den homo sapiens die Sache einfach gewesen: Hier die Erde und darüber der Himmel mit den Sternen. Über diesem Himmelsdach war Raum genug für die Götter, die den Menschen schützten oder bedrohten. Bis etwa 1500 n. Chr. nahmen *alle* Menschen an, daß sich der ganze Sternenhimmel um unsere Erde drehe, und unter »Gottes Schöpfung« verstand man die

Erschaffung der *Erde* und des *Menschen* – alles andere war Beiwerk. Heute wissen wir, wenn ein Gott im Universum nach der Erde suchte, daß er dieses Sandkorn im All gar nicht finden würde. Nehmen wir an, unser Planet wäre ein Körnchen von drei Millimeter Durchmesser, dann wären es schon bis zum nächsten Sandkorn, dem Mars, rund 18,5 Meter und bis zu unserer Sonne rund 35 Meter, die schon etwas größer als ein Fußball wäre.

Ein dänischer Astronom beobachtete 1988 vom Observatorium La Silla in Chile aus eine Supernova, die vor fünf Milliarden Jahren aufleuchtete.[13] Das ist der weiteste unter den bisher entdeckten Sternen, da sonst nur eine Galaxie groß genug ist, um in solcher Entfernung noch sichtbar zu werden. Die Astronomen haben den Sternenhimmel viel weiter kartiert, als unser Auge Sterne sieht. Das war auch mit den größten Teleskopen nicht möglich, sondern nur mit dem Radioteleskop, und das haben wir erst seit dem Jahre 1937. Der bis jetzt beobachtbare Durchmesser des Universums beträgt etwa *15 bis 20 Milliarden Lichtjahre.* Das Licht legt in einem Jahr rund 9,5 Billionen Kilometer zurück. Diese Zahl ist also mit 20000000000 zu multiplizieren, um auf die ungefähre Verbreitung der Himmelskörper zu kommen.

Im Jahre 1989 wurde ein System entdeckt, das aus rund 2000 Galaxien besteht, die einen Raum von 500 Millionen Lichtjahren Länge und 200 Millionen Lichtjahren Breite einnehmen. Zum Vergleich: Die Galaxie, in der wir wohnen, unsere *Milchstraße*, hat »nur« eine Länge von 100000 Lichtjahren. Eine einzelne Galaxie kann aus 100 Milliarden Sternen bestehen, von denen einzelne dreißigmal schwerer sein können als unsere Sonne. Erst in den zwanziger Jahren unseres Jahrhunderts entdeckte Edwin Hubble, daß sich die Materie im Weltall ständig weiter ausdehnt. Die Galaxien streben mit einer Geschwindigkeit auseinander, die in etwa 20 Milliarden Jahren zur Verdoppelung der Abstände führt. Die Materie muß also ursprünglich eine unvorstellbare Dichte auf kleinstem Raum besessen haben. Daraus entwickelte sich die Vorstellung vom *Urknall*, die 1948 erstmalig in einem Aufsatz von George Gamow dargelegt wurde.[14] Nach bisherigen Annahmen erfolgte der *Urknall* vor 17 bis 20 Milliarden Jahren.[15] Beim Urknall müssen Temperaturen von über einer Milliarde Grad Celsius für einige Minuten geherrscht haben, wobei sieben Prozent der Protonen und Neutronen zu Heliumkernen fusionierten, alles übrige war fast nur Wasserstoff. Die expandierenden Wasserstoffwolken erfüllten den Kosmos, ihre Schwerkraft führte zu wirbelnden Zusammenballungen in rotierenden flachen Scheiben, die sich zu den heutigen Galaxien entwickelten. In ihnen entstanden die einzelnen Sterne mit ungeheurem Massendruck und Temperaturen von Millionen Grad, wobei die Fusion weiterging und die übrigen 91 Elemente in einer »chemischen Evolution« entstanden. Das Universum ist also übersät mit *Fusionskraftwerken*. Würde ihr atomares Feuer nicht hier und da den Weltraum »erwärmen«, dann hätte nirgendwo organisches Leben entstehen können. Aber das Leben konnte auch nie in solchen Feuerbällen entstehen, sondern nur in gehörigem Abstand von ihnen, dort, wo die Temperaturen nie stark um den Gefrierpunkt des Wasser schwanken, also auf *Planeten*, die in entsprechender Distanz um ihren Fixstern kreisen. Weil die Planeten kalt sind und kein Licht aussenden können, bleiben sie im Weltraum unsichtbar. Ihre Zahl und Masse kann nur annähernd auf Grund der Gravitationsverhältnisse und anderer Kriterien errechnet werden. Die Zeitschrift »American Scientist« kam in einer umfangreichen Untersuchung 1979 auf 10 Billionen erdähnlicher Planeten im Universum.[16] Aber innerhalb eines Radius von 1000 Lichtjahren um uns, in der Milchstraße, könnte es von einem bis zu hundert erdähnliche Planeten geben. Um dort Leben überhaupt möglich zu machen, müssen zunächst die Sonnen diffizile Bedingungen erfüllen, aber auch der in Frage kommende Planet. Ein kritischer Punkt ist der Abstand des Planeten von der Sonne. Bei unserer Erde entstünde bei 5 Prozent geringerer Entfernung zur Sonne ein zu hoher Treibhauseffekt, bei 1 Prozent höherer Entfernung aber eine permanente Eiszeit. Erforderlich ist auch eine bestimmte Neigung der Planetenachse und eine entsprechende Rotation. Die Bedingungen, welche auf der Oberfläche des Planeten selbst herrschen müssen, um die Evolution des Lebens überhaupt möglich zu machen, sind von weit komplizierterer Art. Darauf kommen wir im nächsten Kapitel zurück.

Unsere Frage lautet an dieser Stelle zunächst: Gibt es menschenähnliche Wesen, mit denen wir in Kontakt kommen könnten? Da genügt es nicht, wenn es sie vielleicht *gegeben hat* oder *geben wird*, sondern sie müßten zu einer eng begrenzten Zeit gelebt und noch dazu eine der unseren entsprechende technische Zivilisation besessen und auch unsere radiotelegrafische Technik entwickelt gehabt haben. Die letztere besitzen wir selbst erst seit reichlich 50 Jahren! Wenn unsere Signale überhaupt vernommen werden sollen – von verstanden werden ist noch gar nicht die Rede – dann müßten die fernen Hörer *just zu der Zeit, wenn die Signale dort eintreffen*, die gleiche Technik praktizieren. Und wir könnten heute umgekehrt nur solche Signale vernehmen, die zu einer Zeit dort abgeschickt worden sind, daß sie exakt jetzt die Entfernung bis zu uns überwunden hätten.

Gaston Fischer vom Observatoire cantonal in Neuchâtel untersuchte die Chancen für Kontakte mit jenen zeitversetzten Doppelgängern.[16] Wir Erdenbewohner haben jetzt gerade erst einige Jahre unser »Zivilisationsfenster«, wie er es nennt, zum Weltraum geöffnet. Nehmen wir an, es bliebe 1000 Jahre offen, dann müßte auf unsere Botschaft innerhalb dieser Zeit auch eine Antwort eintreffen; die Zivilisation dürfte also höchstens 500 Lichtjahre von uns entfernt sein. Innerhalb dieses Radius liegen 5 Millionen Sterne. Gemäß obiger Rechnung könnten darin 0,5 bis 50 erdähnliche Planeten kreisen. Fischer nimmt den in seiner Sicht absolut unwahrscheinlichen Fall an, daß es 100 sind. Und er unterstellt, daß bis zum Erreichen der radiotechnischen Zivilisation jeweils eine Milliarde Jahre für *die biologische Evolution* nötig gewesen ist; dann ist die Wahrscheinlichkeit dafür, daß zwei Zivilisationsfenster für 1000 Jahre auf einer Skala von einer Milliarde Jahren gleichzeitig offenstehen, 1:10 Millionen. Und wären es 100 Planeten, dann erhöhte sich die Chance, auf ein offenes Fenster zu treffen, auf 0,0006. »Wir gelangen daher trotz sehr optimistischer Annahmen mit Sicherheit zu dem Resultat, daß die Chancen zum Erreichen eines Kontakts mit einer anderen Zivilisation im Universum quasi inexistent sind.«[17]

Das weitere Problem ist, daß diese unbekannten Wesen sicherlich eine uns völlig fremde »Sprache« hätten. Zu einem »Gespräch« kann es allein schon darum nicht kommen, weil zwischen Frage und Antwort jeweils mindestens Jahrhunderte liegen würden. Wir könnten also höchstens erfahren, daß es auf einem bestimmten Planeten intelligente Wesen gibt, die imstande sind, Radiosignale auszusenden. *Hinfliegen könnten wir auch dann nicht*, da wir nie mit der Lichtgeschwindigkeit von 300000 Kilometern in der Sekunde reisen werden.

Aufgrund der dargestellten Realitäten ist davon auszugehen, daß wir *allein im Weltraum* bleiben werden. Selbst wenn es auf irgendeinem Planeten vernunftbegabte Lebewesen zu irgendeinem Zeitpunkt geben sollte, so werden wir sie weder zu Gesicht bekommen, noch entzifferbare Funksignale mit ihnen austauschen können, abgesehen davon, daß sie ihre besondere Sprache hätten, wo es doch schon auf unserer Erde rund 2000 davon gibt!

Warum wir die Frage nach bewohnten Planeten jetzt so wichtig nehmen, liegt daran, daß wir wissen möchten, *ob irgendwo noch Leben bleibt*, das unserem ähnlich ist, *wenn wir Menschen verschwunden sein werden.* Und selbstverständlich würden unsere Kenntnisse über die Evolution des Lebens sprunghaft erweitert, wenn wir irgendwo eine Parallelentwicklung studieren könnten. »Hätten wir die Kenntnis, wie die Bevölkerung eines kosmischen Körpers untergegangen ist, unser Bewußtsein von der Welt wäre gewaltig gesteigert«, schrieb Nietzsche schon 1875. Denn aus *eigener Erinnerung* oder Erwartung würden wir (wenn einer ganz allein lebte) für unsere Person auch Geburt und Tod nicht kennen, so »wie die ganze Gattung der Menschen sie nicht kennt«. »Die Unsterblichkeit der Gattung ist die stillschweigende Voraussetzung aller unserer höheren Vorstellungen.«[18] Doch soviel wissen wir auch jetzt schon: *Es gibt offenbar keine unsterbliche Gattung.* Darum fing man um 1970 an, auch über die Lebenschancen der Gattung Mensch auf unserem blauen Planeten nachzudenken. War für den griechischen Dichter Hesiod unsere Erde noch »der fort und fort sichere Ort aller Wesen«, so gilt dies auf unserem Sandkorn heute nicht mehr. Unser Blick geht nach allen Seiten ins *Offene*, man kann auch sagen ins *Leere*. Wo ist in dieser wahnsinnigen Unendlichkeit noch eine Wohnung für Götter? Und wo wäre sie auf der Erde? Auf den hohen Bergen, wo in den Augen alter Völker ihr Sitz war, stehen heute Funkstationen. Deren eine funkt nun schon jahrelang in den Weltraum: Ist da jemand? Und sie bekommt keine Antwort. Die früheren heiligen Haine sind auch längst gerodet. »Wann werden wir die Natur entgöttert haben«, rief Nietzsche 1881 aus. Wir können ihm antworten: Heute, nach hundert Jahren! Seit kurzem wissen wir, daß auch die Bahnen der Sterne nicht verläßlich sind. Da die physikalischen Gesetze des einzelnen Atoms wie des Universums die gleichen sind, wurden in beiden Systemen inzwischen *Unregelmäßigkeiten* entdeckt, »Unschärferelationen«, wie Heisenberg es nannte. Die »VDI-Nachrichten« veröffentlichten am 15. 9. 1989 einen Artikel mit der Überschrift »Chaos im Sonnensystem«. Jack Wisdom vom Massachusetts Institute of Technology hatte 1988 die Bahn des Pluto vorausberechnet und Jaques Laskar in Paris die der inneren Planeten einschließlich der Erde. Schon über 100 Millionen Jahre hinweg ist es unmöglich, den Ort der Erde im Sonnensystem anzugeben, und den der übrigen Planeten ebensowenig. Sobald sich *eine* Ausgangsposition oder Zwischensumme auch nur winzig ändert, vergrößern sich die langfristigen Abweichungen, bis sie schließlich nicht mehr berechenbar sind. Dennoch sind die Gesetze der klassischen Physik damit nicht aufgehoben.

Nietzsche hatte 1881 auch geschrieben: »Hüten wir uns schon davor, zu glauben, daß das All eine Maschine sei; es ist gewiß nicht auf ein Ziel konstruiert, wir tun ihm mit dem Wort ›Maschine‹ eine viel zu hohe Ehre an. Hüten wir uns, etwas so Formvolles wie die zyklischen Bewegungen unserer Nachbar-Sterne überhaupt und überall vorauszusetzen; schon ein Blick in die Milchstraße läßt Zweifel auftauchen, ob es dort nicht viel rohere und widersprechendere Bewegungen gibt, ebenfalls Sterne mit ewigen geradlinigen Fallbahnen und dergleichen. Die astrale Ordnung, in der wir leben, ist eine Ausnahme; diese Ordnung und die ziemliche Dauer, welche durch sie bedingt ist, hat wieder die *Ausnahme der Ausnahmen* ermöglicht: die Bildung des Organischen. Der Gesamtcharakter der Welt ist dagegen in alle Ewigkeit Chaos.«[19] Der gleiche Gedanke wird im Fragment 157 desselben Jahres fortgeführt: »... es gab *nicht* erst ein Chaos und nachher eine harmonischere und endlich eine feste kreisförmige Bewegung aller Kräfte: vielmehr alles ist ewig, ungeworden: wenn es ein Chaos der Kräfte gab, so war auch das Chaos ewig und kehrte in jedem Ringe wieder.«[20]

Wir kehren zum Sandkorn Erde zurück. Wie wir bisher verkleinern mußten, um die Dimensionen überhaupt unserem Vorstellungsvermögen anzunähern, so müssen wir sie nun vergrößern.

Dieses Sandkorn läßt sich auch – wie der Kosmos – in seine Bestandteile zergliedern und immer weiter und weiter zergliedern. Eine *winzige Quantität* auf der Erde heißt Mensch (nicht die Gattung Mensch, sondern ein einzelner Mensch). Dieser sieht sich, wenn er ein Grübler ist, *zwischen den beiden Unermeßlichkeiten schwebend.*

»Wir sind irgendwie in der *Mitte* – nach der Größe der Welt zu und nach der Kleinheit der unendlichen Welt zu. Oder ist das Atom uns näher als das äußerste Ende der Welt?«[21] Es deutet alles darauf hin, daß der Mensch tatsächlich – schon in bezug auf das Volumen seines Körpers – eine *mittlere Position* einnimmt. Rechneten wir soeben mit Billionen Sternen, so müssen wir nun mit Billionen Zellen in unserem eigenen Körper rechnen. *Doch das Bewußtsein über diese von der Haut umhüllte Innenwelt ist nicht deutlicher als das Bewußtsein, welches wir vom Universum mit uns herumtragen!* »Was weiß der Mensch eigentlich von sich selbst!« ruft Nietzsche aus. »Ja, vermöchte er auch nur sich einmal vollständig hingelegt wie in einem erleuchteten Glaskasten, zu perzipieren? Verschweigt ihm die Natur nicht das Allermeiste, selbst über seinen Körper, um ihn, abseits von den Windungen der Gedärme, dem raschen Fluß der Blutströme, den verwickelten Fasererzitterungen, in ein stolzes gaukerisches Bewußtsein zu bannen und einzuschließen! Sie [die Natur] warf den Schlüssel weg: und Wehe der verhängnisvollen Neubegier, die durch eine Spalte einmal aus dem Bewußtseinszimmer heraus und hinab zu sehen vermöchte und die jetzt ahnte, daß auf dem Erbarmungslosen, dem Gierigen, dem Unersättlichen, dem Mörderischen der Mensch ruht, in der Gleichgültigkeit seines Nichtwissens, und gleichsam auf dem Rücken eines Tigers in Träumen hängend.«[22]

Zwischen diese beiden Unermeßlichkeiten geworfen, müßte der Mensch seine *Nichtigkeit* erkennen; denn all die angehäuften Erkenntnisse der letzten Jahrhunderte bestätigen nur immer wieder unsere Nichtigkeit. Und doch sind wir es selbst, die diese Erkenntnisse gesammelt haben wie noch kein anderes Lebewesen. Dieses Bewußtsein verleiht uns ein Gefühl der *Einzigkeit*, das objektiv völlig unberechtigt erscheint, aber subjektiv wohl nötig ist, um überhaupt leben zu können. Denn »vielleicht bildet sich die Ameise im Walde ebenso stark ein, daß sie Ziel und Absicht der Existenz des Waldes ist, wie wir das tun«. So Nietzsche in »Menschliches, Allzumenschliches«[23]. Oder:»Könnten wir uns aber mit der Mücke verständigen, so würden wir vernehmen, daß auch sie mit diesem Pathos durch die Luft schwimmt und in sich das fliegende Centrum der Welt fühlt.«[24]

Wir wollen hier nicht das *biologische Wunderwerk* eines tierischen Körpers und seiner Organe beschreiben, denn das lernt man immerhin heute noch in der Schule. Es soll nur die Vorstellung dahin erweitert werden, wie unbegreiflich kompliziert und darum störanfällig unser Körper ist, wovon wir im gesunden Zustand nichts ahnen und bei Krankheit vom Arzt auch nur die allergröbsten Erklärungen zu hören bekommen. Im ausgewachsenen Körper findet ein wundervoll gesteuertes Zusammenspiel von 50 bis 100 Billionen Zellen statt. Die Billionen Kernteilchen eines Menschen rotieren und verändern sich ständig mit großer Geschwindigkeit, so daß sie insgesamt 11 Millionen Kilometer pro Stunde zurücklegen.[25]

So gut wie unbekannt ist auch die Tatsache, daß im menschlichen Körper etwa 100 Billionen Einzeller »wohnen«. Ihr Gewicht beträgt 1,5 Kilogramm. Es handelt sich um Tausende verschiedener Arten, massiert treten sie im Verdauungstrakt auf, aber 350 Arten auch schon in der Mundhöhle.[26] Der menschliche Körper ist ein *Kriegsschauplatz*, auf dem ganze Heere von Bakterien unablässig miteinander kämpfen.

Im *Boden* ist das nicht anders. Schon jeder Kubikzentimeter der Humusschicht ist ein kleiner Kosmos von Lebewesen. Nach Angaben von Joachim I. Illies und Wolfgang K. Klausewitz enthält ein Bodenblock von einem Meter Länge, einem Meter Breite und 30 Zentimeter Tiefe in Europa durchschnittlich folgende Lebewesen (siehe Tabelle 1).

Ein solcher Aufwand in einem einzigen Quadratmeter Boden ist nötig, um letzten Endes auch den Menschen mit Nahrung zu versorgen. Es ist offenbar, wie labil dieses Gefüge der Arten sein muß, das der Mensch mit der Bebauung des Bodens in seinen Dienst gestellt hat. Auch die Humusschicht ist ein Schlachtfeld, auf dem das Prinzip »fressen und gefressen werden« gilt.

Auch *das Wasser* ist ein belebter Kosmos. In einem Kubikzentimeter Meerwasser befinden sich im allgemeinen 100000 bis 1000000 Mikroorganismen, im Süßwasser etwa ein Zehntel dieser Menge.

22

Tabelle 1

Der fruchtbare Boden – ein belebter Kosmos

Gruppe	Anzahl Einzelwesen durchschnittlich und im Optimum	Gesamtgewicht in Gramm, durchschnittlich und maximal
Kleinste Pflanzen		
Bakterien	$10^{12}-10^{15}$	50-500
Strahlenpilze	$10^{10}-10^{13}$	50-500
Pilze	10^9-10^{12}	100-1000
Algen	10^6-10^{10}	1-15
Kleinste Tiere (bis 0,2 mm)		
Geißeltierchen	$5\cdot10^{11}-10^{12}$	50-100
Wurzelfüßer	$10^{11}-5\cdot10^{11}$	10-100
Wimpertierchen	10^6-10^8	10-100
Kleintiere (0,2 bis 2 mm)		
Rädertiere	25000-600000	0,01-0,3
Fadenwürmer	$10^6-2\cdot10^7$	1-20
Milben	100000-400000	1-10
Springschwänze	50000-400000	0,6-10
Größere Kleintiere (2 bis 20 mm)		
Enchytraeiden	10000-200000	2-26
Schnecken	50-1000	1-30
Spinnen	50-200	0,2-1
Asseln	50-200	0,5-1,5
Doppelfußer	150-500	4-8
Hundertfüßer	50-300	0,4-2
übrige Vielfußer	100-2000	0,05-1
Käfer mit Larven	100-600	1,5-20
Zweiflüglerlarven	100-1000	1-10
übrige Kerbtiere	150-15000	1-15
Mittelgroße Tiere (20 bis 200 mm)		
Regenwürmer	80-800	40-400
Wirbeltiere	0,001-0,1	0,1-10

Die Aufstellung gibt die Arten, deren Stückzahlen und Gewichte an, die in 0,3 Kubikmeter Mutterboden im Durchschnitt hausen.

Quelle: Klötzli, 203.

Die einzelnen sind meist kleiner als 0,005 Millimeter. Diese Viren wirken im Nahrungsnetz des Wassers auf eine noch nicht aufgeklärte Weise mit.[27]

Überall da, wo der Mensch glaubte, da wäre nichts mehr, stößt er auf noch winzigere und kompliziertere Formen des Lebens und dessen Verbund. Auf diese verletzlichen Verhältnisse hat er beim Aufbau der technischen Welt aus Unwissenheit nicht die geringste Rücksicht genommen.

Je tiefer wir in die Natur eindringen, so schrieb der Dichter Reinhold Schneider, um so »grandioser erscheint die Tragik des forschenden, suchenden Menschen vor der Ganzheit der in Selbstvernichtung sich fortgebärenden Schöpfung – vor der Unendlichkeit des Großen wie des Kleinen.«[28]

TEIL I

Die Etappen der
natürlichen Evolution

1 Der 4 000 000 000 Jahre dauernde Anlauf des Lebens

Die Natur, die eine Freude ohne Ende darin findet, neue Formen zu erfinden, neue Wesen zu erschaffen...

Der italienische Künstler, Techniker und Philosoph Leonardo da Vinci

Unser wissenschaftlich-technisches Zeitalter hat es nicht nur möglich gemacht, in die Unermeßlichkeit des Universums vorzustoßen und in die Winzigkeit des Atoms einzudringen, es konnte auch immer mehr Wissen über die Vergangenheit des Menschen und die Entwicklung des Lebens auf dieser Erde zusammentragen.

Am Anfang dieser Erweiterung des Weltbildes stand ein Geistesblitz des Engländers Charles Darwin, der die Evolution aller lebendigen Arten aus einfachen zu immer komplizierteren erkannte. Seit Erscheinen seines Werkes »Über die Entstehung der Arten« im Jahre 1859 ist die Ahnenreihe der pflanzlichen und tierischen Gattungen zunehmend dichter geworden, wenn auch wohl manche Lücken für immer unausgefüllt bleiben werden.

Wenn sich also das Leben in fast vier Jahrmilliarden entwickelt hat, dann muß es auch – wie das Universum – einen *Ursprung* gehabt haben. Darauf konzentrierte sich die Forschung der letzten Jahrzehnte. Bevor wir darauf eingehen, müssen wir kurz die Bedingungen in Erinnerung rufen, die »das Leben« benötigte, um überhaupt entstehen und sich fortpflanzen zu können. Wir denken einige Seiten zurück, wo unsere *Sonne* als Urquell allen Lebens beschrieben wurde. Sie sendet der Erde seit ungefähr fünf Milliarden Jahren ihre Wärme und wird dies auch nach unterschiedlicher Einschätzung immerhin noch vier bis 15 weitere Milliarden tun. Bisher blieb die Sonnenstrahlung so konstant, daß die schmale Temperaturspanne, die für die Lebensprozesse erforderlich ist, nie auf der *ganzen* Erde *gleichzeitig* über- oder unterschritten wurde; denn sonst wäre das Leben wieder erloschen.[29]

Die nötigen Bedingungen für irdisches Leben entstanden dennoch sehr allmählich. Nach der Entstehung der Erde vor viereinhalb Milliarden Jahren herrschte auch noch 700 Millionen Jahre später, also vor 3,8 Milliarden Jahren, eine Temperatur um die 100 Grad Celsius und ein Kohlendioxyddruck von 15 bar, was dem Fünfzehnfachen des heutigen Luftdrucks entspricht. Außer Kohlenstoff waren Stickstoffverbindungen reichlich vorhanden, dazu Methan, Ammoniak und Wasserdampf. Zunächst gab es noch kein Oberflächenwasser, da der Regen auf dem felsigen Boden sofort verdampfte. Erst vor 4,0 bis 3,9 Milliarden Jahren bildeten sich in der Nähe der Pole Wasserbecken und dann die Ozeane.

Die damals vorhandenen chemischen Elemente setzte Stanley Miller 1953 in einem Glaskolben elektrischen Entladungen aus, wie sie in den Gewittern der Uratmosphäre gewiß üblich waren. Dabei erhielt er zehn verschiedene Aminosäuren, organische Säuren, Aldehyde und Cyanwasserstoff. Cyanwasserstoff und dessen Derivate bildeten wahrscheinlich Ausgangsstoffe für Purine, Pyrimidine und Aminosäuren, wie auch Agentien für Informationsträger. Die Aminosäuren entstehen bei Temperaturen von 900 Grad Celsius, unter Gammastrahlung, Schockwellen und Ultraviolettlicht. Die Nukleinsäure Adenin entsteht spontan aus konzentrierten Lösungen von Cyanwasserstoff oder durch Elektronenstrahlbombardierung. Und Nukleinsäuren sind *selbstreproduktiv!*[30] Die Ribonukleinsäure (RNS) war wohl der erste Träger *genetischer Informationen*, erst später die Desoxyribonukleinsäure (DNS). An der Bildung von Zellmembranen schließlich, die für die Entwicklung des Lebens entscheidend sind, wirken gewisse Fette mit.

Die ältesten Lebensformen, die bisher gefunden wurden, sind die Stromatolithen, die vor 3,4 Milliarden Jahren in Westaustralien gelebt haben. Diese *Prokaryonten* – vereinfacht ausgedrückt »Bakterien« – waren von einer Zellmembran umgebene Einzeller. Sie entwickelten dann hier und da einfache mehrzellige Komplexe. Mit der Bildung eines Zellkerns entstanden vor mindestens 1400 Millionen Jahren *Eukaryonten*, die sich verschiedenartige Bakterien als Organe einverleibten: die Mitochondrien und die zur Bewegung dienenden Geißeln, sowie bereits luftatmungsfähige Chloroplasten.[31] Vor zwei Milliarden Jahren oder schon früher wurde die Gärungsatmung nach und nach von der *Luftatmung* abgelöst. Der Sauerstoff unseres Planeten kam zunächst aus den Weltmeeren. Diese erhielten ihn durch Zufluß aus dem *Erdinnern*.[32] Heute schätzt man, daß die gesamte Wassermenge der Weltmeere in acht bis zehn Millionen Jahren einmal umgewälzt wird.[33] Mit den Einzellern entstand reichlich Plankton (Blaualgen).

Die lebenden Zellen, die zur *Pflanzenlinie* führten, nahmen die genannten Chloroplasten in sich auf, die ihnen den Weg zur *Photosynthese* und damit zur weiteren *Sauerstofferzeugung* eröffneten. Die Bakterien hatten zur Verwitterung der Gesteine beigetragen, wobei das Kohlendioxyd der Atmosphäre gebunden wurde mit der Folge einer weiteren Abkühlung der Erde. Mit diesem Prozeß machte sich das Leben selbst die Erde zunehmend bewohnbar.

Die Nahrung der *Tierlinie* bestand aus bereits existierenden organischen Substanzen. Es war also von Anfang an ein gegenseitiges Sich-Auffressen, bis die Pflanzennahrung hinzukam. Die dritte Linie bilden die auch heute noch existierenden *Pilze*, die sich vorfindbare Substanzen einverleiben, ohne dabei Enzyme einsetzen zu müssen.[34] Die weitere Evolution im Tierbereich mußte viele Weichenstellungen passieren. Nur die sich teilenden Zellen, die in einem festen Verbund miteinander blieben, konnten sich letzten Endes zu den Tierarten entwickeln.

Vor mehr als 400 Millionen Jahren begaben sich die ersten Pflanzen und wirbellosen Tierarten *aufs Land* (Skorpione, Tausendfüßer). Die Pflanzen trugen dann auch zur Verwitterung der Kalzium- und Magnesiumgesteine bei, womit weiteres Kohlendioxid der Atmosphäre gebunden wurde; auch Silikatgestein wurde im Prozeß der *Humusbildung* immer schneller aufgelöst.[35] Daß eine belebte Humusschicht entstand, war Voraussetzung für die weitere Entwicklung des Lebens auf dem Festland, von dem aus vor rund 300 Millionen Jahren auch die *Eroberung der Luft* begann, zunächst durch *Insekten*, 150 Millionen Jahre später durch die *Vögel*.

Im Kambrium, vor 570–500 Millionen Jahren, waren sämtliche Stämme der wirbellosen Tiere entwickelt und der wichtige Schritt zum *Wirbeltier*, zunächst beim Fisch, vorbereitet. Als ältestes Wirbeltier gilt der vor mehr als 350 Millionen Jahren entstandene *Quastenflosser*, der schon fast zwei Meter lang und 100 Kilogramm schwer gewesen ist; er wurde noch 1986 im Indischen Ozean lebend beobachtet, während von Fischern gefangene Exemplare sofort starben. Für das Leben auf dem Festland waren Nasenhöhle, Schlund und schließlich das Gebiß erforderlich.[36] Die Evolution ging vom Quastenflosser über *Amphibien*, die in beiden Elementen leben konnten, zum Landwirbeltier und weiter zum Reptil, bis vor 215 Millionen Jahren das *Säugetier* auftrat.

Die *Warmblüter*, die sich bereits in mehreren Reptiliengruppen entwickelten, besitzen Kauwerkzeuge, atmen mit der Lunge und verfügen über starken Stoffwechsel. Somit können sie auch ziemlich kalte Regionen besiedeln. Es gibt drei Hauptstämme: 1. Kloakentiere, die noch Eier legen, 2. Beuteltiere, die ihre Kindheit im Brutbeutel der Mutter verbringen, 3. Placentarier, die nach der Geburt gesäugt werden. Diese für den Lebenskampf gut geeigneten Arten konnten wohl trotzdem erst nach dem Massensterben der Dinosaurier und anderer Reptilien zum Zuge kommen, also vor 65 Millionen Jahren. Zunächst waren das nur mausgroße Insektenfresser, Urahnen der jetzigen Spitzmäuse, Igel und Maulwürfe. Vor 55 bis 50 Millionen Jahren traten die ersten *Primaten* auf, die den heutigen Murmeltieren ähnelten. Daraus gingen vor 45 Millionen Jahren die Halbaffen hervor und vor 35 Millionen Jahren die Affen. Davon spalteten sich vor 14 Millionen Jahren diejenigen ab, die in der Savanne leben mußten.

Eine ganz entscheidende Voraussetzung für die Entwicklung zu höheren Lebensformen war die *Zweigeschlechtlichkeit*. Seit 500 Millionen Jahren ist die Paarung die gängige Art der Fortpflanzung. Auf diese Weise wächst die Zahl der Kombinationsmöglichkeiten schnell ins Unermeßliche. Wenn die Eltern nur fünf Genpaare haben, so gibt es 32 mögliche Kombinationen, bei 20 Genpaaren sind es schon 1048576, bei 32 schon über zwei Milliarden. Da der *Mensch mehr als 10000 Genpaare* hat, ist die Chance, daß die Eltern zwei völlig übereinstimmende Kinder bekommen, *1:10^{18}*, also *eins zu einer Trillion.*

Die Gene. Die Natur benutzt für den Aufbauplan aller Lebewesen einen einzigen Universalschlüssel, die Gene. Das ist ein weiterer Beweis dafür, daß sämtliche lebendigen Wesen einem einzigen Stammbaum zugehören. »Alle autonomen Lebewesen machen von der DNA (Desoxyribonukleinsäure) als Informationsspeicher Gebrauch.«[37] Der Nobelpreisträger Werner Arber stellt fest: »Gene sind die Schlüssel der Lebensentfaltung.«[38]

Daß in der DNA die Erbanlagen verschlüsselt sein könnten, vermutete 1943 der Biochemiker Erwin Chargaff, einer der umfassendst gebildeten Menschen unserer Zeit, damals Direktor des Biochemischen Instituts der Columbia-Universität. Die entscheidende Veröffentlichung erfolgte allerdings 1953 durch Francis Crick und James Watson, die 1962 dafür den Nobelpreis bekamen.

Die DNA-Moleküle bestehen aus unvorstellbar dünnen Fäden, deren Länge etwa eine Million Mal größer ist als ihr Durchmesser. Auf den zwei in der Regel zusammengedrehten Strängen (Doppel-Helix) befinden sich in paralleler Abfolge jeweils 4 komplementäre Bauelemente, die Nukleotide. Ein Molekül des Bakteriums *Escherichia coli* mit nur einem DNA-Faden besteht aus vielen Millionen solcher Nukleotidpaare, was den Schriftzeichen der gesamten Bibel entspricht. Der normale diploide menschliche Chromosomensatz hat 1500 mal mehr Informationen, entspricht also einer Bibliothek von 1500 Bänden gleicher Kapazität. Da diese sechs Milliarden Zeichen in *jeder Zelle* des menschlichen Körpers vorhanden sind, wiederholt sich die Information zirka 60 Billionen mal.[39]

Schon 1000 Bauelemente ermöglichen mathematisch 10^{600} verschiedene Varianten. Das ist eine Ziffer mit 600 Nullen, zu deren Niederschrift zirka zehn Zeilen dieses Buches nötig wären. Die Wahrscheinlichkeit, im deutschen Lotto sechs »Richtige« zu tippen, ist bekanntlich 1:13 983 816. Unendlich geringer ist die Wahrscheinlichkeit, die gleiche Sequenz in einem Genom anzutreffen. Darum gilt heute der sogenannte »genetische Fingerabdruck« als bei weitem eindeutiger als der normale.

Laut Berechnungen an der Universität Basel »kann die Natur selber aus Gründen beschränkter Kapazität keinesfalls mehr als etwa 10^{50} dieser Sequenzen schon auf ihre funktionelle Nützlichkeit hin erprobt haben«.[40] Nach anderen Berechnungen könnte das ganze Universum mit seinem Radius von zehn Milliarden Lichtjahren nur 10^{102} Proteinmoleküle aufnehmen.[41] Die Natur muß also bei ihren Experimenten *systematisch vorgegangen* sein. Das legt der Biophysiker Manfred Eigen in seinem *Hyperzyklus* dar.

Schon seit das Leben in Form einzelliger thermophiler Archäbakterien entstanden war, hatte es sogleich das *Bestreben, sich zu erhalten*. Da das einzelne Lebewesen immer und überall sterblich geblieben ist und bleiben wird, kann es nur in seinen Nachkommen weiterleben, welche die gleichen Eigenschaften besitzen. Die *Konstanz* einer jeden Art ist von Anfang an der dominierende Faktor in der Natur. »Das Erbgut wirkt wie ein ruhender Pol in der Betriebsamkeit des Lebens. Es besitzt das Potential, auch im Laufe der Zeit immer wieder dieselben bewährten Prozesse zuverlässig zu leiten.«[42] Wäre aber das Erbgut *ganz allein* wirksam, dann wäre die *Evolution* nie möglich geworden. Erst die *Mutation* als untergeordneter Faktor ließ langfristig Änderungen zu, die sich allerdings dann über viele Generationen bewähren mußten.

Aus dem soeben Gesagten ergibt sich: Die Erkenntnisse Darwins über die Evolution haben in den folgenden hundert Jahren selbst eine Evolution erlebt. Darwin sah die Auslese *nur im »Überleben der Geeignetsten«*, während die Ungeeigneten stets zugrunde gingen, sich also nicht fortpflanzen konnten. Schon kurz vor 1900 setzte sich die Vorstellung von der »*Mutation*« durch, angestoßen von William Bateson in England und Hugo de Vries in Holland. Mit Mutation wird eine *sprunghafte Abweichung* bei der Reproduktion der Gene bezeichnet. Manfred Eigen nennt es »fehlerhafte Selbstreproduktion«.[43] Man könnte die Mutation auch als »Experimentierlust« der Natur auffassen, die sie sich in bescheidenem Maße erlaubt. Werner Arber betont, daß »weitaus die meisten der ein Gen verändernden Mutationen nicht neue Funktionen erbringen, sondern den *Verlust der angestammten Funktion* bewirken«.[40] Und er mahnt, daß wir die allgemeine Regel im Auge behalten müßten, »*daß Mutationen jeglicher Art viel häufiger Nachteile als evolutionäre Vorteile bringen*«.[44] Auch kann die gleiche Mutation in einem bestimmten Lebensraum oder zu einer bestimmten Zeit Vorteile bringen, während sie unter anderen Bedingungen nachteilig wirkt. Eine bisher homogene Art kann sich auch spalten und verschiedene Lebensräume besiedeln.

Der *Neodarwinismus*, in den dreißiger und vierziger Jahren des 20. Jahrhunderts entstanden, erkannte, daß der Ausleseprozeß nicht zwischen Individuen, sondern zwischen *Populationen* stattfindet, die sich bei räumlicher Trennung unterschiedlich weiterentwikkeln. Auch Arber bezeichnet das »Prinzip der Isolation« als bedeutungsvoll: »Gelingt es einer Art von Lebewesen, sich gegen freizügigen Austausch von Erbgut mit andersartigen Lebewesen abzuschirmen, so hat diese Art auch eine bessere Chance, ihre Eigenständigkeit zu wahren. Dies kann ihren Mitgliedern aber auch helfen, sich in dem ihnen zusagenden Bereich von Lebensbedingungen nicht nur zu halten, sondern allenfalls durch schrittweise, längerfristig wirksame interne Veränderungen in ihrem angestammten Erbgut ihr Durchsetzungsvermögen zu steigern. – Die in der Natur vorgefundenen mannigfaltigen Mechanismen vornehmlich der reproduktiven, aber auch der geographischen Isolation verhindern, daß sich zwei verschiedene Erbbibliotheken vermischen. Fast zwangsläufig würde eine solche Vermischung zu einem chaotischen Nebeneinander nicht harmonisch aufeinander abgestimmter biologischer Funktionen führen. Dies könnte den Fortbestand der betreffenden Arten ernsthaft gefährden.«[45] Christine und Ernst Ulrich von Weizsäcker sprechen von einer »Renaissance des Evolutionsfaktors Isolation«.[46]

Der letzte Schritt der Verfeinerung des Darwinismus begann in den sechziger Jahren durch die *Populationsgenetik*. Sie enthüllte, daß jedes Protein eine hohe Variabilität besitzt. Die Gene sichern durch ihre Kopie die Erblichkeit der Eigenschaften, haben aber auch noch eine zweite Aufgabe, sie kontrollieren die Synthese von Proteinen.[47] Somit entsteht in den Organismen Mannigfaltigkeit und Variabilität viel schneller als sie durch die Selektion vernichtet werden kann. »Gefördert wird das scheinbare Anpassungsdefizit dadurch, daß auch die Wirkung der Selektion durchaus nicht geradlinig und konsequent ist. Das lokale Klima mag in aufeinanderfolgenden Jahren sehr verschieden sein, und hierdurch mögen unter Pflanzen und Tieren einmal diese, ein andermal jene Genotypen leicht bevorzugt werden; aber keiner der Genotypen vermag sich in der für ihn günstigen Zeit gegenüber allen anderen völlig durchzusetzen, mit dem Ergebnis, daß *sämtliche* genetische Varianten in der Population präsent bleiben. Dasselbe gilt für die wechselhaften und unvorhersagbaren Wirkungen von Parasiten, Räubern und Ressourcen, die sehr stark von der Dichte der betroffenen Population abhängen.«[48] Die genetischen Varianten bleiben also zum großen Teil *unerkannt* erhalten, sie warten auf »ihre Stunde«, die kommen kann oder auch nicht. Die Natur ist in gewissem Maße »fehlerfreundlich« und bewahrt sich damit einen »*Mutationsvorrat*«. »Erfolgreich sind Arten und Ökosysteme, die beides haben, Tüchtigkeit und Fehlerfreundlichkeit.«[49] *Durch Mutationen ent-*

steht also ein größere Mannigfaltigkeit im Genotyp (Erbbild eines Lebewesens), *aus der je nach Bedarf einzelne Eigenschaften herausgegriffen werden können.*

Andererseits treten die spontanen *Änderungen im Erbgut nicht beliebig und grenzenlos* auf, sie müssen vielmehr den Systemeigenschaften des betreffenden Organismus entsprechen. Vor allem darf das System des betreffenden Organismus nicht durch eine plötzliche Änderung zusammenbrechen, wie die 55. Dahlem-Konferenz 1988 einmütig feststellte.[50] Man kann die Evolution durch Mutation sozusagen als »kanalisiert« bezeichnen, wie das Wolfgang Wieser[51] tut, der von einer »inneren« und »äußeren« Selektion spricht, wobei jene am Genotypus (dem Chromosomensatz des Lebewesens), diese am Phänotypus (dem Erscheinungsbild) des Lebewesens ansetzt.

Die Evolution des Lebens auf unserem Planeten ist nur möglich geworden, weil die Natur sich an *drei Grundgesetze* hielt:

1. Sie hält an einmal gefundenen Lebensformen fest *(Erblichkeit).*
2. Sie besitzt durch die Paarung eine riesige Zahl von Kombinationsmöglichkeiten *(Zweigeschlechtlichkeit).*
3. Sie versucht spontane Abweichungen, deren Tauglichkeit sich meist als negativ, manchmal als positiv erweist *(Mutation).*

Voraussetzung für 2. und 3. ist die *Ungleichheit* der Individuen, die sich miteinander fortpflanzen. Wenn nämlich alle Individuen von Anfang an, gemäß dem Gesetz der Erblichkeit, *gleich geblieben* wären, dann hätte es nie und nimmer eine Evolution geben können; nur die Abweichungen eröffnen die Möglichkeit dafür. *Infolgedessen sind auch die Menschen samt und sonders ungleich.* Nur die eineiigen Zwillinge sind gleich; da diese aber stets gleichen Geschlechts sind, können sie sich nicht miteinander fortpflanzen, so daß auch dieser Weg, zu einer absolut einheitlichen Population zu kommen, nicht existiert.

Aufgrund der Ungleichheit kommt es zu Auseinandersetzungen innerhalb der Gattungen, also auch in der des Menschen. Schon das Alte Testament ist voll davon; denn sie waren unvermeidlich – damals wie eh und je und heute.

Der »Kampf ums Dasein« ist allezeit ein *Kampf um die Räume*, in denen Mittel zum Leben vorhanden sind. Die Luft ist unbegrenzt vorhanden, aber schon das Wasser und noch mehr die fruchtbaren

Böden können knapp werden, da ja auch die bewohnbaren Flächen der Erde je nach Klima und Eiszeiten zu- oder abnahmen. Die Schwankungen konnten so groß werden, daß sie kleinere oder größere Katastrophen auslösten, bis hin zur Vernichtung ganzer Gattungen. Um deren Verschwinden wird meist keinerlei Aufhebens gemacht, es sei denn, es handle sich um so gewaltige Wesen wie die Dinosaurier. Da wird gerätselt, ob sie wohl infolge des Einschlags riesiger Meteoriten oder gewaltiger Vulkanausbrüche, die den Planeten ebenfalls mit Staub und Asche verdunkeln und abkühlen konnten, oder durch Sintfluten untergegangen sind.

Infolge der wiederholten Vernichtung vieler Gattungen hatte der Franzose Georges Cuvier 1796 eine »Katastrophentheorie« aufgestellt, nach der die vernichtete Flora und Fauna mit neuen Arten mehrmals von vorn begonnen habe. Die inzwischen angesammelten Erkenntnisse widerlegen seine Theorie. Der Paläontologe Olivier Rieppel vom Field Museum of Natural History in Chicago formuliert den heutigen Erkenntnisstand: »Evolution ist aus der Sicht der modernen Paläontologie nicht länger ein kontinuierlicher Prozeß der Anpassung und der ständigen ›Perfektion‹ der Lebensformen. Vielmehr scheinen erhöhte Aussterberaten die evolutionäre Uhr immer wieder einmal neu gestellt zu haben, ungeachtet der Anpassungsnormen, die bereits erreicht worden waren.«[52]

Andererseits erleben wir noch heute, daß sich bei günstigen Lebensbedingungen einzelne Arten *explosiv vermehren*, wie zum Beispiel Heuschrecken, Ratten und Mäuse; doch ihre Überzahl wird stets wieder dezimiert. Gerade in den Savannen kommt es häufig zu Massenvermehrungen bestimmter Arten, von denen dann viele Millionen über die Lande ziehen.[53] Daß es im Tierreich auch *freiwillige* Dezimierungen gibt, dafür wird oft der Todeszug der Lemminge angeführt, dessen Ursachen aber nicht mit Sicherheit bewiesen sind. Das Bestreben aller Lebewesen, für soviele Nachkommen wie irgend möglich zu sorgen, scheint durchgehend vorhanden zu sein. Allerdings ist die Zahl der Nachkommen bei großgewichtigen und langlebigen Tieren durch längere Trächtigkeit, den mehr oder weniger begrenzten Wurf und die längere Hilflosigkeit der Jungen von Natur aus kleiner. Trotzdem kann es eine Menschenmutter bis auf mehr als ein Dutzend Nachkommen bringen, was selbst in Europa noch ab und zu vorkommt.

Langfristig gesehen gab es ein ständiges Kommen und Gehen auf dieser Erde. Eine in die Sackgasse geratene Art hatte kaum eine Chance der Umkehr, vor allem wenn sie sich als wenig wandlungsfähig erwies oder wenn sie sich zu sehr auf *eine* Lebens- oder Ernährungsweise spezialisiert hatte. Solche Arten, die von bestimmten Pflanzen oder Tieren oder sogar nur von einer Art von Wirtstieren *abhängig* wurden, blieben an deren Schicksal gekettet. Insofern erreichte der Mensch als *Allesfresser mit großer Beweglichkeit und klimatischer Anpassungsfähigkeit* von vornherein beträchtliche Vorteile.

Die Zahl der heute lebenden Arten wird höchst unterschiedlich angegeben. Die Schätzungen schwanken zwischen drei und 30 Millionen, ja sogar noch darüber. 80 Prozent aller Tierarten stellen die *Insekten*, von denen wieder 40 Prozent Käfer sind. Da allein 330000 Käferarten erkannt und beschrieben worden sind, ihre Gesamtzahl aber sicher über 400000 liegt, muß die Zahl der Insekten mehr als eine Million betragen.[54] Terry L. Erwin kommt durch Hochrechnungen auf 30 Millionen Arten.[55] Die Zahl der bisher bekannten *Pflanzenarten* liegt bei 400000.[56] Von den Bakterienarten – schätzt man – seien bisher nur 20 Prozent nachgewiesen.[57] Die meisten unerforschten Tiere leben in den Tropen, ihre Verflechtung untereinander ist noch weniger erforscht. Da nicht einmal die Zahl der gegenwärtig existierenden Arten annähernd ermittelt werden kann, sollten wir bei Spekulationen über die Anzahl der *Arten, die jemals gelebt haben*, vorsichtig sein. Hier gibt es phantastische Behauptungen, denen es an Beweisen mangelt. Immerhin waren die klimatischen Verhältnisse in den letzten Millionen Jahren günstig, so daß sich die Lebensformen – bevor der Mensch auftrat – ziemlich ungestört entfalten konnten. Darum wird die Zahl der *gleichzeitig* lebenden Arten kaum jemals sehr viel höher gewesen sein als beim Auftreten des Menschen. Der genannte Terry Erwin meint, daß sich das *statistische Mittel der Lebensdauer* von Gattungen zwischen sieben Millionen Jahren in früherer Zeit und 15 Millionen Jahren in der Erdneuzeit bewegt hat.[57]

Eine beträchtliche Anzahl von Arten hat sich über Hunderte von Millionen Jahren unverändert erhalten. Dazu zählen primitive Einzeller, der schon genannte Quastenflosser, aber vor allem Insektenarten. Von denen wollen wir einige höchst interessante Sonderfälle etwas näher betrachten, da sie *menschenähnliche Gesellschaftsformen* entwickelt und über hundert Millionen Jahre beibehalten haben.

Die Bienen sind darunter wohl die bekanntesten, da der Mensch sie schon sehr früh in seinen Dienst genommen und ihre Lebensweise studiert hat. Die Bienenkönigin regiert ganz allein ihr Volk und legt die Eier der Nachkommen. Ihre weiblichen Kinder sind die honigsammelnden Arbeitsbienen und ihre männlichen die Drohnen. Da die Drohnen aus unbefruchteten Eiern entstehen, sind diese genetische Duplikate ihrer Mutter. Da die Königin im Laufe ihres Lebens nur von acht bis zehn Drohnen je einmal begattet wird, sind auch die Arbeitsbienen, die aus der jeweiligen Befruchtung entstehen, genetisch gleich und alle im Stock Halbgeschwister. Somit sind die Variationsmöglichkeiten der Bienen und in ähnlicher Weise die der Ameisen und Termiten bei der Vererbung weit geringer als die der sich streng paarig fortpflanzenden Lebewesen. Dieser hohe Inzuchtgrad könnte ein Grund dafür sein, daß sich diese in hochorganisierten Staaten lebenden Tierchen über mehr als 100 Millionen Jahre nur gering verändert haben.

Die Ameisen, Bienen und Termiten zeigen eine unglaubliche Beständigkeit, hatten aber weit geringere Chancen zur Evolution. Dagegen hatten die sich streng zu zweit paarenden Lebewesen alle Chancen zur Evolution, die wohl bei keinem so ausgeschöpft worden sind wie beim Menschen – doch dafür fehlt ihm die genetische Beständigkeit. Infolgedessen ist der Mensch das variationsreichste und unberechenbarste Lebewesen, was sich besonders in seinen geistigen Leistungen zeigt.

Die Ameisen leben schon länger als 100 Millionen Jahre in perfekt organisierten Massengesellschaften, so wie der Mensch erst in der historischen Zeit. An der Spitze jedes Staates steht eine Königin, und in ihm herrscht *Arbeitsteilung*. Diese winzigen Tiere besitzen eine erstaunliche Körperkraft; sie können das Zehnfache ihres Eigengewichts tragen. Durch Kooperationen, an denen sich bis zu 100 Tiere beteiligen, können sie zum Beispiel einen Wurm transportieren, der 10 000 Mal schwerer ist als eine Ameise.[58] Ameisen der amerikanischen Subtropen betreiben *Pilzzucht*. Sie schaffen frische Pflanzenteile in ein Nestgewölbe, wo diese von Arbeiterinnen zerkleinert, enzymatisch aufgeschlossen, gedüngt und mit einem spezifischen Pilz geimpft werden. Weitere Zugaben bewirken, daß die Pilze zur optimalen Nahrung gedeihen. – Forschungen des Smithsonian Tropical Research Institute in Panama ergaben, daß kleine Ameisen sich auf ihre größeren Artgenossen setzen, um »mitzureisen«, selbst wenn diese größere Blätter schleppen. Das tun sie nicht aus Bequemlichkeit, sondern um die Buckelfliege abzuwehren; denn diese versucht gerade der lastentragenden Arbeiterin ihr Ei zwischen Kiefer und Kopf abzulegen, dessen Larve später die Ameise tötet. Die aufsitzenden oder mitlaufenden kleinen Schwestern wehren die Buckelfliege energisch ab. Man kann also von einer »Leibwache« für die Arbeiterinnen sprechen.[59] Es gibt auch Ameisenarten, die sich Sklaven aus anderen Völkern erbeuten. Durch Versprühen chemischer Substanzen schlagen sie deren Arbeiterinnen in die Flucht, um deren Puppen zu rauben, die sie heranwachsen lassen, damit diese die mühseligen Arbeiten wie Nestbau, Pflege der Brut, Besorgung der Nahrung und Entsorgung des Mülls verrichten.[60] – Ameisenvölker in den südostasiatischen Regenwäldern halten sich *Herden* von Schildläusen auf jungen Baum- und Sträuchertrieben oder Blüten und Früchten, von deren Säften sich die Läuse nähren. Und die Ameisen leben vom nährstoffhaltigen Kot ihrer Herden. Bei einer Störung ergreifen die Ameisen ihre Läuse häufchenweise, um sie wegzutransportieren, worauf die Läuse schon eingespielt sind, denn sie unterstützen den Vorgang, statt sich zu wehren. In ihren eigenen Nestern unterhalten die Ameisen »Geburtsstationen« für Läusemütter, die dort durch parthenogenetische, also ungeschlechtliche Fortpflanzung ihre Jungen zur Welt bringen. Diese Ameisen verhalten sich wie Nomaden, denn sie ziehen mit dem ganzen Volk (ca. 10000 Ameisen) samt Brut und Königin weiter, um ihren Läuseherden neue Weideplätze zu bieten. Sie bauen keine Behausung, sondern bilden aus ihren Leibern einen Klumpen, in dessen Innern die Königin mit ihren Läusen lagert. In ähnlicher Weise schirmen sie auch ihre Läuse gegen tropische Sturzregen ab. Wenn diese Symbiose gewaltsam zerstört wird, stirbt das Ameisenvolk in einigen Tagen, und die Läuse werden in wenigen Stunden Beute ihrer Feinde, vor denen sie die Ameisen schützten.[61]

Die Lebensweise der Ameisen, von denen es schätzungsweise 8800 Arten gibt, dürfte *150 Millionen Jahre* überdauert haben.[61] Die

Ameisen zählen zu den dauerhaftesten Gattungen auf dieser Erde. Sie konnten offensichtlich solch unvorstellbare Zeiträume überstehen, weil sie ihre einmal gefundene Lebensform *unverändert beibehalten haben*. Wie bei den Termiten und Bienen stammt jeweils das ganze Volk von *einer Königin* ab. Darum konnte es trotz Zweigeschlechtlichkeit nicht zu der genetischen Vielfalt der Säugetiere kommen. Und als sehr kleine Tierchen fanden sie auch bei extrem wechselnder Flora und Fauna stets genügend Nischen, um zu überleben.

Ein den Ameisen ähnliches Sozialverhalten zeigt ein Säugetier mit dem Namen *Nacktmull*, das erst 1976 entdeckt wurde.[62]

Die Termiten haben weitgehend das gleiche Staatswesen wie Ameisen und Bienen. Eine Besonderheit ist höchst interessant: Ihre Soldaten produzieren giftige Sekrete, die sie auf Angreifer verspritzen. In Brasilien fand man bisher 30 solcher Kamikazearten, bei denen die einzelne Termite explodieren kann, wenn sie den Gegner, zum Beispiel eine Ameise, berührt. Sie hat in ihrem Unterleib ein Sekret, das an der Luft klebrig wird und somit Angreifer wie Verteidiger bewegungsunfähig macht, was für beide den Tod bedeutet.[63] Auch die Bienen verfügen über eine »Kriegerkaste«.[64]

Was also der Mensch erst im 20. Jahrhundert vollbracht hat, die chemische oder biologische Kriegführung, fand die Evolution der Natur bereits vor vielen Millionen Jahren heraus. Überhaupt haben die beschriebenen Insektenarten bereits das vorweggenommen, was der Mensch in den letzten Jahrhunderten auf der Erde geschaffen hat: *den straff organisierten arbeitsteiligen Massenstaat*. Schon der Historiker Jacob Burckhardt hatte entdeckt, daß diese Tierstaaten vollkommener sind als die Menschenstaaten, aber ihre Konsequenz ist die *Unfreiheit*. »Die einzelne Ameise funktioniert nur als Teil eines Staates, welcher als *ein* Leib aufzufassen ist.«[65]

Die Lebewesen behalten offensichtlich das, was sich die Generationen ihrer Vorfahren im Laufe der Jahrtausende und Jahrmillionen angeeignet haben, in ihrem *genetischen »Gedächtnis«*. Was überlebenswichtig ist, bleibt dort gespeichert bis hin zum kompliziertesten Lebewesen, dem Menschen.

Nach der Vereinigung von Ei und Samenzelle durchläuft der Fötus auch noch im menschlichen Mutterleib in neun Monaten *alle Sta-*

dien der Evolution, die das Leben in mehr als drei Milliarden Jahren durchlaufen hat. Und ohne daß wir das »wissen«, fließt in uns auch der Strom der *unbewußten Erinnerungen.* Sie sind es, die dem Fisch sagen, wie er schwimmen muß, dem Vogel, wie er fliegen, sich paaren und ein Nest bauen muß, sowie dem Fohlen, wie es Minuten nach der Geburt auf vier Beinen gehen muß. Alle Tiere und Pflanzen wachsen und handeln nach ihrem in den Genen gespeicherten Gedächtnis, das in unzähligen Generationen *angereichert* worden ist. Und für alle Zeiten gilt: »Die höher entwickelten Lebensstufen bestehen nur, weil sie sich auf die vorhergehenden stützen können: sie folgen auf sie und sind von ihnen abhängig. – Aus diesem Grunde kann der Begriff ›Fortschritt‹ nur mit Vorbehalt auf die Evolution des Lebens angewendet werden, so daß er beinahe seinen Sinn verliert. Damit ein Lebensbereich sich über den anderen erheben kann, muß erst einmal dieser auf seiner eigenen Stufe Bestand haben und dann jenen stützen . . . Das am höchsten entwickelte Lebewesen, der Mensch, kann nur leben, weil neben ihm die ältesten, aber auch effizientesten Lebensformen weiterbestehen, weil die weniger entwickelte Pflanzenwelt Leistungen vollbringt, die den höher entwickelten Säugetieren versagt sind. Wenn die letzteren einmalige und völlig neue Fähigkeiten zu entwickeln vermochten, so nur, weil im Laufe von mehr als drei Milliarden Jahren die früheren mit den späteren Lebensformen zusammenblieben. Das Leben hat auf seine Weise die Arbeitsteilung eingeführt und gleichzeitig als absolutes Gesetz die Interdependenz seiner Bereiche eingerichtet.« Diese glänzende Definition entnehme ich dem Buch »*Die veruntreute Erde*« des französischen Wissenschaftlers und Politikers *Maurice Blin.*[66] Schon Darwin hatte sich einmal notiert, daß es absurd sei, von »höheren« und »tieferen« Lebensformen zu sprechen, berichtet Rieppel und kommt zu dem Schluß: »Die Natur als solche kennt keinen Fortschritt, auch keinen Sinn und noch weniger eine Verantwortung.«[67] Er zitiert dann den Wissenschaftshistoriker William Provine: »*Das Universum kümmert sich nicht um uns . . . und weckt keine begründete Hoffnung auf zukünftige Sorge um uns.*«[68]

2 Der 3 000 000 Jahre dauernde Anlauf des Menschen

Wie die Natur die Wesen überläßt dem Wagnis ihrer dumpfen Lust und keins besonders schützt in Scholle und Geäst: so sind auch wir dem Untergrund unseres Seins nicht weiter lieb; er wagt uns.

Der deutsche Dichter Rainer Maria Rilke

Wie schon gesagt, muß auch das Menschenkind im Mutterleib all die Stadien der über Milliarden Jahre dauernden Evolution in 270 Tagen durchlaufen. All die Billionen Schritte, die wir nie erklären können, die wir nicht einmal zu zählen vermöchten, sind zu wiederholen. Denn mit jeder weiteren, das heißt komplizierteren Art, sind sie an Zahl unermeßlich angewachsen, bis sie im jetzigen Menschen ihren Endpunkt erreicht haben. Das genetische Gedächtnis mußte also immer längere Zeiten und Entwicklungsschritte behalten können. »Die Rinde des menschlichen Großhirns bewahrt und konzentriert die ganze Lebensgeschichte des Organismus und seine Vorgeschichte«, sagte schon Max Scheler.[69] 1884 hatte Nietzsche in einem seiner Geistesblitze festgehalten: »Ich setze *Gedächtnis und eine Art Geist bei allem Organischen voraus*: der Apparat ist so fein, daß er *für uns* nicht zu existieren scheint.«[70] Hundert Jahre später ist nun der Apparat in vielen seiner Teile bis in feinste Verästelungen freigelegt. Wenngleich längst nicht alles aufgeklärt ist, so kann doch die verwirrende Komplexität der organischen Welt und die jedes einzelnen Lebewesens fotografisch dargestellt, ja ausschnittweise in millionenfacher Vergrößerung in jeder Tageszeitung verbreitet werden. Heute wissen wir, daß ein menschlicher Körper im Durchschnitt eintausend Quadrillionen (10^{27}) Atome hat, also eine Zahl mit 27 Nullen. Wir wissen, daß täglich Milliarden Zellen absterben und durch neue ersetzt werden. Auf das Wunderwerk des Gehirns kommen wir noch.

Grundlage allen Lebens ist das Festhalten am Bewährten. Bedingung jeder Weiterentwicklung ist die *Ungleichheit*, denn jede erfolgreiche Veränderung wird mit vielen Fehlern bezahlt. Wenn Fehler aber ausgeschlossen wären, dann gäbe es keine Variationsmöglichkeit.

Da es in der Natur nur einen allmählichen Wandel gibt, werden wir für das »Auftreten des Menschen« nie ein genaues Datum nennen können. Mit drei Millionen Jahren – gleich 100 000 Generationen – wollen wir uns eher an die längeren Annahmen für seine Existenz halten. Es ist bereits schwer, den Unterschied zwischen Mensch und Tier zu definieren, auch wenn man die *Intelligenz* des Menschen als sein Hauptmerkmal ansieht. Diese definiert Konrad Lorenz als die Fähigkeit zum kurzfristigen Erkennen von wesentlichen Zusammenhängen innerhalb eines problematischen Sachverhalts und dessen angemessener Lösung.[71]

Wir werden weder eine Grenze zwischen uns und unseren tierischen Vorfahren festsetzen können, noch kennen wir bis heute den Zweig der Menschenaffen, von dem wir uns abgespalten haben. Sicher ist, daß die Erde vor 130 Millionen Jahren in drei Kontinente aufgespalten war, die so unterschiedliche Evolutionen durchmachten wie drei verschiedene Planeten: die nördliche Landmasse, Australien mit der Antarktis und Südamerika, das sich von Afrika abgetrennt hatte. Die Entwicklung zum Menschen hin vollzog sich *nur auf dem eurasisch-afrikanischen Kontinent*. Dort hatten sich vielleicht in gefährlicher Umwelt Tierarten auf die Bäume geflüchtet, wo sie ihre Hände ausbilden mußten. Als sie es wagen konnten, wieder hinabzusteigen, hatten sie den Vorteil geschickter Hände, aber den Nachteil langsamer Füße. Den mußten sie mit ihrem Gehirn ausgleichen. Wenn wir den *aufrechten Gang* als Kennzeichen ansehen, dann soll ihn schon der *Ramapithecus* vor 20 bis 15 Millionen Jahren geübt haben. Er war einen Meter groß, 25 bis 30 Kilogramm schwer und hatte Ähnlichkeit mit dem Pavian. Als Raubaffen nährten sich diese Wesen von Insekten, kleineren Säugetieren, Vögeln und Reptilien. Von den Sinnesorganen entwickelten sich vor allem Auge und Ohr, der Gebrauch der Hände erweiterte sich, das Gehirn wurde leistungsfähiger.

Im mittleren Afrika lebte um die gleiche Zeit der sogenannte »*Proconsul*«, den man als »Menschenaffen« bezeichnet, ein schimpansenähnlicher Vorfahre auch der heute in Afrika lebenden Affenarten. Daß die Schimpansen die nahesten Verwandten des Menschen unter den Affen sind, wird neuerdings durch die Molekularbiologie untermauert, welche die Erbinformationen der Lebewesen in der DNS vergleicht. Die Unterschiede zum Gorilla und zum Orang-Utan erwiesen sich als größer als die zum Schimpansen.[72] Hatten die Baumbewohner fast ausschließlich von pflanzlicher Nahrung gelebt, so nahm während der Übergangszeit vom Tier zum Menschen, die etwa von acht bis drei Millionen Jahren vor unserer Zeit anzusetzen ist, der Verzehr von Tieren zu. Die täglichen 3000 Kilokalorien bestanden dann in der Altsteinzeit zu ⅔ aus pflanzlicher und zu ⅓ aus tierischer Herkunft.

In der Zeit von vier Millionen bis noch vor 1½ Millionen Jahren lebten drei verschiedene Arten des Australopithecus, deren Größe zwischen 1,20 und 1,55 Meter schwankte, bei einem Gewicht von 35 bis 70 Kilogramm. Es ist nicht geklärt, ob sie Nachkommen des Ramapithecus waren, und auch, ob sie zu den Vorfahren des Menschen gehören. Denn vor zwei bis einer Million Jahren lebte auch schon in Afrika der *homo habilis*, dessen Zugehörigkeit zu den Menschen ebenfalls noch umstritten blieb; er war nur 1,20 Meter groß, hatte aber schon 650 bis 800 Kubikzentimeter Gehirn. Beim *homo erectus* mit 1,70 Meter und dem Gehirnvolumen von 900 bis 1100 Kubikzentimeter ist das nicht mehr umstritten, dagegen seine Abstammung. Die bedeutendsten Fundstätten liegen in Afrika, er war aber zwischen 1,9 und 0,7 Millionen Jahren v. Chr. über die gesamte alte Welt in ähnlichen Formen verbreitet. Mehrere Funde jüngeren Datums aus den Jahren 500000 und 400000 v. Chr. sind aus Java und China bekannt. Dieser »Peking-Mensch« kannte *das Feuer* und fertigte einfache Waffen und Werkzeuge an. Nahe Budapest fand sich ein 350000 Jahre alter Schädel heutiger Gehirngröße. Bis nach Frankreich, Großbritannien und Nordeuropa lebte dieser »Steinheim-Mensch«, der bei seinem Hirnvolumen von 1150 Kubikzentimetern Steinmesser, Steinschaber, Holzkeulen und hölzerne, im Feuer gehärtete Lanzen benutzte.

In den letzten drei Millionen Jahren erfolgte eine Verdreifachung des *Gehirnvolumens*, die beim *Neandertaler* vor 60000 Jahren abgebrochen wurde. Seine Größe lag bei 160 Zentimeter, das Gehirn war mit 1350 bis 1725 Kubikzentimetern eher größer als das des heutigen Menschen. Er besaß schon ausgeklügelte Werkzeuge. Von ihm gibt es Funde von der Nordsee über Palästina bis Zentralasien über den Zeitraum von 130000 bis 30000 Jahre vor Chr.

Der *homo sapiens* hat heute ein Gehirnvolumen von 1300 bis 1800 Kubikzentimeter. Er lebte in ganz Afrika. Der mit 92000 Jahren älteste Fund außerhalb Afrikas ist der am Karmel-Berg in Palästina. Ob die »Menschwerdung« in einer Linie erfolgte, wobei Afrika als Ursprungsland bevorzugt wird, oder ob sie in mehreren Linien und getrennten Regionen vor sich ging, ließ sich bisher nicht ermitteln. Es ist auch nicht geklärt, inwieweit und zu welchen Zeiten verschiedene der genannten Arten nebeneinander gelebt haben. Auf jeden Fall sind sie alle bis auf den homo sapiens *verschwunden*. John Eccles meinte 1984 in einem Vortrag, daß diese Arten nicht »einfach so ausgestorben« seien, sondern in einem über Hunderttausende von Jahren geführten unerbittlichen Kampf auf Leben oder Tod vom homo sapiens ausgerottet wurden. Gegen solch »raffiniertere, aggressivere, effizienter kämpfende und tötende Verwandte, die unsere fernen Vorfahren waren«, hatten die anderen keine Chance.[73] Eccles wird mit seiner Beschreibung recht haben, und es könnte durchaus sein, daß die Evolution zunehmend aggressivere Gattungen hervorbringt. Robert Ardrey faßte seine Erfahrungen zusammen: »Niemand, der je mit Affen oder Menschenaffen zu tun hatte, kann ihren angeborenen Forscherdrang, ihre Unternehmungslust, ihre Neugierde leugnen. Drohungen und Bestrafungen zum Trotz wird untersucht, was immer ihnen unterkommt. Als der abenteuerlustige Primat des Miozäns – vielleicht ganz einfach aus Neugierde – zum Jäger wurde, vereinigte er in sich das erfahrungshungrige Erbe des Primaten mit den gewalttätigen Befriedigungen des Raubtiers ... Jedenfalls haben wir durch viele Millionen Jahre unsere tägliche Befriedigung in der Gewalt gefunden. Wir haben angegriffen, sonst wären wir verhungert. Wir haben uns anatomisch und physisch an die Jagd angepaßt. Unser muskulöses Gesäß – im Gegensatz zu dem aller übrigen Primaten – gab uns die Kraft zu werfen, zuzustoßen, zu zerschmettern. Unsere abgeflachten Füße gaben uns Schnelligkeit und Ausdauer. Drüsen, deren Sekrete einst den scheuen Primaten zur Flucht bewogen, änderten sich und gaben uns die Fähigkeit anzugreifen. Wir wurden Geschöpfe, die sich in jeder Beziehung für das erregende Leben der Gewalt eigneten. Bis vor 5000 Jahren gab es keine andere Möglichkeit zu überleben.«[74]

»Der Mensch hat sich in der Eiszeit entwickelt«, schlußfolgert Carl Friedrich von Weizsäcker, »oder gerade in den klimatisch ungünstigen Gebieten der Erde, denn wir finden die prähistorischen Reste oft nahe der Grenze der noch bewohnbaren Gebiete. In diesen Jahrzehntausenden haben sich auch die drei verschiedenfarbigen Menschenrassen entwickelt, die noch heute sichtbar durch ihre Hautfarbe unterschieden sind.«[75]

Es wäre auch nicht falsch, den Menschen als »größten Parasiten der Natur« zu bezeichnen; doch was hilft diese moralisierend klingende Bewertung? Die Natur ist *voller Parasiten*, der wohlwollende Betrachter kann auch sagen *voller Symbiosen*. Man denke an die 100 Billionen Einzeller, die im menschlichen Körper leben. Diese verbrauchen für ihren eigenen sehr schnellen Stoffwechsel 30 Prozent der Energie, die wir unserem Körper durch Nahrung zuführen. Aber wir müssen sie »bewirten«, da wir ohne sie nicht leben könnten. Das sind die Prokaryonten, auf die wir bei der Entstehung des Lebens stießen; im Darm können sie sich innerhalb von 48 Stunden verhundertfachen.[76]

Wahr ist auf unserem Planeten nur das, was sich auf Dauer bewährt. Und unbestreitbar ist, »sämtliche tierisch-menschlichen Triebe haben sich bewährt, seit unendlicher Zeit, sie würden, wenn sie der *Erhaltung der Gattung* schädlich wären, *untergegangen* sein: deshalb können sie immer noch dem Individuum schädlich und peinlich sein – aber die Gattungs-Zweckmäßigkeit ist das Prinzip der erhaltenden Kraft.«[76]

Jedenfalls hat die neue Gattung »Mensch« die vielfältigen Überlebensprüfungen *bestanden*, die ihr in der bisherigen Existenz auferlegt waren, wie die Millionen von anderen Gattungen, die ihre Vorläufer waren. Heute dürfen wir feststellen: wenn nicht 100000 Generationen der Menschen vor uns »menschenunwürdig« gelebt hätten, dann wäre die heutige Generation gar nicht in die Lage geraten, immerzu nach einem »menschenwürdigen Leben« zu schreien. Von den unerbittlichen Gesetzen der Geschichte und der Natur ist der Mensch ebensowenig ausgenommen wie jedes andere Lebewesen. Viele Wissenschaften sind seit Darwin zu gesicherten Kenntnissen über unsere eigene Naturgeschichte gelangt, und Bibliotheken sind darüber vollgeschrieben worden. Das heißt aber noch nicht, daß die Menschen diese längst nicht mehr zu bezweifelnden Ergebnisse in ihr Weltbild aufgenommen hätten. Eine Befragung in der Bundesrepublik Deutschland im Jahre 1989 ergab, daß 28 Prozent dem Schöpfungsbericht der Bibel vertrauen und 20 Prozent unschlüssig sind, obwohl die großen christlichen Gemeinschaften an diesem Dogma längst nicht mehr festhalten. Nur 52 Prozent scheinen also überzeugt zu sein, daß der Mensch ein Ergebnis der Evolution ist.[77] Die deutschen Fundamentalchristen halten ebenfalls an der Schöpfungsgeschichte des Alten Testaments fest. Da die Deutschen nun nicht gerade zu den weniger gebildeten Völkern gehören, darf man davon ausgehen, daß eine erdrückende Mehrheit der Menschen der Welt nichts über ihre Herkunft weiß und wohl *auch nicht wissen will*. In den USA beharren einige Bundesstaaten darauf, die Lehren Darwins aus dem Schulunterricht zu verbannen. In Athen demonstrierten 1989 mehr als 10000 griechisch-orthodoxe Geistliche gegen ein Schulbuch, das Oberschülern die Evolution erklärt.[78] Da waren die Hellenen vor 2500 Jahren schon bedeutend klüger.

Es ist für den Fortgang der Geschichte von entscheidender Bedeutung, ob der Mensch über seine Herkunft und die Bedingungen seines Daseins etwas wissen will oder nicht.

3 Der 100 000 Jahre dauernde Anlauf des Denkens

Über unseren ganzen Planeten sind die Spuren und die Leistungen des Menschen verstreut, und für die meisten von uns gehört eine gewaltige geistige Anstrengung dazu, sich klarzumachen, daß diese Verteilung menschlicher Erzeugnisse auf weite Gebiete eine Angelegenheit der letzten 100 000 Jahre ist.

Der englische Schriftsteller
Herbert George Wells

Mit dem Menschen hat das nahezu vier Milliarden Jahre dauernde Abenteuer des Lebens seinen Höhepunkt erreicht. Diesem denkenden Wesen ist es gelungen, nicht nur seine eigene Geschichte, sondern auch die des Weltalls zu rekonstruieren. *Wann* der Mensch zu denken begann, ist eine Frage der Definition des »Denkens«. Es gibt viele Tierarten, die auch schon in bestimmtem Umfang denken. Wir wissen das vom Delphin, von den Primaten ohnehin, von den Makaken in Japan, von Bibern, Ottern, Raubwanzen, Raben und Meisen. Allen genannten gelangen schon »Erfindungen«, die von ihren Artgenossen aufgegriffen und praktiziert wurden.[79] Der griechische Philosoph Demokrit meinte sogar: »Die wichtigsten Fertigkeiten haben die Menschen von den Tieren gelernt: von der Spinne das Weben und Flicken, von der Schwalbe den Hausbau und von den Singvögeln den Gesang auf dem Wege der Nachahmung.«[80] Da wir uns mit den genannten intelligenten Mitbewohnern der Erde nicht unterhalten können, sind wir auf unsere Beobachtungen angewiesen. Und da wir auch von unseren fernen Vorfahren nur die Skelette vor uns haben, müssen wir uns an die gefundenen materiellen Ergebnisse ihres Denkens halten, die hier und da Jahrzehntausende überstanden haben. Aus den gefundenen Schädeln können wir gut das Volumen des Gehirns errechnen; doch wäre es falsch, dessen Größe mit der Höhe der Intelligenz völlig gleichzusetzen, vor allem wenn wir daran denken, was die winzigen Gehirne der Insekten oder der Vögel leisten. Manche Anthropologen sind der Ansicht, daß die klassische Gehirnentwicklung bei den Vögeln ihren Endpunkt erreicht habe.[81] Der Neandertaler hatte um die hundert Kubikzentimeter mehr Gehirn als der heutige Mensch im Durchschnitt; dennoch ist fraglich, ob er intelligenter gewesen ist. Die gefundenen Grabbeigaben bieten Hinweise auf Begräbnisrituale, deren Anzeichen auch schon bei Elefanten beobachtet wurden.[82] Der Neandertaler, der noch vor 55 000 Jahren in Europa auftrat, benutzte einfache Werkzeuge und wird nach neuester Ansicht auch schon eine Sprache gehabt haben.[83] Dennoch gelang es dem Neandertaler nicht, zu überleben.

Das Gehirn des *homo sapiens* – wie sich der gegenwärtige Mensch zu nennen beliebt, den manche Wissenschaftler sogar homo sapiens sapiens nennen – dürfte schon seit mindestens 200 000 Jahren das durchschnittliche Volumen von 1350 Kubikzentimetern erreicht haben. Für den darauf folgenden Stillstand in der Entwicklung gibt es keine Erklärung. Unser Gehirn enthält ca. 14 Milliarden (14^{10}) Nervenelemente (Neuronen). Jede Gehirnzelle ist mit mehr als einer Million anderer direkt verbunden. Das ergibt einige Dutzend Milliarden von Schaltelementen und noch mehr Verknüpfungen.[84] Kein Computersystem erreicht eine solche Kompliziertheit auch nur im entferntesten. Ob die *Differenzierung* in der vorgeschichtlichen Zeit nicht doch noch zugenommen hat, läßt sich nicht mehr ermitteln. Das unbegreifliche Wunder des Gehirns liegt also nicht in seiner Größe und den Milliarden von Zellen, denn das ergäbe nur ein Chaos, sondern in der *perfekten Organisation dieser Zentrale und ihres Zusammenwirkens mit dem Körper*. Die Forschungen der letzten Jahre über unser Immunsystem wiesen nach, daß auch dieses direkt vom Gehirn gesteuert wird. Ein dichtes Netz von Nervenverbindungen, Gehirnbotenstoffen, Hormonen, Immunsignalstoffen sorgt dafür, daß ständig »Kriegsberichte« in beiden Richtungen, dazu noch über Querverbindungen laufen, um dementsprechende ganz akute Einsatzbefehle an die Truppen des Immunsystems erteilen zu können.[85] Die Neurologie hat in den letzten Jahren bestätigt, was der Philosoph Friedrich Nietzsche schon erkannte: »Nun ist alles *Wesentliche* der menschlichen Entwicklung in Urzeiten vor sich gegangen, lange vor jenen viertausend Jahren, die wir ungefähr kennen; in diesen mag sich der Mensch nicht viel mehr verändert haben.«[86] Das bestätigt sein Freund Jacob Burckhardt: »Weder Seele noch Gehirn der Menschen haben in historischen Zeiten erweislich zugenommen, die Fähigkeiten jedenfalls waren längst komplett! Daher ist unsere Annahme, im Zeitalter des sittlichen Fortschritts zu leben, höchst lächerlich.«[87] Damit ist nicht geleugnet, daß in einzelnen Individuen Spitzenleistungen des Gehirns erreicht worden sind, die vor 100000 Jahren vielleicht unmöglich gewesen wären. Zum Beispiel urteilte zu Beginn unseres Jahrhunderts ein englischer Wissenschaftler, dessen Name mir entfallen ist, daß *Goethe* wohl das am feinsten organisierte Gehirn gehabt habe, das die Menschheit je hervorbrachte.

Der entscheidende Schritt zum Menschen ist das *Bewußtsein seiner selbst*, die mögliche Vergegenständlichung der eigenen Person. Wir werden kaum jemals ergründen, wie weit bestimmte Tiere es vielleicht doch schon besitzen. »Die Bewußtheit ist die letzte und späteste Entwicklung des Organischen und folglich auch das Unfertigste und Unkräftigste daran. Aus der Bewußtheit stammen unzählige Fehlgriffe, welche machen, daß ein Tier, ein Mensch zu Grunde geht, früher als es nötig wäre ... Wäre nicht der erhaltende Verband der Instinkte so überaus viel mächtiger, diente er nicht im Ganzen als Regulator: an ihren verkehrten Urteilen und Phantasiren mit offenen Augen, an ihrer Ungründlichkeit und Leichtgläubigkeit, kurz eben an ihrer Bewußtheit müßte die Menschheit zu Grunde gehen.«[88] Dieses Bewußtsein hat dem Menschen eine neue Welt mit all ihren existentiellen Gefahren und großartigen Möglichkeiten eröffnet, aber von uns selber haben wir bis heute nur eine Art »gauklerischen Bewußtseins«.[89]

Mit wachsender Fähigkeit dieses und jenes selbst herstellen zu können, zog der Mensch die naheliegende Schlußfolgerung, auch alles Übrige müsse von irgend jemand »*gemacht*« worden sein. Doch von wem wohl? Sicher von einem Gott oder mehreren Göttern. Und seit der Mensch zielbewußt handelt, lag der Gedanke nicht weit, daß auch alles sonstige Geschehen ein Ziel haben müsse, wobei es dem Gesetz von Ursache und Wirkung gehorche. Die Griechen sprachen später von einem Demiurg, einem Baumeister der Welt. Doch dieser Ursprung der religiösen Vorstellungen scheint von heute aus betrachtet und damit etwas zu rational zu sein. »Alle Philosophen haben den gemeinsamen Fehler an sich, daß sie vom gegenwärtigen Menschen ausgehen«, meinte auch Nietzsche.[90]

Daß die Steinzeitmenschen nicht nur über das Notwendige nachgedacht haben, beweisen ihre *Wandmalereien*, die besonders in Westeuropa vielerorts entdeckt worden sind. Sie stammen aus der Zeit von 40000 bis 10000 v. Chr. und werden den Cromagnon-Menschen zugeordnet, welche zu Beginn dieses Zeitraums nach Europa gekommen waren, während der Neandertaler ausstarb. Die Motive der Zeichnungen kreisen um den Kampf von Mensch und Tier, wobei es für beide um Tod oder Leben ging. Aus der späteren Zeit sind auch kleine Skulpturen von Mensch und Tier gefunden worden. Das Studium sogenannter »primitiver Kulturen« beweist, daß gerade sie keineswegs der bloßen Nützlichkeit huldigten, sondern mit ihrer Kunst auch den alltäglichen Gebrauchsgegenständen eine »Bedeutung verliehen und auf deren Schönheit achteten. Jene Gesellschaften, deren Gewohnheiten noch in der Neuzeit bei vielen Stämmen in aller Welt studiert werden konnten, waren *Kulturgemeinschaften*.« Das Immaterielle beherrschte, trotz des Daseinskampfes, ihr Leben, worauf ich in meinem Buch »Das irdische Gleichgewicht«[91] einging. Mit ihrer jeweiligen Sprache werden sich die Menschen eines Stammes wohl schon seit rund 100000 Jahren verständigt haben. Doch ehe die Worte nicht auch in Schriftzeichen umgesetzt wurden, konnte uns nichts überliefert werden.

Wie die *Totenkulte* beweisen, bildeten sich jene Menschen Vorstellungen über das *Jenseits* des Todes. »Im Traume glaubte der Mensch in den Zeitaltern roher uranfänglicher Kultur eine zweite reale Welt kennen zu lernen; hier ist der Ursprung aller Metaphysik.«[92] In den Träumen der Lebenden tauchen die Toten immer wieder auf, wie es der Indianerhäuptling Seattle noch 1854 in seiner berühmten Rede beschwor.[93] In jenen Urzeiten waren die lebenden Generationen überzeugt, daß sie nur aufgrund der Opfer und Leistungen der Vorfahren existierten, was sie denen durch Opfer und Leistungen *zurückzuzahlen* hatten: »Man erkennt somit eine *Schuld* an, die dadurch noch beständig anwächst, daß diese Ahnen in ihrer Fortexistenz als mächtige Geister nicht aufhören, dem Geschlecht neue Vorteile und Vorschüsse seitens ihrer Kraft zu gewähren. Umsonst etwa? Aber es gibt kein ›Umsonst‹ für jene rohen und ›seelenarmen‹ Zeitalter. Was kann man ihnen zurückgeben? Opfer (anfänglich zur Nahrung im gröblichsten Verstande), Feste, Kapellen, Ehrenbezeigungen, vor allem Gehorsam – denn alle Bräuche sind, als Werke der Vorfahren, auch deren Satzungen und Befehle –: gibt man denn je genug? Dieser Verdacht bleibt übrig und wächst: von Zeit und Zeit erzwingt er eine große Ablösung in Bausch und Bogen, irgend etwas Ungeheures von Gegenzahlung an den ›Gläubiger‹ (das berüchtigte Erstlingsopfer zum Beispiel, Blut, Menschenblut in jedem Falle).« Und denkt man weiter, »so müssen schließlich die Ahnherrn der *mächtigsten* durch die Phantasie der wachsenden Furcht selbst in's Ungeheure gewachsen und in das Dunkel einer göttlichen Unheimlichkeit und Unvorstellbarkeit zurückgeschoben worden sein: – der Ahnherr wird zuletzt notwendig in einen *Gott* transfiguriert. Vielleicht ist hier selbst der Ursprung der *Götter*, ein Ursprung also *aus der Furcht*!«[94]

Die nur mündlich von Generation zu Generation weitergegebenen Mythen – wie bei den Indianern noch bis in die Gegenwart – berichteten von großen *Heldentaten* einzelner, die das Überleben der Horde oder des Stammes erkämpft hatten, worauf sie in Legenden mit der Vorstellung *Gottes* identisch wurden.

Je mehr der frühe Mensch zu phantasieren und nachzudenken begann, um so unheimlicher mußte es ihm werden, überall sah er *böse Geister*, die ihm nachstellten. Jacob *Burckhardt* sprach von »*Religionen* der Bangigkeit«, die »unheimlichen Kinderträumen« entsprechen.[95] Darum brauchte der Mensch auch freundliche *Phantasien* über solche Geister oder Götter, die ihn hilfreich unter ihre schützenden Fittiche zu nehmen versprachen. So entstanden die *Religionen* aus *Träumen*, die dann in zunehmend konkretere Formen gegossen wurden. Eine sich verfestigende religiöse Lehre kommt über kurz oder lang in das Stadium, in dem sie behauptet, *alles zu wissen*. Aber dahin wird sie auch von ihren Anhängern getrieben, die es handgreiflich haben wollen, »weil alles Bestimmte ein Königsrecht hat gegenüber dem Dumpfen, Unsicheren und Anarchischen«, wie Jacob *Burckhardt* in seinen »Weltgeschichtlichen Betrachtungen« darlegte.[96] In den perfekt durchorganisierten und zu guter Letzt auch alternden Religionen kommt die Furcht vor Verunsicherung auf. Darum dulden *Religionen* und auch *Kulturen* keine anderen Auffassungen neben den ihrigen, weil sie stets fürchten müssen, ihres Glaubens verunsichert zu werden. Sobald der eigene Glaube nicht mehr *alle überzeugt*, ist sein Verfall nicht mehr aufzuhalten. Also darf man auch Irrtümer nicht aufgeben, sondern muß sie als Bestandteil der Lehre verteidigen.

Die Weltgeschichte beweist uns: *Als der Mensch zu denken anfing, begann er auch zu irren.* Er wollte alsbald die Natur korrigieren und sogar seinen eigenen Körper. Bemalungen und Tätowierungen sind noch das Harmloseste. Schlimmer war es schon, wenn die Mütter in der Umgebung von Toulouse durch Einschnüren der Schädel Neugeborener erreichen wollten, daß sich der Kopf zu einer Art Zukkerhut formte. In China gab es die Mode, Mädchenfüße durch enges Schuhwerk zu »verschönern«, richtiger zu verkrüppeln. Stämme in Afrika durchbohrten die Unterlippe mit einem Stück Holz. Man sieht schon an diesen wenigen Beispielen, daß derlei Abwegiges sich nicht nur auf einige Völker beschränkte. Schwerer wiegende Eingriffe sind Beschneidung und Kastration und die geradezu wahnhafte Verstümmelung der Mädchen, die heute noch in Ägypten, Somalia und weiteren moslemischen Ländern üblich ist, worunter die armen Geschöpfe ihr ganzes Leben zu leiden haben. Einige dieser Bräuche inspirierten den französischen Schriftsteller Charles Richet 1922 zu dem Buchtitel »Der Mensch ist dumm!« Als Höhepunkt menschlicher Verirrungen beschreibt er die göttliche Verehrung des Apisstiers bei den Einwohnern Kretas. Über ein Jahrtausend hätten diese Menschen geglaubt, daß der vorgeführte Stier ein leibhaftiger Gott sei, so daß sie sich vor ihm niederwarfen. Wir brauchen jedoch nicht in die Ferne zu schweifen und auch nicht weit in der Vergangenheit zu graben, um auf die sogenannten »Hexenverbrennungen« zu stoßen. Diese haben jahrhundertelang Europa mit Brandgeruch erfüllt und bewiesen, daß der religiöse Wahn auch im »christlichen Abendland« zu schlimmsten Auswüchsen geführt hat.

Die Angst vor dem Tod und die bange Frage nach dem »Danach« trieb den Menschen von Anbeginn immer wieder auch in Verirrungen. Es konnte soweit kommen, daß die Beschäftigung mit dem Jenseits das Diesseits völlig überschattete wie schon in der ägyptischen Gräberreligion und in der späteren Verleidung des Erdenlebens im Christentum. Dennoch sah schon Jacob Burckhardt in der Religion eine Vorbedingung für alle Kultur.[97] Nietzsche erklärt »alle metaphysischen und religiösen Denkweisen als Folge einer Unzufriedenheit *am Menschen*, eines Triebes nach einer höheren, übermenschlichen Zukunft . . .«;[98] es geht um »wissen wollen, wozu der Mensch da ist, sein Ziel, seine Bestimmung zu kennen«.[99] Das ist die Konsequenz dessen, »daß man keinen *Sinn*, kein *Wozu?* aus der vorhandenen Welt zu entnehmen wußte«.[100] Jacob Burckhardt sprach vom »ewigen und unzerstörbaren metaphysischen Bedürfnis der Menschennatur«. Die Größe der Religionen liege darin, »daß sie die ganze übersinnliche Ergänzung des Menschen, alles das, was er sich nicht selber geben kann, repräsentieren. Zugleich sind sie die Reflexe ganzer Völker und Kulturepochen in ein großes Anderes hinein . . . Unmöglich ist es zu vergleichen, welcher Prozeß der größere gewesen: die Entstehung des Staates oder die einer Religion«.[101] Dieses *metaphysische Bedürfnis* haben alle Völker und Zeiten, obgleich Anlagen und Schicksale der Völker sehr verschieden sind, und sie halten entschieden an der einmal ergriffenen Religion fest. Aufgrund solchen Beharrungsvermögens haben Kulturen, die wir heute »primitiv« zu nennen belieben, Jahrtausende, ja Jahrzehntausende überdauert. Einige würden regional weiterhin bestehen, wenn sie nicht von der gegenwärtigen Weltzivilisation ausgerottet worden wären. Die Geschichte hat in vergangenen Zeiten einen unendlich langen Atem besessen, wogegen sie jetzt immer kurzatmiger wurde. Aber: »Wie die Geschichte hat das Leben nur deshalb Fortschritte gemacht . . . weil es immer wieder verstanden hat innezuhalten.«[102] Doch nach und nach begann sich das Tempo der Veränderungen zu steigern.

4 Der 10 000 Jahre dauernde Anlauf des Machens

Wir sind die absolute Meister dessen, was die
Erde produziert... Wir streuen den Samen und
pflanzen die Bäume. Wir düngen die Erde... Wir
halten an, lenken und leiten die Flüsse um; kurz,
mit unseren Händen trachten wir... danach, die
Natur zu einer anderen zu machen.

Der römische Staatsmann und
Philosoph Cicero

Wir nähern uns in Riesenschritten der Gegenwart. Nur noch »drei
Tage« sind es bis zum gegenwärtigen »letzten Tag«. Rund »170
Tage« oder 500 000 Jahre war der Mensch *Jäger und Sammler*
dessen gewesen, was ihm die *Natur* bot – nicht viel anders als ein
Raubtier. Erst im fünfzigsten Teil dieser Zeit lebt er als *Umgestalter*
der Natur. Darum ist es kein Wunder, wenn er auch heute noch von
jener Vergangenheit geprägt bleibt. *Das »Machen«* begann natürlich schon früher, ist aber vor 10 000 Jahren, also 8000 v. Chr., in die
Phase der vielseitigen Anwendung eingetreten.

Die Funde primitiver Werkzeuge, wie *Faustkeile* aus Stein, reichen
bis 100 000 Jahre und länger zurück. Vor etwa 45 000 Jahren benutzten die Menschen scharfkantige Feuersteine als *Speerspitzen* und
ungefähr ebenso lange *Steinbeile* mit Stiel. Seetüchtige *Schiffe*
erbauten die Steinzeitmenschen schon zwischen 40 000 und 30 000
Jahren vor unserer Zeit. Vor 30 000 Jahren arbeiteten sie bereits mit
Sägen aus Stein. Seitdem gibt es auch *Nähnadeln,* aus Knochen
gefertigt, die auf die Nutzung von Kleidungsstücken schließen
lassen. *Pfeil und Bogen* sind seit 12 000 Jahren bekannt, was sich für
den Anthropologen Robert Ardrey als bedeutender Schritt zur
Individuation darstellt, weil damit das Zusammenwirken der Horde
bei der Jagd entbehrlich geworden war. Viel wichtiger ist, daß
damit der »Tod aus der Distanz« als neues Faktum in das tierische
und menschliche Leben einbrach; denn mit dem Pfeil ließen sich
natürlich auch Menschen töten.

Die wichtigste Voraussetzung für die Entwicklung der Technik, *das*
Feuer, kann nicht datiert werden. Es wurde eigentlich nicht *erfun-*
den, sondern *gefunden:* in der Natur vorgefunden. Der Mensch sah,

wie der Blitz Feuer zündctc, wie Vulkane feurige Gluten ausstießen, wie gewisse Steine Funken gaben – bis er schließlich selbst versuchte, das Feuer zu entzünden. Das könnte schon vor ein bis anderthalb Millionen Jahren gewesen sein, wie neueste Funde in Südafrika zu belegen scheinen.[103] Noch 1987 war man von 700000 Jahren ausgegangen, da der Peking-Mensch es benutzte. Mit dem Feuer ließen sich wichtige Werkzeuge und Waffen für immer weitere Anwendungsbereiche herstellen.

Als die *Eiszeit* vor rund 12000 Jahren ganz vorüber war, ging auch bald die Steinzeit zu Ende. Die Steinwaffen und -geräte waren inzwischen so vervollkommnet, daß sie den Menschen ein durchaus auskömmliches Dasein ermöglichten. Manche Forscher meinen sogar, es sei ein besseres Leben gewesen, als es die Mehrzahl der Menschen auf dieser Erde *heute* führt. Als einer der vielen Beweise dient die Siedlung Gönnersdorf am Mittelrhein, die seit 10400 – existierte und 9080 – beim Ausbruch des Laacher-See-Vulkans unter Bimsstein konserviert wurde. Die Menschen wohnten in Pfostenbauten, Licht spendeten Lampen aus Stein, gefüllt mit Talg und Fett und einem Docht aus Pflanzenfasern. Geheizt wurde mit Kiefernholz; Fleisch wurde gekocht und gebraten. Man kannte Schmuck, zeichnete Tiere und modellierte Figuren, die fast nur Frauen oder Mädchen darstellten.[104]

Die erste große Revolution der natürlichen Lebensweise, die vor rund 10000 Jahren begann, benötigte nur wenige Jahrtausende, um unser gegenwärtiges Zeitalter vorzubereiten. Das heißt auch, daß die Differenzen in der Lebensweise der Völker zunehmend weiter auseinander klafften. Wir kennen einige Reststämme, die bis in unser Jahrhundert ihre steinzeitliche Lebensweise beibehalten haben.

»Wenn überhaupt einmal in der Menschheitsgeschichte der Pfad menschlicher Ökonomie sich von den Wegen naturgegebener Ökologie trennte, dann sicherlich in dieser Periode der Entdeckung, daß man die Natur durch Einsatz von Einfallsreichtum . . . und Fleiß dazu zwingen kann, für mehr Menschen mehr zu tun, als dies von selbst der Fall ist.«[105] Damals begann die planmäßige menschliche Arbeit. Bei Feldbestellung und Viehzucht mußte in Wachstumsperioden gedacht werden; Geduld war erforderlich, bevor man ernten konnte. Auch jetzt blieb das Leben »ein Kampf Tag für Tag, ein

Kampf ohne Rast: urbar machen, pflanzen, jäten, gießen bis zur Ernte«.[106] Vielleicht haben benachbarte Stämme abschätzig über die Handarbeiter gedacht oder sie sogar verhöhnt. Aber das Lachen dürfte ihnen dann vergangen sein, wenn ihnen im Winter die Nahrung ausging, während die Anbauer und Haustierzüchter noch Vorräte hüteten. Vielleicht haben sie dann bei denen gebettelt oder sich das Nötige geraubt. Das war die Geburtsstunde ökonomischer Kriege unter den Menschen, bei denen es um das nackte Überleben ging. Darum mußten die Ackerbauern ihr Hab und Gut verteidigen, auch schon das bestellte Stück Land. Es erschien ihnen sicher selbstverständlich, daß sie das Ergebnis ihrer Hände Arbeit gegen die, welche keinen Finger gerührt hatten, verteidigten. Es war keine willkürliche Anmaßung, wie Rousseau behauptet hatte: »Der erste, dem es in den Sinn kam, ein Grundstück einzuhegen und zu behaupten, dies gehört mir«, sei ein Betrüger und Verursacher allen Elends der Menschheitsgeschichte gewesen – es handelte sich nur um die Ernte einer wohlerworbenen Leistung unter neuen Umständen. In der Rechtsauffassung, wonach jeder besitzen solle, was er sich erarbeitet hat, leben wir noch heute. Der größte Versuch, allen alles zu geben, ist gerade jetzt, kurz vor dem Jahre 2000, unter anderem daran gescheitert, weil dann das Interesse an eigener Arbeit immer geringer wird. »Will man aber... das Eigentum der *Gemeinde* zurückgeben und den Einzelnen nur zum zeitweiligen Pächter machen, so zerstört man das Ackerland. Denn der Mensch ist gegen Alles, was er nur vorübergehend besitzt, ohne Vorsorge und Aufopferung, er verfährt damit ausbeuterisch, als Räuber oder als liederlicher Verschwender.«[107]

Mit der *ersten ökonomischen Revolution* ergab sich die Teilung der Völker in zwei Hauptgruppen. Einige blieben *Nomaden*, die nun mit ihren Herden umherzogen; da sie sich zugleich verteidigen und auch angreifen mußten, waren sie kriegerisch. Die *Bauern* aber, die in der Regel auch Vieh hielten, mußten seßhaft werden und feste Häuser bauen. Für sie kann diese gewaltige Umstellung auch negative Folgen gehabt haben. Jedenfalls kam der amerikanische Wissenschaftler Mark Cohen zu dem Ergebnis, daß sich der Gesundheitszustand beim Übergang zum Ackerbau verschlechtert habe und sogar die Lebenserwartung gesunken sei. Er hat dafür keine eindeutige Erklärung; es könnte aber sein, daß psychologische Probleme entstanden oder daß die Ernährung zu einseitig wurde, da sie sich jetzt auf die angebauten Früchte konzentrierte.[108] Cohen kam zu dem Schluß, daß sich kulturelle Entwicklungen nicht umkehren lassen, selbst wenn ihre Ergebnisse negativ sind.

Die größte Entdeckung des Neolithikums war, daß sich der Samen der Pflanzen sammeln und geplant aussäen ließ, wodurch die Ernte reichlicher ausfiel. Der Getreideanbau begann um 8000 – im Gebiet des »*Fruchtbaren Halbmonds*«, der von Palästina aus im Bogen nach Norden ausschwingend bis zum Persischen Golf reicht, worin die Flußgebiete von Euphrat und Tigris den größten Teil der Fläche einnehmen.[109] Dort wuchs auch der Wildweizen, der zur wichtigsten Nahrung der westlichen Welt werden sollte. Hinzu kamen Gerste und Einkorn, Hafer, die Hülsenfrüchte Linsen und Erbsen. *In China* begann der Anbau um 4000 – im Norden mit der Hirse, die zunächst am wichtigsten blieb, und um 3000 – im Süden mit dem Reis. Dieser war in Thailand schon um 7000 – bekannt, dazu Ackerbohnen und Erbsen. In Ostasien kamen dann Mandeln, Gurken, Betelnüsse und Weizen hinzu. *In Mittelamerika* begann der Anbau von Feldfrüchten ebenfalls um 7000 – zunächst mit Kürbis und Bohnen, ab 5200 – Mais, welcher die Grundlage der indianischen Kulturen bildete. In vielen der genannten Anbaugebiete gab es bereits künstliche Bewässerungsanlagen, in Ägypten seit 5000 –. (Das Minuszeichen nach Jahreszahlen bedeutet: v. Chr.)

Die zweite große Entdeckung war, daß sich Tiere gegen Verabreichung von Futter domestizieren ließen, so daß der Mensch nicht mehr auf das ungewisse Ergebnis der Jagd angewiesen blieb. Einige Arten gaben sogar über Jahre Milch oder Eier, und dann konnte man immer noch ihr Fleisch verzehren; ihre Felle oder Federn waren außerdem begehrt und sogar noch die Knochen als Werkzeuge und Waffen.

Erster und folglich auch treuester Begleiter wurde der vom Wolf abstammende *Hund* vor nun schon 17000 Jahren. Das *Rentier* kam im nördlichen Eurasien dann vor 12000 Jahren, auch als Zugtier, hinzu. Die *Ziege* wurde Haustier um 7000 – in Persien und Anatolien, das *Schaf* um 6500 – am Kaspischen Meer. *Schwein* und *Rind* treten gleichzeitig in Anatolien seit 6000 – auf, letzteres seit 2500 –

auch im Industal. Der *Esel* ist seit 4000– in Ägypten bekannt, das *Kamel* seit 1000–.

Das Pferd wurde in allen eurasischen Kulturen der bedeutendste Helfer des Menschen. Die Nomaden domestizierten es in den europäisch-asiatischen Steppen schon um 2500–, brauchten aber 1000 Jahre, bis es so groß wurde, um einen Reiter tragen zu können. Neueste Belege scheinen zu beweisen, daß in der Ukraine schon 4000– Pferde als Reittiere benutzt wurden.[110] Die ersten zweiräderigen *Wagen*, die auch in China schon um 1700– auftauchten, mußten noch von vier der kleinen Pferdchen gezogen werden. Als Zug- und Reittier, als Schlachtroß und auf dem Acker, überall ist das Pferd dem Menschen unentbehrlich geworden. Ohne das Pferd wären die Ritterkulturen, die es in mehreren Ländern gegeben hat, nicht entstanden, allerdings auch nicht die Schrecken der mongolischen Reiterhorden. Die Entwicklung der europäischen Landwirtschaft ist ohne das Pferd überhaupt nicht vorstellbar, und auch der ständig zunehmende Gütertransport über Land ist bis in die erste Hälfte unseres Jahrhunderts von den Pferden bewältigt worden. Der Verfasser dieser Zeilen rückte noch im Zweiten Weltkrieg mit einer pferdebespannten Truppe ins Feld. In der Maßeinheit PS (Pferdestärken) wird die Erinnerung an die Energieleistung der Pferde selbst noch in der Industriegesellschaft wachgehalten. Verbessert wurden in den letzten Jahrhunderten die von Pferden gezogenen Pflüge und Maschinen, die Wagen und Kutschen, das Geschirr sowie Sättel und Zaumzeug.

Die nomadischen Tierzüchter lebten gewöhnlich in einer Art Symbiose mit den Getreidebauern, bei denen sie ihre Tiere gegen Feldfrüchte eintauschten, falls sie nicht vorzogen, ihnen diese einfach zu rauben. Das war auch der Grund dafür, daß die Bauern wehrhafte Städte auch außerhalb der Hochkulturen bauten. Vor wenigen Jahren wurde im Südural eine vorgeschichtliche Stadt namens Arkaim entdeckt. Dort lebten um 5000– hinter einer kreisrunden Mauer, die 20000 Quadratmeter umschloß, Ackerbauern, die bereits Pferde vor ihre Wagen spannten.[111] Die nötige Bautechnik war inzwischen auch im vorderen Orient entwickelt worden. Um 6000– erreichten die *ersten Städte* bereits 2000 Einwohner (Jericho in Palästina, Çhatel Hüjük in Anatolien, Khirokitia auf Zypern). Das erste große Zentrum der Sumerer, Alt-Ur, beherbergte um 2800 – bereits 34000 Menschen. Die Wohnbauten jener Zeit waren rund, später zunehmend rechteckig. Sie bestanden aus Lehm, zum Teil auf Steinsockeln aufgesetzt. Stein, Holz und luftgetrocknete Ziegel wurden schließlich die bevorzugten Bauelemente, welche auch die Errichtung zweistöckiger Häuser erlaubten.

Die *gemischtwirtschaftliche Bauernkultur* hatte sich bis 3500 – über ganz Europa verbreitet, wohin sie die aus dem östlichen Europa eingewanderten *Indogermanen* getragen haben mögen. Sie hat in den folgenden Jahrtausenden eine große Stabilität bewiesen. Hier baute man rechteckige Häuser von beträchtlicher Größe aus Holz, Lehm und Flechtwerk, worin Wohnung, Stall und Scheuer unter einem Dach vereint waren. Einen Eindruck davon vermitteln uns heute die »Bauernhausmuseen«, denn in dieser Beziehung hatte sich bis 1800 n. Chr. wenig verändert. – Und noch etwas beweisen diese Wohnbauten: Solange wir zurückblicken können, hat der Mensch *in Familien* gelebt. Und die *Dorfgemeinschaften* in Europa umfaßten bis zu 300 Einwohner. Daß so wenige Befestigungsanlagen aus dem vorgeschichtlichen Europa gefunden wurden, liegt an der Holzbauweise.

Was *die Technik* betrifft, so war von 100000 bis 10000 v. Chr. etwa alle zehntausend Jahre eine große Erfindung zu registrieren gewesen, von 10000 bis 4000 v. Chr. jedoch schon eine Innovation alle 500 Jahre. Die Erfindungen verbreiteten sich damals sehr langsam über die Ökumene, zu der Amerika und Australien noch nicht gehörten. Als die nächste Erfindung auftauchte, hatte sich die vorhergehende höchstens erst in den erreichbaren Regionen durchgesetzt.[112]

Die Metallbearbeitung hat wohl im 8. Jahrtausend v. Chr. im anatolisch-iranischen Hochland begonnen. In dieser Zeit soll es im Grenzbereich zwischen der Türkei und dem Iran schon *Schmiede* gegeben haben, die *Kupfer* verarbeitet haben. Da dieses zu weich war, schmolzen sie es mit Zinn und Arsen. Dabei geht Arsen in eine gasförmige Phase über, wovon die Schmiede chronisch vergiftet und ihre Nerven geschädigt wurden. Dies führte zu Lähmungen und Beinbehinderungen. Darum hinken die Schmiede in den alten Sagen – und dementsprechend auch die Gottheiten der Schmiede, ob sie nun Hephaistos, Vulkan oder Wieland heißen; dennoch werden sie wegen ihrer Kunst hoch geachtet. Später verzichtete man auf das Arsen.[113] Die Mischung von Kupfer und Zinn ergab die härtere *Bronze*, die dem folgenden Zeitalter ihren Namen verlieh. Ab 4000– gab es entsprechende Werkzeuge und ab 3000– kompliziertere Metallgüsse. Doch schon um 1500– wurde von den indogermanischen Hethitern in Anatolien die *Eisenzeit* eingeläutet.

Die genialste und folgenreichste technische Erfindung, die der Mensch jemals vollbracht hat, ist wohl *das Rad*. Die Töpferscheibe könnte im vierten Jahrtausend v. Chr. zuerst dagewesen sein. Der Karren oder Wagen, von Tieren oder Menschen gezogen, erlaubte den Transport schwerer Güter und konnte schließlich auch den Menschen selbst fortbewegen. Noch heute startet und landet kein Flußzeug ohne Räder, und wir legen längst mehr Kilometer auf Rädern zurück als auf unseren Füßen. Energie, auch die elektrische, wird mittels kreisender Räder erzeugt und in Motoren aller Art wieder in kreisenden Kraftantrieb umgewandelt. Kurz, der größte Teil der technischen Maschinerien der heutigen Zeit beruht auf dem Prinzip der kreisenden Bewegungen; selbst Türen und Fenster werden auf diese Weise geöffnet und geschlossen.

Eine andere folgenreiche Errungenschaft, wenn auch von zunächst geringerer Auswirkung, war das *Segel*; es ermöglichte dem Menschen, sogar die Ozeane zu überwinden und mit großer Ladung heimzukehren.

Mit den genannten technischen Erfindungen waren die Grundlagen für die ersten Hochkulturen geschaffen, deren Entwicklung um 5000– begann.

5 Was ist Leben?

*Wir sind nicht eingeweiht in die Zwecke der ewigen
Weisheit und kennen sie nicht.*

Der Schweizer Historiker
Jacob Burckhardt

Wir sind jetzt imstande, den unglaublich phantastischen Gang der
Evolution auf unserem wundersamen Planeten geistig nachzuvollziehen. Aber die Fragen nach drei Dingen, die uns am brennend-
sten interessieren, bleiben unbeantwortet:
1. Was ist Leben *eigentlich*?
2. *Warum* entstand Leben?
3. Was ist *das Ziel* der unermeßlich langen Evolution des Lebens?
Solche Antworten wie »Leben bedeutet Selbstorganisation räumlich und zeitlich begrenzter Materiebereiche in Richtung höherer
Ordnung, das heißt – physikalisch gesprochen – in Richtung ver-
minderter Entropie«, *beschreiben nur*, was Evolution ist, ohne sie
zu deuten. Auch die »Fähigkeit zur Energie- und Informationsver-
arbeitung« ist nur eine Eigenschaft des Lebens.[114] Das gilt auch von
der Definition, wonach integrierte Systeme Eigenschaften aufweisen, welche ihre einzelnen Bestandteile nicht besitzen, was schon
der griechische Philosoph Aristoteles (384–322) erkannt hatte.
Der Biochemiker Erwin Chargaff hat unter vielen anderen eine
Antwort gesucht und betitelt eines seiner Bücher bezeichnenderweise »*Unbegreifliches Geheimnis*«. Darin legt er dar, »daß es ein
strikt naturwissenschaftliches Verständnis des Lebens nicht geben
kann«.[115]
Es muß wohl heute nicht eigens betont werden, daß die Teilung des
Menschen in Leib und Seele nicht mehr haltbar ist; »denn die
Seelen sind so sterblich wie die Leiber«.[116] Ebensowenig besteht
eine Grenze zwischen Mensch und Tier, wonach dieser eine Seele
hätte, das Tier aber nicht. »Den Menschen seinem *Seelen*leben nach
mehr als *gradweise* vom Tier zu trennen, seiner Leib-Seele etwa
eine besondere Art von Herkunft und zukünftigem Schicksal zuzu-
schreiben . . . besteht nicht der *mindeste* Grund. Die Mendelschen
Gesetze bestehen für den Aufbau des psychischen Charakters im
selben Maße wie für irgendwelche körperlichen Merkmale.«[117] Der

Philosoph Max Scheler trifft sich hier mit Nietzsche: »Der menschliche Leib, an dem die ganze fernste und nächste Vergangenheit alles organischen Werdens wieder lebendig und leibhaft wird, durch den hindurch, über den hinweg und hinaus ein ungeheurer unhörbarer Strom zu fließen scheint: der Leib ist ein erstaunlicherer Gedanke als die alte ›Seele‹.«[118]

Obwohl wir nun als Menschen mit dem eigenen Leib als Objekt unserer Nachforschungen unmittelbar eins sind, verschweigt uns die Natur das Allermeiste über den Leib, wir haben »kein Gefühl davon, *wie* tief unbekannt und *fremd wir uns* selber sind«.[119] Das sagt ein Denker, der aufgrund seiner verschiedenen Krankheiten den eigenen Körper so intensiv beobachtet hat wie selten ein Mensch. Im Vergleich zu unserem Bewußtsein hält er den Leib für *das Erstaunlichere*; »denn man kann es nicht zu Ende bewundern, wie der menschliche *Leib* möglich geworden ist: wie eine solche ungeheure Vereinigung von lebenden Wesen, jedes abhängig und untertänig und doch in gewissem Sinne wiederum befehlend und aus eigenem Willen handelnd, als Ganzes leben, wachsen und eine Zeit lang bestehen kann –: und dies geschieht ersichtlich *nicht* durch das Bewußtsein!«[120] Diese bewundernde Einschätzung Nietzsches ist von der Medizin und der Neurologie in unserem Jahrhundert in jeder Hinsicht bestätigt worden. Wie wir schon gesehen haben, wurde eine große Zahl der Vorgänge, besonders des Gehirns, aufgeklärt, ohne allerdings dem *Phänomen des Lebens* im Körper des Menschen und in der übrigen belebten Natur nähergekommen zu sein.

Die zweite Frage, die ungeklärte Ursache der Entstehung des Lebens vor fast vier Milliarden Jahren, kann eher dahingestellt bleiben als das *Ziel* der Evolution; denn ein unbekanntes Ziel könnte ja schon erreicht sein oder unmittelbar vor uns liegen. Sollte es dagegen Millionen Jahre vor uns liegen, dann hätte es heute kaum akute Bedeutung. Wir wissen aus der Geschichte, daß einige Male ein angeblich unmittelbar bevorstehendes Weltende verschiedene Völker in Aufregung versetzt hat. Mit einem unbekannten Ziel des Lebens wollten sich die denkenden Menschen nie so recht abfinden. Sie haben vielmehr das Ziel religiös definiert und tun es auch heute, obwohl ihnen das infolge der wissenschaftlichen Datenfülle immer schwerer gemacht wird. *Der Zweck der Welt* stand solange fest, wie man an eine jenseitige Bestimmung des Menschen *glaubte*. In seinem »Buch der Natur« konnte Konrad von Megenberg (1308–1374) schreiben: »Die sichtbare Welt ist um des Menschen willen da, getreu der Aufforderung Gottes: macht euch die Erde untertan!«

Nietzsche meinte an mindestens drei Stellen, wenn das Dasein, beziehungsweise die Welt ein *Ziel* hätte, »so müßte es erreicht sein«.[121] Aber warum müßte es denn erreicht sein? »Die Tatsache des ›Geistes‹ *als eines Werdens* beweist, daß die Welt kein Ziel, keinen Endzustand hat und des Seins unfähig ist.«[122] Ob diese Erklärung schlüssig ist, sei dahingestellt. Wichtiger ist Nietzsches Schlußfolgerung: »Der Zweck des Daseins wird nie erkannt, sondern immer sind es die endlichen Zwecke ... immer neue Wahnbilder schieben sich vor.«[123] Diese *Wahnvorstellungen*, »die bis zur Heiligung und zum Kunstwerk sich steigernden Trugmechanismen« sind es, die des Menschen Willen zum Leben aufrecht erhalten. *Die Kunst* ist ein Heilmittel der Erkenntnis und »das Leben nur möglich durch künstlerische Wahnbilder«.[124] Folglich liege die Aufgabe der Menschheit darin, große Heilige und große Künstler hervorzubringen.[125] Für Nietzsche ist *der Wille* entscheidend, der Wille zum Leben, der sich gegen Schlüsse der Vernunft wehrt und diese zu trüben versucht; der Wille hält uns am Dasein fest, er »wendet jede Überzeugung hin zu einer Ansicht, die das Dasein ermöglicht«.[126] Andererseits meinte Nietzsche, daß es nur »mit dem Glauben an die Notwendigkeit des Weltprozesses« möglich sei zu existieren. Dieser Glaube erfordert allerdings noch kein *bestimmtes Ziel* des Weltprozesses. Dennoch sucht Nietzsche ein solches Ziel: »Es ist vielleicht das wichtigste Ziel der Menschheit, daß der Wert des Lebens gemessen und der Grund, weshalb sie da ist, richtig bemessen werde. Sie wartet deshalb auf die Erscheinung des höchsten Intellekts; denn nur dieser kann den Wert oder Unwert des Lebens endgültig festsetzen.«[127] Hier taucht die Vision des »Übermenschen« auf, aber der war eben noch nie da – weder damals noch heute.

Einerseits traut der Mensch sich selbst nicht recht, darum sucht er Halt bei einer höheren Macht und deren Schutz. Andererseits will er über sein Dasein *selbst befinden*. Der Mensch ist – soweit wir das wissen können – das einzige Lebewesen, das sich die Frage nach dem *Sinn des Daseins* stellt. Eine für das einfache *Leben* völlig überflüssige Frage, die von einer überschüssigen Gehirnkapazität zeugt. Alle anderen Wesen *leben einfach* – die meisten Menschen übrigens auch! Denn für den normalen tätigen Menschen ergibt sich der Wert des Lebens schon daraus, daß er sich für wichtiger hält als die ganze übrige Welt.[128] Das ist vielleicht auch nur ein Trick »des Lebens«, um zu überleben. Aber für die Wenigen, die das Für und Wider abwägen, ist offensichtlich in der Regel ein *kleines Übergewicht* für die Plusseite herausgekommen. Angesichts der geringen Zahl der Selbstmörder müßte das Plus sogar groß sein. Aber die Zahl derjenigen, die lediglich aufgrund des Beharrungsvermögens am Leben bleiben, muß wahrscheinlich sehr hoch angesetzt werden, weil der Selbstmord eine derart aktive Handlung erfordert, wie sie nur wenige fertigbringen. Außerdem schreckt die Endgültigkeit einer solchen *letzten* Tat. Immerhin kam mit dem Menschen ein neues Phänomen auf: Das Leben kann sich gegen sich selber wenden und *sich selbst vernichten*.

Es ist festzuhalten: Ohne »Gründe« für sein Leben zu haben, hat sich der Mensch dennoch über rund 100 000 Generationen fortgepflanzt! Der Zoologe Wolfgang Wieser kann sich als alleiniges Ziel des Lebens *die Weitergabe der genetischen Information* denken.[129] Diese rein naturwissenschaftliche Auskunft erhebt aber ein bloßes Mittel zum Endzweck. Sie gibt keine Auskunft auf eine metaphysische Frage.

In Anbetracht der »Unerkennbarkeit des Lebens«[130] und weil wir seinen Zweck nicht kennen, »ist es kindlich, die Mittel nach Seite ihrer Vernünftigkeit zu kritisieren«.[131] Schon vor anderthalb Jahrhunderten schrieb Ralph Waldo Emerson, daß man der Natur keinen Endzweck unterschieben könne[132] und das Leben nicht anders darstellen oder erkennen könne, als indem man es lebt.[133] Wir dürfen mit Nietzsche folgern: »Nur wenn die Menschheit ein allgemein anerkanntes *Ziel* hätte, könnte man vorschlagen ›so und so *soll* gehandelt werden‹: einstweilen gibt es kein solches Ziel.«[134] Doch Nietzsche wollte dem Menschen ein solches Ziel setzen, *den Übermenschen*. An anderen Stellen sah er das Ziel darin, große Menschen und große Werke hervorzubringen.

Es gibt nun gerade in letzter Zeit unzählige Vorschläge zur weiteren »richtigen« Entwicklung des Menschen und andererseits Klagen über die »falsche« Evolution. Einige glauben die Fehlentwicklung in unserem überdimensionierten Gehirn geortet zu haben. Doch solche Urteile dürfte doch nur fällen, wer *wüßte*, was für ein Ziel die Evolution des Lebens auf der Erde verfolgt. Da aber niemand weiß, »welchem Zwecke Menschen, Tiere, Pflanzen zuletzt dienen«,[135] wissen wir auch nicht, auf welches Ziel wir hinsteuern sollten, *selbst wenn wir das könnten.*

Der Psychobiologe Roger Sperry kommt zu dem Schluß, daß es nur *Vermutungen* über Sinn und Ziel des Lebens gibt, die ohne Beweisführung angenommen werden müssen, da sich ja auch Physik, Mathematik und Geometrie auf *Axiome* gründen, die ohne Beweis als gültig anerkannt werden. Sein Axiom lautet: »Der große Wurf der Natur, von dem wir unter besonderer Berücksichtigung der Evolution in unserer Biosphäre erkennen, daß er in vier Dimensionen die Kräfte umfaßt, die das Weltall bewegen und den Menschen geschaffen haben, dieser große Entwurf ist etwas an sich Gutes, das zu bewahren und wertvoller zu machen recht und das zu zerstören oder verderben zu lassen unrecht ist.«[136] Damit endet die Weisheit der Naturwissenschaft dort, wo auch der naturwissenschaftlich mit Leidenschaft engagierte Dichter bereits angekommen war, als er »Über Naturwissenschaft« schrieb: »Das Höchste, was wir von Gott und der Natur erhalten haben, ist das Leben, die rotierende Bewegung der Monas um sich selbst, welche weder Rast noch Ruhe kennt; der Trieb, das Leben zu hegen und zu pflegen, ist einem jeden unverwüstlich eingeboren, die Eigentümlichkeit desselben jedoch bleibt uns und andern ein Geheimnis.«[137] Noch deutlicher wurde Goethe 1792 in einem Brief an Heinrich Meyer: »Der Zweck des Lebens ist das Leben selbst.«

Wir wissen also nicht, was das Leben eigentlich ist, noch welches Ziel es hat. Wir können es nur an seinen Erscheinungen beobachten, die uns die Weltgeschichte reichlich darbietet. Nur das scheint mir gewiß zu sein: Das Leben hat gewiß keinen *Sinn*, der »im Sinne des Menschen« läge. Aber gerade weil Sinn und Zweck des Lebens unergründlich bleiben, steht dem schöpferischen Geist hier ein weites Feld offen. Auf diesem siedelten sich die Religionen an und tummelten sich die Künste. Sobald der Mensch etwas gefunden zu haben *glaubte*, wurde aus diesem Glauben eine Religion. Und seine Religion wird dem Menschen noch immer jeden nötigen Trost bieten, solange er *fest daran glaubt.*

Das wird uns auch weiterhin genügen müssen. Ein *letztendliches Ziel* mit den Mitteln der Wissenschaft zu ergründen, wird uns wohl nie gelingen.

Was es mit dem Leben auf sich habe, ist darum zu allen Zeiten ein unerschöpfliches Thema gewesen. Gerade weil es ein Rätsel bleibt, drängt es die Menschen immer wieder, über den Sinn des Daseins zu grübeln. Seitdem die vorgeschriebene Antwort der angestammten Religion nicht mehr als selbstverständlich hingenommen wird, werden individuelle Antworten gefunden und auch verkündet, nicht zuletzt von den Dichtern. Rainer Maria Rilke gelangt auf seinem dichterischem Höhepunkt in den »Duineser Elegien«, nach zögernden Erwägungen, zur hymnischen Bejahung des Lebens und des Todes:

»Erde, du liebe, ich will. O glaub, es bedürfte
nicht deiner Frühlinge mehr, mich dir zu gewinnen, einer,
ach, ein einziger ist schon dem Blute zu viel.
Namenlos bin ich zu dir entschlossen, von weit her.
Immer warst du im Recht, und dein heiliger Einfall
ist der vertrauliche Tod.«

TEIL II

Die historische Evolution
der
Hochkulturen

1 Die Entfaltung der Kulturstaaten

*Kurz und selten sind die Blüteperioden der Kultur
in der menschlichen Geschichte.*

Der deutsche Philosoph
Max Scheler

Wenn wir der Zählung von Arnold Toynbee folgen, dann erblühten
in der Geschichte der Menschen innerhalb der letzten 5000 Jahre
etwa 20 *Hochkulturen*, während Oswald Spengler nur von acht
ausging.[1] Jedenfalls sind alle diese Kulturen – bis auf unsere gegenwärtige, die das Hauptstück dieses Buches einnimmt – wieder
verschwunden. Darum darf die Kulturzyklentheorie als bewiesen
gelten. Wir können uns jedoch nicht mehr mit Spenglers einfacher
Begründung zufrieden geben, es sei ein Naturgesetz, daß jede
Kultur erblühe, reife und dann absterbe. Wir müssen heute nach
konkreten Gründen suchen, wozu uns Historiker, Archäologen,
Ethnologen und Soziologen Material liefern. Inzwischen sind auch
einige Kulturen mehr freigelegt und bekannte besser erforscht
worden.

Mit und seit Spengler ist viel deutlicher geworden, was schon
Nietzsche wußte: »Sie ist kein Ganzes, diese Menschheit: sie ist eine
unlösbare Vielheit von aufsteigenden und niedersteigenden Le-
bensprozessen – sie hat nicht eine Jugend und darauf eine Reife und
endlich ein Alter . . . die Schichten liegen durcheinander und übereinander.«[2] Es muß uns zu denken geben, daß es bisher auch *nicht
einer* Hochkultur gelungen ist, ihre Version von Religion, Kultur
und Staat am Leben zu erhalten, geschweige auf die übrige Welt
auszudehnen, obwohl eine jede überzeugt gewesen ist, einen stabilen Zustand auf alle Zeiten eingerichtet zu haben. Die Hochkulturen blieben immer *Inseln* im Meer des einfachen, dafür aber dauer-
hafteren Lebens ringsum, in das sie früher oder später wieder
eingeebnet worden sind. Doch für die Geschichte zählen nur die
Hochkulturen. Allein sie sind es, die uns Werke und Zeugnisse
überliefert haben, während die unproduktiven Völker und Stämme
im Dunkel bleiben mußten. Diese tauchen in der Historie nur auf,
soweit sie Kulturstaaten bekriegt, geplündert und manchmal auch
zerstört haben. Die Kulturinseln hatten zumeist keinen oder selte-

nen Kontakt untereinander, vor allem die mittel- und südamerikanischen Indianerkulturen hatten keine Verbindung zu den anderen Erdteilen. Einige Kulturen suchten Beziehungen, so besonders die europäischen. *Die Weltgeschichte spielte sich hauptsächlich in Eurasien ab.* Dort kam es zu Berührungen und Austausch oder auch zu Kriegen zwischen den nächstgelegenen Hochkulturen. Spengler bezeichnet die Beziehungen der einzelnen Kulturen untereinander als »ohne Bedeutung und zufällig«;[3] denn sie hatten unabhängig voneinander ihre Eigenheiten bereits ausgebildet, bevor sie mit anderen in Kontakt kamen. Hohe Kultur ist für ihn »Wachsen eines einzigen ungeheuren Organismus, der nicht nur Sitte, Mythos, Technik und Kunst, sondern auch die ihm einverleibten Völker und Stände zu Trägern einer einheitlichen Formensprache mit einheitlicher Geschichte macht.«[4]

Die Hochkulturen existieren nach Mustern, die immer wiederkehren, sie haben allerdings unterschiedliche Schwerpunkte. Sie erwuchsen in aller Regel aus *Bauernkulturen.* Obwohl die Erde damals dünn besiedelt war, so blieben doch Gebiete mit fruchtbaren Böden sehr gefragt, weil dort die Mühe der Arbeit die besten Ernten versprach. Solch gesegnete Landstriche befanden sich in Flußtälern und an sanften Küsten, die auch die Fischerei und schließlich die Fahrt über See erlaubten. Dort häuften sich schnell die Vorräte der Agrarkulturen, so daß sie bald die Gier der umherstreifenden Nomaden weckten. Dem konnten die Seßhaften nur durch enges Zusammenrücken und mit dem Bau von Befestigungsanlagen begegnen. Was lag näher, als diese Zentren und Fluchtburgen zu festen *Städten* auszubauen, die all das hinter schützenden Mauern bergen konnten, was sich an Gütern ansammelte. Für die Stadt und das umliegende Nährland wurde bald eine Schutztruppe nötig, deren Waffenausrüstung die Handwerker besorgten, die ohnehin in den wehrhaften Städten ihren sicheren Sitz bezogen hatten. Dort befanden sich auch die Kult- und Religionszentren mit ihren anwachsenden Kunstschätzen. Die Städte boten auch geschützte *Marktplätze,* die bald mit Handelsstraßen untereinander verbunden wurden. Mit der Häufung der ökonomischen und kulturellen Werte wuchs wiederum das Bedürfnis nach größerer Sicherheit, und die angesammelten Schätze gestatteten und geboten auch den zusätzlichen Aufwand.

Kurzum, alle bedeutenden Kulturen sind Stadtkulturen, wie schon Oswald Spengler darlegte. Aber deren Grundlage blieb immer das *fruchtbare Umland*, so daß jede wachsende Stadt auch nach Erweiterung ihres Landes trachten mußte, woraus sich Konflikte mit den Nachbarn ergaben. Auf dem Land sitzen oft noch die Ureinwohner, in der Stadt die Eroberer, die neuen Herren. Jacob Burckhardt kam zu dem Ergebnis, daß der Staat um so viel mächtiger sei, »je homogener er einem ganzen Volksstamm entspricht«; aber das ist nicht immer der Fall gewesen. Häufig wird der Staat von einem »tonangebenden Bestandteil, einem besonderen Stamm, einer besonderen sozialen Schicht repräsentiert«.[5]

Die Gründung der Stadt vollzieht in der Regel ein kraftvoller Mensch. Sein Recht leitet er oft von einem *göttlichen Auftrag* ab, wenn er nicht sogar sein Geschlecht auf göttliche Ahnen zurückführt, wie das die Herrscher der sumerischen und ägyptischen Städte taten. Solche Gründer von Staaten sind oft zugleich ihre *Gesetzgeber*.[6] Sie werden dann häufig mythisch verklärt: Urnammu von Ur, Hamurabi, Mose, Pittakos, Zaleuko, Charondas, Drakon, Solon, Lykurg, Konfuzius, Manu. Denn zu den Kennzeichen aufsteigender Kulturen gehört die *Rechtssicherheit*; das Zusammenleben wird zunehmend penibel geregelt. Damit wuchs auch das Bedürfnis nach Aufzeichnungen; denn Gesetze, Verträge, Edikte sollten auch für die nachfolgenden Generationen, ja »für immer« gelten. Also entwickelte man eine Schrift und ein Zahlensystem. Letzteres konnte über die Vorräte und ihre Werte Auskunft geben, ebenso über Steuern und Tribute sowie deren Verwendung. Die wenigen, die des Schreibens, Lesens und Rechnens kundig waren, wurden hoch geschätzt, so daß es kein Wunder war, wenn sie sich als »Bürokratie« etablierten. Aber die geschilderte Entwicklung nimmt stets einige Jahrhunderte in Anspruch.

»Jede Kultur beginnt mit einem gewaltigen Thema«, sie gibt einer Idee »eine lebendige historische Gestalt«.[7] Kultur bezeichnet Jacob Burckhardt als »Summe derjenigen Entwicklungen des Geistes, welche spontan geschehen«.[8] Sehr oft wird eine *Religion* Mutter der Kultur und ist dann mit dieser identisch; denn »eine mächtige Religion entfaltet sich in alle Dinge des Lebens hinein und färbt auf jede Regung des Geistes, auf jedes Element der Kultur ab«.[9]

Die erste Hochkultur in der menschlichen Geschichte war die der

Sumerer im sogenannten Zweistromland des Euphrat und Tigris. Der Hauptort, die Stadt Ur, lag damals dort, wo der Euphrat in den *Persischen Golf* mündete, während der Fluß heute zusammen mit dem Tigris erst nach 200 Kilometern inzwischen angeschwemmten Landes das Meer erreicht. Die natürlichen Voraussetzungen waren so glänzend, daß im *Alten Testament* das *Paradies* bekanntlich in jener Gegend angesiedelt wurde.

Es erscheint angebracht, diese früheste Hochkultur etwas eingehender zu beschreiben, zumal sie viel weniger bekannt ist als die beinahe gleichzeitige ägyptische. Das erstaunlichste Phänomen an der Kultur der Sumerer ist, daß sie ohne Vorbilder, man könnte sagen, aus dem Nichts entstand und sehr bald ein hohes Niveau erreichte.

Im *Schwemmland* jenes genannten Mündungsbeckens siedelte wohl ein aus Zentralasien eingewandertes Volk mit einheitlicher Sprache, Religion und Kunst in *etwa einem Dutzend Stadtsiedlungen*, die ihre eigenen *Bewässerungssysteme* von Generation zu Generation verbesserten und ausweiteten. Das wird fünf- bis sechshundert Jahre gedauert haben (3100–2500 v. Chr.). Erst dann stießen die Stadtstaaten, die immer größere Gebiete kultivierten, aneinander, und die Konflikte ergaben sich zum guten Teil aus den Wasserrechten für die dichter gewordenen Kanalsysteme.

Wie reich die einzelnen *Stadtstaaten* gewesen sein müssen, ist aus den Gräbern der *Könige* und den darin gefundenen Kostbarkeiten zu schließen. Ihre Wagen samt Zugochsen und die Männer und Frauen des Hofstaates wurden jeweils mitbestattet, nachdem sie ihrem Herrn mehr oder weniger freiwillig in den Tod gefolgt waren. Die Könige hatten die Aura der *göttlichen Herkunft* und waren zugleich oberste *Priester*. Im übrigen wurde der Staat von einer adeligen *Aristokratie* beherrscht, die zugleich die Priesterkaste sowie die hohen *Beamten* und *Richter* stellte. Jeder Stadtstaat hatte seinen eigenen religiösen Mittelpunkt, der zugleich *Tempel* und Verwaltungssitz des Staates war. Die Tempelbeamten betrieben auch die Schulen. Das Volk bestand aus freien *Bürgern*, zu denen auch die weniger angesehenen Ackerbauern, Viehzüchter, Gärtner, Fischer und Jäger gehörten, dazu kamen wenige *Sklaven*. An städtischen Berufen war bald alles vorhanden, was in den nächsten Jahrtausenden in den kultivierten Gesellschaften üblich war: Müller, Bäcker, Fleischer, Bierbrauer, Weber, Lederarbeiter, Maurer, Tischler, Steinmetzen, Ziegelbrenner, Töpfer und natürlich die Schmiede, die *Waffen* und kunstvollen Schmuck herstellten. – Am angesehensten waren aber die *Schreiber*, mußten sie doch 2000 Zeichen, die später auf 600 reduziert wurden, beherrschen, wovon die ersten schon ab 3500 – auf weiche *Tontafeln* geritzt worden sind. Über eine Million solcher Tontafeln sind gefunden worden. Ihre Entzifferung erlaubte die Rekonstruktion der Geschichte jener Kultur. Ein großer Teil der Aufzeichnungen diente der Buchhaltung der Lagerbestände, aber es gab auch schon *Geldgeschäfte* mit Kredit und Zins. Eine *Post* und ausgebaute *Straßen* zwischen den Städten sorgten für den Transport von Nachrichten und Waren. – Von den *Wissenschaften* wurden Astronomie, Mathematik und Medizin besonders intensiv betrieben.

In diesem gut funktionierenden Gemeinwesen entstand damals erstmalig, was Arnold *Toynbee* als »etwas Neues und Revolutionierendes« begriff: ein *ökonomischer Überschuß*. Zunächst wurde damit die mehr oder weniger »kulturtragende« Bevölkerung der Städte ernährt und behaust. Des weiteren ließen sich mit dem über das Existenzminimum hinaus Erwirtschafteten bessere Bewässerungsanlagen, prächtige Bauten mit Statuen und Kunstgegenständen sowie die nötigen wehrhaften Stadtmauern errichten. Damit entstanden aber auch schon die ersten *gesellschaftlichen Gegensätze* (wie wir heute sagen) zwischen Land und Stadt, aber auch innerhalb einer solchen Stadt bewirkte die Arbeitsteilung eine Aufspaltung der Bürger in verschiedene *Stände*, die sehr verschiedene Interessen entwickelten. Seit 2350 – gab es offenbar auch Privatbesitz.

Schon in der ersten hochkultivierten Gesellschaft der menschlichen Geschichte tauchten also die Phänomene auf, die dann über 5000 Jahre bis heute immerzu wiederkehren. Aber auch die Konflikte mit anderen Völkern durchziehen die gesamte Geschichte Sumers, ohne daß dies der ökonomischen und kulturellen Blüte der Städte groß Abbruch tat! Die Kunde dieser neuen Lebensweise und der Glanz dieser Kultur verbreitete sich natürlich in den umliegenden Ländern.

Der Reichtum dieser ersten Städte reizte Nachbarn zu gewaltsamen Raubzügen; denn was hatten die Nomaden schon zu verlieren, und überdies galt jenen Menschen ihr eigenes Leben nicht gar so viel. Damit wird für jede Stadt eine gute Bewaffnung zwingend; dennoch sind die sumerischen Städte wiederholt geplündert worden. Manchmal haben sich die Eroberer auf Jahrzehnte und schließlich für immer als neue Herren eingenistet. Um die Abwehrkraft zu erhöhen, wurden größere Staatsgebilde vorteilhafter. So wuchsen die sechs Städte Sumers um 2340– zu einem Staat zusammen; doch der wurde schon zehn Jahre später vom König Sargon I. von *Akkad* in dessen Großreich einverleibt. Da dieses nun bis zum Mittelmeer reichte, bezeichnete er sich als »König der vier Weltgegenden«. Die Akkader waren kriegerische Halbbarbaren, während Toynbee die kultivierten Sumerer als »gottesfürchtig und geschäftstüchtig« charakterisiert.[10] Das Großreich hielt 200 Jahre, bis es 2160– von den kriegerischen Gutäern überrannt wurde, die erst im Jahre 2070– wieder vertrieben werden konnten. Eine *weitere Blütezeit*, diesmal unter der Herrschaft von Ur und seiner 3. Dynastie, folgte, bis um 2000– die Elamiter aus dem Osten das Reich überfluteten, die wiederum von den aus Syrien kommenden Amoritern vertrieben wurden, die Babylon am Euphrat zu ihrer Hauptstadt erhoben, bis schließlich um 1500– das sumerische Zeitalter unter barbarischer Herrschaft zu Ende ging. Politisch trat Sumer noch ab und zu in Erscheinung, bis es um 500– aus der Geschichte vollends verschwand.

Die erste Kultur am Indus mit der Stadt Mohendscho Daro als Zentrum bestand von 2500 bis 1500–, ohne daß wir viel über sie und über ihr Ende wissen. Die zweite folgte sofort anschließend und hielt 1700 Jahre.

Die ägyptische Hochkultur, gleichaltrig mit der sumerischen, ist die älteste, von der wir schon *sehr viel* wissen. Ihr Staat ist wohl derjenige, in dem die Alleinherrschaft einer Person an der Spitze am dauerhaftesten blieb. *Der Staat*, das war der König (Pharao). Ihm gehörte alles Land und alles Vermögen oder wiederholt auch einer Königin, wie überhaupt die Frauen in Ägypten gleichberechtigt waren. Die Landbewirtschaftung besorgten die Staatsgüter mit Landarbeitern. Während der Arbeitspausen, die im Vegetationsjahr entstehen, widmeten sie sich dem Pyramidenbau. Erst nach 2000– gab es auch einige Sklaven, die sich aus Kriegsgefangenen rekrutierten; doch diese waren nicht rechtlos. Die Verwaltung des

Staates besorgten Beamte und Priester, wozu jeder aufsteigen konnte.

Die Schulen hatten allgemeine Lebenslehren, die auswendig zu lernen waren, und vor allem die Schrift mit mehreren tausend Zeichen sowie ihre richtige Schreibung zu vermitteln. Das und auch die strenge Zucht erinnert an die Sumerer. Geschrieben wurde auf Papyrusrollen und Kalksteinscherben. Erhalten sind Briefe, Protokolle, Urkunden, einige literarische Werke, sogar solche mit Humor bis zur bissigen Satire. Vorherrschende Wissenschaften waren Mathematik und Medizin. Die Ägypter rechneten in Dekaden und gingen schon vom *Stellenwert* der Ziffern aus, kannten aber noch nicht die Null. Medizinische Rezepte sind in großer Zahl überliefert. Einige verdiente Persönlichkeiten sind namentlich bekannt, so der als Weiser verehrte Baumeister von Luxor, Amenophis, der um 2400 – wirkte. Außer in den bekannten Monumentalbauten äußerte sich die *Kunst* der Ägypter in Plastik, Relief und Malerei. Wie die Musik geklungen haben mag, ist nicht zu ermitteln. An Instrumenten waren bekannt: Harfen, Leiern, Trommeln, Flöten, Oboen, Trompeten, ab 2000 – auch die Laute.

Die Geselligkeit wurde sehr gepflegt. Es gab Lieder für alle Anlässe wie Arbeit, Jubel und Trauer sowie Liebeslieder. Erzählt wurden Märchen, Mythen, Anekdoten und Tiergeschichten; auch kultische Spiele kamen zur Aufführung. Hymnen über die Vergänglichkeit des Lebens spielten der Religion gemäß eine bedeutende Rolle.

Der Tod beherrschte alles Denken und Tun der Ägypter mehr als in jeder anderen Kultur. Sie glaubten an ein physisches Weiterleben nach dem Tode. Vor dem Totengericht würde sich jeder, auch der König, verantworten müssen. Dessen Urteil könnte dann lauten: Weiterleben oder zweiter, endgültiger Tod im Höllenrachen der »Fresserin«. Obwohl die Gebote, nach denen zu leben war, nicht einer Offenbarung, sondern der Beobachtung der Natur entsprangen, war ein »Abfall« von ihnen wie im Alten Testament eine stets drohende Gefahr. Aus dem Schöpfungsvorgang ergaben sich die Lebensnormen der Welt. Der *Schöpfergott* Atum oder Re hatte mit seiner Person auch die Zweigeschlechtlichkeit begründet. Die Hauptgötter und Göttinnen verkörpern verschiedene Naturbereiche und wurden teils in menschlicher, teils in tierischer Gestalt dargestellt. Der Gegensatz zwischen dem fruchtbaren Land, verkörpert durch die Göttin Osiris, und der dürren Wüste, verkörpert durch den Gott Seth, bestimmte das Lebensgefühl der Nilanwohner. Seit 1200– gab es drei oberste Götter, von denen der höchste stets unsichtbar bleibt. Nebenbei gab es eine unbegrenzte Zahl von Lokalgöttern. Die zentralen Götter aber, die für die verschiedenen Naturkräfte zuständig sind, tauchen später auch im griechischen Götterhimmel wieder auf. Im Gegensatz zu den antiken Göttern, die selbst dem Schicksal ausgeliefert sind, hatten die ägyptischen die Macht, das Schicksal zu ändern.

Das Schicksal der ägyptischen Kultur konnten ihre Götter offensichtlich nicht abwenden, sie siechte dahin, und nur ihre kolossalen Monumente blieben. Der Staat verlor seine Selbständigkeit durch Alexander den Großen 332–, nach dessen Tod und Dreiteilung seines Imperiums bildete Ägypten das Zentrum des Teiles, den die Ptolemäer beherrschten.

Die prächtige *Minoische Kultur* auf der Insel Kreta gehört auch zu den älteren (2600 bis 1400) und dürfte ihr abruptes Ende durch ein Erdbeben gefunden haben. Die ihr nahe verwandte *Mykenische Kultur* brachte es auf 800 Jahre. Als sie um 1000– auslief, waren bereits die *Dorier* ab 1250– in Hellas eingewandert. Diese nannten sich *Hellenen* und hatten für ihre *Höchstkultur* rund 1400 Jahre Zeit, bis sie um 150 n. Chr. von den Römern unterworfen wurden. Danach wirkte ihre Kultur allerdings noch im gesamten Mittelmeerraum bis weit nach Asien hinein fort – und damit natürlich auch im Römischen Reich und schließlich in ganz Europa.

Das Römische Reich brachte es nur auf 1000 Jahre, wobei die aufsteigende Hälfte bis in die Zeit Christi reichte, wonach der Niedergang folgte. Die römische Kultur mit der griechischen unter dem Namen *Antike* zusammenzufassen, wie das auch Oswald Spengler tut, halte ich für unberechtigt. Allerdings entstand aus diesen beiden erstmalig eine Folgekultur, die *Kultur Europas*. Diese nutzte die Vorteile, sogleich an ein solch hohes Niveau anknüpfen zu können, was früher noch keine Kultur in derartigem Umfang getan hatte. Die Ergebnisse der beiden antiken Kulturen waren nicht nur in der Technik in den Bau- und Kunstwerken erhalten, sondern auch in vollendeten Sprachen aufgezeichnet und aufbewahrt worden wie noch nie in der bisherigen Geschichte des Menschen.

Neben der erwiesenen Gleichartigkeit der Kulturzyklen gibt es viele überraschende Übereinstimmungen in ihren gesellschaftlichen Ordnungen. Alle Völker und Staaten waren über die weitaus längste Zeit ihrer Geschichte *hierarchisch gegliedert*, teils in strafer, teils in weniger straffer Form. Die Pyramide kann vom König bis zum leibeigenen Sklaven reichen, sie kann radikal die Kasten von den Brahmanen bis zu den Unberührbaren in Stufen trennen; in Indien stieß ein bescheidener Versuch der Auflockerung auch im Jahre 1990 noch auf heftigen Widerstand. Abstufungen sind dort die Regel, wo sich verschiedene Völker übereinander oder zueinander gefügt haben. Andererseits gibt es homogene Gesellschaften freier Menschen, die sich einen König wählten wie die Germanen (auch das nur in Kriegszeiten), oder solche, die ihren Dynastien das Recht der erblichen Herrschaft zubilligten, zumal wenn deren göttliches Geblüt nicht in Zweifel gezogen wurde.

Da gerade Staaten mit hoher Kultur fruchtbares Umland nötig hatten, mußte dieses verwaltet und kontrolliert werden, was fast überall zum *Lehensprinzip* führte. Die Geschichte beweist auch, daß dies die dauerhafteste Form der Staatsorganisation gewesen ist, die sich gerade in den Hochkulturen die längste Zeit behauptet hat. Der Belehnte hat sein Land und Volk wie persönliches Eigentum seiner Familie betrachtet, und das veranlaßte ihn, es so zu pflegen, daß auch seine Nachkommen gut oder besser damit leben konnten. Der vorübergehend eingesetzte Beamte hat dagegen keine innere Bindung an das Land, lediglich das Interesse an schneller Ausbeutung. Hier zeigen sich Parallelen zur Wirtschaft der Gegenwart, wo sich jetzt auch, am Ende des 20. Jahrhunderts, die Überlegenheit des *Privatbesitzes* über die *Kollektivverwaltung* erwiesen hat. Mißbräuche auf der einen und rühmliche Ausnahmen auf der anderen Seite sind in allen Systemen immer wieder vorgekommen, ändern aber nichts an den grundsätzlichen Erfahrungen, die in Jahrtausenden gewonnen wurden. Zwangsläufig waren die *Feudalherren* darauf bedacht, ihre Macht- und Rechtsstellung auf Kosten der monarchischen Zentralgewalt auszubauen. Daraus ergaben sich ständige Konflikte, die alle Lehenssysteme begleitet haben.

Eine andere Konfliktquelle entsteht bei der monarchischen Spitze aus dem Verhältnis des Herrschers zur Religion. Der von der Staatsräson her günstigste Fall liegt vor, wenn zwischen weltlichem und religiösem Oberhaupt eine Personalunion existiert. In der Frühzeit haben sich die Herrscher sehr oft auf einen unmittelbaren göttlichen Auftrag berufen, wenn sie nicht sogar behaupteten, selbst göttlicher Abstammung zu sein. Bei den Ägyptern galt ab der 5. Dynastie der *Pharao* als einer, der von einem göttlichen Wort statt von einem Vater abstammt, allerdings Sohn einer menschlichen Mutter ist. Von der gleichen Überzeugung gingen die Anhänger Jesu in bezug auf dessen Herkunft aus.[11] Den Anspruch, legitime Nachfahren der fleischgewordenen göttlichen Pharaonen zu sein, erhoben auch noch die römischen Kaiser, was erst Mark Aurel (121–180) ablehnte.[12] In Europa kam es über Jahrhunderte zum Streit zwischen Kaisertum und Papsttum um den vorrangigen göttlichen Auftrag, den der Papst als »Nachfolger Christi« für sich in Anspruch nahm, während der Kaiser seine Krone von den römischen Cäsaren ableitete. Ein Rest des göttlichen Auftrags blieb in der Formel »Wir, von Gottes Gnaden . . .« noch bis ins 20. Jahrhundert erhalten. Der Dalai Lama, der letzte Herrscher, der zugleich geistlich-religiöses Oberhaupt ist, verlor sein Land durch die chinesische Besetzung.

In China war der König oder Kaiser in seiner Person nicht von göttlicher Abstammung, besaß aber göttergleiche Ahnen und einen Auftrag als »Abgesandter des Himmels«. Bei den Indianerkulturen Mittel- und Südamerikas war die Göttlichkeit der Herrscher selbstverständlich. – Völlig fremd waren dagegen solche Vorstellungen den Griechen; sie vergöttlichten nicht ihre Herrscher, sie vermenschlichten vielmehr ihre Götter.

Überall dort, wo die *Priesterschaft* ein eigenständiger Faktor war, kam es auch zu Kompetenzstreitigkeiten zwischen ihr und der weltlichen Herrschaft, sowohl auf oberster Ebene als auch im regionalen Bereich. Jahrhundertelang waren im christlichen Europa die Kaiser als auch die Päpste bestrebt, die Fürsten auf ihre Seite zu ziehen. Das Gerangel endete erst mit dem Dreißigjährigen Krieg. Die Priesterschaft war im allgemeinen, insbesondere in der katholischen Kirche, der besser organisierte Faktor. Sie hatte im weltlichen Bereich nur dort einen ebenbürtigen Widerpart, wo es eine gut organisierte *Beamtenschaft* gab. Eine solche kann ihre längste Tradition in China aufweisen. Sie hatte dort eine hohe geistige Bildung und war auch Träger der Kultur. Sie unterhielt eigene Akademien, wo sie ab 165– Staatsprüfungen abnahm. Da die Beamten sich aber zugleich immer mehr Land aneigneten, wurden sie zu Großgrundbesitzern, womit sie auch politische Macht gleich dem Landadel bekamen.

In Europa konnte die Beamtenschaft erst dort zum Zuge kommen, wo der Kircheneinfluß zurückgedrängt wurde, also in den einzelnen Ländern zu unterschiedlichen Zeiten. In Deutschland geschah das in der Epoche des Absolutismus, wobei die Entwicklung in Preußen eine Art Mustercharakter annahm.

Demokratisch konstituierte Gesellschaften existieren in der gesamten Weltgeschichte selten und auf relativ kurze Fristen. Würden wir ihre Dauer und regionale Verbreitung addieren, so kämen wir auf ein mageres Ergebnis. Ihr Schwerpunkt liegt seit jeher und heute ganz besonders im indogermanischen Siedlungsraum. Nur weil die euroamerikanischen Völker aufgrund ihrer überragenden Technik gewisse Vorbildfunktionen erlangt haben, konnte sich die demokratische Staatsform etwas weiter verbreiten, wobei manche formelle Übernahme allerdings als Farce eingestuft werden muß. Die Demokratie schafft nicht den höheren Bildungsgrad und den Wohlstand, sondern erst dort, wo sie erreicht worden sind, kann dann auch die Demokratie funktionieren.

Mit jeder Hochkultur entsteht eine *differenzierte Gesellschaft*, die der Organisation bedarf und damit auch den Staat vor immerzu neue Probleme stellt. Erstaunlicherweise sind in allen Kulturen immer wieder mit wechselndem Erfolg die gleichen Staatsformen durchprobiert worden, ohne daß es jemals zu einer endgültigen gekommen ist.

2 Die Zwietracht der Stände

Der Mensch ist dem Menschen ein Wolf.

Der römische Dichter
Plautus

Eine *Kultur* entsteht, wenn sich Möglichkeiten eröffnen, daß sich Menschen ganz den Betätigungen widmen können, für die sie besondere Befähigungen spüren. Das bedeutet aber auch, daß sie sich spezialisieren, absondern und neu gruppieren. Es kommt zu Zersplitterungen in Fachberufe und zu Konkurrenz- und Aufstiegskämpfen. Nicht nur im ökonomischen und politischen, auch im kulturellen Leben vervielfältigen sich damit die Anlässe, aus denen Zwistigkeiten entstehen. Mit der Qualität des Lebens steigt auch die Menge der Konfliktstoffe unter den Menschen und den neuartigen Gruppen. In der Urgesellschaft hatte es nur Konflikte um Territorien und solche persönlicher Art zwischen Stammes- und auch Familienmitgliedern gegeben. Über solch persönliche Konflikte berichtet die Historie nur dann, wenn es sich um herrschende Familien handelt, die übrigen interessieren nicht. Die Geschichte überliefert uns seit Sumer neben dem Kampf um Territorien auch den um die Alleinherrschaft oder Vorherrschaft *innerhalb* der Staaten und Städte. In Sumer hat es nach Darstellung Toynbees[13] in den 370 Jahren von 2113 bis 1743 nur über 130 Jahre eine Einheit des Reiches gegeben, dagegen 240 Jahre lang Zwietracht, Kämpfe und politisches Chaos. »Die Klassenunterschiede, unterstrichen von einer örtlichen Trennung der Klassen zwischen Stadt und Land, waren das erste soziale Übel, der Preis für die Geburt der Zivilisation in Sumer. Das zweite war der Krieg; und die wirtschaftliche Voraussetzung für beide Übel war der Mehrertrag, der den neuen, nichtagrarischen Stand zur Folge hatte ... Der Mehrertrag, die Klassenunterschiede, die Schrift, die Monumentalarchitektur, städtische Siedlungen und der Krieg – dies alles waren bestimmende Züge der neuen Zivilisation. Doch die entscheidende Veränderung lag im Wandel des Charakters und der Funktion der Götter.«[14] Es ist Arnold Toynbee zuzustimmen, daß damit *auch eine andersartige Beziehung zwischen Mensch und Natur entstand.*

»Der Mensch als geselliges Lebewesen hatte sich nun fähig gezeigt, einem bis dahin unzugänglichen und feindlichen Teil des Naturreiches seinen Willen aufzuzwingen; und in Erkenntnis dieses Triumphs ging er dazu über, seine eigene Kraft zu verehren neben den nichtmenschlichen Kräften, die er vorher für allmächtig gehalten hatte.«[15] Die verschiedenen Götter der einzelne Städte erwiesen sich als eine Quelle der Zwietracht, und die Menschen benutzten ihre neu erworbene Macht nun auch zu Bruderkriegen zwischen den wohlorganisierten und wohlbewaffneten Städten. Kriege sind seitdem mit religiöser Überzeugung geführt worden. Man kämpfte und starb nicht nur für sein Land, sondern auch für seinen Gott. *Dieses Motiv ist bis heute nicht erloschen.* Das können wir nicht nur bei den Arabern, sondern auch an den häufig aufflackernden Gemetzeln in Indien und den Anschlägen in Irland noch erkennen. Mit der Entwicklung der Städte kam das *Bürgertum* als neuer Machtfaktor hinzu, allerdings von Anfang an wenig homogen; denn es war zweigeteilt in Handwerker und Kaufleute, wobei die bedeutend zahlreicheren Handwerker in diversen Sparten mit höchst unterschiedlichem Ansehen ausgestattet auftraten. Dennoch fühlte sich das Bürgertum *einer Stadt* solidarisch, zumal dann, wenn es seine eigenen Interessen gegen die staatliche und kirchliche Macht zu behaupten hatte. Die sogenannten Reichsstädte in Europa erhielten ohnehin ein hohes Maß eigener Zuständigkeiten.

Kulturgesellschaften sind stets von außen bedroht, weil ihr Wohlstand den Neid anderer Völker weckt. Also brauchen sie eine Streitmacht zu ihrer Verteidigung viel dringender als arme Völkerstämme. Haben sie erst diese Armee, dann unterliegen sie stets der Verlockung, sich »offensiv zu verteidigen«, wodurch der beherrschte Umkreis immer größer wird, so daß die Zahl der Gegner automatisch zunimmt, bis sie schließlich auf einen mächtigen Gegner stoßen, der vorher gar keine Notiz von dem Emporkömmling zu nehmen brauchte.[16]

Ein *stehendes Heer* – und erst recht ein durch Siege verwöhntes – gerät leicht in die Versuchung, selber Politik zu treiben, statt sich von irgendwelchen Politikern kommandieren zu lassen, oder es sucht sich in Ermangelung gestellter Aufgaben eigene. Noch kritischer wird es bei *Söldnerheeren*, die letzten Endes nur für sich selber kämpfen. Sie setzten im Rom des 3. Jahrhunderts mehrmals die Kaiser ab und ein, die man daraufhin als »Soldatenkaiser« bezeichnete. Im China des 2. Jahrhunderts siegten bei zwei Bauernrevolten gegen die Gutsherren weder diese noch jene, sondern die Feldherren. Als dann 220 bis 230 das Hanreich in drei Teile zerbrach, wurden diese von drei Generälen regiert, womit die Geschichte der »sechzehn Staaten« Chinas bis zum Jahre 420 in ihrer Struktur der römischen des 3. Jahrhunderts entspricht.[17]

Dies erleben wir besonders in Afrika und Südamerika noch heute fast monatlich. In dieser Beziehung agiert die gegenwärtige Staatenwelt nicht anders als in den Jahrtausenden vor uns.

Doch nicht nur Heere bemächtigten sich des Staates, auch ganze Völker lebten zeitweise von der Plünderung anderer. Das Mittelmeer, der überragende Standort menschlicher Kulturen, wurde oft von *Seeräubern* verunsichert, ja jahrzehntelang sogar beherrscht. Schon die keltischen Galater unternahmen um 300– von Kleinasien aus über ein halbes Jahrhundert ausgedehnte Raubzüge. Die Illyrierkönigin Teuta trieb die Räuberei so weit, daß sie römische Städte an der dalmatinischen Küste belagerte, so daß Rom sie nur mit einem aufwendigen Feldzug 228– wieder vom Meer verjagen konnte. Schließlich zerschlug Pompejus die Seeräuberei im Mittelmeer um 67–. In den nachchristlichen Jahrhunderten übernahmen dann germanische Stämme, wie die Vandalen und die Normannen, das Geschäft der Raubzüge über See. Unter die Seeräuberei müßte man auch die Vernichtungszüge des Hernán Cortez und anderer gegen die amerikanischen Indianerkulturen einordnen. Und selbst im nördlichen Europa sind regelrechte Kriege der Hansestädte gegen berühmte Seeräuber wie Störtebeker bekannt.

Über Millionen Jahre war der Mensch nur Sammler und Jäger. Dann wurden vorausschauende Menschengruppen *Bauern*, trieben aber nebenbei auch noch Jagd und Sammelei. Im Laufe der Zeit bildeten sich die oben beschriebenen neuen Berufsstände, die sich von den Ackerbauern und Viehzüchtern radikal unterschieden. Obwohl selbst in den Hochkulturen 80 bis 90 Prozent und mehr in ihren landwirtschaftlichen Berufen blieben, so verloren die Bauern doch den Einfluß auf die Geschichte, sobald sich eine Hochkultur ausbildete. Obschon ohne die nach wie vor mühsame Erzeugung von Nahrung überhaupt nichts gelaufen, ja sogar das Leben erloschen wäre, spielt der Bauer sehr bald keine politische Rolle mehr. Neben der nackten Gewalt der Heerscharen, die manchmal Land für Land überrollten, sind sogar die geistigen Auseinandersetzungen um irgendeine »reine Lehre« für den Gang der politischen Geschichte bestimmender als die Ereignisse in der bäuerlichen Bevölkerung, obwohl noch um 1800 jetziger Zeitrechnung selbst in Europa über 80 Prozent diesem Primärberuf jeder Kultur, ja des Lebens überhaupt nachgegangen sind. Die Bauern hatten – ohne ein Wort mitreden zu dürfen – dreierlei zu stellen: Nahrung für die Städte, Soldaten für die Kriege und Nachwuchs für die städtischen Berufe, nicht zuletzt für die Priesterschaft. Bei dieser Mißachtung, die mit der Entwicklung der Zivilisation bis zum heutigen Tage laufend zugenommen hat, ist es nicht verwunderlich, daß Hungersnöte stets zu den normalen Ereignissen der menschlichen Geschichte gehören – auch bis heute. Wenngleich Mißernten, durch Naturkräfte verursacht, unvermeidlich sind, so hätte doch eine vorausschauende Vorratspolitik die Folgen öfter auffangen können. Wie früh man um die Gefahr der Hungersnöte wußte, beweist der Traum des Pharao von den sieben fetten und den sieben mageren Kühen (gleich Erntejahren), auf dessen Deutung durch Joseph hin er für die mageren Jahre Vorräte speicherte.

Die Bauern wurden zumeist herablassend behandelt, obwohl sie den Nachwuchs für die »besseren« und geistigen Berufe zu großen Teilen stellten. Die Begabten unter ihnen bekamen damit eine Chance, dem eintönigen Landleben zu entfliehen und in der Stadt ihren geistigen Neigungen zu folgen. Zu allen Zeiten erhofften sie dort »die Wahrheit« zu erfahren, um dann zu erkennen, daß sie da auch nicht zu finden war.

Wohl in allen Kulturen hat es ab und zu *Aufstände der Bauern* gegeben. Erdrückende Armut reichte als Ursache meist nicht aus, da mußten noch ungerechte Behandlung und Übervorteilung in Rechts- und Geldangelegenheiten hinzukommen. In *Ägypten* erhoben sich die Bauern schon im 3. Jahrhundert v. Chr. sowohl gegen die ptolemäischen Fremdlinge als auch gegen die eigene Priesterschaft. In *China* wie auch im Römischen Reich hatten die Bauern in entfernten Provinzen Kriegsdienst zu leisten, was oft den Ruin der Familie zur Folge hatte; eine billige Gelegenheit für die Grundherren, deren Land aufzukaufen. Agrarreformen, die das Unwesen beheben sollten, scheiterten in Rom wie in China – und nicht anders in der Gegenwart von Südamerika bis zu den Philippinen. Die

Bauern erhoben sich schon im alten China; doch das »Mandarinat des Himmels« überlebte trotz Sturz des Kaisers Wang Mang die »Wut des Himmels« in den Jahren 9 bis 36.[18] Die Mißstände führten in der zweiten Hälfte des folgenden Jahrhunderts zu zwei weiteren Bauernaufständen. Ein 1351 entfachter Aufruhr vertrieb den letzten mongolischen Kaiser und begründete die Ming-Dynastie.

Im *Weströmischen Reich* bauten die Grundbesitzer ihre Ländereien praktisch zu Fürstentümern aus. In den Kriegswirren einigten sie sich sogar mit den Feinden Roms, wenn es darum ging, ihre Güter zu retten. Im Oströmischen Reich existierte dagegen eine Beamtenschaft, die bei aller Verfolgung persönlicher Interessen doch dem Staat treuer diente.[19]

In Europa gab es freie und leibeigene Bauern nebeneinander. Sie trugen die Lasten des Staates und der Kirche, waren aber vom Kriegsdienst befreit; denn die Landesverteidigung war Sache der hochkultivierten *Ritterschaft*. Erst als diese sittlich verfiel, kam es zu den sogenannten *Bauernkriegen*. Im ersten großen Aufstand unter dem Namen »Bundschuh« ging es um die *Rechte*, wie schon 1430 und 1460 in Südwürttemberg, nicht um soziale Fragen, so daß sich unter den 20000 Aufrührern auch Bürger befanden; sie wandten sich gegen Adel und Klerus im Bistum Speyer. Der Hauptkrieg vom August 1524 bis Juni 1525 erstreckte sich von Norddeutschland bis Südtirol, ohne daß es eine einheitliche Konzeption gegeben hätte. Soziale Forderungen waren hinzugekommen, und die durch die Reformation wachgerufenen neuen religiösen Anschauungen gipfelten in sozialstaatlichen Utopien bis hin zur Vielweiberei, die ohnehin eine sehr beliebte Vorstellung in den Anfangsstadien sozialer Revolutionen zu sein scheint. Jedenfalls flackerte sie auch im 20. Jahrhundert mit den kommunistischen Lehren wieder auf. Die Folge war damals, daß selbst Luther sich gegen die im Ursprung berechtigten Forderungen der Bauern wandte, die durch Thomas Münzer und »Wiedertäufer« verschiedenster Couleur ins Abwegige abgeglitten waren. Die Unternehmungen endeten in mehreren Blutbädern, die mehr als 100000 Menschen das Leben kosteten.

Die Sklaverei war in den meisten Hochkulturen mehr oder weniger verbreitet. Die *Energie* der menschlichen Muskeln war eben neben der Muskelkraft der zunehmend eingespannten Tiere die einzige, die für kultivierende Leistungen zur Verfügung stand. Man setzte infolgedessen Sklaven bei der Feldbestellung und Viehwirtschaft, in den städtischen Haushalten und schon in den wenigen frühen Bergwerken ein. Enorme Konzentrationen von handarbeitenden Menschen erforderten die monumentalen Bauwerke, die schon damals in keiner Kultur fehlten. Die Bewegung der dazu nötigen Materialmassen ließ sich nur mit dem Einsatz entsprechender Menschenmassen bewerkstelligen. Diese richtig einzusetzen, unterzubringen und zu ernähren, verlangte Leistungen, an die keine geringeren Anforderungen gestellt gewesen sind als an das heutige Management in der industriellen Welt. Bei einigen Bauwerken weiß man bis heute nicht, wie sie überhaupt technisch bewältigt werden konnten: die Köpfe auf der Osterinsel, Stonehenge; in Mittelamerika erfolgte der Transport der Steinblöcke über Dutzende von Kilometern, in Stonehenge (England) über 32 Kilometer.

Auch Sklaven mußten zumindest so ernährt und untergebracht werden, daß sie leistungsfähig blieben. Und trotz beinahe pausenloser Kriege fehlten oft diese Arbeitskräfte, so daß sich *Sklaven-märkte* rund um das Mittelmeer etablierten, auf denen Angebot und Nachfrage den Preis regulierten. Das östliche Mittelmeer wurde in der Zeit vor Christi Geburt »zu einem ergiebigen Jagdgrund für Sklavenhändler«.[20] Die Sklaven waren nie ganz billig, zuweilen sehr teuer, folglich war der Kauf eines Sklaven eine Investition, die nur dann Gewinn versprach, wenn der Käufer einen langfristigen Nutzen daraus ziehen konnte. So kam es, daß auch das Einfangen von Sklaven zu einem Geschäftszweig der antiken Welt wurde, bis dann wieder die Portugiesen 1441 die ersten Negersklaven aus Afrika importierten. Der Handel nahm *gigantische Ausmaße* an, seit die Kolonisten Amerikas ihre Arbeitskräfte in Afrika einfangen ließen. 50 Millionen, möglicherweise auch 100 Millionen Schwarze sollen es nach Ermittlungen des afrikanischen Historikers Joseph Ki-Zerbo zwischen dem 15. Jahrhundert und dem Jahr 1863 (!) gewesen sein.[21] »Die Aufhebung der Sklaverei kostete Haiti eine zehnjährige Revolution und die Vereinigten Staaten den Bürgerkrieg von 1861 bis 1865. Überall – ob die Befreiung friedlich erfolgte oder gewaltsam – hinterließ die Sklaverei ein Erbe von wirtschaftlichen und sozialen Krankheiten.«[22] Die Kultur Europas ist, ausgenommen die der iberischen Halbinsel, eine der wenigen, die sich rühmen kann, ohne Sklaven an die Spitze gerückt zu sein.

In der Antike wurden sogar Kriegszüge mit dem erklärten Ziel unternommen, eine ganze Bevölkerung zu erbeuten, um sie auf den Sklavenmärkten anzubieten. So ließ um 335– der große Alexander Theben plündern und die Bewohner verkaufen. 223– erlitten die Bürger Mantineas das gleiche Schicksal seitens des Antigonus Doson von Mazedonien, während Agrigent und andere große Städte von Nichtgriechen ebenso behandelt wurden.[23] Philipp V. von Mazedonien griff 202– fünf friedliche griechische Städte an, nur um die Bewohner zu verkaufen.[24] Die Römer begnügten sich 168– nach dem Sieg über Griechenland mit der *Deportation* der jeweiligen Führungsschichten nach Italien; die Molosser, die neutral geblieben waren, und die Ätoler, die sogar den Römern Waffenhilfe geleistet hatten, wurden dafür besonders »belohnt«, indem man sie samt und sonders in die Sklaverei abführte, womit ihr Hab und Gut natürlich den Siegern zufiel.[25]

Es trifft sich auch zeitlich, wenn der tyrannische chinesische Kaiser Huang-ti nach seinem Sieg 221– die Führungskräfte von sechs der eroberten Staaten in das »Land hinter den Pässen« verbannte.[26] Die Assyrer hatten schon im 10. und 9. Jahrhundert die Methode eingeführt, die Eliten unterworfener Völker in die entferntesten Winkel des Reiches zu deportieren, dazu die geschicktesten Handwerker, während man die Bauern ungeschoren ließ. Die Deportation von nahezu 30 000 Israeliten in die sogenannte »babylonische Gefangenschaft« im Jahre 721– hat ihr Ziel nicht erreicht; denn diese hielten an ihrer Identität eisern fest, bis sie der Perserkönig Kyros II. 539– freiließ.[27] Welche Grausamkeit die kriegerischen Auseinandersetzungen der Völker zu allen Zeiten annehmen konnten, beschreibt das 4. Buch Mose, Kapitel 31, mit der »Rache des Herrn« an den Midianitern.

Nach diesen *wenigen*, aus der Geschichte herausgegriffenen drastischen *Beispielen* sollen ebensolche aus den *Sklavenaufständen* das Bild abrunden. Sklaven sind sicher beteiligt gewesen, als der erste aus der Geschichte bekannt gewordene *Streik* ausbrach. Im Jahre 1156–, unter der Regierung Ramses III. streikten die Grabarbeiter von Deir el-Medine, weil ihre Naturalien seit zwei Monaten ausgeblieben waren. In Sparta kam es 464– zu einem Aufstand der Heloten. 135– gab es Revolten auf der Insel Delos und in Attika. Aristonikos, der den Thron von Delos beanspruchte, proklamierte mit den Sklaven ein »Reich der Sonne«; da die göttliche Sonne über Freie und Sklaven, Reiche und Arme scheine, symbolisiere sie auch die Gerechtigkeit.[28] Ob ein Zusammenhang mit den Aufständen auf italienischem Boden bestand, ist nicht geklärt. Dort war es schon im Jahre 198– zur Rebellion der südöstlich Roms auf dem Lande arbeitenden Sklaven gekommen. In Sizilien ergriff 136– ein Aufstand die ganze Insel, bis er 132– niedergeschlagen werden konnte. Von 104 bis 101 tobte der zweite Sklavenaufstand auf Sizilien. Schließlich gelang es dem berühmten Gladiator Spartakus, selbst ein Nachkomme des thrakischen Königshauses, von 73 bis 71 die Stadt Rom zu beherrschen. Er mobilisierte 70 000 Sklaven verschiedenster Herkunft, darunter Kelten und Germanen. Bezeichnenderweise wurde der größte Sklavenhändler Roms, der Feldherr Crassus, mit der Niederschlagung beauftragt. Spartakus fiel im Kampf, und 6000 Sklaven wurden entlang der Via Appia ans Kreuz geschlagen. – Niemals ist es den Sklaven gelungen, für längere Zeit einen Staat in ihrer Hand zu behalten.

3 Die langsame Entwicklung der Technik

*Der Mensch, die Natur in Dienst nehmend und
überwältigend.*

Der deutsche Philosoph
Friedrich Nietzsche

Wir hatten beschrieben, wie sich der Mensch nach und nach die
Kräfte des Wassers, des Windes und die einiger Tiere zunutze
machte. Für Unternehmungen, die größere Mengen von Arbeitskräften erforderten, setzte er Sklaven ein, so besonders in einigen
Hochkulturen. Bei diesem erweiterten, aber doch sehr begrenzten
Energiepotential blieb es bis zum technischen Zeitalter. Um so
erstaunlicher ist das Ausmaß der kulturellen Leistungen, die vorher
in verschiedenen Teilen der Welt erreicht worden sind. Dafür
genügte offensichtlich eine *langsame* Entwicklung der Technik,
deren Erfolge hier in groben Zügen skizziert werden sollen.
Es ist bekannt, daß die Kultur des alten Ägypten auf den Hochwäs-
sern des Nils beruhte, die zugleich den fruchtbaren Schlamm mit-
führten, dessen künstliche Anlandung die guten Ernten hervorbrachte. Hier wie an Euphrat und Tigris dienten die ersten weiträu-
migen Techniken des Menschen der Ernährung und konzentrierten
sich auf den *Wasserbau.* Diese Völker hatten früh erkannt, daß
außer dem Boden die Feuchtigkeit nötig ist; besonders in Regionen
mit viel Sonne, die zwar das Wachstum fördert, aber auch das Land
austrocknet. Bewässerungsanlagen können die Flußwässer in geregelte Bahnen zwingen und die Ernten stark verbessern. Darum
entstanden die ersten Kulturen an großen Strömen wie Nil, Euphrat
und Tigris, am Indus und an den breiten Strömen Chinas. Auch die
mittel- und südamerikanischen Hochkulturen hatten in der Regel
einen hohen Stand der Bewässerungstechnik. Die erste Hochkultur
Indiens in Mohendscho Daro besaß vor dem Jahr 2000– ein perfektes Be- und auch schon ein *Entwässerungssystem.* Die ältesten
bisher bekannten Aquädukte wurden um 700– in Armenien angelegt. Die Römer bauten 312– die erste Wasserleitung für die Stadt,
und in den Provinzen finden wir noch Reste solcher Aquädukte, die
Täler in Höhen bis zu 50 Meter überquerten. – *Kanäle* für die
Schiffahrt haben die Sumerer schon um 4000– und *Staudämme* ab

3000– angelegt. Die Ägypter bauten im Nildelta einen Kanal zum Roten Meer und die Chinesen den »Großen Kanal« zwischen den Flüssen Jangtsekiang-Hwai und Peiho.[29]

Jede Hochkultur hat das Bestreben, sich durch *Monumentalbauten* sozusagen ihre eigene Größe zu bestätigen und sich gegen die Vergänglichkeit zu wehren. Die Bauten haben zumeist sakralen Charakter. Sie können zur Ehre der Götter oder auch zum Gedenken irdischer Herrscher errichtet worden sein, was in jenen Zeiten oft zusammenfiel; doch auch heute werden noch Staats- und Kirchenmänner in Domen beigesetzt, hier und da auch noch Mausoleen gebaut.

Die ersten großen Baukörper hatten die Form *stufenförmiger Pyramiden*. Ganz einfach deshalb, weil ihre Statik am leichtesten zu beherrschen ist. Dieser Art waren schon die Staatsbauten der Sumerer und, völlig unabhängig davon, die der Indianer in Mittel- und Südamerika. Nach Osten verbreitete sich dieser Baustil bis nach Java im Rahmen der buddhistischen Heiligtümer. Die bekannten ägyptischen Grabpyramiden folgten in der Form mit allerdings geraden Seitenflächen dem gleichen architektonischen Prinzip. Dennoch haben die Ägypter um 4000– auch schon die Bogenkonstruktion gekannt. Die Griechen bevorzugten dann das geradlinige, rechteckige Bauwerk mit Säulen und Giebeldach. Erst mit immer kühneren *Bogengewölben* konnten die Bauwerke geräumiger und höher werden, um schließlich mit den gotischen Spitzbögen die Krönung menschlicher Baukunst mit den damaligen geringen technischen Mitteln zu erreichen. Auch diese steil gen Himmel ragenden Bauten, die heute noch unsere Städte zieren, sind zur Ehre Gottes errichtet worden – einen ökonomischen Nutzen sollten sie gar nicht erbringen. *Gotteshäuser zu bauen*, das war die Art und Weise, in der auch das Abendland über 1000 Jahre lang seine *ökonomischen Überschüsse* problemlos beseitigte.

Während die ersten Hochkulturen noch ohne Eisen ausgekommen waren, so besorgten die der mittleren Epoche den Übergang von der Bronze- in die *Eisenzeit*. Den Anfang machte eine weniger bekannte Kultur, die der indogermanischen *Hethiter* in Anatolien. Sie entwickelte sich schon im dritten Jahrtausend vor Christus, und seit 1570– war Hattusa, 150 Kilometer östlich des heutigen Ankara gelegen, ihre berühmte Hauptstadt. Ihre Einrichtungen glichen weitgehend den Städten der Sumerer. Die Hethiter entwickelten vor allem eine eigene Hieroglyphenschrift, ihrer Sprache entsprechend, mit 419 Symbolen.[30] Die Hethiter können für sich in Anspruch nehmen, unser heutiges Zeitalter, die Eisenzeit, bereits um 1500– eröffnet zu haben, während China erst in die Bronzezeit eintrat, um dann ab 400– auch Eisen zu benutzen. Sowohl Bergwerke als auch Anlagen zur Eisenverhüttung wurden von den Hethitern angelegt. Ab 800– begann die Verwendung von Eisen in Athen. Seitdem verbreiteten sich die Eisenwaffen, später auch Eisenschilde und -panzer. Das Handwerkszeug wurde zunehmend aus Eisen gefertigt, eiserne *Pflugscharen* gab es ab 400 v. Chr. bereits südlich und nördlich der Alpen. Außer den vorwiegend kriegerischen Verwendungen blieb der Gebrauch von Eisen bis zum 19. Jahrhundert bescheiden.

Was die bewegten *Baustoffmassen* betrifft, so übertrifft ein sonst eher primitives Bauwerk des Menschen die anderen: der *Mauerbau*. Jede Stadt hatte ihre Schutzmauern, aber auch ganze Länder haben sich durch Schutzwälle zu sichern versucht. Das stabilste Werk ist die bekannte *Große Mauer* Chinas, erbaut im 4. und 3. Jahrhundert v. Chr., die schließlich eine Länge von 3000 Kilometern erreichte, ihren Zweck aber verfehlte. Ähnlich erging es dem Limes in Europa, der, zwischen den Jahren 70 und 138 aufgebaut, schon nach 100 Jahren aufgegeben werden mußte, da die Wanderbewegungen der germanischen Stämme ihn unterspült hatten. Von noch zweifelhafterem Wert war der 120 Kilometer lange Hadrianswall zwischen England und Schottland. Andererseits rissen die Athener im Jahre 404– die Mauer zwischen der Stadt und dem Hafen Piräus in der euphorischen Erwartung des ewigen Friedens ab. Xenophon berichtet: »Die Athener legten unter Flötenspiel mit großer Begeisterung ihre Mauern nieder, da sie glaubten, dieser Tag sei für Griechenland der Anfang der Freiheit.«[31] Es dauerte keine 30 Jahre, bis die Mauern wieder standen! Im 20. Jahrhundert versuchten es die Franzosen mit der Maginot-Linie, was die Deutschen mit dem Westwall beantworteten; doch beide erfüllten ihre Aufgabe nur für Monate. Mit umgekehrter Zweckbestimmung errichtete die sowjethörige DDR eine Mauer quer durch Deutschland und eine rund um West-Berlin. Das war etwas Neues in der Weltgeschichte, denn diese Mauern sollten nicht Feinden den

Zutritt, sondern der eigenen Bevölkerung die Flucht verwehren, was immerhin 28 Jahre im großen und ganzen gelang. Solche Mauerbauten sind ein Beweis dafür, daß die Staaten immer wieder an ihre Dauerhaftigkeit geglaubt haben.

Als Materialien für die menschlichen Bauten aller Art dienten *Steine*, die bis heute noch nicht ausgedient haben, *Lehm* und Lehmziegel, die ab 3000– bei den Sumerern schon *gebrannt* wurden, und natürlich Holz. Als ältestes bekanntes Bauwerk, das bereits mit *Dachziegeln* gedeckt worden war, erwies sich der Tempel der Hera in Olympia.

In den letzten Jahren vor Christi Geburt wurden einige für Bau- und Handwerke bedeutende Erfindungen gemacht. Die Verwendung von *Seilen* wird schon seit Jahrtausenden üblich gewesen sein; solche aus Hanf sind in China vor 5000 Jahren bekannt geworden, während in Ägypten um die gleiche Zeit die *Kette* auftauchte und um 1300– auch der *Draht*. Über die *Winde* berichtet Hippokrates um 400–, die *Schraube* hat möglicherweise Archimedes in Syrakus erfunden, das *Wasserrad* wird von Philon aus Byzanz beschrieben und der *Kran* von Vitruv aus dem Rom des ersten vorchristlichen Jahrhunderts. Die *Kurbel* war um die gleiche Zeit in China bekannt. Kresidos von Alexandrien, der auch die erste Saugpumpe baute, verwendet in seiner *Wasseruhr* ein *Zahnradgetriebe*. *Sonnenuhren* sind schon um 2000– nachweisbar.

Die meisten dieser Erfindungen sind bei näherer Betrachtung eigentlich *komplizierte Werkzeuge*, die eine effektivere Nutzung der Muskelkraft erreichen, womit sich Arbeiten leichter verrichten lassen.

Einige sind besonders für die *Seefahrt* wichtig. Deren Eintritt in ein neues Zeitalter nach Jahrtausenden der Ruderboote wurde durch die *Verbesserung der Segel* möglich. Die ältesten Segelschiffe ließen sich in Ägypten zwischen 3500– und 3000– nachweisen; auf Papyrusboote setzte man ein einfaches Rahsegel. Die Kreter, Phönizier, Griechen und Römer kannten dann schon Segelschiffe mit zwei Masten. Im zweiten Jahrhundert v. Chr. kam das Spriet- oder Lateinersegel auf. Zu Beginn des Mittelalters benutzte man die Galeere mit zwei Lateinersegeln. Die Wikinger setzten auf ihren abenteuerlichen Fahrten in Europa und bis Nordamerika das Rahsegel mit Takelung ein. In arabischen Gebieten wurde der Dau entwickelt, im Fernen Osten die Dschunke. Ab 1050 wurde der *Kompaß* zunächst von Chinesen und Arabern benutzt, bald danach auch in Europa. Damit waren die Voraussetzungen für die *globale Schiffahrt* geschaffen, die im 15. und 16. Jahrhundert mit den ersten noch sehr waghalsigen Entdeckungsreisen einsetzte. In Verbindung mit den Schießwaffen genügte der erreichte Stand der Technik den Europäern, um sich den ganzen Erdball dienstbar zu machen. Nur China und Japan, etwas abseits gelegen, konnten noch bis 1842 beziehungsweise 1853 ihre Isolierung aufrecht erhalten, bis sie von den westlichen Händlern gewaltsam erschlossen wurden.

Die Meere waren ein hervorragendes Element, welches intensive Handelsverbindungen zwischen den Ländern ermöglichte, *die Wüsten* das andere. Arnold Toynbee hat wiederholt darauf hingewiesen, wie verbindend sich Wüsten für den Handelsverkehr erwiesen haben. Nicht von ungefähr bezeichnet man das *Kamel*, das bei den Arabern seit 2600 – bekannt war, auch als »Wüstenschiff«.

Die hier skizzierten Techniken haben vollauf genügt, um die *europäische Hochkultur* zu ihrer Blüte zu bringen, deren Höhepunkt sie um das Jahr 1800 bereits überschritt.

4   Die Schrift als dritter Erbgang

Am Anfang war das Wort.

Evangelium Johannes 1, 1.

Eine reiche Erbschaft mit bedeutenden Nachwirkungen haben uns einige der Hochkulturen hinterlassen: schriftliche Aufzeichnungen. Mit der *Schrift* wurde sozusagen ein dritter Erbgang eingeführt. Den grundlegenden *genetischen Erbgang* haben wir mit allen Lebewesen gemeinsam. Allein beim Menschen kam sehr früh ein zweiter Erbgang hinzu: *das gesprochene Wort, die Sprache.* Damit konnte er *erworbene Kenntnisse* an seine Nachkommen von Generation zu Generation weitergeben. Schon unsere Urvorfahren werden sich an den langen dunklen Winterabenden mit erlebten und erfundenen Geschichten unterhalten haben. Da lauschten sie sicher angespannt auf jedes Wort, um es wieder- und weitererzählen zu können. Ihr ohnehin gutes Gedächtnis wurde damit weiter trainiert. Dennoch wird vieles verloren gegangen, anderes im Laufe der Zeit verändert und auch manchmal verfälscht worden sein. Erst als die Schrift hinzu kam, konnte man die Mitteilungen und Geschichten auf Dauer und im ursprünglichen Wortlaut konservieren, solange äußere Umstände die Schreibtafeln oder Pergamente nicht zerstörten, was früher in den weitaus meisten Fällen geschehen ist.

Schon seit 20 000– gab es Aufzeichnungen von Zahlen und Mitteilungen, die man auf Tierknochen ritzte. Die erste Schriftsprache haben dann die Sumerer erfunden. Sie tauchte weit vor 3000– auf und hatte um 2000– bereits 2000 Symbole. Die dafür begabten Kinder lernten die Zeichen in anstrengendem Schulunterricht unter Prügeln.[32] Sie ritzten die bildhaften Zeichen, die zum Teil auch schon Laute bezeichneten, auf Tontafeln, von denen mehr als eine Million gefunden werden konnten. Diese Schrift verbreitete sich im Vorderen Orient, wo sie von erstaunlich vielen Sprachen übernommen wurde.

Die *Ägypter* entwickelten ihre *eigene* Schrift wenig später. Sie meißelten ihre Hieroglyphen in die Steindenkmäler oder malten sie auf gebrannten Ton und bald auch auf Papyrusrollen, ein dem Papier ähnliches Material, das sie aus den Fasern der Papyrusstaude gewannen.

Die *Elamiter*, die das Gebiet des heutigen Iran bewohnten, entwickelten ab 3000– ebenfalls eine eigene Schrift, die 1961 entziffert werden konnte. Eine eigene Erfindung war auch die Schrift der ersten *Induskultur* um 2300–, von der wenig erhalten blieb, da sie vorwiegend auf Flächen aufgetragen wurde, deren Material die Jahrtausende nicht überstand. Die um 2000– auf *Kreta* auftauchende Schrift war ebenfalls eine Eigenentwicklung, die der Norweger Kjell Aartun in den letzten Jahren entschlüsseln konnte. Auch die eigenartigen Hieroglyphen der Hethiter waren erst in den dreißiger Jahren unseres Jahrhunderts entschlüsselt worden.

Daß sich im weit entfernten *China* eine eigene Schrift entwickelt hat, ist weniger verwunderlich. Ihre Bildsymbole, deren es 213 – um die 3300 gab, boten jedoch keine Entwicklungsmöglichkeiten. Diese auch von den Japanern übernommene Schrift kann man als Sackgasse bezeichnen.

Die erfolgreiche Schriftsprache, deren System bis heute gültig blieb, nahm ihren Anfang bei den *Phöniziern* und verbreitete sich zwischen 1100 und 900 rund um das Mittelmeer. Eine Buchstabengruppe entsprach nun einer Lautgruppe, obwohl die Vokale noch nicht geschrieben wurden. Man kann sagen, daß sich dieses semitische Alphabet schließlich über die ganze Welt außer Ostasien verbreitet hat.

Um 800 – schufen die *Hellenen* die erste vollendete Schriftsprache, indem sie dem Alphabet von Konsonanten *die Vokale* hinzufügten. Sie erweiterten den Wortschatz so, daß sich auch abstrakteste Gedankengänge darlegen ließen. Damit hatte es zur Entwicklung der Schriftsprache von den Anfängen bis zu ihrer Perfektion dreier Jahrtausende bedurft. Und seitdem sind wieder fast drei Jahrtausende vergangen, ohne daß die sprachliche Ausdrucksfähigkeit noch wesentlich verbessert wurde oder verbessert werden konnte. – Gebildete Menschen haben seitdem nicht nur die Möglichkeit der Verständigung, sondern auch der *Archivierung des Wissens*, das seitdem nur durch Brand und Zerstörung verloren gehen kann. Ein großer Teil ist allerdings durch die Gleichgültigkeit nachfolgender Barbaren vernichtet worden.

Die ersten umfangreicheren Schriften, die ihre eigene Kultur überlebten, waren die griechischen und lateinischen. Seitdem haben wir einen ziemlich breiten Strom überkommener Texte, die eine

Grundlage für die europäische Bildung legten. Erstmalig in der Geschichte der Menschen konnte damit auf einem Sprach- und Bildungsfundament, das fertig vorlag, weiter aufgebaut werden. Vor allem, seit sich mit der Drucktechnik die Texte vervielfältigen ließen, sitzen die Generationen der Studenten über den Büchern, um sich die von Jahrhundert zu Jahrhundert vermehrten Kenntnisse anzueignen. Seitdem verbringen die Heranwachsenden immer mehr Jahre ihres Lebens, um sich möglichst viel von diesem dritten Erbgang einzutrichtern, der ins Lawinenhafte gewachsen ist. Der Anteil des unnützen Zeugs stieg natürlich entsprechend. Wenn man an die Gebirge von Büchern und Zeitschriften denkt, die heute in den Bibliotheken gehortet werden, dann ist leicht einzusehen, daß Quantität und Qualität kaum irgendwo so absurd auseinanderklaffen wie in diesem Bereich. Doch wer das Spezielle, ja das Absonderliche sucht, der findet es auch. Aber das Stückchen aus der Masse, durch das sich ein Mensch im Laufe seines Lebens noch durchfressen kann, wird immer winziger. Trotzdem muß betont werden, daß der einzelne damit eine enorme Erweiterung seines Wissens erreichen *kann*, seitdem bereits Erkanntes nicht mehr mit dem Tod des Wissensträgers verloren geht, so daß weitere Erkenntnisse darauf aufbauen können. Wäre diese Kumulation in den letzten Jahrtausenden nicht möglich geworden, dann hätte es zum Beispiel nie zum Mondflug kommen können.

Das *Latein* war die erste Schriftsprache, die von einer anderen Kultur komplett übernommen wurde. Sie blieb bis ins 18. Jahrhundert die Sprache der europäischen Wissenschaft. Ihre Buchstaben wurden von den Romanen, den Germanen und einem Teil der Slawen übernommen, während die übrigen Slawen die kyrillischen Buchstaben der Griechen bevorzugten. Damit erwies sich die europäische als *vergangenheitsbewußte Kultur*; denn keiner anderen vor ihr wäre es auch nur im Traum eingefallen, in aller Welt nach Altertümern zu graben und die alten Schriftzeichen zu deuten. Zu diesem historischen Bewußtsein hat auch die christliche Religion ihren Teil beigetragen; denn es war eine aus der Vergangenheit adaptierte Religion, die ihr eigenes historisches Bewußtsein überdies im Alten Testament bekundet. Dort glaubte »die Schrift« mit nichts Geringerem als mit der *Entstehung der Welt* beginnen zu dürfen und sich auch Gedanken über das *Ende der Welt* machen zu müssen. Dies war eine Betrachtungsweise, die sogar den Germanen einleuchtete, die selbst solche Mythen über die Schöpfung und deren einstigen Untergang zu ihrem Glaubensbestand zählten.

Ein Zahlensystem, mit dem sich gut rechnen läßt, kam im Jahre 1202 mit den indisch-arabischen Ziffern nach Europa. Der indische Mathematiker und Astronom Brahmagupta hatte es schon 628 entwickelt. Es arbeitet mit der Ziffer 0 und macht den Wert einer Zahl abhängig von der Stelle, an der die Ziffern stehen. Mit nur 10 verschiedenen Zeichen lassen sich Zahlen bis ins Unendliche bilden. Ohne die Null wäre zum Beispiel auch der heutige Computer undenkbar. Es ist höchst interessant, daß – völlig unabhängig von Europa – die Mayas in Mittelamerika über die Bilderschrift hinaus abstrakte Zeichen entwickelt haben. Sie kannten auch die Null und stellten komplizierte Berechnungen an.

Daß die Europäer, selbst die unermüdlichsten Sucher, es nicht verschmähten, auf von früheren Kulturen Gefundenes zurückzugreifen, hatte ungeahnte Folgen. Diese Überführung der geistigen Errungenschaften wäre nicht so gut gelungen, wenn dafür nicht eine Institution vorhanden gewesen wäre: *die christliche Kirche*. In ihren Klöstern wurde alles aufbewahrt, was aus der Antike und Palästina überkommen war, und wieder und wieder abgeschrieben. Dabei machten die Mönche wenig Unterschied zwischen religiösen und weltlichen Texten. Somit wurde ein *geistiger Evolutionsschub* möglich, wie er in der Geschichte des Menschen vorher noch nicht dagewesen ist.

Die Sprache hat auch einen wachsenden Eigenwert bekommen, denn aus ihr entstand eine große Kunst des Menschen: *die Dichtung*. Alle Schriftkulturen haben uns bedeutende Sprachkunstwerke hinterlassen: Epen und Gedichte, Dramen und Komödien. Wir beschränken uns hier auf eine kurze Betrachtung der *Epen*. In ihnen finden die *Mythen* und *Sagen* der Völker ihre großartige Gestaltung. Aus ihnen erfahren wir viel über die Lebensnöte und die gefeierten Feste, über Liebe, Kampf und Tod. Wir hören ihre Vorstellungen über die Natur und das Jenseits, über die Unterwelt und über die Götter. Gewisse große Themen kehren immer wieder. Eines davon ist die *Sintflut*. Schon im Gilgamesch-Epos ist von ihr die Rede, im Alten Testament spielte sie eine wichtige Rolle, des weiteren in den griechischen Mythen und denen der Mayas im völlig abgeschiedenen Amerika. Da es weltweit über 200 solcher Berichte gibt, darf wohl angenommen werden, daß die schreckliche Erinnerung an das Ansteigen des Weltwasserspiegels um 70 Meter (!) aufgrund der zu Ende gehenden Eiszeit tiefe Spuren im Gedächtnis der Völker hinterlassen hat. Da die bevorzugten Wohnstätten zumeist an den Küsten gelegen haben, müssen viele davon nach und nach in den Fluten versunken sein – was verschiedentlich als Strafe der Götter gedeutet wurde. Wie die historisch belegten Springfluten beweisen, geht ja das Land nicht kontinuierlich verloren, sondern in periodisch auftretenden großen Sturmfluten.

Das *Gilgamesch-Epos* stammt aus der Frühzeit der ersten hohen Kultur, der von Sumer. Es beruht auf der historischen Person des Königs Gilgamesch von Uruk, der ab 2750– regierte und dem sagenhafte Abenteuer angedichtet wurden. Sie ergaben sich aus dem unstillbaren Wunsch Gilgameschs, *die Unsterblichkeit zu erlangen*. Sein vergeblicher Drang läßt sich mit der Tragödie des »Faust« vergleichen, womit die überraschende Nähe jener Gedankenwelt zu der unserer Zeit deutlich wird. Gilgamesch erhält die niederschmetternde Auskunft: »Das Leben, das du suchst, wirst du sicher nicht finden! Als die Götter die Menschheit schufen, teilten den Tod sie der Menschheit zu.«

In der Frühzeit der Kulturen taucht in der Regel ein großes *Epos* auf. Die zweitältesten literarischen Zeugnisse kommen aus Indien, wo zwischen 1500 und 1200 die *Veden* entstanden, eine Sammlung von Liedern und Sprüchen, die um 1000– in der Weltschöpfungshymne »Rigveda« gipfelten. Ihr Gehalt kehrt dann im 8. und 7. vorchristlichen Jahrhundert in den Upanischaden wieder, die tiefsinnige Betrachtungen über Ursprung und Wesen der Welt enthalten und bereits in der indogermanischen Sprache des Sanskrit niedergeschrieben wurden. Diese literarische Tradition setzt sich dann im Epos »Mahabharata« um 200– fort.

Das Alte Testament mit seinen 39 Büchern kann man als zusammengetragenes Epos des jüdisch-israelischen Volkes in Prosa bezeichnen. Auch diese Texte wurden zu Ende des zweiten Jahrtausends v. Chr. aufgezeichnet, bringen aber eindrucksvolle Schilderungen von Ereignissen, deren Sage bis auf 4000– zurückreicht. Für die Ägypter hatte *»Die Geschichte des Sinuhe«* große Bedeutung. Sie erzählt von einem Beamten, der aus politischen Gründen nach Asien flieht und nach Abenteuern schließlich heimkehrt. Zu den gewaltigsten Epen der ganzen Menschheitsgeschichte gehören zweifellos die dem *Homer* zugeschriebenen Bücher »Ilias« und »Odyssee«. Sie bilden gleichsam die Ouvertüre der reichhaltigen hellenischen Dichtung, die später kaum noch in irgendeinem Land überboten werden konnte. Wenigstens genannt müssen hier werden: Hesiod und Pindar, die Dramatiker Aeschylos, Euripides und Sophokles sowie der Komödiendichter Aristophanes.

Das Nationalepos der Römer, die »Aeneis«, steht allerdings nicht am Anfang der Geschichte Roms; Vergil brachte die 12 Bücher unter Kaiser Augustus nicht ganz zu Ende, als er im Jahre 19 – starb. Horaz und Ovid lebten um die gleiche Zeit.

Die arabische Sprache lieferte zur Weltliteratur kein Epos, sondern »Die Geschichten aus 1001 Nacht«.

Die Germanen traten ähnlich den Hellenen mit Heldenepen in die Weltliteratur ein, die in den Jahrhunderten nach der Völkerwanderung entstanden waren. Das fränkische »Rolandslied« ist wohl das um 1100 zuerst aufgezeichnete, dem die Sagen um den König Artus folgten. Das »Nibelungenlied« von nach wie vor ungeklärter Herkunft kann sich mit Homers Heldendichtung messen. Der »Parsifal« des Wolfram von Eschenbach bildet gleichsam den Übergang zum Liebesepos »Tristan und Isolde« des Gottfried von Straßburg. In diese Richtung geht eine der edelsten Gefühlsbewegungen, die Menschen jemals in Dichtung umgesetzt haben, *der Minnesang*, von der französischen Provence herkommend. Mag sein, daß nur durch die vergeistigte christliche Religion, die ja auch *die Mystik* hervorbrachte, jene Sublimierung der Geschlechterliebe entstehen konnte. In der Spannung zwischen Himmel und Erde wurden die edelsten Regungen in den Himmel verlegt; denn der Verzicht steht höher als die Erfüllung.

Die überirdische Liebe ist auch der Hintergrund des einzigartigen christlichen Epos, das zugleich am Beginn der italienischen Renaissance steht: der »Göttlichen Komödie« von Dante Alighieri, die er in seinem Todesjahr 1321 vollendete.

Im kulturell damals vorauseilenden Spanien war schon um 1140 das Nationalepos »Der Cid« entstanden, das den Kampf gegen die Araber schildert. Die Diskrepanz zwischen Ideal und Wirklichkeit ist wieder die Grundlage des »Don Quijote« von Miguel de Cervantes kurz nach 1600. Er starb an dem Tag, als Shakespeare geboren wurde, am 23. 4. 1616. Es war das Jahrhundert der großen Dramen des Lope de Vega und Calderon und das der spanischen Komödien. Molières Komödien eroberten Frankreich, wo Pierre Corneille und Jean Racine das Zeitalter des klassischen Dramas begründeten. Das folgende 18. Jahrhundert wurde das der weitwirkenden französischen Schriftsteller, deren Mittelpunkt Paris war. In den anderen europäischen Ländern gab es dagegen viele örtliche Glanzlichter. Weimar bildete ein deutsches Zentrum während der Goethezeit. Die hervorragenden Geister, die mit der Klassik und Romantik verbunden sind, konnten denen Griechenlands noch einmal nahekommen, sie vielleicht hier und da auch übertreffen. Während die große Dichtung in der Biedermeierzeit auslief, wurden im 19. Jahrhundert die Erfinder und die abenteuerlichen Entdecker ferner Länder zum Gegenstand der realistischen und romanhaft beschreibenden Literatur.

5   Die Religionen

Die Weltreligionen sind es, welche die größten historischen Krisen herbeiführen.

Der Schweizer Historiker
Jacob Burckhardt

Daß es in der Natur aus undurchschaubaren Gründen *Leben* gibt, konnten die Menschen von Anbeginn alle Tage beobachten. Vögel schlüpften aus Eiern, Säugetiere kamen auf die gleiche Weise zur Welt wie die Menschen; Pflanzen wuchsen und bildeten Samen, aus dem wieder neue keimten. Wie das alles sein konnte, blieb rätselhaft – bis heute! Daß es aber mit der Sonne zu tun hatte, sah man am Wuchs der Pflanzen und merkte es am eigenen Körper, der sich in der Sonnenwärme wohl fühlte, in ihrer Abwesenheit fror.

Darum zählt die *Sonne* in jeder polytheistischen Religion zu den höchsten Göttern, wenn sie nicht gar *der* oberste Gott ist. Der Mond und die Gestirne sind im Götterhimmel meist irgendwie vertreten. Die irdischen Elemente stellt man sich auch als göttliche Wesen vor: *das Wasser* im allgemeinen oder *den Fluß*, an dem man siedelt, im besonderen; auch *der Äther* ist schon ein Gott, obwohl die Lebenskraft des Sauerstoffes noch bis Ende des 18. Jahrhunderts unbekannt blieb. Und eine Kraft, die Blitz und Donner auslösen kann, mußte wohl in den Händen eines Gottes liegen – wie *das Feuer* überhaupt. *Der Regengott* hat in allen mesoamerikanischen Kulturen einen hohen Rang, denn das Ausbleiben des Regens bedeutete Hungersnot. Und *die Erde* ist fruchtbar auf Grund einer göttlichen Lebenskraft, wie sie offenbar auch in der Frau wirkt; darum ist die *Mutter Erde* die »Nährerin aller Geschöpfe«, wie es in einer der »Homerischen Hymnen« heißt.

Der hellenische Philosoph *Prodikos* aus Keos faßte das bereits im fünften Jahrhundert v. Chr. klug zusammen: »Sonne, Mond, Flüsse und Quellen, kurz alles, was unser Leben fördert, hielt man im Altertum für Götter um des Nutzens willen, der davon ausgeht, wie die Ägypter den Nil; und deshalb sah man im Brote Demeter, im Wein Dionysos, im Wasser Poseidon, im Feuer Hephästos und so weiter, in allem brauchbaren eine Gottheit.«[33]

Wenn wir über die Zeit der gesamten Kulturgeschichte, also der letzten 5000 Jahre, die Zahl der Götter ermitteln könnten, welche die Völker, Stämme und Städte verehrt haben, dann kämen wir sicher in den Bereich der Zehntausende. Allein in Mekka wurden vor Mohammed etwa 300 Götter verehrt, in Westafrika bei den Negerstämmen 400. Im großen und ganzen sind bei den verschiedenen Völkern allerdings nur die Namen unterschiedlich, während bestimmte Wesenszüge der Götter immer wiederkehren; denn sie verkörpern die Mächte, von denen der Mensch sich abhängig fühlt. Damit ist der *Polytheismus* durchaus ökologisch, denn die Natur ist eben voll von geheimnisvollen Kräften.

Wie weitgehend der Mensch das eigene natürliche Zusammenleben auf die Götter übertragen hat, erweist sich daran, daß auch diese in der Regel in *Familien* leben. Und wie in der Natur ein Wesen aus dem anderen entsteht, so entstehen auch die Götter meist durch *Geburt*. Da gibt es Väter, Mütter, Kinder und Verschwägerte. Auch in der christlichen Religion gibt es Vater und Sohn und die »Heilige Familie«, in der dieser aufwuchs. Im herausgehobenen Oberhaupt der Götterfamilie zeichnete sich schon die Tendenz zum *Monotheismus* ab, wobei der höchste Gott in verschiedenen Religionen durch eine Frau verkörpert wurde. Untereinander tragen die Götter ihre Zwistigkeiten aus, genau wie es die Menschen oder die wetterwendischen Elemente der Natur tun. Die christliche unter die monotheistischen Religionen einzuordnen, fällt schon schwer. Denn bereits ihren Namen bezieht sie von Jesus, *Gottes Sohn*, dem »Heiland«. Und dann gehört auch noch der *Heilige Geist* zur »Heiligen Dreieinigkeit«. Überdies wird in der Katholischen Kirche die *Mutter Maria* angebetet, von der Toynbee, selbst Katholik, sagt, daß sie in dieser Konfession die Rolle einer *Göttin* innehabe. Und in den zahlreichen *Heiligen* lebt auch die Vielgötterei der alten Völker, besonders der Römer, fort.

Da die Götter menschenähnliche Regungen haben, müssen sie auch auf menschenähnliche Weise besänftigt und günstig gestimmt werden: durch Geschenke. Das geschieht in den meisten Religionen, indem man ihnen etwas *opfert*. Das kann ein Teil der Feldfrucht sein oder ein Tier, das für einen Gott geschlachtet und den Flammen übergeben wird. An gewissen Zeichen glaubte man zu erkennen, ob Gott das Opfer huldvoll annahm oder es zurückwies. Das bezeugt die Geschichte von Kain und Abel: Aus dem einseitigen

Wohlwollen des gleichen Gottes ergibt sich der Zorn des Kain mit der Folge des Brudermordes. Um wieviel stärker muß da die Feindschaft werden, wenn die Kontrahenten im Dienst verschiedener Götter stehen, so daß nicht nur der andere Mensch, sondern mit ihm auch der fremde Gott bekriegt wird.

Je überzeugter Menschen von ihrer *wahren Lehre* gewesen sind, um so fanatischer war schon immer ihre Bereitschaft, dafür Opfer zu bringen – auch *Menschenopfer*. Ursprünglich aus einem Gefühl der Schuld gegenüber den göttlichen Naturmächten, deren Segen (der oft ausbleiben konnte) man nicht ohne Gegengabe, ohne einen Tribut erwarten durfte. Bei dieser Denkweise erschien es auch keineswegs so abwegig, einem fremden Herrscher *Tribut* zu zollen, wenn er sich als der Stärkere erwiesen hatte; denn da mußte ihm doch ein *Gott* beigestanden haben.

So wurden also den *Göttern* die Früchte der Erde dargebracht, Tiere geopfert, wovon die Bibel voll ist – *und auch Menschen.* *Abraham* war entschlossen, seinen einzigen Sohn *Isaak* zu opfern, und das war damals gar nicht so ungewöhnlich. Noch im Jahrtausend vor Christus war es in *Syrien* üblich, Kinder bei lebendigem Leibe zu verbrennen, um die *Götter* günstig zu stimmen. Aus diesem Grund opferte König *Ahab* von Juda dem Gott seinen Sohn, indem er ihn lebend verbrennen ließ, und sein Nachfolger, König *Manasse* (687–642), tat das Gleiche.[34] Der Gott *Baal* wurde in Syrien, Phönizien, Kanaan und zu Zeiten auch in Israel verehrt. Er ist der *Gott* der Sonne, des Feuers und der Fruchtbarkeit. Er fordert von allem *das Erste*: die erste Gerste des Jahres, das erste Brot, die ersten Lämmer und die ersten Kinder, dabei bevorzugt er die Söhne der Adeligen. Das Kind wird der Statue (dem »Moloch«) in die Hand gelegt und gleitet in das Innere des Ofens. Auch die *Karthager* opferten Menschen.[35] In *Spanien* gab es die letzten Menschenopfer im Jahre 206 v. Chr. Die mittelamerikanischen *Indianerkulturen* opferten ihren Göttern die Menschen massenweise in ausgeklügelten Riten und Festen. Teils waren es Jugendliche des eigenen Volkes, die zuvor eine bevorzugte Behandlung genossen, aber vorwiegend wohl im Krieg gefangene Jugendliche benachbarter Völker. Zu deren Beschaffung mußten immer wieder *Kriege* geführt werden; zu den *Tributen* unterworfener Völker gehörte die Lieferung von Knaben und Mädchen zur Opferung.[36] In welcher

Angst müssen diese Völker gelebt haben! Noch barbarischer ist wohl der *Kannibalismus*, den einige Forscher auch den mesoamerikanischen Kulturen unterstellen. Der Anthropologe Marvin *Harris* ist der Ansicht, daß die menschlichen Körper der rituellen Massenabschlachtungen zugleich der Versorgung der Bevölkerung mit dem fehlenden tierischen *Protein* dienten.[37]

Mit der Zunahme des Wissens und des abstrahierenden Denkens wurden die *Gottes*vorstellungen ebenfalls vergeistigter. Das lief auf den *Monotheismus* hinaus: *Ein Gott lenkt die Geschicke der Welt und des Menschen.* Das hieß, weg von der Vielfalt der *Natur*, hin zu dem einen Logos, dem *Geist*, der alles durchdringt. Das wird deutlich im Heiligen Geist der christlichen Religion, im *Karma* der buddhistischen.

Das hat aber keineswegs zu *einem Gott* aller Menschen geführt, sondern lediglich zur Bildung größerer *Religionsgemeinschaften*, im wesentlichen zu *drei Weltreligionen*: Buddhismus, Christentum und Islam; doch auch der Hinduismus zählt heute rund 650 Millionen Anhänger.

Die Stiftung einiger die Völker übergreifenden Religionen ist eng mit der Vollendung von *Schriftsprachen* verbunden. *Mose* schrieb seine *zehn Gebote* auf Steintafeln. *Zarathustra* zeichnete seine Glaubenssätze auf. *Mohammed* verfaßte den *Koran*. Die *christliche* Lehre ist mit einem ganzen Wust von Schriften an die Welt getreten; die *Bibel* benötigt bei normaler Druckschrift 3000 Seiten – nur wenige getaufte Christen haben sie alle gelesen. *Christus* selbst schrieb keine Zeile davon, wie auch Buddha nichts schrieb. Aber unzählige Generationen von *Theologen* hatten über Jahrhunderte genügend Stoff für strittige Auslegungen und bitterste Auseinandersetzungen.

Gemeinsam ist den drei *Weltreligionen* der Glaube an *die Unsterblichkeit*, an die Existenz einer vom Körper unabhängigen Seele und das Wirken Gottes durch den Heiligen Geist. Alle drei finden ihr Zentrum im geistigen Raum, jenseits des irdischen Lebens. Allein schon die menschliche Angst vor dem Tode war imstande, diesen Religionen die Gläubigen zuzuführen, da ihnen das Weiterleben der Seele verkündet und versprochen wurde. Die früheren Mittler zu Gott und Transzendenz, die Mächte der Natur, sind in diesen Religionen entbehrlich.

Der Mensch hatte zuvor in seiner Geschichte, als er sich von pantheistischen und magischen Vorstellungen entfernte, nicht mehr die außermenschliche Natur, sondern die Kollektivmacht seiner menschlichen Gemeinschaft vergöttert, meist verkörpert durch einen nahezu göttlichen Herrscher. Es ist also der Schritt vom Pantheismus zum Theismus, der noch nicht Monotheismus sein muß, welcher zunächst vollzogen wurde. Der Mensch blieb also bei »der Anbetung der Macht, wo immer er sie am stärksten fand«.[38] Geistig sah Toynbee darin einen Rückschritt. Die Religionsstifter und die Philosophen um das sechste Jahrhundert vor Christi Geburt befreiten sich aus der geistigen Unterordnung ihrer jeweiligen Gemeinschaft. Sie lehnten Naturverehrung *und* Menschenverehrung ab, »um eine unmittelbare Anschauung der letzten Dinge zu gewinnen«.[39] Als Propheten (Verkünder) behaupteten sie, daß ihnen Gott ihre Lehre eingegeben (offenbart) habe, wie seinerzeit dem Mose. Sie verurteilten die irdischen Zustände, Buddha sogar *das Leben überhaupt*, und wollten diese mehr oder weniger radikal ändern. Damit brach bereits um diese Zeit – 500 v. Chr. und danach – in die Geschichte des menschlichen Geistes etwas völlig Neues ein: *der Versuch, die Natur zu überwinden und den Ergebnissen des Geistes den Vorrang einzuräumen.* Damals, nicht erst mit dem Erscheinen Jesu, kam die große Zwiespältigkeit in die Welt zwischen dem Reich des *Geistes* und dem der *Natur, die ungerührt ihren unerklärlichen Gesetzen* folgte, welche man zunehmend als feindlich empfand – die man also um so lieber zugunsten göttlicher *Verheißungen* eintauschte.

Der älteste bekannte Religionsstifter ist *Zarathustra*, der zu Anfang des sechsten vorchristlichen Jahrhunderts seine Lehre mit Unterstützung des dortigen Herrschers in Persien verkündete. Er sieht in der Welt einen Krieg zwischen Licht und Dunkelheit (Gut und Böse), der mit dem Sieg des Lichts enden werde. Seine Religion geriet schon damals in heftige politische Bürgerkriege. Heute gibt es nur noch einige Zehntausend Anhänger, die einer häufig geänderten und in Sekten aufgespaltenen Lehre anhängen. Doch der ursprüngliche Glaube bleibt wichtig, weil er Nachwirkungen auf Juden, Christen und Mohammedaner gehabt hat. Toynbee zählt Zarathustra zu den Propheten des »syrischen Typs«, die wie Jesaja II. in einer Tradition stünden, in der auch der 600 Jahre spätere Jesus und der nochmals 600 Jahre spätere Mohammed zu sehen seien. Der Prophet Jesaja II. schrieb die Kapitel 40 bis 65 des Buches Jesaja, wogegen die vorausgehenden von einem älteren Jesaja I. stammen. Der zweite Jesaja versuchte, wie viele jüdische Propheten, auch politisch in die Welt hineinzuwirken – im völligen Gegensatz zu Christus – und sah *im Leiden eine positive Kraft*, die fruchtbare Wirkungen haben kann, womit er Buddhas Lehre fern stand.

Zu den Religionsstiftern jener Zeit gehört auch der Inder Mahavira, der vor 477 – lebte. Seinen Anhängern, den *Jainas*, ist alles Leben heilig. Wie die Buddhisten glauben sie an die Seelenwanderung, aus der sich befreien kann, wer die Leidenschaften zügelt und alles unterläßt, was im nächsten Leben wieder ausgeglichen werden müßte.

Siddharta Gotama, welcher *Buddha* (der Erleuchtete) genannt wurde, ist mit Sicherheit in Kapilawastu im heutigen Nepal geboren, seine Lebenszeit dürfte zwischen 567 und 487 gelegen haben. Von vornehmer Herkunft, entschied er sich für die Armut, wanderte viel umher, wirkte aber vor allem im heutigen indischen Staat Bihar. Das Eigentümliche, ja Abwegige an der Gestalt Buddhas ist, daß er bereits verhältnismäßig kurze Zeit, nachdem gerade erst eine höhere Kulturstufe des menschlichen Daseins errungen war, die *Auslöschung des Lebens* als höchstes Ziel des Lebens verkündete! Diese konsequente Verneinung hätte eigentlich zum Selbstmord führen müssen – und die Lehre wäre sofort wieder ausgestorben. Aber dem hätte sich gemäß der Lehre der wesentliche Bestandteil des Lebens, *die Seele*, entzogen; denn die kann dieser Auffassung nach gar nicht umgebracht werden, da sie nicht an den Körper gebunden ist, sondern durch das Reich der Geschöpfe wandert. Um auch die Seele zum Erlöschen zu bringen, sie im *Nirwana* zu erlösen, bedarf es gerade enormer *Anstrengungen*, eines heiligen Lebens in dieser Welt. Ist also die Lehre von der Seelenwanderung ein eleganter Ausweg, um den Menschen dennoch am Leben zu erhalten? Vielleicht sogar ein »Trick der Gene«? Ich werfe diese Frage nur auf, ohne eine Antwort vorzugeben.

Unserer abendländischen Logik wird es wohl schwer verständlich bleiben, daß es das Ziel und der Sinn des Lebens sein sollte, *sich selbst wieder abzuschaffen*. Darum wurde diese Lehre, die ihren Ursprung bei den eurasischen Hirtenvölkern haben mag,[40] in Europa nur von Pythagoras (570–490) und seinen Anhängern aufgegriffen. Ist das der Grund, warum Heraklit diesen seinen Zeitgenossen als »Anführer der Schwindler« bezeichnet hat?[41] Leider ist uns Heraklits Begründung nicht überliefert. Jedenfalls wurde die griechische Auffassung vom Leben weit zutreffender von Diogenes Laertius charakterisiert: »Der erste Trieb eines Lebewesens ist, sich selbst zu erhalten.«[42] Und welche Leiden der Mensch durchzustehen vermag, hatte schon Homer in den »Irrfahrten des Odysseus« trefflich geschildert. Die Lehre von der Seelenwanderung hat im damaligen Griechenland wie auch im späteren Europa keine Resonanz gefunden.

Die buddhistische Lehre stimmt allerdings mit der christlichen und der mohammedanischen darin voll überein, daß Leib und Seele getrennte Dinge seien. Dieser *Dualismus* hat die europäische Geistesgeschichte bis in die Gegenwart beherrscht, und aus dem allgemein verbreiteten Volksglauben ist er bis heute nicht verschwunden. Die *Auferstehung des Fleisches* hingegen ist, wie Spengler meinte, ein früharabischer Gedanke,[43] der von der christlichen Theologie in reichlich schillernder Form aufgenommen und erst bei Luther fester Bestandteil des Glaubensbekenntnisses wurde. Er dürfte mehr Anhänger haben, als wir vermuten.

Dem Buddhismus liegt ein *ökologischer Kern* zugrunde, weil alle lebendigen Wesen als große Gemeinschaft betrachtet werden, in die der Mensch eingebunden ist. Im Gegensatz dazu sieht die christliche Religion nur den Menschen; allein um seinetwillen sind die übrigen Geschöpfe da. Die Lehre Buddhas bleibt sonst sehr offen, sie kennt eigentlich keinen Gott, und auch die Seele ist nur ein »Gewebe von ungleichartigen Seelenzuständen, die von Wiedergeburt zu Wiedergeburt nur von der dynamischen Kraft der Begierde zusammengehalten werden. Wenn es möglich ist, die Begierde auszurotten, kann auch dieses psychische Wolkengebilde zerstreut werden, und der Weg wird frei zum Zustand des ›Ausgelöschtseins‹ (Nirwana), in dem das Leiden ein Ende findet.«[44] Somit dürfte der Untergang allen Lebens für den Buddhisten keine Katastrophe darstellen. Der Buddhismus ist eine im hohen Maße vergeistigte Religion. Es nimmt wunder, wie er sich überhaupt so ausgiebig in gegenständlichen Kunstwerken äußern konnte. So thront das unbewegliche Antlitz Buddhas zu Tausenden und Abertausenden, umgeben von vielfachem Beiwerk, in allen Ländern des mittleren und östlichen Asiens. Das ist das real sichtbare Ergebnis einer Religion von höchster Abstraktion. Der Drang des Menschen, sich eben doch »Bilder zu machen«, ist offenbar schwer auszulöschen, denn auch die christliche Welt hat die zitierte Aufforderung völlig ignoriert. Zu Millionen sind die Bilder des Gekreuzigten, aber auch Gottes, des Vaters, und der Mutter Maria über die Welt verbreitet.

In ihrer *Weltabgewandtheit* ähneln sich Buddhismus und Christentum. Demzufolge haben sie auch einen besonderen Stand geschaffen, das *Mönchtum*. Dieses hat jedoch auch tätig in die Welt hinein gewirkt, nicht nur als Träger der Bildung, sondern auch politisch. Im Abendland ist das bekannt, aber auch in Asien ist dies der Fall gewesen.

Buddha wollte die *eigene Natur* überwinden (das gelang seinen Gläubigen kaum), während er der übrigen Natur ihr Recht ließ. Die christliche Lehre wollte die *gesamte Natur* (die eigene wie die übrige) überwinden. Die eigene zu überwinden, gelang nur Jesu selbst und den Heiligen; die übrige Natur zu »überwinden«, gelang seinen christlichen Nachfolgern *gründlich!* Für sie heißt das allerdings nicht der Welt entsagen, sondern sie *beherrschen*, in den eigenen Dienst stellen, ausbeuten; aber immer in der Überzeugung, der Welt damit große Errungenschaften und gute Werke zu schenken. Schon diese erobernde Einstellung führt unausweichlich zu gewaltigen Konflikten.

Obwohl oder eben weil allen drei Religionen die göttliche Wahrheit *offenbart* wurde, hatten sie in ihrer Geschichte ununterbrochen interne Zwistigkeiten auszustehen. Das wird deutlich in den Sektenbildungen und Abspaltungen innerhalb jeder der drei Lehren bis hin zu blutigen *internen Religionskriegen*. Am stärksten wurde davon die Christenheit betroffen. Die Spaltung in römisch-katholische und griechisch-orthodoxe Christen verlief noch verhältnismäßig glimpflich; doch die Abspaltung der protestantisch-reformatorischen Kirchen verursachte eine Kette von Blutbädern. Später fächerten sich die abgespalteten Teile nochmals in diverse Gemeinschaften auf. *Im Islam* tobten interne Blutbäder in der Anfangsphase, flackerten aber auch bis in die Gegenwart immer wieder auf. Die geringsten internen Kämpfe gab es naturgemäß im Buddhismus, der aber mit den konkurrierenden Religionen ebenfalls immer wieder in Kriege verwickelt wurde.

Die Stoßrichtung des *Buddhismus* ging nach Osten, bis nach Java einerseits und über China bis nach Japan andererseits. In Japan blieben die Buddhisten immer eine kleine Minderheit, und in China war ihre Herrschaft nicht von Dauer. Denn dort galt seit dem Kaiser Wu-ti (141–87) die Lehre des *Konfuzius* als Staatskult, und daneben gab es den Taoismus. Doch der Kaiser Ming-Ti ließ im Jahre 67 buddhistische Mönche aus Indien ins Land holen, die Klöster errichteten und die heiligen Schriften des Buddhismus übersetzten. Deren Lehre wurde mit taoistischen Elementen zu einer spezifischen Form des Buddhismus entwickelt. Im Jahre 184 entstand aus der Not der Landbevölkerung der Aufstand der »Gelben Kopftücher«, der von Taoisten dirigiert wurde. Dennoch war der Buddhismus schließlich 502 zur Staatsreligion erhoben worden, bis dann zu Beginn des achten Jahrhunderts wieder eine Gegenbewegung in Gang kam, die 819 mit der Streitschrift des Gelehrten Han Yü ihren Höhepunkt erreichte und zu Plünderungen der buddhistischen Heiligtümer führte. Der Kaiser Wu Tsung ließ 844 die Einrichtungen aller nichtkonfuzischen Religionen beschlagnahmen. Von 618 bis 906 war China ein weltoffener Staat mit kultureller Blüte, besonders in Literatur und Malerei. Die buddhistische Sekte »Weißer Lotus« entwickelte sich dann im 14. Jahrhundert zum Kern des Aufstandes gegen die Mongolenherrschaft. Der Mönch Tschu Yüan (1328–1398) vertrieb den letzten Mongolenkaiser und begründete 1368 die Ming-Dynastie. Die andere Front der Auseinandersetzungen des Buddhismus war die mit dem Hinduismus.

Der Hinduismus kennt keinen Stifter, er entstand in den letzten Jahrhunderten v. Chr. und zerfällt in viele Sekten. Brahma ist der Schöpfergott, er wurde aber von dem widerstreitenden Paar Wischnu (dem Erhalter) und Schiwa (dem Zerstörer) verdrängt. Daneben gibt es viele lokale Götter, und auch Sonne, Mond und Wind sind Gottheiten. Auch die Hindus glauben an die Seelenwanderung und an Erlösung durch Beendigung der Wiedergeburten. Die Welt ist dagegen ewig und auch das Werden und Vergehen. Die Tiere werden von den Hindus gleichfalls geschont. Der Hinduismus setzte sich in Indien bis Mitte des ersten Jahrtausends gegen den Buddhismus durch, der im zwölften Jahrhundert in Indien endgültig den Niedergang hinnehmen mußte. Aber schon seit dem achten Jahrhundert wird der Hinduismus durch den Islam zunehmend von Nordwesten her bedrängt, der im zwölften Jahrhundert seine größte Ausdehnung erreichte. Mit der Gründung der Staaten Pakistan und Bangladesch wurde die islamische Bevölkerung von Indien abgetrennt, wo doch noch um die 90 Millionen verblieben. Aber über 80 Prozent der 800 Millionen Inder sind Hindus, ohne daß ihr Glaube Staatsreligion ist. Die *blutigen* Religionskämpfe auf dem indischen Subkontinent flackern bis heute immer wieder auf.

In der *Frühzeit des christlichen Glaubens* floß im Römischen Reich das Blut der *Märtyrer*. Die alten Geschichtsbücher sind voll davon, wie die Christen auf vielfältige Weise umgebracht worden sind. Das beginnt schon mit den auf des Herodes Befehl getöteten Neugeborenen. Das Zentrum der Verfolgung war später die Hauptstadt *Rom*, bis schließlich der Kaiser *Konstantin I.* im Jahre 313 das Mailänder *Toleranzedikt* erließ, das auch in dem von ihm beherrschten *Oströmischen Reich* Geltung bekam. Auch die heidnischen Auffassungen wurden geduldet; nur das *arianische Christentum* der Westgoten wurde auf dem Konzil von *Nizäa* (325) verdammt.[45]
Waren die ersten Generationen der Christen grausam verfolgt worden, so war es dann später umgekehrt. Allein *Karl der Große* ließ 4500 der wiederholt aufständischen Sachsen im Jahre 782 umbringen, wenn auch wohl mehr aus Gründen der Staatsräson als aus religiösen Motiven. *Schwert und Kreuz* gingen schließlich in aller Welt gemeinsam gegen die Heiden vor. Das zeigte sich besonders in den insgesamt acht *Kreuzzugen* in das Heilige Land, die über 200 Jahre hin Europa in religiösen Kriegseifer versetzten. Zum ersten Kreuzzug rief Papst Urban II. im Jahre 1095 mit dem Schlachtruf »Gott will es« auf. 330000 sollen es gewesen sein, die sich 1096 auf den Weg machten; doch nur 40000 kamen in Palästina an. 1099 wurde *Jerusalem* schließlich erobert und unter *Juden* und *Moslems* ein Massaker angerichtet. Ein »Kreuzzug der Armen« erreichte nie das Heilige Land, plünderte und massakrierte jedoch die Judengemeinden am Rhein. 1187 eroberten die Seldschuken unter Sultan Saladin Jerusalem, was den dritten Kreuzzug auslöste. Dabei fand Kaiser Barbarossa den Tod, während Richard I. Lö-

wenherz an der Einnahme von Akko und den anschließenden Hinrichtungen beteiligt war, selbst aber auf dem Rückweg in Österreich in Gefangenschaft geriet; doch der Kreuzzug war ein Fehlschlag. Im vierten Kreuzzug auf Schiffen, die von der Stadt Venedig gegen Bezahlung gestellt wurden, wurde Konstantinopel eingenommen, gebrandschatzt und geplündert, wobei 2000 Griechen ermordet wurden. Im Jahre 1212 bricht vom Rheinland und vom Niederrhein ein *Kinderkreuzzug* auf. 7000 Kinder erreichten Genua, da aber die Überfahrt nicht bezahlt werden konnte, scheiterte das Unternehmen schon dort, wobei ein Teil der Kinder von den Reedern in die Sklaverei verkauft wurde (ein typisches Beispiel für das schreckliche Ende des »wohlgemeinten Guten«). Die Kirche hatte schon seit 1209 alle Hände voll zu tun, um Kreuzzüge gegen die *Albigenser* in Südfrankreich zu führen. Deren Forderung nach *Armut* und strenger *Askese* kostete in den Kriegen bis 1229 etwa 20 000 christlichen Albigensern das Leben, wobei auch hier politische und religiöse Ziele verquickt waren. Um aber den Bestrebungen solch strenggläubiger Sekten Rechnung zu tragen, die auch von den Katharern und Waldensern erhoben wurden, erfolgte 1220 die päpstliche Anerkennung des Dominikanerordens und 1223 auch die der Franziskaner. Beide mußten auf persönliches Eigentum verzichten und ihren Lebensunterhalt durch Betteln bestreiten. In dieser Zeit beschloß das IV. Laterankonzil wiederum einen Kreuzzug, der im Jahre 1217 starten sollte. – Dem Stauferkaiser Friedrich II. gelang es schließlich, den fünften Kreuzzug erfolgreich zu gestalten und sich zum König von Jerusalem zu krönen; doch die Stadt fällt dann 1244 wieder in die Hände von türkischen Tartaren. Um 1250/1251 scheiterte der französische König Ludwig IX., der Fromme, mit einem sechsten Kreuzzug, was ihn nicht abhielt, sich 1270 auf den siebenten zu begeben, in dem er schon vor Tunis einer Seuche erlag. Im Jahre 1290 wird dann schließlich die letzte Kreuzfahrerbasis Akko von den Mameluken erobert, womit der Schlußpunkt hinter zwei Jahrhunderte vergeblichen Leidens und Blutvergießens gesetzt wurde.

Bald danach beginnen die Verfolgungen und Kriegszüge gegen christliche Abspaltungen in Europa. Den Dominikanern war bereits 1232 die *Inquisition* übertragen worden, die zunächst in der Lombardei und in Südeuropa begann. Der den weltlichen Gerichten anheimgestellte Strafprozeß hat von vornherein die Verurteilung des Angeklagten zum Ziel und nicht die Feststellung seiner Schuld. Verteidiger gibt es nicht. Die Namen von Denunzianten oder »Zeugen« werden geheimgehalten. Die *Folter* wird angewendet, denn Ziel ist das Schuldbekenntnis. (Es wird also bereits alles das praktiziert, was dann auch im 20. Jahrhundert besonders unter Stalin üblich war.)

Zu den abscheulichsten Kapiteln des christlichen Abendlandes gehört die sogenannte *Hexenverfolgung*. Im Jahre 1484 erließ Papst Innozenz VIII. die Hexenbulle »Summis deserantis«. Drei Jahre später erschien in Köln ein Buch zweier Dominikaner mit dem Titel »Der Hexenhammer«, angefüllt mit den Wahnvorstellungen katholischer Kleriker. Zwischen 1258 und 1526 gab es 47 päpstliche Dekrete gegen das Zauber- und Hexenwesen. Die »Hexen« wurden für alles mögliche verantwortlich gemacht: Unwetter, Krankheiten von Mensch und Vieh, Frühgeburten, ja man bezichtigte sie des Geschlechtsverkehrs mit dem Teufel. Mit Folterungen wurden Geständnisse erpreßt. Sie umzubringen war einfach; dafür sorgte die »Wasserprobe«: Man warf sie gefesselt ins Wasser. Waren sie schuldig, dann gingen sie unter und ertranken, gingen sie nicht unter, dann »nahm sie das Wasser nicht an«, folglich waren sie schuldig. Das Ergebnis war die »größte nicht kriegsbedingte Massentötung von Menschen«.[46] Demnach hatten Frauen, die verdächtigt wurden, kaum eine Chance des Überlebens. Nach den Forschungen von Gunnar Heinsohn und Otto Steiger soll das Hauptmotiv des Mordens die Ausrottung aller Kenntnisse über *Geburtenverhütung* gewesen sein. Aber vielleicht war es doch auch der schlichte *Wahn*, der ab und zu über die Völker hereinbricht; denn ohne Beteiligung der »Mitmenschen« hätte die Verfolgung nicht solche Ausmaße angenommen. *Die Massen suchen hin und wieder Schuldige für alle Übel dieser Welt.* Im *Deutschland* des 20. Jahrhunderts waren es dann »die *Juden*«, die man für alles und jedes verantwortlich zu machen versuchte. Für eine solche Erklärung spräche auch, daß die *Protestanten* gegen die angeblichen Hexen nicht weniger arg wüteten als die Katholiken. Die Schätzungen über die Zahl der in Europa grausam hingerichteten *Frauen* beginnen bei 100 000, reichen aber bis zu einigen Millionen. Der letzte *Hexenprozeß* fand erst im Jahre 1793 in *Posen* statt.

Die religiösen *Glaubensschlächtereien in Frankreich* erreichten mehrere Höhepunkte. Schon 1209 hatte der Papst *Innozenz III.* zu einem *Kreuzzug* gegen die *Albigenser* in Südfrankreich aufgerufen, die ein asketisches Leben forderten. Die Albigenserkriege, mit politischem Streit unlösbar verquickt, dauerten bis 1229. Noch mörderischer waren die *Hugenottenkriege*. Die *Hugenotten*, von denen viele dem hohen Adel angehörten, hatten ihr Glaubensbekenntnis 1559 im Gefolge *Calvins* formuliert. Das *Blutbad* von *Vassy* (1562) war das erste von acht mörderischen Gemetzeln. Die Hochzeit des Königs *Heinrich von Navarra* in *Paris*, zu der sich Tausende von Hugenotten versammelt hatten, wurde zur blutigen *Bartholomäusnacht* des Jahres 1572, in der 3000 ermordet wurden, darunter ihr Anführer Admiral *Gaspard de Coligny*. In den folgenden Tagen stieg die Zahl der Opfer auf 20000. Die wechselnden Kämpfe, vermischt mit Politik und Thronfolge, gingen mehr als hundert Jahre weiter. Tausende von Hugenotten wanderten in verschiedene Länder aus.

Die Reformation in Europa, die Martin *Luther* mit seinen 95 Thesen im Jahre 1517 in Wittenberg ausgelöst hatte, war in Zürich von *Zwingli* 1519 und in Genf 1534 von dem Franzosen *Calvin* aufgegriffen worden. Beide lehnten den Katholizismus noch härter ab, und ihre asketischere Auffassung verbreitete sich nach Frankreich, den Niederlanden, bis nach Schottland und nach Amerika. Die Entwicklung zur anglikanischen Kirche in Großbritannien hatte von vornherein mehr politische und dynastische als religiöse Motive. In den Niederlanden begann der religiös begründete Abfall von Spanien 1566 mit der Zerstörung mehrerer hundert Kirchen und Klöster. Vom Herzog Alba blutig niedergeschlagen, der sich rühmte, 18000 Ketzer der Inquisition übergeben zu haben, endete der Kampf letzten Endes in der Unabhängigkeit der Niederlande.

Der Aufstand gegen die katholische Kirche in Böhmen löste 1618 den *Dreißigjährigen Krieg* auf deutschem Boden aus, der ebenfalls zunehmend mit politischen Machtkämpfen verquickt wurde. Er entvölkerte ganze Landstriche, da er auch mit größter Grausamkeit geführt wurde, von denen die mündliche Überlieferung bis in unser Jahrhundert hineinreicht. Der Friede von 1648 stellte im Grunde den vorherigen Zustand des in Augsburg schon anno 1555 geschlossenen Konfessionsfriedens wieder her.

Viele Millionen Europäer haben infolge der Glaubenskämpfe innerhalb der Christenheit in den letzten zwei Jahrtausenden den Tod gefunden. Und es sind nicht die christlichen Kirchen gewesen, welche die Opferung der Menschen beendet haben. Es war vielmehr die zunehmende Hinwendung der Menschen zu den Ergebnissen von Wissenschaft und Technik, die den blutigen Streit um den richtigen Weg ins Jenseits langsam einschlafen ließ – damit allerdings auch den Glauben selbst. Denn um an ihrem Glauben nicht irre zu werden, müssen die Gläubigen andere Glaubensrichtungen ablehnen, als falsch und gefährlich verdammen, was dazu führt, daß sie diese schließlich verfolgen. Aus Furcht vor eigener Verunsicherung dulden sie auch in der eigenen Kirche keine Abweichungen. So haßt der wirklich Gläubige sehr leicht jeden Andersgläubigen, weniger in seiner Person, sondern weil schon die bloße Existenz des anderen Glaubens unweigerlich die eigene Überzeugung relativiert und damit unterminiert. So haßt oft der die Andersgläubigen am heftigsten, der am eigenen Glauben schon einige Zweifel hat; denn er befürchtet durch jene noch mehr verunsichert zu werden. Damit ist aber aus dem freien Feld des Geistes ein eingegrenztes und besetztes geworden; denn die Freiheit des Denkens ist dahin, sobald es sich einem Dogma unterordnen muß.

Die Religionskriege sind darum so grausame Kriege, weil sie einen anderen Glauben ausmerzen wollen, damit der eigene unangetastet bleibe. Und die Überzeugung, daß der eigene Gott zu einem siegreichen Ende verhelfen werde, ist unerschütterlich. Das ist in der christlichen Religion nicht anders als bei den übrigen.

Christi Lehre hat die Psyche des Menschen in keiner Weise verändert. Es gab in den nun fast 2000 Jahren nach ihm gerade unter den gläubigen Christen Mord und Totschlag ohne Ende, Betrügereien und Vergiftungen bis hinein in den heiligen Vatikan; es gab Raubzüge und Versklavungen ganzer Völker. Und selbst im europäischen Kulturbereich wurden aus religiösen Motiven Unmengen von Menschen geopfert, die sämtliche Menschenopfer der amerikanischen Indianerkulturen an Zahl um das Vielfache übertreffen. Die christliche Religion ist ihrem Ursprung nach asiatisch. Und Europa war durch Christi Wirken auf den vorderasiatischen religiösen Weg geraten. Europa hätte auch den griechisch-hellenischen Weg aufnehmen können. Doch nicht die griechische *Naturreligion* wurde übernommen, sondern die christliche *Geistreligion*, die von einem hohen Abstraktionsgrad und einem noch höheren *Verheißungsgrad* erfüllt ist.

Das mußte wohl so sein! Denn gerade aus diesem Spannungsverhältnis, aus dem Widerstreit von lebender Natur und religiösem Geist bis zum schärfsten Fanatismus, ist der letzte große Kulturgipfel, der europäische, hervorgegangen. Wie wir heute wissen, wäre auch die Kultur der Hellenen ohne die gewaltigen Spannungen zwischen Apollinischen und dem Dyonisischen nicht entstanden. Das hat nicht nur Friedrich Nietzsche in seiner allseits anerkannten Studie »Die Geburt der Tragödie aus dem Geiste der Musik« so gesehen, sondern das ist inzwischen der anerkannte Stand der historischen Wissenschaften.

Die Hellenen nahmen bereits an, »daß die Seele als Form und Sinn des Leibes irgendwie mit ihm entstehe«.[47] In Griechenland herrschte schon damals eine Übereinkunft über das, was die modernen Wissenschaften in den letzten Jahrzehnten klären konnten, daß nämlich Leib und Seele *eins* sind. Dennoch blieb für Spekulationen über die Transzendenz genügend Raum, wie die Geschichte der Kulturen und der Religionen beweist. Nachdem der Mensch die Qualen seines Daseinskampfes etwas lindern konnte, bereitete er sich geistige Qualen. Der Unterschied ist nur der, daß die vom Christentum verursachten über anderthalb Jahrtausende besonders heftig gewesen sind.

Hätte der Lauf der Geschichte die Germanen vom Nordkap bis zur Lombardei unter sich gelassen, dann würden diese wahrscheinlich weiterhin brav ihre Felder bestellt haben und auf die Jagd gegangen sein; gelegentlich wären sie vielleicht zu einem Raubzug aufgebrochen, wie das die Wikinger ja auch taten. Mit der christlichen *Kreuzeslehre* wurde ihnen jedoch ein andauernder Stachel in ihr Fleisch gedrückt, der ihnen das Singen und Beten beibrachte; das heißt positiv formuliert: der die *Umsetzung der Schmerzen in Kunst* bewirkte. Die Kluft zwischen Welt und Religion führte zu ständigen Versuchen ihrer Bewältigung durch die *Kunst* und durch die *Musik*. Probleme ohne Ende waren aufgetürmt, die auch die Theologen und die Philosophen nun bald 2000 Jahre in Atem halten. Aber auch die Psychologie ist vornehmlich für christliche Menschen verfeinert worden, weil die sie besonders nötig hatten; das wußte schon die katholische Kirche, darum erfand sie die Beichte. Die Missionare hatten von Anfang an gepredigt, daß in jedem Menschen ein Teufel stecke, der sich durch die Taufe allein nicht vertreiben ließ. Dieser *Zwiespalt* – allein schon der zwischen Leib und Seele – versetzte den Menschen in eine Zerreißprobe, stieß ihn in Gewissensqualen. Er bereitete gerade denen ein Martyrium ohnegleichen, die als logisch denkende Menschen ihr Glaubensbekenntnis weit tiefer verinnerlichten als die südlicheren christlichen Völker. Das war ja auch der Grund des Abfalls der Protestanten von Rom: Sie nahmen die Lehre weit ernster. Die Geschichte der Ausbreitung des christlichen Glaubens war zunächst ein Martyrium für die Christen selbst, solange sie verfolgt wurden. Dann stelle man sich die seelischen Qualen der Mönche und Nonnen in ihren Klosterzellen vor. Aber auch die Qualen der Millionen gläubiger Christen, die Christi Tod am Kreuz psychisch stets aufs Neue durchlitten. Später dann die anderen Qualen *der Ketzer*, die gepeinigt, selbst gekreuzigt und verbrannt wurden, weil sie gegen die Dogmen der Kirche verstießen. Luther war der erste, der dem Scheiterhaufen mit viel Glück entkam. Und man denke an die Gewissensqualen eines Blaise Pascal, eines Sören Kierkegaard. Auch die slawischen Völker haben den Zwiespalt tief durchlitten, angefangen mit dem tschechischen Reformator Huß bis zu den Dichtern Dostojewski und Tolstoi – und man denke an die alle Tiefen der Seele aufwühlende Musik der slawischen Komponisten. – Welche Gewissenskonflikte durchlitten auch die Naturwissenschaftler, die ihre Erkenntnisse verbergen mußten, um nicht lebendigen Leibes verbrannt zu werden. Einige, wie Pascal und Leibniz, haben sich wahrscheinlich der Mathematik zugewandt, weil sie dort weniger gefährdet waren. Andere tüftelten an Erfindungen, die ihnen schwerlich als Lästerung Gottes ausgelegt werden konnten, weil dieser dabei nicht unmittelbar im Spiel zu sein brauchte.

Nur aus den schmerzlichen seelischen Spannungen konnten die großen christlichen *Kunstwerke* geboren werden: die Leidenskantaten der Passionszeit und die Jubelhymnen der Auferstehung. Noch keine Religion schwelgte derart in rauschenden Tönen der Orgel, begleitet vom ganzen Chor der Gemeinde. *Keine andere Religion hat die Künstler so reich mit Motiven versorgt wie die christliche.* Beginnend mit Maria und ihrem Kindlein in der Krippe über viele,

viele Stationen des Lebens bis hinauf auf den Berg Golgatha, Auferstehung und Fahrt gen Himmel. Mit solchen Bildern sind Millionen von Kirchen und Kapellen ausgeschmückt worden, in deren heiligen Hallen die Musik der größten Tondichter von der Ewigkeit kündet – Leid und Trost zugleich verklärend. Der auftönende Kirchengesang bewahrt Faust vor dem Selbstmord! Auch unsere Museen sind gefüllt mit Gemälden über Leben und Sterben des Gottessohnes, aber auch von solchen über *die Schöpfung*. Denn auch das Alte Testament bietet Motive in Fülle über das Leben und die Kämpfe der Menschen.

Das *Leben* und das *Sterben* beherrscht das Denken der Völker, seit sie über die Natur dieser Welt nachsinnen. Daraus entstanden ihre religiösen Kulte, an denen sie festhielten, weil sie den nötigen Halt versprachen.

Öfters wurden in den Hochkulturen Versuche unternommen, die religiöse und auch die geistige Tradition völlig abzubrechen und ganz *neu zu beginnen*. Um diesen Bruch als endgültig zu dokumentieren, wurden Bücher und Bilder verbrannt, geweihte Stätten zerstört; manchmal wurde sogar eine neue Zeitrechnung begonnen. Doch es hat nie lange gedauert, und das betreffende Volk kehrte zu seiner Tradition zurück.

Das erste derartige Ereignis, das uns überliefert ist, stammt aus dem Jahre 1361 v. Chr. Der durch seinen »Sonnengesang« unsterblich gewordene König Amenophis IV., genannt Echnaton, erhebt seinen Gott Aton zum einzigen Staatsgott Ägyptens und läßt alle Darstellungen des bisherigen Gottes Amun (Re) samt allen Tontafeln mit Hinweisen auf ihn vernichten. Doch mit seinem Tode 1348– war die Episode beendet, und die Ägypter wandten sich wieder den alten Göttern zu.

In China ließ der erste Kaiser Shih Huang-ti (221–210) mit den Büchern des Konfuzius auch alle sonstigen Schriften mit wenigen Ausnahmen vernichten. Wer sie privat besaß oder die alten Lehren verbreitete, wurde hingerichtet oder zum Bau der »Großen Mauer« deportiert. Der tyrannische Kaiser wollte der erste einer Dynastie sein, die 10 000 Nachfolger haben sollte. Das war seine Version, den Tod zu besiegen. Doch schon fünf Jahre nach seinem Tod begründete der Rebell Liu-Pang die Han-Dynastie, die immerhin 400

Jahre hielt. Huang-ti war auch der Kaiser, welcher 7000 Krieger um sein Grabmal stellen ließ, die noch heute bewundert werden können. Eine ähnliche Formation, allerdings von 1000 Säulen gebildet, steht um den Kriegertempel der Maya in Chichén Itzá auf der Halbinsel Yukatan.

Als Mohammed 630 Mekka erobert hatte, ließ er in der Kaaba die vielen Götterbilder restlos vernichten.

Der oströmische Kaiser Leon III., der Syrer, erließ 730 ein Edikt, das jegliche religiöse Bilderverehrung untersagte und die Zerstörung der Bilder in allen Kirchen anordnete. Der Bilderstreit führte zur Abtrennung der byzantinisch-orthodoxen Kirche, da der römische Papst Gregor III. die Bilderfeindlichkeit verdammte. Unter Leons Nachfolger Konstantin V. kam es 787 zum Kompromiß.

Der Fürst Wladimir, »der Heilige«, von Kiew ließ sich 988 nach orthodoxem Ritus taufen und alle Götzenbilder und Kultstätten im Herrschaftsgebiet zerstören. Kiew wird Ausgangspunkt der Christianisierung Rußlands. Solche Aktionen waren natürlich bei den Germanen schon früher durchgeführt worden.

Der aztekische Herrscher Itzcoatl († 1440) ließ alle historischen Bilderhandschriften aus der Zeit vor seiner Herrschaft verbrennen.

Eine 1494 von Spanien ausgehende Judenverfolgung führte zum Verbot jüdischer Schriften und zur Vernichtung ihrer Kulturgüter.

In der Reformationszeit kam es in Mitteleuropa zu ausgedehnten Bilderstürmereien, die 1522 von Wittenberg ausgingen und die Kirchen der Kunstschätze beraubten, wie auch in den Bauernkriegen.

Die Katholische Kirche setzte Bücher auf den Index, die zu lesen ihren Gläubigen verboten war. Doch je starker sich Bücher und Schriften verbreiteten, um so geringere Wirkungen hatten diese Indizierungen. Auch die Bücherverbrennung nach 1933 vermochte die privaten Bestände nicht zu erfassen, zumal ihr Besitz keinem Verbot unterlag. Bis in die achtziger Jahre war im kommunistischen Ostblock zumindest die Einfuhr vieler Bücher verboten.

Gerade die Revolutionäre, die der Welt eine herrliche Zukunft versprachen – die noch nirgendwo eingetreten ist –, haben oft versucht, die Zeugnisse der Vergangenheit zu tilgen, letztlich immer vergeblich.

6   Die Philosophie

*Der Mensch ist heute nur aktiver geworden – aber
nicht glücklicher – nicht weiser, als er's vor 6000
Jahren war.*

Der amerikanische Dichter
Edgar Allan Poe

Im Grunde sind Religion und Philosophie ihrem Wesen nach nicht
zu trennen. Die Religionen kann man als verfestigte und erstarrte
Philosophien auffassen, die für sich jeweils Allgemeingültigkeit
beanspruchen. Einen solchen Anspruch erhebt die Philosophie
selten. Darum führt sie in der Regel auch nicht zu blutigen Kriegen;
Religionskriege gab es zu allen Zeiten, dagegen ist der Ausdruck
»Philosophiekriege« unbekannt, es sei denn, es waren solche mit
der Feder. Dafür beanspruchen die Philosophen für sich die *Freiheit
des Denkens.* Die nächsten Verwandten der Philosophen sind die
Dichter, die ebenfalls zu allen Zeiten ihre individuelle Gestaltungs-
freiheit als Voraussetzung ihres Schaffens betrachtet haben.

Nun soll hier keine Geschichte der Philosophie geschrieben werden. Aber die Spitzenergebnisse der Philosophen gehören zu den
Triumphen, die der Mensch in der relativ kurzen Periode seines
denkenden Daseins erreichen konnte. Dabei ist es kein Zufall, daß
die konzentrierteste Periode der Religionsgründungen zugleich die
Gipfelzeit der Philosophiegeschichte gewesen ist. Wir sprechen von
der Zeit zwischen 600 und 480 v. Chr., die der Philosoph Karl
Jaspers als »Achsenzeit« der Weltgeschichte bezeichnet hat, wobei
ihm der Historiker Arnold Toynbee zustimmte, daß dies ein Dreh-
und Angelpunkt in der Geschichte des menschlichen Denkens
gewesen ist.

Damals hatten einzelne Menschen einen *Stand der Weltweisheit*
erreicht, der von den heutigen Wissenschaften – bei aller Anwendung moderner technischer Hilfsmittel – nur bestätigt, im wesentlichen aber nicht übertroffen werden konnte. *Wäre damals die Existenz des Menschen durch Katastrophen beendet worden, es hätte in
philosophischer Hinsicht fast nichts an den Weisheiten gefehlt, zu
denen wir bis heute gekommen sind.* Die *Renaissance* und die
deutsche Klassik – mit Goethe an der Spitze – hat noch einmal diese

118

Gipfelhöhe erreicht. Und es ist ein Glücksfall, daß der letzte große Philosoph, Friedrich Nietzsche, die hellenische Philosophie als Altphilologe gründlich studiert hatte. Damit konnte er die seit zweieinhalb Jahrtausenden vorliegenden Ergebnisse noch einmal den Europäern anbieten – eine Chance, die von diesen nicht ergriffen wurde, nicht ergriffen werden konnte! Tausend Jahre Christentum hatten Europa in andere Richtung geführt. Und auch der chinesische Taoismus des dem *Heraklit* kongenialen *Laotse*, der wie jener die Welt geistig durchschritten hatte, um schließlich weit über ihr zu stehen, kam in Europa überhaupt nicht zur Wirkung. Von beider Leben ist wenig überliefert, weil sie wohl schon zu ihrer Zeit nur von einigen Wenigen verstanden worden sind.

Der Philosoph der Chinesen aber war *Konfuzius*, der wahrscheinlich von 567 bis 487 gelebt hat. Das war in der zu Ende gehenden Zeit des »Frühling und Herbst« (771–481), in der das Land von elf selbstherrlichen Fürsten und ihren Höfen beherrscht wurde. In einer Epoche der allgemeinen Auflösung wollte Konfuzius unter Berufung auf vergangene Ideale zur neuen Besinnung wachrufen, die als »Weg des Himmels« bezeichnet wurde. Auch im Staatswesen sollten Güte und Pflichterfüllung herrschen wie in einer Familie. Aber nicht nur Tradition und alte Riten sollten wieder zu Ehren kommen, auch Neuerungen wurden eingeführt. Weitaus bedeutender als sein Wirken zu Lebzeiten waren die Nachwirkungen in der chinesischen Geschichte – bis heute. In mancher Hinsicht kann Konfuzius mit dem Athener Sokrates verglichen werden. Seine Lehren hielt besonders Meng-tse (371–289) aufrecht.

Nach dem Tode des Konfuzius folgte erst einmal die Zeit der »Streitenden Reiche« (481–249). Sie ist erfüllt von *grausamen* politischen und militärischen Kämpfen, aber *zugleich* das Zeitalter der »Hundert philosophischen Schulen«, die sich mit dem praktischen und gesellschaftlichen Leben beschäftigten. In ihrem Geistesleben waren die Chinesen stets weniger spekulativ als die Inder und die Hellenen.

Dagegen waren die philosophierenden *Taoisten* (im Unterschied zu den Vulgärtaoisten) durchaus Metaphysiker und mit ihrer anspruchsvollen Lehre dem täglichen Leben ab- und den großen Zusammenhängen der Natur zugewandt. »Je näher man der Welt ist, desto weniger sieht man von ihr.«[48] Die Taoisten suchten den

Urgrund des Seins, das, was immer gültig bleibt. Ihre Lehre ist in zwei berühmten Büchern enthalten, dem »Tao-te-king«, das dem *Laotse* zugeschrieben wird, und dem Buch des Philosophen *Dschuang-Dsi* (365–290). Sie erhielten im vierten Jahrhundert v. Chr. ihre jetzige Fassung, während Laotse schon im sechsten Jahrhundert gelebt haben *könnte*. Anders als der Konfuzianismus hatte der Taoismus keine praktische Wirkung auf die Geschichte der damaligen Zeit, bildete aber später ein Gegengewicht zu jener Lehre. Die beiden kontroversen Philosophen zeugen laut Toynbee von der geistigen Spannung und Regsamkeit in den politisch »streitenden Reichen«. Die Taoisten mißbilligten die technischen und sozialen Fortschritte der verschiedenen autoritären Landesregierungen und sahen im Konfuzianismus kein taugliches Rezept gegen die chinesische Zivilisationskrankheit. »Der Taoismus war die erste Philosophie in der ganzen Ökumene, in der die Vermutung ausgesprochen wurde, der Mensch könne durch die fortschreitende Zivilisation sich selbst gefährden, indem er uneins wird mit dem Geist der letzten Wirklichkeit, in der sich sein Dasein abspielt.« Arnold Toynbee folgert daraus: »Diese chinesische Philosophie des vierten Jahrhunderts v. Chr. hat nicht nur für ihre eigene Zeit und ihr eigenes Land Gültigkeit, sondern läßt sich auf alle Zeiten und Länder und besonders auf die Situation der Menschheit in unserer Zeit übertragen.«[49] Festzuhalten bleibt schon jetzt, daß diese alte *ökologische Philosophie* auf den Gang der chinesischen Geschichte kaum jemals Einfluß gewonnen hat. Die Taoisten, an der Spitze Laotse, Dschuang-Dsi und Liä-Dsi könnte man als Ökosophen bezeichnen. Ihre eindeutigsten Äußerungen habe ich in meiner Sammlung ökologischer Texte aus vier Jahrtausenden veröffentlicht.

Es ist sicher, daß sich die Lebenszeiten von *Zarathustra*, der zu Anfang des sechsten Jahrhunderts v. Chr. geboren wurde, *Buddha*, geboren um 563–, Konfuzius, geboren 551–, überschnitten haben, und vielleicht lebte auch *Laotse* um diese Zeit. Gesichert ist, daß der Hellene *Heraklit* damals in Ephesos lebte (um 535 bis um 475). Die Gleichzeitigkeit so vieler der größten Geister, die nichts voneinander wissen konnten, in China, Persien und im hellenischen Teil Kleinasiens, ist verblüffend. Allein im hellenischen Raum, das heißt von der Westküste der heutigen Türkei bis Unteritalien, lebten damals viele bedeutende Philosophen, die den Gesichtskreis des Menschen erweitert haben. *Sie waren die ersten, welche »die Phänomene der Natur aus unpersönlichen Urelementen« ableiteten*[50], also auf die Annahme eines göttlichen Schöpfungsaktes (speziell für den Menschen) verzichteten. Von ihnen sind zu nennen: Anaximander, Anaximenes und Thales, alle drei aus Milet in Kleinasien, wie auch Xenophon aus Kolophon, Pythagoras aus Samos, Parmenides aus Elea in Unteritalien, Alkmäon aus Kroton, ebenfalls Unteritalien.

In der sogenannten *vorsokratischen Philosophie* spielte Athen überhaupt keine Rolle. *Thales*, geboren 624/623, gestorben zwischen 548 und 544, wurde in der Antike zu den »sieben Weisen« gezählt. Berühmt ist er geworden, weil er die Sonnenfinsternis des Jahres 585 – richtig voraussagte. Er war der Meinung, daß es auch für die größten Dinge wie die Entstehung der Welt einfache Erklärungen geben müsse. Wenn er behauptete, die Erde schwimme auf dem Wasser, dann konnte er damit zugleich die Erdbeben erklären. Alle Dinge bewegten sich und seien im Fluß, weil sie mit der Natur des ersten Urhebers ihres Werdens übereinstimmten. Das, was weder Ursprung noch Ende habe, sei Gott.[51]

Anaximander (um 610 bis um 456), Schüler des Thales, nahm bereits an, daß am Anfang der Weltordnung eine Explosion erfolgt sei, die sich aus dem Aufeinandertreffen von Feuer und Wasser ergeben habe. Die ersten Lebewesen seien im feuchten Erdschleim unter Einfluß des Feuers entstanden, der Mensch aber dann aus dem Fisch. »Die Kräfte greifen einander fortwährend an. Wenn eine die Überhand gewinnt, zieht sich die andere zurück, wie wir es im Wechsel von Tag und Nacht sowie der Jahreszeiten selbst erleben. Aber dieser vorübergehende Sieg ist ein Unrecht, das durch ein anderes Unrecht, die Rache der entgegengesetzten Kraft, wieder gesühnt wird. Doch wird auch dieses Unrecht bestraft, so daß der Kampf kein Ende nimmt, bis sich die Gegner totgesiegt [!] haben. Der Verlauf dieses Kampfes zeitigt aber auch etwas Wunderbares. Zwischen Ursamen und Untergang gibt es jetzt den herrlichen Bau des Kosmos mit seinem eindrucksvollen Wechsel der Jahreszeiten; und als Produkt des Kampfes entstehen auch die Lebewesen, die den Kampf miterleben und mitmachen.«[52] *Demnach wurde das Prinzip der Evolution schon vor 2600 Jahren*

121

gefunden! Aristoteles gibt die Lehre des Anaximander wie folgt wieder:»Denn jedes Entstandene muß notwendig ein Ende nehmen, wie jedes Vergehen einmal zum Abschluß kommen muß. Somit gibt es . . . keinen Anfang des Anfangs.«[53]

Anaximenes, geboren 546 oder 545, Todesjahr unbekannt, schloß sich der Lehre des Anaximander an, daß die Hauptfaktoren Wärme und Kälte das *Werden* bestimmen, meinte aber, daß alles aus der Luft entstanden sei und daß die Erde »auf der Luft treibe«, und »Gott sei Luft«, unermeßlich und unendlich – und ewig in Bewegung.[54] Die Gestirne bewegten sich aber um die Erde herum. [!]

Pythagoras (570–490) stammt von der Insel Samos, wanderte kurz vor 530– nach Kroton in Süditalien aus, wo er die Schule der »Pythagoreer« begründete. Laut Aristoteles behaupteten die Pythagoreer, daß im Zentrum des Weltalls ein Feuer brenne und die Erde einer der Himmelskörper sei, die sich im Kreis um das Zentrum bewegten.[55] Die Pythagoreer standen in einer anderen philosophischen Tradition, denn bei ihnen spielte die Zahlenmystik eine tragende Rolle und sie hingen, wie oben erwähnt, dem Glauben an die Seelenwanderung an.

Xenophon, um 570 in Kolophon, Kleinasien, geboren, wanderte wohl schon 545 nach Unteritalien aus und starb dort hochbetagt um 475. Er dichtete auch, verfaßte unter anderem größere Epen, die verlorengegangen sind. Seine Naturphilosophie und Gottessicht stellte er in Hexametern vor. Die Götter seien *nicht* menschlich oder gar »allzumenschlich« und hätten dem Menschen auch nicht die technischen Erfindungen dargeboten. Über den *einen* Gott, der über allem stehe, läßt sich nach Xenophons Ansicht nichts aussagen; wir sollten uns vielmehr hüten, uns einen Gott nach unserem Bilde vorzustellen.[56] Gott greife in das Leben der Menschen und das ihrer Umwelt nicht ein. Xenophon führt die Gedanken der genannten milesischen Philosophen weiter und sieht die Entstehung der Lebewesen aus dem Urschlamm durch die Abdrücke von Fossilien in Gesteinen bestätigt. Er glaubt daraufhin auf *periodische Weltuntergänge* schließen zu dürfen. Das Meer wird ganz richtig als Quelle der Wolken, des Regens und damit der Flüsse gesehen. »Aus Erde stammt alles und wird wieder zur Erde. Aber was wird und wächst, aus Erde besteht es und Wasser.«[57] Zu dieser philosophischen Richtung gehört auch *Parmenides*, der um 515– in Elea (Unteritalien) geboren wurde und dort auch um 445– starb. Er schrieb ein bedeutendes Lehrgedicht »Über die Natur«, worin steht, daß die Erde schließlich ein Ende haben werde. *Alkmäon*(570–500) entdeckte im Gehirn das Organ des Geistes.

Der Philosoph *Demokrit* aus Abdera in Thrakien (460–371) lehrte bereits, daß der Kosmos aus *Atomen* besteht. Diese seien unsichtbar, verschieden schwer, bewegten sich im leeren, grenzenlosen Raum und seien auch nach ihrer Anzahl grenzenlos, da es verschiedenartige und zahllose Welten im unendlichen Raum gebe. Der einzelne Mensch sei ein *Mikrokosmos*; in seinen Körperorganen wirkten ebenfalls die Atome zusammen und brächten auch die Gefühle und Denkvorgänge hervor. Demokrit vertrat ferner die Auffassung, daß die Menschen Wichtiges *von den Tieren gelernt* hätten.[58]

Der wohl tiefsinnigste aller Philosophen, *Heraklit*, verbrachte sein Leben ungefähr zwischen 535 und 475 in Ephesos, an der Westküste Kleinasiens. Er beendete zwar um 480– ein Buch, doch davon sind nur Bruchstücke erhalten. Die wenigen überlieferten Aussagen von ihm vermitteln der Nachwelt einen deutlichen Aufriß seiner imposanten Gedankenwelt. Heraklit tritt nicht als Prophet auf, etwa mit der Autorität dessen, dem Gott eine Lehre *offenbart* hat, sondern sagt offen, daß *er selbst* darauf gekommen ist. Er unternimmt es, die Weltordnung nachzuvollziehen. »Weisheit besteht darin, das Wahre zu sagen und zu tun in Übereinstimmung mit der Natur, im Hinhorchen.«[59] Zunächst: »Diese Weltordnung hier hat nicht der Götter noch der Menschen einer geschaffen, sondern sie war immer und ist und wird immer sein: immer-lebendes Feuer, entflammend nach Maßen und verlöschend nach Maßen.«[60] Und die Dinge der Welt bewegen sich in einem immerwährenden Kreislauf zwischen Gegensätzen und bilden doch eine Einheit; alles ist miteinander verknüpft. Das gilt für die physikalische Welt wie auch für die Erlebniswelt des Menschen. Der Widerstreit der gegensätzlichen Mächte treibt die Welt (wir sagen heute: die Evolution) voran. Aus dem Kampf der Gegensätze entsteht alles *Werden*. In diesem Sinne ist der Krieg unter den Lebewesen »der Vater aller Dinge«. Insgesamt bleibt dennoch alles in einem *dynamischen Gleichgewicht*. Sollte das Ziel der Geschichte darin liegen, einige weise Menschen hervorzubringen, dann war es schon vor zweieinhalb Jahrtausenden erreicht! Sowohl Laotse in China als auch Heraklit in Hellas und die Philosophen in ihrem Umkreis hatten einen Erkenntnisstand, der in unserem Jahrhundert durch weit verfeinerte Mittel bestätigt worden ist. *Ihr Weltbild war ökologisch.*

In der Dichtkunst waren den Philosophen schon Homer und Hesiod vorausgegangen; jetzt folgten ihnen die Dramatiker und Komödiendichter: Aischilos † 456–, Euripides † 407–, Sophokles † 406–, Aristophanes † 380–.

Ihre Werke wurden besonders bei den Olympischen Spielen aufgeführt. Unter den Dichtern herrschte *Wettstreit* wie unter den Sportlern. Während dieser Festzeiten herrschte Friede. Sonst aber befehdeten sich die hellenischen Staaten, in Bruderkriegen zwischen dem einen und dem anderen Stadtstaat und innerhalb der Staaten stritten sich Klassen und Parteien. »In dieser Periode der griechischen Geschichte – bis die Römer den Bruderkriegen ein Ende machten – bekämpften die Griechen einander so rücksichtslos, wie sie es in der mykenischen Zeit getan hatten; und in den griechischen Staaten, wo im siebenten Jahrhundert v. Chr. wirtschaftliche Revolutionen stattgefunden hatten, wurde der innere Hader so bedrohlich, daß sie zeitweise unter Diktatur gestellt wurden.«[61] Trotz der heftigen inneren und auch äußeren Kämpfe in der Zeit von 750 bis 500 und wachsender Uneinigkeit »waren sich die Griechen ihrer kulturellen Zusammengehörigkeit bewußt, und dieses Gemeinschaftsgefühl kam in zahlreichen panhellenischen Institutionen zum Ausdruck«.[62] Eine Art von Krieg war allerdings den Hellenen unbekannt, der Religionskrieg – und das blieb eine der wenigen Ausnahmen in der Weltgeschichte. Religionskriege hat es sonst wohl fast in jeder Kultur gegeben. Im syrisch-jüdischen Raum berichtet die Bibel Unzähliges und Unsägliches darüber, und die Frühzeit des Islam ist voll davon. Nur bei den Römern setzte der blutige Religionskampf erst mit dem Auftauchen der ersten Christen ein.

Die christliche Theologie hat die Ergebnisse der Naturphilosophie der Hellenen über zwei Jahrtausende lang verdrängt. Das freie Denken und Forschen mußte erst in einem mühsamen, oft lebensgefährlichen Kampf zurückgewonnen werden. Allerdings haben damals auch die Klöster die antiken Schriften aufbewahrt, die zuvor von lateinischen und einigen arabischen Sammlern gerettet worden sind.

Die Befreiung von der theologischen Vormundschaft war ein Gegenstoß, der vom Norden ausging. Dort blieb es zweifelhaft, ob einige dieser Völker je so recht christlich geworden waren. Das gilt auch für England und das anglikanische Nordamerika. Darum konnte Shakespeare, der englische Goethe, schon 200 Jahre früher auftauchen. In Großbritannien gab es keine echten Religionskriege, nicht die schlimme Form der Inquisition und der Hexenverbrennungen. So waren in dieser Nation alle Voraussetzungen vorhanden, um in Naturwissenschaft und Technik die Führung übernehmen zu können.

Die Kultur Europas bestand aus verschiedenen Volkskulturen, die durch eigene Sprachen voneinander getrennt blieben. Das hatte es bei den vorherigen Hochkulturen nicht gegeben. Ob in Ägypten, China, Griechenland oder Rom, man hatte bei allen Bruderkriegen *eine* Sprache gesprochen. Auch in Indien sprach die jeweils herrschende Schicht ihre Sprache. In Europa hatte allerdings die lateinische Sprache in Kirche und Wissenschaft lange Zeit für eine gewisse Gemeinsamkeit gesorgt. Mit der Verselbständigung der Nationen verschärften sich dann die Konflikte.

Als die europäische Kultur im 18. Jahrhundert ihren Höhepunkt erreicht hatte, wurde sie ein gutes Stück hellenisch – und das besonders in Deutschland. Dafür standen Goethe, Schiller und Hölderlin, gefolgt von vielen anderen. Die Vorherrschaft der Theologie wurde aber nicht durch die Philosophie abgelöst, sondern durch die experimentellen Naturwissenschaften.

Hätte es die lange christliche Vormundschaft nicht gegeben, dann wäre auch das glorreiche Erlebnis der Befreiung von ihr nicht eingetreten. Ein lauter Jubel darüber ist allerdings ausgeblieben. Zum einen, weil der Klassik das *innere Erlebnis* genügte, zum anderen, weil man die Machtstrukturen der von den Staaten (bei den Katholiken auch vom Papst) gestützten Kirche auch im 19. Jahrhundert immer noch zu fürchten hatte. Das war die Lebenslüge des 19. Jahrhunderts, die Nietzsche bemerkte und lauthals aufdeckte. Man ließ ihn gewähren und zog es vor, seine Existenz zu *verschweigen*. Kein Kunststück, denn die geistigen Köpfe der Zeit beschäftigten sich bereits kaum noch mit philosophischen oder geistigen Gegenständen, sondern mit solchen der Technik und Ökonomie.

7   Der Verfall der Hochkulturen

Zuerst fühlen die Menschen das Notwendige, dann achten sie auf das Nützliche, darauf bemerken sie das Bequeme... später verdirbt sie der Luxus, schließlich werden sie toll und zerstören ihr Erbe.

Der italienische Geschichtsphilosoph
Giambattista Vico

Daß die ungefähr zwanzig Hochkulturen auf unserem Planeten sehr ähnliche Zyklen durchlaufen haben, kann nicht bestritten werden. Fraglich bleibt, ob unsere gegenwärtige Hochkultur dem gleichen Zyklus unterliegt. Doch das ist das Thema der folgenden vier Teile dieses Buches.

Der erste, der sich dahingehend äußerte, daß noch jede Hochkultur wieder verfallen sei, war wahrscheinlich der Franzose Louis Le Roy im 16. Jahrhundert, den Mumford nennt.[63] Anfang des 18. Jahrhunderts hatte dann der französische Marschall Nicholas de Catinat (1637–1711) ähnliche Ahnungen. Der französische Staatstheoretiker Montesquieu (1689–1750) schrieb:»Fast alle Nationen der Welt durchlaufen einen Kreis: anfangs sind sie Barbaren, dann machen sie Eroberungen und kommen unter die Fuchtel der Polizei. Das erhöht sie, und sie werden wohlerzogene Nationen. Die Wohlerzogenheit schwächt sie, sie werden erobert und fallen in die Barbarei zurück.«[64] Dabei hat Montesquieu wohl mehr an die Wirkung der Gesetze als an die der Polizei gedacht. In unserem Jahrhundert schrieb der Historiker René Grousset (1885–1952):»In periodischem Rhythmus bricht die Menschheit [richtig gesagt: jeweils ein Teil von ihr] sich endlos vorwärtstastend, zu einer idealen Welt auf. Sie erreicht sie schließlich und verwirklicht sie in einem kurzen und einmaligen Erfolg, aber anstatt daran festzuhalten, macht sie sich plötzlich wieder los... begibt sich ohne festen Halt und ohne Führung erneut auf Abenteuer, bis sie am Horizont den Plan irgendeiner anderen vollkommenen Gesellschaft erblickt, die sie sich zu erbauen anschickt.«[64]

Jede höhere Kultur war zunächst überzeugt, daß sie ewig dauern werde. Sobald sie an sich zweifelte, begann auch ihr Niedergang. Es hat viele Versuche gegeben, auf dieser Erde eine statische Kultur einzurichten in Asien, Europa und Amerika; doch *niemals ist eine von Dauer gewesen.* Der erste, der sich die Beschreibung von Kulturzyklen zur Lebensaufgabe gemacht hat, ist Oswald Spengler gewesen; doch er hatte nur die Antwort, daß sie eben wie eine Pflanze wachsen, aufblühen und verwelken. Dabei blieb unberücksichtigt, daß eine Pflanze immer neue Generationen hervorbringt, wie ja auch die Kulturen eine Dauer zwischen 10 und 100 Generationen aufweisen.

Warum sind also alle historischen Hochkulturen wieder verfallen?
Zunächst ist festzuhalten, daß diese Welt des Lebens, zu der wir Menschen gehören, eine Welt des *Werdens* ist – nicht des Seins. Darum bleiben wir auf immer den Wandlungen des Werdens unterworfen. *Vier Milliarden Jahre des Werdens* waren nötig, damit wir wurden, was wir heute sind. Und kein Werden kann immer nur aufwärts gerichtet sein, es muß auch innehalten, es kann auch in sich zusammenbrechen. Ein gutes Beispiel, wie sich eine Art mit dem »ewig Gleichen« begnügen kann, zeigen uns die *Ameisen*, die schon über 100 Millionen Jahre existieren. Doch der Mensch gehört nicht zu derart *konstanten Lebewesen*, sonst hätte er nie bis an die Spitze der Evolution vordringen können.

Die menschlichen Kulturen entstanden in unterschiedlichen Umwelten, zu verschiedenen Zeiten und unter anders gearteten Feinden. Und auch das Wirken einzelner großer Menschen spielt eine Rolle. Den längsten Atem hatte mit 3500 Jahren die Ägyptische Hochkultur von 3000 – bis 500 +. Sollte das damit zu tun haben, daß sie stärker auf den Tod ausgerichtet war als auf das Leben? Sie hätte ihre Kräfte dann weniger schnell *ausgelebt* und aufgezehrt. Denn der Tod ist ein fester Punkt, jenseits allen Werdens und Vergehens. Die Ägypter verwandten ihre Energie nicht darauf, die Welt wieder und wieder zu verändern, sie setzten alle ihre Kräfte ein, *um für den Tod zu bauen und vorzusorgen.* Was sie zum Leben brauchten, brachte ihnen alle Jahre der heilige Nil. Weniger dürfte ins Gewicht fallen, daß ihre westlichen und südlichen Grenzen ungefährdet blieben, weil dort die Wüste lag oder die Wohnsitze der Schwarzen, der weitaus friedlichste Hauptstamm unter der dreigeteilten Menschheit. Nach Osten schützte das Rote Meer. Das Mittelmeer bot allerdings keine Sicherheit vor den seefahrenden Völkern, zu denen die Ägypter auch selbst gehörten. Dauernd bedroht blieb nur die Grenze nach Nordosten, wo zugleich der Expansionsraum der Ägypter lag. Von dort her kam auch mit Alexander dem Großen das Ende der Eigenständigkeit der müde gewordenen Kultur.

Die Sumerer saßen dagegen genau in jenem Raum der Wirren und Völkerbewegungen, so daß es kein Wunder war, daß sie den fremden Anstürmen ab und zu erlagen und schon um 500– den Persern anheimfielen; doch ihre Kultur erhielt sich bis in das christliche Zeitalter hinein.

Der gesamte Vordere Orient bis hin zum Indus war der Raum, in dem die Völker schon im dritten und zweiten Jahrtausend vor Christus hin und her wogten, Kriege führten und sich wechselseitig beherrschten. Und *gerade in diesen Gebieten entstanden die Erfindungen*, wurden imposante Bauten errichtet und Kunstgegenstände in Fülle hergestellt. Zwischen 1250 und 950 fand gar eine *große »Völkerwanderung in der Alten Welt«*, wie Toynbee sagt, statt, die den *zweiten Kulturschub* der Völker dieses Raumes einleitete, der dann mit der dorischen Einwanderung in Griechenland seinen absoluten Höhepunkt erreichte.

Die dritte Langzeitkultur ist jedoch die *Chinesische*, die erst um 1400– startete, aber ihr Eigendasein bewahren konnte, bis die europäischen Mächte 1842 das Land gewaltsam für den Opiumhandel öffneten, womit sehr spät die »Verwestlichung« eingeleitet wurde. Trotz seiner völlig isolierten Entwicklung war China auf einigen Gebieten technisch voraus[65], ohne das Wissen ökonomisch voll auszubeuten. Man weiß nun nicht, wie lange die chinesische Kultur Bestand gehabt hätte, wenn sie nicht von Europa auf dessen Bahn gedrängt worden wäre wie auch *Japan*, welches die westliche Zivilisation freiwillig und bald mit höchstem Eifer übernahm. Damit teilen diese Völker nun auch das Schicksal der euroamerikanischen Zivilisation. Die Lebenszeiten aller übrigen Kulturen waren *beträchtlich kürzer*. Dafür müßte es *Gründe* geben.

In jeder Kultur sind schließlich die in ihr angelegten Möglichkeiten erschöpft. Die Kreativität und die Fähigkeit zu Neuerungen schwindet. Ungeachtet dessen laufen die eingespielten Mechanismen noch lange weiter, wenn schon geistige Impulse und Handlungsantriebe der bestimmenden Gesellschaftsgruppen fehlen. »Nichts ist augenfälliger in der gesamten Menschheitsgeschichte als die chronische

Unzufriedenheit, das Unbehagen, die Angst und die psychische Selbstzerstörung der herrschenden Klassen, sobald ›sie alles haben, was das Herz begehrt‹. Denn die herrschende Minderheit, das Häuflein der Privilegierten, erlitt stets, was letztlich der Fluch einer solchen sinnlosen Existenz ist: schiere Langeweile.«[66] Damit wiederholt der amerikanische Soziologe Lewis Mumford die alte Weisheit des Laotse: »Je mehr die Menschen Mittel des Wohlstands haben, desto mehr kommt das Reich und das Haus in Verwirrung.«[67] Das läßt sich als Beleg dafür anführen, was Konrad Lorenz allgemeingültig zusammengefaßt hat: »Schon in grauer Vorzeit haben die Weisen der Menschheit ganz richtig erkannt, daß es für den Menschen keineswegs gut ist, wenn er in seinem instinktiven Streben nach Lustgewinn und Unlustvermeidung allzu erfolgreich ist«.[68] »Die Wohlstandsgesellschaft schirmt uns gegen Hunger, gegen Krankheit und gegen Zerstörung ab und beraubt uns dadurch jeder Gelegenheit, uns selbst bis zur Grenze zu testen.«[69] *Die Geschichte beweist: Die Wohlstandsgesellschaft führt zur Unwohlseinsgesellschaft.*

Ererbter Reichtum erwies sich zu allen Zeiten als gefährlich. Für die Generationen der *Erben* ist das Leben zu leicht und zu bequem; sie brauchen sich nichts mehr mühsam zu erkämpfen, sie sind dann, wie man heute sagt, nicht mehr »belastbar«. Dagegen lauern draußen, an den Grenzen, die noch Urwüchsigen und im Innern diejenigen, die man sich als Arbeitskräfte zur Erhöhung des Wohllebens hereingeholt hat, auf ihre Stunde. »Wenn ein Reich unter dem Druck seiner Feinde zusammenbricht, so deshalb, weil es von innen her von den wirtschaftlichen, demographischen, politischen Schwächen unterhöhlt ist, die es plötzlich unfähig machen, sich gegen seine Gegner zur Wehr zu setzen.«[70] Jacob Burckhardt sagt dazu: »In der Natur erfolgt der Untergang nur durch äußere Gründe: Erdkatastrophen, klimatische Katastrophen, Überwucherung schwächerer Spezies durch frechere, edlerere durch gemeinere. In der Geschichte wird er stets vorbereitet durch innere Abnahme, durch Ausleben. Dann erst kann ein äußerer Anstoß allem ein Ende machen.«[71]

In bezug auf den religiösen Aspekt hat John *Wesley* das Paradoxon erkannt: »Ich fürchte, wo immer der Reichtum sich vermehrt hat, da hat der Gehalt an Religion im gleichen Maße abgenommen ... Religion *muß notwendig* sowohl *Fleiß* (industry) als auch *Sparsam-*

keit (frugality) erzeugen, und diese können nichts anderes als *Reichtum* hervorbringen. Aber wenn Reichtum zunimmt, so nehmen Stolz, Leidenschaft und Weltliebe in allen ihren Formen zu … Gibt es keinen Weg, diesen fortgesetzten Verfall der reinen Religion zu verhindern? Wir dürfen die Leute nicht hindern, fleißig und sparsam zu sein. Wir müssen alle Christen ermahnen, zu gewinnen was sie können, und zu sparen was sie können, das heißt im Ergebnis: reich zu werden.«[72] Darin liegt das ganze Dilemma. Wesley knüpfte daran die Ermahnung, alles der Kirche zu geben, um so in der Gnade zu wachsen und Schätze im Himmel zu sammeln. Dabei wird nun wieder die Kirche reich. Tatsächlich haben die Mönche im Mittelalter mit ihrer Arbeit auch schon einen zunehmenden »Mehrwert« geschaffen, der schließlich irgendwo investiert werden mußte. So legten auch sie die Grundlage für Reichtum und damit für das spätere ökonomische wie religiöse Dilemma. Ein großer Teil der Überschüsse wurde allerdings im europäischen Mittelalter »unproduktiv« beseitigt, indem man mit ihnen Kirchen und Dome zur Ehre Gottes, seines Sohnes, der Jungfrau Maria und unzähliger Heiliger errichtete und prächtig ausstaffierte, was aus *heutiger Sicht* als eine unökonomische »Verschwendung von Produktionsmitteln« angesehen wird. Dennoch genügte die Prachtentfaltung nicht, um sämtliche Überschüsse zu verzehren. Aber da hatte man zu allen Zeiten der Geschichte noch ein weiteres Ventil zu ihrer Beseitigung: *den Krieg*, der allerdings meist auch einiges von der Substanz zerstörte. Der amerikanische Soziologe Lewis Mumford sieht noch einen weiteren Effekt: »Der Krieg alten Stils war also nicht nur das übliche Mittel, um die Überschußenergien der archaischen Wirtschaft zu absorbieren; er hielt auch die herrschende Minderheit in Berührung mit den grundlegenden Realitäten der organischen Existenz, Realitäten, die eine nur auf dem Macht-Lust-Prinzip basierende Überflußgesellschaft stillschweigend negieren oder offen verhöhnen.«[73] Der kriegerische Ausweg hilft jedoch nur unter gewissen Bedingungen. Die Römer haben ihn ausgiebig angewandt. Doch was geschah in der Hauptstadt Rom, während die Aktivsten in den Provinzen kämpften? Die von der Zivilisation angelockten Massen von Arbeitern und Bediensteten hatten meist keine Beziehung zum Staat und dessen Kultur. Die Autorität der regierenden Schicht wurde schließlich nicht mehr anerkannt. Der gemeinsame Glaube ging verloren, da sich jeder seine eigenen Götter zulegte, worin im Römischen Reich große Freizügigkeit herrschte. Das Ergebnis beschrieb Edgar Quinet: »Das System der antiken Zivilisation bestand aus einer gewissen Anzahl von Nationalitäten oder Vaterländern, die, obwohl einander feindlich oder ganz unbekannt, sich doch beschützten, unterstützten und gegenseitig bewachten. Als das sich ausdehnende Römische Reich begann, diese Gesamtheit der Nationen zu erobern und zu zerstören, glaubten die verblendeten Sophisten, am Ende dieses Weges eine triumphierende Menschheit in Rom erwarten zu können. Man sprach von der Einheit des menschlichen Geistes; doch das war nur ein Traum. Es erwies sich, daß diese Nationalitäten Wälle gewesen waren, die Rom beschützt hatten. Als Rom nämlich im Laufe dieses angeblichen Triumphzuges zu einer einheitlichen Zivilisation nacheinander Karthago, Ägypten, Griechenland, Judäa, Persien, Dacien, Gallien zerstört hatte, stellte sich heraus, daß es damit selbst die Dämme vernichtet hatte, die es gegen den menschlichen Ozean schützten, unter dem es zugrunde gehen sollte.«[74]

Der Verfall der Autoritäten markiert in jeder Kultur das Endstadium. Die Nachkommen glauben, in einer Welt der Selbstverständlichkeiten aufzuwachsen, in der ihnen nichts anderes zu tun übrig bleibt, als ein noch bequemeres Leben zu fordern. Zu ihrer genetischen Substanz gehört die Suche nach Aufgaben, aber die sind von ihren Vorfahren bewältigt worden. Auf einem ägyptischen Grabstein konnte entziffert werden: »Unsere Epoche ist das Symbol der Dekadenz und Lüge. Die Jugend hat keine Achtung mehr vor den Eltern.«[75] Eine ähnliche Äußerung Platons ist in den letzten Jahren öfter als für das 20. Jahrhundert passend zitiert worden: »Sind wir schon so weit, daß sich die Jüngeren den Älteren gleichstellen, ja gegen sie auftreten in Wort und Tat? Die Älteren aber setzen sich unter die Jungen und suchen sich ihnen gefällig zu machen, indem sie ihre Albernheiten und Ungehörigkeiten übersehen oder gar daran teilnehmen, damit sie ja nicht den Anschein erwecken, als seien sie Spielverderber oder gar auf Autorität versessen. Auf diese Weise werden die Seelen und die Widerstandskräfte aller Jungen allmählich mürbe. Sie werden aufsässig und können es schließlich nicht mehr vertragen, wenn man nur ein klein wenig Unterordnung von ihnen verlangt. Am Ende verachten sie dann auch die Gesetze, weil sie niemanden und nichts mehr als Herrn über sich anerkennen wollen.«[76] In Rom forderte die öffentliche Meinung zur Zeit des Kaisers Hadrian (107–138) eine »repressionsfreie Erziehung«, und die Disziplin in den Schulen sank konform mit dem Bildungsniveau. Wieder können wir auf Nietzsche zurückgreifen: »*Unser* Zustand: der Wohlstand macht die Sensibilität wachsen, man leidet an den kleinsten Leiden; unser Körper ist besser geschützt, unsere Seele kränker. Die Gleichheit, das bequeme Leben, die Freiheit des Denkens ... man verliert ebenso viel als man gewinnt – Ein Bürger von 1850, verglichen mit dem von 1750, glücklicher?«[77] Womit der Zustand des 19. Jahrhunderts beschrieben ist, in dem sich die europäische Kultur erschöpft hatte.

An ihren Siegen gehen die Völker öfter zugrunde als an ihren Niederlagen; denn »ein großer Sieg ist eine große Gefahr. Die menschliche Natur erträgt ihn schwerer als eine Niederlage«.[78] Nicht die Feinde sind des Menschen gefährlichste Gegner, sondern »Bequemlichkeit, Sicherheit, Furchtsamkeit, Faulheit, Feigheit«, nämlich all das, »was dem Leben seinen *gefährlichen* Charakter zu nehmen sucht und alles ›organisieren‹ möchte«, Nietzsche nennt das die »Tartüfferie der ökonomischen Wirtschaft«.[79] Aber wie kann der Mensch diesem Schicksal entrinnen, wo doch gerade Bequemlichkeit, Nichtstun und Sicherheit seine erklärten Ziele sind? Ziele, die er zwar nicht häufig, aber doch hin und wieder in der Geschichte erreicht hat, nämlich in den Hochkulturen, in denen alle Bedürfnisse befriedigt zu sein schienen, es offensichtlich aber doch nicht waren. Das ist der Zustand, der in der europäischen Kultur um 1800 erreicht war und den man bezeichnenderweise die *Biedermeierzeit* nennt.

Der Betrachter aus der Ferne erkennt das leichter, so der Indianerhäuptling Standing Bear, der über die Weißen urteilt: »Sie bringen wundersame Dinge hervor, aber es sind alles Dinge, die zerstören. Sie nennen Bequemlichkeit Komfort, aber es zerstört die physische Kraft des Menschen. Komfort macht Kulturmenschen, Kulturpflanzen und Kulturtiere zu kranken Schwächlingen.«[80] Doch das Phänomen *Kulturverfall* ist im nächsten Kapitel noch tiefer zu erklären.

8 Das Gesetz der gleitenden Fügungen

Das Leben besteht in der Bewegung und hat sein Wesen in ihr.

Der griechische Philosoph Aristoteles

Die Kapazität eines jeden Menschen hat trotz »Großhirn« irgendwo ihre Grenze. Darum haben sich die Menschen zu allen Zeiten ein *vereinfachtes Bild* von der Welt zurechtgelegt. Die Entdeckung der mechanischen Naturgesetze in den letzten Jahrhunderten kam dieser Neigung zur Vereinfachung entgegen. Die Gesetze der Mathematik und Physik wurden seitdem zunehmend zur Grundlage der Weltdeutung, so daß man darüber zusehends die biologischen Gesetze vergaß.

Die Welt wurde immer mehr als *Rechenexempel* aufgefaßt, dessen vollständige Lösung erreichbar schien, ja zum Ziel der Geschichte proklamiert wurde. Die Wissenschaft der Neuzeit konzentrierte sich mehr oder weniger auf das Mechanische, starr Systematische und eröffnete damit den Siegeszug der Technik und Ökonomie. Völlig vernachlässigt wurden die organischen Naturvorgänge, deren Eigenschaften mit den Begriffen »Wechsel, Werden, Vielheit, Gegensatz, Widerspruch, Krieg« zu umschreiben sind.[81]

Man ging von folgenden grundlegenden Annahmen aus:

1. Alles Geschehen habe *berechenbare* Ursachen.
2. Alles Geschehen habe *berechenbare* Wirkungen.
3. Das Ziel der Geschichte sei *berechenbares* Glück für alle.

Diese Annahmen wurden in den Rang von Glaubenssätzen erhoben. In deren Rahmen bewegte sich der Wissenschafts- und Schulbetrieb mit entsprechenden Auswirkungen auf Wirtschaft und Staat. Die Vorstellungen waren also einfach genug, um weite Verbreitung finden zu können. Im Rahmen dieses Weltbildes wurde immer mehr »festgestellt«, und es sollte noch mehr »geregelt« werden, letzten Endes alles. Das ist nicht nur symbolisch zu verstehen, das ist auch wörtlich zu nehmen, denn es handelt sich um feste Häuser, Straßen, Fahrpläne, Arbeitspläne, Investitionspläne, Sozialpläne und *Zukunftspläne* überhaupt. Nicht zu vergessen die staatlichen Gesetze, von denen es so viele gibt, daß schon lange kein einziger Mensch eines Landes alle kennen kann.

Ganz im Gegensatz dazu ist zur gleichen Zeit *die Physik* in Bereiche eingedrungen, wo es Feststehendes nicht mehr gibt. Weder im mikroskopischen noch im makroskopischen Bereich ist alles streng determiniert. Der Philosoph Max Scheler wußte schon 1928: »Nicht das Gesetz ist es, das hinter dem Chaos von Zufall und Willkür im ontologischen Sinne liegt, sondern das *Chaos* ist es, das *hinter* dem Gesetz formalmechanischer Art türmt.«[82] Nun, im Jahre 1988 konnte Hermann Haken sogar darlegen, »daß die Darwinschen Regeln sowohl in der belebten als auch in der unbelebten Materie gültig sind«.[83] In die gleiche Kerbe schlägt der fundamentale Satz des Biologen Erwin Chargaff: »Die Dialektik des Lebens ist viel subtiler als die Logik der Materie.«[84]

Wir, das heißt die derzeitige Generation, müssen uns nun wieder auf die Unberechenbarkeit und auf den »Gegensatz-Charakter des Daseins« einstellen.[85] Das menschliche Leben spielte sich in den letzten Jahrhunderten ohnehin wie früher unter den Regeln von eh und je ab. Tagtäglich überrascht uns Unberechenbares: unerwartetes Unglück und unerwartetes Glück – und beiden müssen wir uns *fügen*. Wir sind selbst viel zu tief in die Geschehnisse verstrickt, als daß uns die Prinzipien, unter deren Herrschaft sie ablaufen, bewußt werden könnten. Oder wir haben uns schon derart von Natureinwirkungen befreit, daß sie uns in unseren abgeschlossenen Häusern kaum berühren.

Als zutreffendes Beispiel für die Abläufe im Reich des Lebendigen bietet sich die globale Bewegung dessen, was wir *das Wetter* nennen, an. In der Atmosphäre tobt der Krieg zwischen den Hoch- und Tiefdruckgebieten in »ewiger Wiederkehr«. Es kann zu keiner »Lösung« kommen; denn wie sollte die auch aussehen? Könnte Hoch- und Tiefdruck sich ausgleichen, und ewige Ruhe einkehren? Oder könnten die Hochdruckgebiete die Tiefdruckgebiete besiegen oder umgekehrt? Die Atmosphäre bleibt ewig in unberechenbarer *Bewegung*, ohne die es keine Entwicklung und kein Geschehen auf unserem Planeten gäbe. Und *das Leben* folgt den gleichen Spielregeln. Seit einigen Jahren zeigen uns die Satellitenaufnahmen alltäglich die Bewegungen der Hoch- und Tiefdruckgebiete auf dem Fernsehschirm im Zeitraffer. Nichts kann besser das veranschaulichen, was ich das »*Gesetz der gleitenden Fügungen*« nenne. Aus den Wirbeln der Wolken ersehen wir, wie sich große und kleine Kreisläufe bilden und wieder auflösen, unablässig ineinanderfließen, zerfließen, erneut bilden, auch hin und wieder stillstehen, aber nie für lange. Das ist schon verwirrend genug. Doch wir sehen die Bewegungen mit dem Auge des Satelliten nur zweidimensional und mit zeitlicher Dimension. Dazu gehören auch noch die nicht sichtbar gemachten vertikalen Bewegungen. Wie über dem Land die warme Luft aufsteigt, sich abkühlt und wieder sinkt, wie über den Meeren die Feuchtigkeit verdunstet und irgendwo als Regen niedergeht – und wir sehen auch nicht, wie diese vertikalen Kreisbewegungen in die horizontalen geraten, wobei ein unberechenbares Durcheinander entsteht, das man durchaus als *Chaos* bezeichnen könnte. Darum kann der Meteorologe schwer voraussagen – oft nicht einmal für den nächsten Tag – an welcher Stelle sich ein Hurrikan bilden, wo genau sich ein Gewitter zusammenbrauen, wo aus den Wolken der Regen niedergehen und wo er als Schnee fallen wird. Schließlich spielen auch die Erhebungen auf der Erde (neuerdings auch die Großstädte und Industriegebiete mit ihrer Wärmeentwicklung) eine Rolle. Wer sich vorstellen kann, wie hier Dutzende von großen Kräften und Tausende von kleinen in jeder Sekunde zusammenwirken, wobei sich die Konstellationen ständig ändern, der wird sich auch eine Vorstellung vom *Kampf des Lebens* auf unserem Planeten bilden können. Von dieser Ähnlichkeit der Vorgänge des Wetters und des Lebens war Leonardo da Vinci sein Leben lang fasziniert. Er versuchte, nicht nur die Menschen und Tiere in ihren Bewegungen festzuhalten, sondern auch die Bewegungen der Elemente Wasser und Luft, vor allem auch in ihrer zerstörerischen Gewalt.[86] Je weiter der Beobachter auf Distanz geht, je längere Zeiträume er zusammenfaßt, um so besser wird er die großen Gesetzmäßigkeiten erkennen.

Eine andere, langsamere Arbeit der Natur läßt sich in den dahinschlängelnden *Bächen und Flüssen* (soweit sie noch unbegradigt blieben) erkennen. Der sich in Mäandern eingrabende Bach veranschaulicht das ungeregelte Wirken von Kraft und Gegenkraft. Wo das fließende Wasser auf Widerstand stößt, weicht es in anderer Richtung aus, bis ihm der Weg wieder versperrt wird, und so fort. Und die *Weltmeere* nagen immerfort an den Küsten und entreißen dem Festland Stück für Stück – umgekehrt wird unablässig der Boden aus den Bergen, wiederum durch das Wasser, hinabgetragen, womit sich an den Flußmündungen das Festland weiter und weiter ins Meer hinein verbreitet. Nietzsche schrieb über »Die Grundgestalt in der Abfolge der Lebenserregungen. Wechsel von Hebung und Senkung, das *Wogen* ist der einfachste Typus. Die Wellenform fast in allen Vorgängen der Natur: in ihr pflanzen sich Bewegungen fort.«[87] Im Fragment 8 seines Vorgängers Heraklit heißt es: »Das Gegeneinanderstehende trägt sich, das eine zum anderen, hinüber und herüber, es sammelt sich aus sich.«[88] Die eben geschilderten Naturkräfte waren von physischer, unbelebter Art, aber sie sind zugleich Grundlagen des Lebens und kehren in allen Geschehnissen des Lebens wieder, wo alles in gleicher Weise in Bewegung ist – vom Keimen bis zum Sterben.

Der Schweizer Historiker Jacob Burckhardt formulierte vor einem Jahrhundert: »Das Verharren führt zur Erstarrung und zum Tode; nur in der Bewegung, so schmerzlich sie sei, ist Leben.«[89] Bewegung stößt automatisch auf Widerstand oder eine Gegenbewegung. Nietzsche sieht: »Alles Geschehen, alle Bewegung, alles Werden als ein Feststellen von Grad- und Kraftverhältnissen, als ein Kampf...«[90] Eine Bewegung, die auf keine Widerstände stößt, läuft ins Leere, löst sich auf, verschwindet. Doch in der von Pflanzen und Tieren belebten Welt stoßen alle Lebensformen auf Widerstände. Da sie *ihr* Leben, *ihren* Lebensraum, ihre Lebens*mittel* behaupten wollen, stoßen sie auf den Widerstand anderer Lebewesen, die für sich Gleiches beanspruchen. »Jedes Dasein hat seinen Daseinswillen: im Kampf sich zu erhalten und seinen Lebensraum zu erweitern.«[91]

Je beweglicher ein Lebewesen ist, desto häufiger wird es auf anderes Leben stoßen, das auch leben will, um so mehr Reibereien wird es also verursachen. Einer der berühmten Aussprüche des französischen Philosophen Blaise Pascal lautet, alles Unglück der Menschen rühre nur daher, »daß sie es nämlich nicht verstehen, in Ruhe in einem Zimmer zu bleiben«.[92]

Das Problem ist jedoch, daß die Menschen gar nicht in ihren Häusern bleiben *können*, weil sie darin verhungern und verdursten müßten. Sie *müssen* »hinaus ins feindliche Leben«. Sie müßten allerdings nicht ständig weltweit zu Lande, zu Wasser und in der Luft *mobil* sein, wie sie das inzwischen gewohnt sind.

Schon die Naturelemente Luft, Wasser, ja sogar die Böden, bewegen sich und treffen auf *Widerstände*. Und die neugeborenen Lebewesen erlangen das eigene Bewußtsein nur auf Grund von Widerständen.[93] Schon das Kleinkind ist darauf programmiert, sich gegen Widerstände durchzusetzen. Jedes Lebewesen hat genetisch den *Willen zum Leben* in sich. (Vielleicht hätte Nietzsche richtiger daran getan, vom Willen zum Leben, statt vom »Willen zur Macht« zu sprechen; er verwendet die Wendung »Wille zum Leben« allerdings auch sehr oft.) Aber aggressiv muß der Wille zum Leben schon sein, wenn er Erfolg haben will. »Es ist die angeborene Kraft, welche die Eiche auf der Suche nach der Sonne über andere Bäume hinauswachsen läßt ... aus dem Rosenbusch die Blüten treibt ... die das Elefantenkalb groß werden, den Seestern sich ausbreiten, die Mamba lang werden läßt. Es ist die unbezwingliche Kraft, die dem Menschenkind befiehlt, den Schutz der Mutter zu verlassen und sich ins Abenteuer des Lebens zu stürzen.«[94]

Die jungen Tiere üben sich zunächst im *Spiel*. Auch dies wird uns heute in unzähligen Filmen über das Leben von (zum Teil uns früher unbekannten) Tierarten vorgeführt. Und an den Kindern kann man es immer noch beobachten, obwohl Generationen von Psychodidaktikern sich bemüht haben, ihre theoretischen Hirngespinste gerade auf die Kinder loszulassen. Später wird Ernst aus dem Spiel. Die der eigenen Entfaltung entgegenstehenden Hindernisse sucht jedes Lebewesen zu überwinden, notfalls durch Vernichtung des Gegners, was stets das Risiko, selbst vernichtet zu werden, einschließt. Davor hat jedes seiner selbst bewußte Lebewesen *Angst*. Es sucht also wo möglich, die Gefahr zu vermeiden; das Bedürfnis nach Sicherheit kann größer werden als der Drang, sich selbst durchzusetzen.

Es gibt Gattungen, die sich nur verteidigen, solche, die sofort angreifen, und solche, die beides praktizieren. Der Mensch beherrscht zwar auch die Strategie der Verteidigung, gehört aber genetisch zu den Angreifern. Schließlich ist er über Jahrmillionen Jäger gewesen, und zuletzt eroberte er die Welt! Doch der Mensch kann sich auch in die Sklaverei fügen, um zu überleben. Die beiden extremen Alternativen lauten: Überwältigung oder Unterwerfung. Der Hund, sicher ein aggressives Tier, hat sich dem ihn betreuenden Menschen treu und brav unterworfen, womit er sich in dessen Gefolge weltweit ausbreiten konnte, während er sonst vielleicht sein Ende in den Fleischtöpfen gefunden hätte oder vom Menschen längst ausgerottet worden wäre.

Die Lebewesen *müssen* sich sowohl ihrer physischen Umgebung als auch den darin lebenden Arten *anpassen*, ganz gleich, ob es sich um Tiere, Pflanzen oder Bakterien handelt. Auch für den Menschen gilt: »Ein erfolgreiches Leben ist kein Leben ohne Prüfungen, Fehlschläge und Tragödien, sondern ein Leben, in dem der Mensch eine angemessene Anzahl erfolgreicher Reaktionen auf die konstanten Herausforderungen der körperlichen und sozialen Umwelt bestanden hat.«[95] Anpassung, gelegentlich auch Verstellung, gehört zu den nötigen Überlebensstrategien. Die gesamte Evolutionsgeschichte ist eine aktive Anpassung an die Umwelt gewesen. Auch »die Pflanze Mensch gedeiht am kräftigsten, wenn die Gefahren groß sind, in unsicheren Verhältnissen«.[96]

Der französische Dichter Romain Rolland läßt seinen weise gewordenen Romanhelden Meister Breugnon sagen: »Schließlich ist der Mensch alles in allem ein braves Tier.« Denn: »Er paßt sich gleichermaßen dem Glück wie dem Leid an, dem Überfluß wie der Not. Gebt ihm vier Beine oder nehmt ihm seine zwei beiden, macht ihn taub, blind, stumm, er wird Mittel und Wege finden, sich anzupassen und in seinem heimlichen Innern zu sehen, zu hören, und zu reden. Er ist wie Wachs, so man es auseinanderzieht und wieder zusammendrückt; die Seele knetet es in ihrem Feuer. Und gar schön ist zu fühlen, da man diese Geschmeidigkeit des Geistes und der Sprunggelenke hat, daß man ebensogut ein Fisch im Wasser, ein Vogel in der Luft, ein Salamander im Feuer oder ein Mensch auf der Erde sein kann, der fröhlichen Herzens wider die vier Elemente ankämpft.«[97]

»Aus dem Krieg des Entgegengesetzten entsteht alles Werden« erkannte schon Heraklit. Darum warf er dem großen Homer vor, zu Unrecht gewünscht zu haben. »Möchte doch verschwinden der Streit aus der Welt der Götter und Menschen!« Und er begründet: »Denn es gäbe keine Harmonie, wenn es nicht hoch und tief gäbe, und kein Lebewesen, wenn nicht die Gegensätze weiblich – männlich wären.«[98] Vielleicht war es ungerecht, ausgerechnet dem leidgeprüften Odysseus einen Vorwurf wegen dieses Stoßseufzers zu machen. Aber das Leben kann nicht anders sein: Nur aus dem Streit entsteht die *Harmonie*, allerdings nicht für lange, dann entzündet sich neuer Streit, weil eben die lebendige Welt in Bewegung bleibt. Würde es andererseits *nur* Streit geben, dann hätten sich die lebendigen Wesen wohl schnell selbst ausgemerzt. Darum gibt es auch die *gegenseitige Hilfe* der Arten und die *Symbiose.* »Alles Dasein beruht auf gegenseitiger Hilfe«, sagt Karl Jaspers, »aber nicht die Hilfe, der Friede und die Harmonie des Ganzen ist das Letzte, sondern Kampf und dann Ausbeutung durch die jeweils Siegenden.«[99]

Ohne Fressen und Gefressenwerden würde es kein Leben auf diesem Planeten geben. Zur Zeit treibt das Fressen allerdings einem Höhepunkt zu; denn das herrschende Wesen, der Mensch, *züchtet und mästet* jährlich Milliarden eingesperrter Tiere nur zum eigenen Fraß.

Als grundlegendes Prinzip der Ökologie gilt nach wie vor: *Alles, was lebt, fügt sich* zueinander, aneinander, ineinander, auseinander, nebeneinander, übereinander, untereinander, nacheinander. Und es kommt hin und wieder auch zum totalen Durcheinander, zum *Chaos.* Nietzsche schrieb unter Berufung auf den großen Heraklit: »Das Volk meint zwar, etwas Starres, Fertiges, Beharrendes zu erkennen; in Wahrheit ist in jedem Augenblick Licht und Dunkel, Bitter und Süß bei einander und an einander geheftet, wie zwei Ringende, von denen bald der Eine, bald der Andre die Obmacht bekommt. Der Honig ist, nach Heraklit, zugleich bitter und süß, und die Welt ist ein Mischkrug, der beständig umgerührt werden muß. Aus dem Krieg des Entgegengesetzten entsteht alles Werden: die bestimmten, als andauernd uns erscheinenden Qualitäten drücken nur das momentane Übergewicht des einen Kämpfers aus, aber der Krieg ist damit nicht zu Ende, das Ringen dauert in Ewigkeit fort. Alles geschieht gemäß diesem Streite, und gerade dieser Streit offenbart die ewige Gerechtigkeit.«[100] Der unaufhörliche Wandel ermöglicht es, daß sich immerzu neue Chancen auftun. Das von mir so benannte *»Gesetz der gleitenden Fügungen«* beherrscht die physikalische, geistige und psychische Welt.

In allen Jahrtausenden ist der einzelne Mensch *weder stets glücklich noch stets unglücklich* gewesen. Obwohl geballte Ereignisse das Leben des Einzelnen total verändert, sein Daseinsgefühl erschüttert haben: solange kein tödliches Unglück eintrat, ging er gestärkt aus den Prüfungen hervor. Er hätte zwar objektiv in aussichtslosen

Situationen oft genug Grund zur Verzweiflung und Kapitulation gehabt – aber wie hat er reagiert? Seine Psyche hat sich mit der Situation abgefunden, *sie hat sich gefügt*, ja, sie hat der übelsten Lage noch Positives abgewinnen können. Denn ein jeder bewertet die Dinge von dem Standort aus, an dem er sich im Leben jeweils befindet. Und notfalls läßt sich die Aussichtslosigkeit durch eine Utopie oder eine Vision ersetzen – und es spielt nicht einmal eine Rolle, wenn sie sich als bloße Täuschung erweist. Selbst wenn eine Verständigung zwischen Menschen nicht mehr möglich ist, kann sich noch jeder für sich allein mit seinem Schicksal verständigen. Er kann *sich fügen*, so wie sich das Wasser in Mäandern dem Tal anschmiegt. Wenn der Mensch das Glück am Weg findet, dann jubelt er, wenn ihm Leid begegnet, dann trauert er. Solange er sich die wunderbare *Gabe der Fügung* bewahrt, wird er nicht zerbrechen, sondern der Einklang mit dem Lauf der Dinge wird zur Quelle tiefer Befriedigung.

Physikalische Gesetze gelten also auch im psychischen Bereich, nur feiner, diffiziler, so daß sie meist unbemerkt bleiben. Hier waltet von selber, was heute oft »flexible response« genannt wird. Wir sind befähigt, auf jedes Ereignis *angemessen* zu reagieren, es anzunehmen oder abzulehnen, uns zu wehren oder zu fügen, so daß unser innerer Kern nicht Schaden nimmt. Er nimmt dann Schaden, wenn wir ein Ereignis innerlich annehmen, äußerlich aber gezwungen werden, es abzulehnen, oder wenn wir es äußerlich ablehnen, innerlich aber wünschen. Ein *Müssen* kann immer dahinterstehen, aber selbst dieser Zwang kann sich letzten Endes als segensreich erweisen.

Den Begriff der *Ambivalenz* führte der Zürcher Psychiater Eugen Bleuler Anfang dieses Jahrhunderts zur Bezeichnung der widersprüchlichen Regungen der Seele ein. Nietzsche hatte dem Menschen seinerzeit vorgeworfen, »daß er nicht die Kehrseite der Dinge als notwendig versteht: daß er die Übelstände bekämpft, wie als ob man ihrer entraten könnte...«, daß er andererseits das *Ideal* als etwas auffasse, »an dem nichts Schädliches, Böses, Gefährliches, Fragwürdiges, Vernichtendes übrig bleiben soll«. Nietzsche setzte eine umgekehrte Einsicht dagegen: »daß mit jedem Wachstum des Menschen auch seine Kehrseite wachsen muß, daß der *höchste* Mensch, gesetzt daß ein solcher Begriff erlaubt ist, der Mensch wäre, welcher den Gegensatzcharakter des Daseins am stärksten darstellte, als dessen Glorie und einzige Rechtfertigung«.[101] Zum »dionysischen Jasagen zur Welt«, zum amor fati gehöre, die bisher verneinten Seiten des Daseins nicht nur als *notwendig*, sondern auch als *wünschenswert* zu begreifen, als »die mächtigeren, fruchtbareren, *wahreren* Seiten des Daseins...«.[102]

Auch bei der Bewertung von *Lust* und *Schmerz* (Unlust) sind Physis und Psyche nicht zu trennen. Lust und Schmerz sind *beide* zugleich positiv und negativ.[103] Noch wichtiger ist aber, daß »Lust und Unlust so mit einem Stricke zusammengeknüpft« sind, daß, wer möglichst viel von der einen haben *will*, auch möglichst viel von der anderen haben *muß* – daß, wer das ›Himmelhoch-Jauchzen‹ lernen will, sich auch für das ›zum-Tode-betrübt‹ bereit halten muß? Und so steht es vielleicht!«[104] So steht es tatsächlich! Das kann keine Frage mehr sein. Nietzsche bekräftigt das an anderer Stelle selbst, »denn das Glück und das Unglück sind zwei Geschwister und Zwillinge, die miteinander groß wachsen...«.[105]

Nietzsche beharrt stets darauf, daß die *Leidenschaften* zum Leben gehören, »man darf sie nicht als Störer des Glücks verdächtig machen. Das Dasein wird eine öde Wüste ohne Liebe und Haß. Die Menschen wollen die gleichmäßige Ruhe gar nicht, sie suchen Erregung und Aufregung. Sie fordern Lust und Schmerz gleichsam heraus. Nichts Großes wird ohne Leidenschaft vollbracht, sagt Aristoteles.«[106] Natürlich führen Leidenschaften, wie das Wort sagt, auch zu *Leiden*. Aber das hat noch kaum jemanden davon abgehalten, das leidenschaftlich zu verfolgen, wozu ihn sein Inneres drängte. Gegen Leidenschaften kann das ins Feld geführt werden, was auch gegen Krankheiten einzuwenden ist, aber selbst die haben ihren Wert.[107] *Leiden* sind die stärksten Widerstände, die uns auferlegt werden können. Dem entsprechend erzeugt ihre Überwindung auch das höchste Glücksgefühl. »Denn was selbst leidet, hat immer ein Gegengewicht seines Schmerzes in sich.«[108]

Die Überwindung eines Leidens, einer Krankheit ist ein *Sieg*. Jeder Sieg erregt Lustgefühle, nicht nur der eigene Sieg, sondern auch der Sieg derer, mit denen sich ein Mensch identifiziert. Das kann sein Verein sein oder eine Fußballmannschaft, oder die Olympia-Mannschaft seines Landes, aber eben auch das eigene Land und Volk im Krieg, wo der Sieg auf Grund des höheren Einsatzes und der höchsten Ernsthaftigkeit noch immer den gewaltigsten Sieges-rausch hervorgerufen hat. *Der Wille zum Sieg* ist *Teil des Willens zum Leben*, der eben auch ein Wille zur Macht in der Definition Nietzsches ist. »Der Wille zur Macht als *Leben*« überschreibt er einen Abschnitt, in dem es heißt: »was der Mensch will... das ist ein Plus von Macht. Im Streben danach folgt sowohl Lust als Unlust; aus jenem Willen heraus sucht er nach Widerstand, braucht er etwas, das sich entgegenstellt. Die Unlust, als Hemmung seines Willens zur Macht, ist also ein normales Faktum... der Mensch weicht ihr nicht aus, er hat sie vielmehr fortwährend nötig: jeder Sieg, jedes Lustgefühl, jedes Geschehen setzt einen überwundenen Widerstand voraus.«[109]

Auf Grund der dargelegten Erkenntnisse ist offenkundig, warum Kulturen untergehen *müssen*. Sie streben allesamt einen statischen Zustand des Wohllebens an, und das in der derzeitigen Weltzivilisa-tion totaler denn je. Jetzt verwendet man überall die Redensart, daß die Probleme dieser Welt »gelöst« werden müßten. *Die Lösung* ist aber etwas ganz Unnatürliches. Alles Natürliche befindet sich im ständigen *Werden*, und die Geschöpfe der Natur tasten sich in einem niemals endenden Kampf zwischen Leben und Tod dahin.

TEIL III

Der 200 Jahre dauernde Siegeslauf der technischen Zivilisation

1 Die Explosion der Erfindungen

*Wenn wir auf mehr als 100 Jahre in der Geschichte
zurückblicken, sehen wir augenblicklich, warum
sich das Zeitalter... von allen anderen in den
Annalen der Menschheit unterscheidet.*

Der britische Staatsmann
Winston Churchill (1932)

Wenn wir die Entwicklung der technischen Erfindungen auf den
nächsten Seiten betrachten, dann wird optisch deutlich, daß zwischen 100 000– und 10 000– etwa alle 10 000 Jahre eine wichtige
Erfindung gemacht wurde. In den sechs Jahrtausenden zwischen
10 000– und 4000– wurde im Durchschnitt alle 500 Jahre eine
Erfindung auf den Weg gebracht. Mit dem Eintritt in die Hochkulturen trat eine noch höhere Beschleunigung ein, die bis zu Christi
Geburt über 30 Erfindungen erbrachte, also alle 125 Jahre eine. An
dieser immer noch *bedächtigen Entwicklung* änderte sich nach
Christi Geburt so gut wie nichts; denn bis 1600 kamen auch nur
dreizehn Erfindungen hinzu. Allein von 1600 bis 1800 gab es dann
schon 20 weitere, also alle zehn Jahre eine.
Dennoch äußerte der britische Philosoph Alfred Whitehead die
berechtigte Meinung, daß der Stand der europäischen Technik im
18. Jahrhundert durchaus noch dem der Römer glich,[1] allerdings
mit *durchgehenderer Verbreitung* über die europäischen Länder.
Infolgedessen konnte David Landes zu dem Ergebnis kommen, daß
sich das Pro-Kopf-Einkommen zwischen den Jahren 1000 bis 1800
verdreifacht habe.[2]
Diese acht Jahrhunderte der europäischen Geschichte waren von
Kriegen ausgefüllt wie das *»Zeitalter der streitenden Reiche«* in
China und das der *Städtekriege* in Griechenland. Besonders der
dreißigjährige Religionskrieg unter den Christen hatte in Mitteleuropa gewütet. Doch gerade in diesen turbulenten Zeiten hat sich die
naturwissenschaftliche Forschung entwickelt. »Im Verlauf dieser
schicksalhaften Jahrhunderte (1200 bis 1800) erfuhr die Menschheit
mehr über die Erde als bewohnbaren Planeten, über die Organismen, die sie beherbergt, und über die menschliche Kultur, als je
zuvor bekannt gewesen war.«[3] Die Kugelgestalt unseres Planeten

Die Entwicklung der Erfindungen

VOR CHRISTUS

50 000	Steinwerkzeuge für Haushalt und Jagd
45 000	Speer
40 000	Beil
30 000	Schiff
20 000	Steinerne Säge
18 000	Nadel aus Knochen
12 000	Pfeil und Bogen
10 000	Brücken/Fischnetz/Korbflechten
8000	Hammer
7000	Gebrannte Tongefäße
6500	Bilderschrift
5000	Bewässerungsanlagen/Rad/Segel/ Webstuhl
4000	Bogenkonstruktion/Schiffahrtskanäle/ Metallguß/Schmieden
3500	Pflug/Töpferscheibe
3000	Bronze/Drehbank
2800	Gebrannte Lehmziegel/Glas/Sichel/ Schreibgeräte/Zahlen
2600	Kette/Seil
2500	Waage
2300	Asphalt/Kanalisation
2000	Blasebalg
1500	Sonnenuhr/Rohrleitungen
1300	Eisenverhüttung
1000	Alphabet/Drahtstahl
700	Aquädukt/Geld
640	Dachziegel
400	Seilwinde
280	Zahnradgetriebe
260	Wasserrad
250	Pumpe
190	Pergament
20	Kran

NACH CHRISTUS

100	Papier
700	Chinesisches Porzellan/Hochofen
900	Windmühle
1000	Schießpulver (China)
1040	Druckverfahren
1050	Kompaß
1202	Indischarabisches Ziffernsystem in Europa
1270	Brille
1390	Mechanische Uhr
1436	Buchdruck
1450	Gewehr (Europa)
1590	Mikroskop
1608	Teleskop
1609	Zeitung
1623	Rechenmaschine
1709	Bemannter Ballon
1712	Dampfmaschine
1717	Taucherglocke
1750	Turbine
1764	Spinnmaschine/Dampfschiff
1765	Verbesserte Dampfmaschine
1795	Hydraulische Presse/Metrische Maße
1796	Impfung
1799	Gaslampe
1800	Batterie
1803	Eisenbahn
1804	Telegraph
1810	Nähmaschine
1817	Fahrrad
1823	Elektromagnet
1826	Photographie
1827	Steichholz/Wasserturbine/ Aluminium

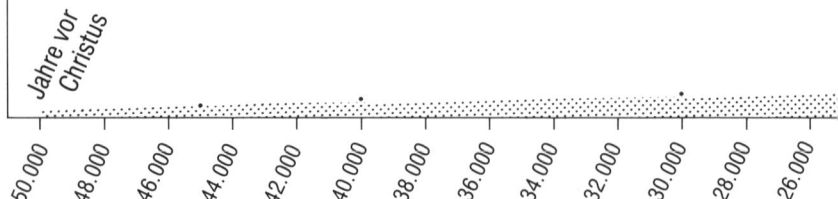

Jahre vor Christus

50.000 · 48.000 · 46.000 · 44.000 · 42.000 · 40.000 · 38.000 · 36.000 · 34.000 · 32.000 · 30.000 · 28.000 · 26.000

Die Grafik verdeutlicht den unendlich langsamen Beginn der technischen Erfindungen in den letzten 50 000 Jahren bis zu ihrer starken Zunahme in den Hochkulturen und ihrer explosiven Steigerung in

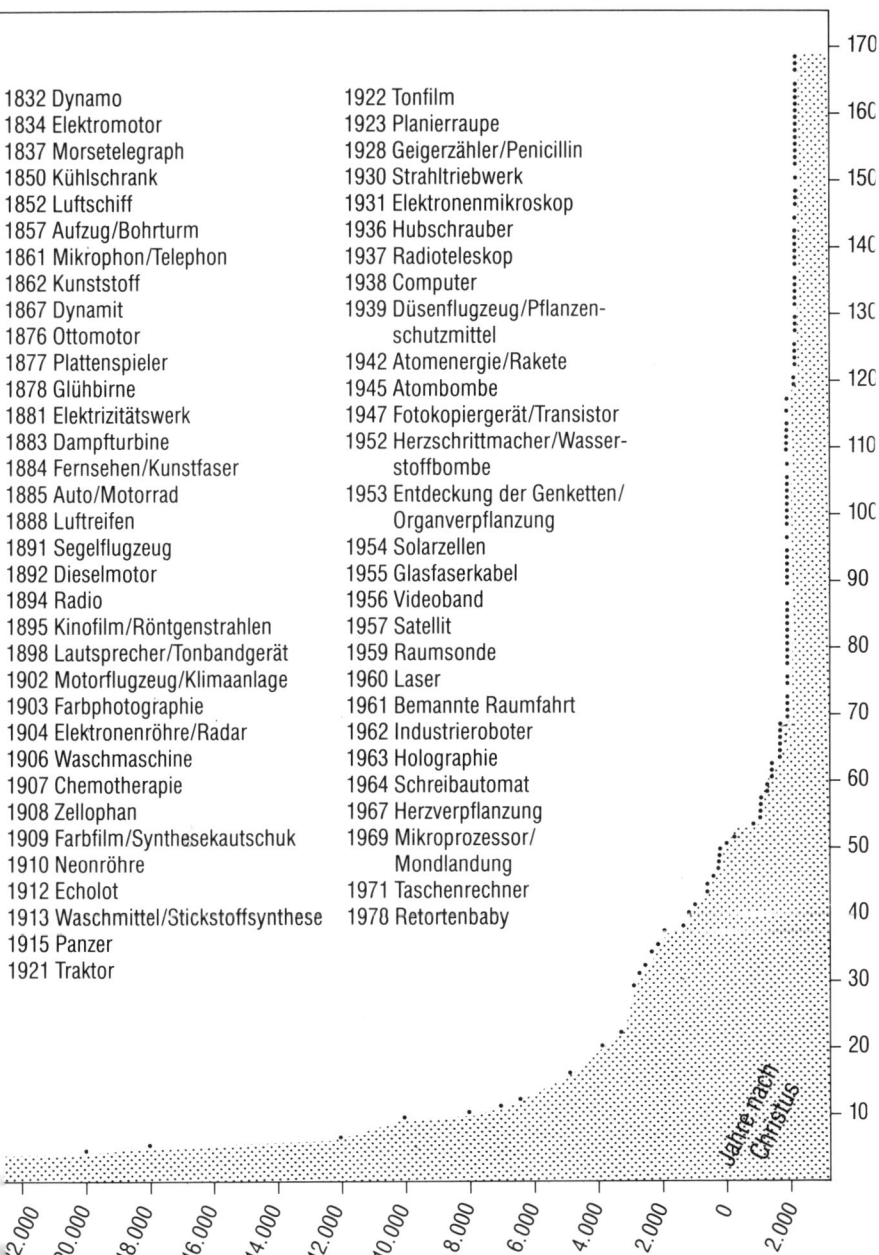

Abb. 1

1832 Dynamo
1834 Elektromotor
1837 Morsetelegraph
1850 Kühlschrank
1852 Luftschiff
1857 Aufzug/Bohrturm
1861 Mikrophon/Telephon
1862 Kunststoff
1867 Dynamit
1876 Ottomotor
1877 Plattenspieler
1878 Glühbirne
1881 Elektrizitätswerk
1883 Dampfturbine
1884 Fernsehen/Kunstfaser
1885 Auto/Motorrad
1888 Luftreifen
1891 Segelflugzeug
1892 Dieselmotor
1894 Radio
1895 Kinofilm/Röntgenstrahlen
1898 Lautsprecher/Tonbandgerät
1902 Motorflugzeug/Klimaanlage
1903 Farbphotographie
1904 Elektronenröhre/Radar
1906 Waschmaschine
1907 Chemotherapie
1908 Zellophan
1909 Farbfilm/Synthesekautschuk
1910 Neonröhre
1912 Echolot
1913 Waschmittel/Stickstoffsynthese
1915 Panzer
1921 Traktor

1922 Tonfilm
1923 Planierraupe
1928 Geigerzähler/Penicillin
1930 Strahltriebwerk
1931 Elektronenmikroskop
1936 Hubschrauber
1937 Radioteleskop
1938 Computer
1939 Düsenflugzeug/Pflanzen-
      schutzmittel
1942 Atomenergie/Rakete
1945 Atombombe
1947 Fotokopiergerät/Transistor
1952 Herzschrittmacher/Wasser-
      stoffbombe
1953 Entdeckung der Genketten/
      Organverpflanzung
1954 Solarzellen
1955 Glasfaserkabel
1956 Videoband
1957 Satellit
1959 Raumsonde
1960 Laser
1961 Bemannte Raumfahrt
1962 Industrieroboter
1963 Holographie
1964 Schreibautomat
1967 Herzverpflanzung
1969 Mikroprozessor/
      Mondlandung
1971 Taschenrechner
1978 Retortenbaby

Jahre nach Christus

170
160
150
140
130
120
110
100
90
80
70
60
50
40
30
20
10

<22.000 20.000 18.000 16.000 14.000 12.000 10.000 8.000 6.000 4.000 2.000 0 2.000

unserem technischen Zeitalter. Wir enden 1978, da sich die Bedeutung neuester Erfindungen noch nicht abschätzen läßt.

wurde bewiesen, den Fernão de Magalhães Mannschaft 1519 bis 1522 umsegelte, während er selbst 1521 auf den Philippinen im Kampfe mit Einheimischen fiel.

So wurde etwa um 1500 – nach unserer verkürzten Zeitrechnung erst vor vier Stunden – die Erde in ihrer geographischen Gesamtstruktur begriffen und binnen kurzem von wagemutigen europäischen Seefahrern auch erobert. Dabei eilten Spanier und Portugiesen mit einigen Italienern voraus, bis die Holländer und Engländer folgten. Daß sie dabei pulvergeladene Gewehre und Kanonen benutzten, verschaffte ihnen eine militärische und psychologische Übermacht, der sich die übrigen Kontinente nicht entziehen konnten. Seitdem wurde es möglich, begehrte Rohstoffe aus aller Welt zu importieren. Aber die entscheidenden Kämpfe mit gleichen Waffen spielten sich fortan zwischen den weißen Völkern selbst ab.

Die »Ehe von Naturwissenschaft und Technik«, wie Toynbee das nannte,[4] war geschlossen worden. Und das Kind, das daraus hervorging, war die *Ideologie des ständigen technischen Fortschritts*, welche die Erde den Europäern, die sich dabei auch gern als Christen sahen, total untertänig machen sollte. Der englische Philosoph und Politiker Francis Bacon (1561–1626) hat in seiner Schrift »Das neue Atlantis« seine Sicht der Dinge, die da kommen sollten, dargelegt: »Die Verlängerung des Lebens; die teilweise Wiederherstellung der Jugend; die Verzögerung des Alterns; die Heilung von Krankheiten, die als unheilbar galten; die Linderung von Schmerzen; Umwandlung von Körpern in andere Körper; Züchtung neuer Arten; Zerstörungsmittel wie Waffen und Gifte; Macht der Phantasie über einen anderen oder den eigenen Körper (Autosuggestion und Hypnose, wenn nicht sogar Telekinese); Beschleunigung der Reifezeit; Beschleunigung der Keimung; Erzeugung von hochwertigem Dünger für den Boden; Gewinn von Nahrung aus neuen Grundstoffen; Herstellung neuer Gewebearten für Kleidung und neuer Stoffe wie Papier, Glas und ähnliches; künstliche Minerale und Bindemittel; Gesundheitskammern, wo die Luft verbessert wird (Klimaanlagen); Verwendung von Tieren und Vögeln zum Sezieren, Gifte und andere Heilmittel; Mittel, um Geräusche durch Schächte und Rohre in alle Richtungen und Entfernungen zu übermitteln; Kriegsmaschinen, stärker und gewaltiger als unsere größten Kanonen; Ansätze zum Fliegen in der Luft; Schiffe und Boote, die unter Wasser fahren können.«[5]

Das Ziel der Wissenschaften ist die *Erleichterung des menschlichen Daseins* und die Verwirklichung aller Dinge, die möglich sind.[6] Nach dem *Sinn* der Verwirklichung aller Dinge, der bei den Chinesen eine große Rolle spielte, wird nicht gefragt. Auch der britische Politiker und Historiker Thomas Macauly hielt es für das legitime Ziel der Wissenschaft, das menschliche Leben mit neuen Erfindungen und Reichtümern auszustatten.[7]

Mit der Machtergreifung der Naturwissenschaften parallel verlief der Machtverlust der Religion, bis schließlich der Glaube an die Wissenschaft religiöse Züge annahm. Die *Jenseitsorientierung* des fälschlich so genannten »Mittelalters« wurde abgelöst von der *Diesseitsorientierung*. »Die theologische und metaphysische Sinndeutung der Weltgeschichte« wurde durch den Fortschrittsglauben ersetzt.[8] Die Gewißheit Gottes tauschte der europäische Mensch gegen die Gewißheiten der Wissenschaften ein.

Um das Jahr 1800 war dann das kritische Stadium erreicht, das zu einer explosiven Kettenreaktion in der Technik führte. Die Initialzündung wird wohl die *Dampfmaschine* ausgelöst haben. Im 19. Jahrhundert verkürzte sich die Durchschnittszeit bis zur nächsten Neuerfindung auf 2,5 Jahre und in unserem 20. Jahrhundert auf 1,5 Jahre! Dabei ist zu bedenken, daß hier nur die großen Erfindungen berücksichtigt werden konnten, die jedoch ihrerseits Dutzende von kleineren Nebenerfindungen nötig machten oder mit sich brachten, sozusagen die Splitter der Explosion. Dabei sind in der Graphik sogar noch solche Erfindungen weggelassen, die der reinen Unterhaltung oder dem Sport dienen, und auch im Bereich der Medizin sind nur die wichtigsten aufgeführt. Wenn wir uns an der Zahl der jährlich *erteilten* Patente orientieren wollten: diese erreichen in den letzten Jahren weltweit eine Zahl um die 20000; beantragt wurden allein beim Europäischen Patentamt im Jahre 1990: 62778.

Wenn wir die letzten 200 Jahre mit dem bisherigen unvorstellbar langen Anlauf der Natur- und Menschengeschichte vergleichen, dann können wir nur von einer *Explosion* sprechen. Und wenn wir das Gleichnis von den 1000 Jahren gleich einer Nachtwache wieder aufnehmen, dann sind seit dem Jahr 1800, seit der Sprengsatz der

Technik gezündet wurde, erst eineinhalb Stunden vergangen. Und die Ausbreitung der Explosionswelle hält immer noch an. Der Schweizer Ingenieur Ernst Basler meinte 1973, daß sich die vom Menschen erzeugte Veränderung derzeit rund *eine Million mal schneller* vollziehe als die Evolutionsgeschwindigkeit der Natur.[9] Das mag in bezug auf die Geschwindigkeit etwa stimmen; aber gehört diese Veränderung überhaupt zur Evolution der Natur? Da hat wohl eher Maurice Blin recht, der lapidar feststellt: *»Die technologische Entwicklung setzt die biologische nicht fort, sondern kehrt sie um.«*[10] Denn die biologische Evolution wurde von der Natur entfaltet, während die von Menschen *gemachte* technische Evolution die Natur rücksichtslos vergewaltigt. Die Menschen wissen aber über die lebendige Natur so wenig, daß sie die Brisanz dieser Entwicklung nicht erahnen konnten. Man will heute auch nicht mehr auf die nächsten Erfindungen *warten*. Die Weiterentwicklungen sind zudem immer komplizierter geworden; darum setzen die Industriestaaten Bataillone von hochbezahlten Wissenschaftlern und Technikern ein, damit diese neue Erfindungen schneller produzieren. So wurden die erfolgreichen *Weltraumflüge* schließlich eine Frage der Staatshaushalte, wie auch zu großen Teilen die Entwicklung der *Kernfusion* und der *Gentechnik* sowie die der immer noch erfolglosen *Krebsforschung* – um nur einige der größten Posten zu nennen.

Den genialen *Einzelgänger*, der eine Idee hat, gibt es fast nicht mehr. Der persönliche Anteil ist in der Masse der Beteiligten kaum noch auffindbar. Damit wird zum Beispiel die Verleihung der Nobelpreise immer fragwürdiger; denn auch die Preiskomitees sind überfordert, weil sie über die umfangreichen Detailkenntnisse einfach nicht mehr verfügen können. Die salomonische Teilung der Preise ist die Folge, aber eben auch die Konsequenz daraus, daß ganz große Institute an einem Projekt gearbeitet haben. Jeder Auftrag ist inzwischen derart kostenträchtig, daß die USA immer stärker das Feld beherrschen.

Anfangs ließen sich die großen Entdecker leicht ermitteln und lokalisieren. Darum wissen wir auch, daß unser technisches Zeitalter eine *ausschließlich europäische Leistung* ist; die Herkunftsländer der Erfinder beweisen das. Und eine Aufstellung der Nobelpreisträger für Physik, Chemie und Medizin ergibt folgendes Bild:

Tabelle 2:
*Verteilung der naturwissenschaftlichen Nobelpreisträger
1901–1990*

	Physik	*Chemie*	*Medizin*
USA	53	33	68
Deutschland	22	27	12
Großbritannien	19	18	21
Frankreich	9	7	7
Niederlande	6	2	3
Rußland/SU	6	1	2
Schweden	4	3	7
Dänemark	3	–	5
Italien	3	1	3
Japan	3	1	1
Schweiz	2	4	5
Österreich	2	1	5
Kanada	1	1	3
Indien	1	–	–
Irland	1	–	–
Pakistan	1	–	–
Belgien	–	1	4
Ungarn	–	1	1
Argentinien	–	–	2
Australien	–	–	2
Norwegen	–	1	–
Tschechoslowakei	–	1	–
Polen	–	–	1
Spanien	–	–	1

Der Nobelpreis wurde ab 1901 mit Ausnahme verschiedener Kriegs-
jahre verliehen. Bis zum Zweiten Weltkrieg blieb er fast ganz in
europäischen Händen, danach wurde er überwiegend eine Angelegenheit der USA. Der einfache Grund dafür liegt darin, daß die
Naturwissenschaften nun umfangreiche instrumentale Einrichtungen mit hohem Finanzaufwand erforderten, wobei Europa nicht

mehr ganz mithalten konnte. In beiden Kontinenten sind Erfinder jüdischer Abstammung stark vertreten.

Die Aufstellung untermauert, daß die Entwicklung von Naturwissenschaft und Technik bis heute die Sache der Europäer und ihrer nordamerikanischen Nachkommen geblieben ist.

Entsprechend ihrem Ursprung erfolgte natürlich auch die Umsetzung der Erfindungen in industrielle Produktionen zunächst ausschließlich und dann vorwiegend in den gleichen Ländern. Großbritannien war dabei sehr früh in Führung gegangen, was über sein Weltreich globale Auswirkungen hatte. Als Deutschland und dann auch die anderen Länder etwas später folgten, entwickelten sich daraus die Zweikämpfe Deutschland–Großbritannien einerseits und Deutschland–Frankreich andererseits. Da die ausgewanderten Europäer in Nordamerika einen ganzen neuen Kontinent zur freien Verfügung bekamen, konnte es nur eine Frage der Zeit sein, bis sie das alte Europa überholt haben würden. (Diese Entwicklung hat David Landes in seinem Buch »Der entfesselte Prometheus« ausgezeichnet dargestellt.) Als letzte industrielle Großmacht mit freier Wirtschaftsform traten die Japaner auf den Kampfplatz. Sie begannen als geschickte Nachahmer, bis sie in superhektischen Steigerungen Konkurrenten auf allen Weltmärkten wurden.

Mit der Fertigstellung der einsatzreifen *Dampfmaschinen* (1777) fiel zweifellos eine der bedeutendsten Entscheidungen darüber, wie es mit der europäischen Kultur weitergehen würde. Es war ein Sprung ins Ungewisse, über dessen Folgen uns erst jetzt die Augen aufgehen. Nur ein Genie, vielleicht das größte, das jemals gelebt hat, Leonardo da Vinci, hat die Entwicklung vorausgesehen und die entsprechenden Prophezeiungen niedergeschrieben, die bis heute unbeachtet blieben. Entscheidend für die Entwicklung auf diesem Planeten waren nicht die Erfindungen, sondern deren Umsetzung in Massenproduktionen sowie deren Nutzung und Verschleiß. Eine führende Rolle übernahmen dabei die Verkehrsmittel.

Das Fahrrad, das um die gleiche Zeit in Gebrauch kam wie die ersten Autos, erreichte zwar mit zur Zeit 800 Millionen eine höhere Weltstückzahl als das Auto; doch wenn man den geringen Materialverbrauch bedenkt, fällt dieses billige Gefährt in der volkswirtschaftlichen Rechnung kaum ins Gewicht. Während seiner Benutzung benötigt das Trittrad zudem *keine Fremdenergie*. Somit ist es das ideale Fahrzeug für arme Völker. In China kommen auf ein Auto 540 Fahrräder; die Autoproduktion soll erst beginnen. In den USA dagegen werden jährlich acht Millionen Autos produziert und nur sechs Millionen Fahrräder.

Die Eisenbahnen kamen schon mit der Dampfmaschine, die in der Lokomotive sozusagen auf Räder montiert wurde. Damit hat die Bahn die Menschheit ins industrielle Zeitalter gezogen, bis sie vom Auto verdrängt wurde. Das heutige Eisenbahnnetz unseres Planeten hat, trotz Abbau in einigen Wohlstandsländern, immer noch eine Länge von rund 1,2 Millionen Kilometern. Während es ein Jahrhundert lang den Fernverkehr der Personen und Güter über Land fast allein bewältigt hatte, trägt es heute in den Industrieländern nur noch einen Bruchteil der Transporte. In der Bundesrepublik Deutschland waren das zuletzt sieben Prozent der Personen und 23 Prozent der Güter.

Das erste *Auto* startete im Jahre 1885 und war bald des Menschen liebstes Kind. Es brachte es in ungeschlechtlicher Vermehrung innerhalb von 105 Jahren von einem Exemplar auf rund 500 Millionen Personen- und 120 Millionen Lastwagen einschließlich Busse, die zur Zeit die Erde bevölkern. Die UNO rechnet im Jahre 2030 mit einem weltweiten Bestand von *1000 Millionen* Kraftfahrzeugen![11] Schon jetzt fallen jährlich über 30 Millionen Autowracks an. Würde man die hintereinander stellen, dann ergäbe das jährlich eine Schlange, die viermal um den Erdball reichte.

Das erste *Motorflugzeug* startete im Jahre 1902. Heute dürften mehr als 100 000 Stück davon existieren. Ziemlich genau wissen wir, daß sich im Jahre 1989 weltweit 1120 Millionen Passagiere das leisten konnten, was noch vor 100 Jahren ein Traum gewesen ist. Die gesamte germanische Völkerwanderung hat über die Jahrhunderte hinweg nicht so viele Menschen bewegt, wie heute *an einem Tag* durch die Luft fliegen.

Die Beispiele mögen an dieser Stelle genügen, um die *absolute Unvergleichbarkeit* unserer Zivilisation mit sämtlichen vorhergehenden deutlich zu machen. Um diesen Höhenflug in derart kurzer Zeit zu erreichen, war allerdings die Vorarbeit der antiken Kulturen nötig gewesen, und dann bedurfte es noch Tausender einzelner Schritte über das sogenannte Mittelalter hinweg, wovon in unserer Abbildung 1 nur die großen Sprünge vermerkt werden.

Gerade *als nach 1800 die europäische Kultur zu ermüden begann* (nach Spengler, mit dem ich hier voll übereinstimme, vollzieht sich der Übergang von der Kultur zur Zivilisation im Abendland im 19. Jahrhundert), hatte sich – erstmalig in der Weltgeschichte – in Europa und Nordamerika etwas zusammengebraut, was ich »*Zivilisation des Zweiten Schubes*« nenne. Diese zweite Stufe entzündete nochmals ein Feuer, welches bald gewaltiger brannte als alle vorhergehenden. »Nichts scheint diesem Triumph zu gleichen, der nur *einer* Kultur geglückt ist«, schrieb Oswald Spengler nach dem Ersten Weltkrieg[12], und er erkannte schon damals, »was sich im Laufe kaum eines Jahrhunderts entfaltet, ist ein Schauspiel von solcher Größe, daß den Menschen... das Gefühl überkommen muß, als sei die Natur ins Wanken geraten«.[13] Selbst der geniale Spengler konnte sich vor 70 Jahren noch nicht ausdenken, daß sich die Entwicklung exponentiell und global im 20. Jahrhundert derart *beschleunigen* würde, wie wir es nun erlebt haben.

Damals, als die Krisis der alten europäischen Kultur, seit 1815 gewaltig vorwärtsschreitend, sich ausbreitete (wie Jacob Burckhardt den gleichen Vorgang auffaßte),[14] die ja auch als Krisis der tragenden christlichen Religion aufgefaßt werden muß, *geschah ein Wunder*. Eine *neue Religion* keimte auf, keine esoterische, sondern eine sehr handfeste, die anstelle vager Hoffnungen *Ergebnisse* vorzuweisen hatte. Ergebnisse, an deren segensreiche Wirkungen all die verschiedenen Völker und Rassen *glaubten*, Ergebnisse, die zählbar und meßbar, ja verzehrbar sind. Die universale Maßeinheit für alle Ergebnisse ist nun das *Geld*. Die Währung erfaßte ganze Erdteile, sie soll demnächst ganz Europa umfassen und letzten Endes zu einer Weltwährung führen. Eine im Grunde unkalkulierbare Macht, bedrucktes Papier, beherrscht und reguliert die Welt jetzt schon in Form von Geldscheinen, Wechseln, Aktien, Pfandbriefen. Damit wurde der phantastische *Welthandel* erst möglich, ebenso der *Weltverkehr* und die Vorfinanzierung des Fortschritts durch Investitionen. Damit wurde aber eine *zweite Realität* geschaffen, und zwar eine, die mit der grundlegenden Realität nicht immer übereinstimmt, aber dennoch durchweg gültig ist, weil die Regierungen wie die Bürger damit *rechnen*. Ihr Wert ist künstlich, der wirkliche bleibt in der Regel verborgen. Daß es bloß ein Papierwert ist, wird nur offenkundig in Inflationen, Bankenkrächen, Konkursen, Entwertungen. Die Natur aber bleibt in diesem phantastisch erfolgreichen Geldsystem *unbewertet*.

Sichtbar wird die Wirksamkeit von Technik und Wirtschaft in den sich drehenden Rädern, stampfenden Kolben und ratternden Gestängen. Ein neuer Kult entsteht. Lewis Mumford nennt ihn den »Mythos der Maschine«. Der belgische Künstler Henry van de Velde schrieb bereits: »Ich liebe die Maschinen, sie sind wie Geschöpfe einer höheren Stufe.«[15] Friedrich Georg Jünger schreibt dazu: »Warum ist die Betrachtung der Maschine so genußreich? Weil die Urform menschlicher Intelligenz an ihr sichtbar wird und weil diese konstruktive, zusammensetzende Intelligenz sich vor unseren Augen Macht erzwingt und anhäuft, weil sie einen rastlosen Triumph über die Elemente erficht, die von ihr geschlagen, gepreßt und geschmiedet werden.«[16]

Der all diesen Vorgängen zugrundeliegende technisch-ökonomische *Rationalismus* ist eine schon von den Römern erfolgreich angewandte Geisteshaltung, die Hegel als deren »Religion der Zweckmäßigkeit« bezeichnete.[17] »Die Rationalität läßt sich als die Anpassung der Mittel an die Ziele definieren.«[18] Der laufend rationellere Einsatz von Energie und Maschinen erlaubte die ständige Erhöhung der Ziele. Ob allerdings die Ziele selbst rationell waren, ist bis heute selten Gegenstand des Nachdenkens.

Ein neuer Glaube, eine neue Religion braucht nicht begründet zu werden. Und die moderne Technik ist eine »materialistische« Religion: »Die Technik ist ewig und unvergänglich wie Gott Vater; sie erlöst die Menschheit wie der Sohn; sie erleuchtet uns wie der Heilige Geist«, ironisiert Oswald Spengler in seinem 1931 erschienenen Buch »Der Mensch und die Technik«.[19] Auch Lewis Mumford sprach 1967 in seinem Werk von der *neuen Religion*, die vom 19. Jahrhundert an Denker ohne Unterschied des Temperaments, der Herkunft und der sonstigen Überzeugung wie Marx, Ricardo, Carlyle, Mill, Comte und Spencer vereint habe; auch er mißt der »Forderung nach technischem Fortschritt die Wirkung eines göttlichen Befehls« bei.[20] Den genannten Bahnbrechern sind unbedingt noch die Namen Descartes, Kepler, Galilei, Kopernikus, Hobbes und Lamettrie vorauszuschicken, die das mathematisch-geometrische Weltbild maßgeblich entwarfen.[21] Sechs der genannten Größen stammen aus England, drei aus Deutschland, zwei aus Frankreich und einer aus Italien. Die theoretischen Patente sind also west- und mitteleuropäisch.

Wir legten schon dar, daß die Hochkultur-Religionen auch wichtige ökonomische Funktionen erfüllten: sie hatten die *Überschüsse der Wirtschaft zu absorbieren*, um sowohl das Tun der einzelnen Menschen als auch deren Gesamtverhältnis zur Natur bewußt oder unbewußt im Gleichgewicht zu halten. Die Überschüsse müssen *unproduktiv* (darauf kommt es an!) vernichtet werden. Dies erkannt und dargelegt zu haben, ist das Verdienst des französischen Philosophen Georges Bataille (»Die Aufhebung der Ökonomie«). Die große Entdeckung der rationellen abendländischen Ökonomie war die, daß die »Gaben für die Götter« pure Vergeudung von Rohstoffen, Energie und Arbeitskraft bedeuten. Seitdem setzt man die Überschüsse der Wirtschaft nicht mehr religiös, sondern *ökonomisch* ein: für erneute und gesteigerte Produktionen, die wiederum *höhere* Überschüsse zur Folge haben. Und das Ganze nennt man *Wachstumswirtschaft*. Um den ständig steigenden Produktionsausstoß absetzen zu können, benötigt man natürlich laufend *neuartige Produkte*. Die zu erfinden war kein Problem mehr; denn wie wir oben sahen, waren die Erfinder rastlos tätig, und heute werden sie zu hektischer Tätigkeit angespornt, damit sie neben vielem anderen auch *neue Arbeitsplätze schaffen*, um den Menschen (möglichst noch höhere) Einkommen zu verschaffen. An dieser Stelle zeichnet sich in einem rational denkenden Kopf schon ab, daß ein solches System das Gleichgewicht zwischen Mensch und Natur stören *muß*. Die alte *Vergeudung* für »die Überirdischen« und für die Toten in Form von Pyramiden, Grabdenkmälern, Tempeln, Domen entfiel nun. So waren zum Beispiel in Frankreich zwischen 1050 und 1350 gebaut worden: 80 Kathedralen, 50 große Kirchen, zehntausende kleiner Kirchen, außerdem noch Klöster.[22] Und dazu kamen die »vergeudeten« Arbeitszeiten für die vielen Feiern und Feste samt deren Vorbereitung. All das fiel nach und nach weg. Welch eine Entfesselung bisher verschwendeter Produktionskräfte war daraufhin möglich! Die neue und *rationale Verwendung* der Überschüsse führte zu einer eindrucksvollen Eskalation der Stoff- und Energieumsätze, die nun als Maßstäbe für den »Wohlstand der Nationen« dienten. So lautete der Titel des berühmten Buches des ökonomischen Theoretikers Adam Smith.

156

Mit der Vermehrung der ökonomischen Produktivität wurde die Beseitigung der *Überschüsse* in Europa immer dringlicher, aber nie zum Problem; denn auch die unzähligen Kriegszüge brauchten bis zu Beginn des 19. Jahrhunderts einen guten Teil davon auf. Nach dem Sieg über Napoleon begann in Europa ein hundertjähriger Friede; denn die Kriege von 1866 und 1870/71 fielen ökonomisch kaum ins Gewicht. Was sich aber in den hundert Jahren technisch und ökonomisch tat, zeigt die Abbildung 1. Alle freien Menschenkräfte wurden für die Kriegsschauplätze der Produktionen mobilisiert. Sie kosteten jede Menge Schweiß, auch Tränen, doch selten Blut. Aber *Opfer* waren damit auch verbunden; noch nie in der Geschichte ist es ohne Opfer abgegangen. *Die Unerschöpflichkeit* des Planeten und seiner natürlichen Systeme wurde als selbstverständlich vorausgesetzt. Hier trafen sich die Rationalisten mit den Anhängern der Religion; denn *beide* handeln *im blinden Glauben.* Welcher blinde Glaube der gefährlichere ist, wird sich in den folgenden Teilen des Buches herausstellen.

Alle Völker der Welt haben sich in kurzer Zeit freiwillig den neuen Lehren Europas gebeugt. Auch »alle unentwickelten Länder haben sich mit einem Glauben, der den ihrer Lehrer übertrifft, zu den Religionen der Industrie und des Wohlstandes bekehren lassen. Niemals in all den Jahrtausenden der Berührung von Zivilisationen hatte eine Religion einen solchen Erfolg gehabt.«[23] *Die industrielle Religion* ist heute das verbindende Element der Völker der Welt, so wie die englische Sprache das allgemeine Verständigungsmittel geworden ist.

Die kühnsten Träume des Roger Bacon und anderer Mönche in ihren Klosterzellen sowie des britischen Staatsmannes Francis Bacon haben sich erfüllt. Wie konnte das geschehen? Wie konnte diese Revolution von Anhängern einer Religion ausgehen, die eineinhalb Jahrtausende Demut und Bescheidenheit gepredigt hatte! Hatten nicht schon die Griechen die Hybris des Menschen gefürchtet? Hatte nicht schon Heraklit gesagt: »Man muß den Übermut löschen mehr als eine Feuersbrunst.« Und auch der Gott der Juden und Christen war doch schon herniedergefahren, als die Menschen den Turm zu Babel zu bauen versuchten, »um die Stadt zu besehen und den Turm, den die Menschenkinder gebaut hatten. Und der Herr sprach: Siehe, sie sind ein Volk und haben alle eine

Sprache. Und dies ist erst der Anfang ihres Tuns; nunmehr wird ihnen nichts unmöglich sein, was immer sie sich vornehmen. Wohlan, laßt uns hinabfahren und daselbst ihre Sprache verwirren, daß keiner mehr des anderen Sprache verstehe. Also zerstreute sie der Herr von dort über die ganze Erde, und sie ließen ab, die Stadt zu bauen.«[24]

2 Die Faszination des Unnötigen

Der Besitz des Erdballs oder einer begrenzten Zeit
genügt nicht,
Tausend Erdbälle sollen mein sein und alle Zeit!

Der amerikanische Dichter
Walt Whitman

Der Mensch ist mehr oder weniger gierig nach allem Neuen und erpicht auf alles, was er noch nicht gesehen hat. *Die Neugier* ist ihm angeboren, denn sie kann schon an jedem Kleinkind beobachtet werden. Es greift nach allem, was ihm irgendwie erreichbar erscheint, und wenn es etwas außer Reichweite sieht, dann schreit es, damit man es ihm reiche. Das Begehren richtet sich auch bevorzugt auf den Gegenstand, den gerade ein anderes Kind benutzt. Da nicht für jeden einzelnen alles zu erlangen ist, kommt es zum Wettstreit – und der treibt die Welt voran, wie auch Adam Smith erkannt hatte. Das *Habenwollen* kann also *nicht* als negativer Charakterzug einem positiven *Seinwollen* entgegengesetzt werden, wie Erich Fromm das in seinem Buch »Haben oder Sein« tut; denn um überhaupt *sein* zu können, muß ein Lebewesen *einiges haben*. Zunächst Futter und ein gewisses Revier, worauf ein Besitzanspruch erhoben wird und das alle höheren Tierarten heftig verteidigen, unter Einsatz aller ihnen zur Verfügung stehenden Mittel. Nietzsche sieht im Eigentumstrieb die »Fortsetzung des Nahrungs- und Jagd-Triebs«.[25] Dazu kommt für viele Tiere und Menschen der Zwang, Nahrung für den Winter zu horten. Eine Auswirkung dieses Triebs ist wohl auch die Sammelleidenschaft, von Briefmarken bis zu millionenschweren Gemälden.

Der erworbene Besitz sagt etwas über den Status aus, den das einzelne Lebewesen in seiner Gesellschaft errungen hat. Der erhöhte Besitzstand zeigt auch einen höheren Rang an.[26] Schon die primitiven Völker, nicht erst solche mit beträchtlicher Kultur, haben in reichhaltigem Maße Schmuckgegenstände besessen, deren Glanz den Rang seines Besitzers widerspiegelte – bis hinauf zur Königskrone. Er demonstrierte damit, daß er sich »etwas leisten« konnte, was für die unmittelbaren Lebensbedürfnisse durchaus unnötig gewesen wäre.

Auch *der Spieltrieb* ist den Tieren wie den Menschen angeboren, und mit ihm entfaltet sich auch *der Experimentiertrieb*. Zur Entwicklung des Kindes gehört, immer mehr und immer Schwierigeres zu versuchen. Dieses Verlangen, hinter die Geheimnisse der Dinge zu kommen, ist identisch mit dem *Wissenstrieb*, der ja bei einigen Menschen geradezu unheimliche Intensität erreicht. Und das, obwohl dabei schon sehr früh in der Geschichte (im Gilgamesch-Epos, in der Verführungsszene des ersten Paares im Paradies, in der Prometheus-Sage) das schaudernde Gefühl aufgekommen war, etwas Verbotenes zu tun.

Es ist Goethes unsterbliche Leistung, diesen Drang des europäischen Menschen mit seiner Faust-Tragödie in eine exemplarische und zugleich höchst künstlerische Gestalt gegossen zu haben – eine zunächst persönliche Tragödie, die im zweiten Teil welthistorische Dimensionen annimmt. Dieser inzwischen sprichwörtlich gewordene *»Faustische Drang«* nach Erkenntnis läßt sich nicht unterdrükken. Für die Befriedigung, die er in der Erkenntnis zu finden hofft, verkauft Faust seine Seele: »Dann magst du mich in Fesseln schlagen, dann will ich gern zu Grunde gehn!«[27] Der faustische Mensch hat alle Tabus, zuletzt auch die der christlichen Religion, durchbrochen. Dieser Drang nach höherer Erkenntnis ist es, der auch den Verfasser dieser Zeilen beflügelt, das vorliegende Buch zu schreiben, ohne nach dem Nutzen zu fragen. »Die Liebe zur Erkenntnis ist die einzige ewige Leidenschaft«, schrieb der französische Philosoph Montesquieu, »die uns auch im hohen Alter nicht verläßt«.[28] Nietzsche sah im Erkenntnistrieb einen höheren Eigentumstrieb.[29]

Der nächste Schritt des menschlichen Geistes bestand seit altersher darin, daß er das, was er herausgefunden hatte, auch *machen* wollte. Schon der vorgeschichtliche Mensch wird zu recht als homo faber, also als Handwerker bezeichnet. »Does it work?« Funktioniert es? fragt der Amerikaner wie der Europäer. Und wenn es »von alleine«, also *automatisch* und immer schneller läuft, dann ist er schon vom Zuschauen begeistert. Nicht von ungefähr sind vorindustrielle Märchen wie das vom »Schlaraffenland«, wo den Menschen die gebratenen Tauben in den Mund fliegen, oder vom »Tischlein deck dich!« überliefert. »Fortschritt ist die Verwirklichung Utopias« hat Oscar Wilde irgendwo gesagt. Jedes Kind läßt sich vom automatischen Spielzeug faszinieren. Und in der Erwachsenenwelt

160

ging die Erfindung von Spielzeugen oft der von Maschinen voraus. Es macht immer Spaß, per Knopfdruck gewaltige Kräfte in Bewegung zu setzen. Wenn diese dann auch noch gewünschte Artikel ausspeien, die Reichtum bringen, um so besser.

Der Wunsch nach *schneller Fortbewegung* wird auch ein Erbteil aus der Zeit sein, als der Mensch noch vor den Tieren um sein Leben laufen mußte. Das Verlangen, schnell zu sein, ist geblieben und äußert sich ebenfalls schon bei den Kindern in dem ständigen Begehren »mitzufahren«, sei es auf dem Pferdewagen, dem Schlitten, dem Fahrrad, dem Motorrad und zuletzt im Auto. Schneller! Schneller! lautet dabei ihr üblicher Ruf. Aus den gleichen Urantrieben rasen nun die Skifahrer nur so zum Vergnügen zu Millionen von den Bergen hinab. Auto- und Motorradrennen locken Hunderttausende herbei, und das Flugzeug muß in die Stratosphäre aufsteigen, um noch höhere Geschwindigkeiten zu erreichen.

Die Rekorde faszinieren! Beim Sport registrieren wir: Deutsche Rekorde, Europarekorde, Weltrekorde, Jahresrekorde, olympische Rekorde. Selten erzielt ein Buch eine solche Nachfrage wie Guiness' »Buch der Rekorde«. Um es immer stärker zu füllen, werden die unnötigsten, ja unsinnigsten Rekorde erfunden. Jeder will »in Führung gehen« und möglichst der Erste sein – auch dies ein Prinzip der Evolution.

Die folgenreichsten Rekorde unseres Zeitalters vollbringt aber die Technik, was keiner so großartig beschrieben hat wie Oswald Spengler: »Der faustische Erfinder und Entdecker ist etwas Einziges. Die Urgewalt seines Wollens, die Leuchtkraft seiner Visionen, die stählerne Energie seines praktischen Nachdenkens müssen jedem, der aus fremden Kulturen heruberblickt, unheimlich und unverständlich sein, aber sie liegen uns allen im Blute. Unsere ganze Kultur hat eine Entdeckerseele. Ent-decken, das was man *nicht* sieht, in die Lichtwelt des inneren Auges ziehen, um sich seiner zu bemächtigen, das war vom ersten Tag an ihre hartnäckigste Leidenschaft. Alle ihre großen Erfindungen sind in der Tiefe langsam gereift, durch vorwegnehmende Geister verkündigt und versucht worden, um mit der Notwendigkeit eines Schicksals endlich hervorzubrechen. Sie waren alle schon dem seligen Grübeln frühgotischer Mönche ganz nahegerückt. Wenn irgendwo, so offenbart sich hier der religiöse Ursprung alles technischen Denkens.

Diese inbrünstigen Erfinder in ihren Klosterzellen, die unter Beten und Fasten Gott sein Geheimnis *abrangen*, empfanden das als einen Gottes*dienst*. Hier ist die Gestalt Fausts entstanden, das große Sinnbild einer echten Erfinderkultur.«[30]

Die *technische Erfindung* ist von frühester Zeit bis ins 20. Jahrhundert hinein die Tat einzelner gewesen, und das waren in der Regel Handwerker und Techniker, keine Wissenschaftler. Sie lebten als Tüftler, oft als Einsiedler, manchmal als Abenteurer – auf jeden Fall waren es seltene Persönlichkeiten, die eine Idee, *ihre* Idee fanatisch verfolgten, bis sie verwirklicht war oder sie darüber starben. Der Erfinder will den Triumph über schwierige Probleme genießen.»Ob seine Erfindung nützlich oder verhängnisvoll ist, schaffend oder zerstörend, das ficht ihn nicht an, selbst wenn irgend ein Mensch imstande wäre, das von Anfang an zu wissen. Aber die Wirkung einer ›technischen Errungenschaft‹ sieht niemand voraus.«[31]

Die breite Masse aber hat noch jede Erfindung gefeiert und sie für einen Schritt in eine »bessere Welt« gehalten; darum brauchte sich der Erfinder in der Regel keine Sorgen zu machen. Etwas anderes war es schon, jemanden zu finden, der sein Geld aufs Spiel setzte. Die begabten Kinder erlernten zunehmend technische Berufe, und das ist bis heute so geblieben. Mitte des 19. Jahrhunderts hatte sich Europa völlig von den Philosophen ab- und den Ingenieuren zugewandt, weil diese nicht nur versprachen, die Welt zu verändern, sondern es offenkundig auch taten. Spengler irrte, als er dann schon 1931 den Beginn einer »Flucht der geborenen Führer vor der Maschine« feststellen zu dürfen glaubte, die weiter zunehmen werde.[32] Und auch Lewis Mumford hat das Ende des »Mythos der Maschine«, das er bereits 1964 ankündigte, nicht mehr erlebt, obwohl er erst 1989, im 94. Lebensjahr starb. Im Gegenteil, dieser Mythos ist inzwischen weiter bis zu den letzten Völkern vorgedrungen und feiert noch immer neue Triumphe. Keines der politischen Systeme konnte oder wollte diesen Mythos seines Zaubers entkleiden, sondern der »Wettkampf der Systeme« ging darum, die Spitze des Fortschritts zu gewinnen oder möglichst weit vorn dabei zu sein. Dazu genügte es nach dem Zweiten Weltkrieg nicht mehr, auf die Erfindungen zu *warten*. Die Staaten schufen Ministerien für Forschung und Technologie, die mit Milliardenetats ausgestattet wurden, und die Konzerne gaben noch mehr dafür aus. Seitdem wird im Kollektiv das gesucht, was man finden *will*, dabei explodieren die Kosten, während die Ergebnisse immer bescheidener werden. Aber jede Erfindung eröffnet eben die Möglichkeit zu Hunderten weiterer, so daß für die Wissenschaftsbetriebe und für die Produktionsbetriebe, die jenen die Ergebnisse aus den Händen reißen, gleichermaßen an Beschäftigung kein Mangel herrscht. Die Naturwissenschaften sind in die Wirtschaft integriert, arbeiten für diese und leben von ihr nicht schlecht. Die größeren Kader der Industriegesellschaft stellen die Manager, Techniker und Meister in den Betrieben, dazu kommt das Heer der Arbeiter, obgleich gerade dieses laufend kleiner wurde und man es weiter zu reduzieren trachtet.

Riesige Geräte und kleinste Artikel zu Zehntausenden, die vor 100 Jahren noch kein Mensch kannte, befinden sich heute in jedem Haushalt. Und solche, von denen man vor 30 Jahren noch nichts wußte, befinden sich heute bereits in der Hand von Kindern: Taschenrechner, Digitaluhren, Walkman. Nietzsche schrieb im Jahre 1880: »Vielleicht wird man sich besinnen, daß man an viele Bedürfnisse sich erst seitdem gewöhnt hat, als es so *leicht* wurde, sie zu befriedigen.«[33] In unserem Jahrhundert ist es um ein Mehrfaches leichter geworden, Bedürfnisse zu befriedigen, die sich damit ihrerseits vervielfacht haben; aber *besonnen* hat sich fast niemand. Die Besinnungs- und Bedenkenlosigkeit wohnt offensichtlich allem Leben inne, ohne sie hätte es keine Evolution gegeben. Es ist keinem Lebewesen gegeben, die Folgen zu bedenken. »Denn der Sinn des Menschen auf Erden ist immer nur so wie der Tag, den der Vater der Götter und Menschen heraufführt«, urteilte schon Homer.[34]

Die neuen Machtmittel der Europäer zwangen alle Völker, sie auch einzusetzen, um sich zu behaupten. »Wo der Wille zum Leben sich durchsetzt, und zwar in immer größerem Umfange, mit immer größerem Wissen und immer größerer Macht, da geschieht es, weil Leben und Wissen und Macht für uns von Nutzen sind. Wir sind die natürlichen Empfänger dieser Gaben.«[35] Sind die Güter produziert, dann muß die Begehrlichkeit geweckt, ja die Unzufriedenheit geschürt werden, um sie auch abzusetzen. Nur in der Steigerung des Kreislaufs scheint die Erfüllung zu liegen, die doch nie eintreten darf. Dafür sorgt auch *der Nachahmungstrieb*, der wohl auch zu den

Urtrieben des Menschen gehört. Er sorgt für die Verbreitung der Konsumartikel; denn was Nachbars besitzen, müssen wir auch haben. Und die Völker der Welt begehren nun ebenso, was andere besitzen. Als die intelligentesten Nacheiferer haben sich die Japaner erwiesen; ja, es gelingt ihnen sogar, ihre Vorbilder hier und da zu übertreffen. Die meisten anderen Völker haben viel geringeren Erfolg dabei.

Alle Grenzen, die früher die Götter setzten oder auch die Gewalten der Natur, sind nun überall von den Menschen durchbrochen worden und durften offensichtlich durchbrochen werden; der Erfolg beweist es!

3   Die Gotteskindschaft

Machet euch die Erde untertan.

Erstes Buch Mose 1, 28

Die europäischen Kulturvölker, welche die Fahne des technischen Fortschritts und der Zivilisation entrollten, waren alle christlich. Und das ist wohl kein Zufall; denn die christliche Lehre hebt den Menschen aus der gesamten übrigen Schöpfung heraus. Denn Gott schuf den Menschen persönlich mit der erklärten Absicht, einen *Herrn über die Welt* einzusetzen, und er schuf ihn, wie dreimal betont wird und ein viertes Mal im neunten Kapitel des ersten Buches Mose, »nach seinem Bilde«. Das kann doch nur heißen: nach seinem Vorbild, also Gott selbst gleich oder ihm zumindest ähnlich. Im zweiten Kapitel des ersten Buches Mose folgt noch »Eine andere Erzählung von der Schöpfung – Das Paradies«. Auch da erhielt der Mensch einen Herrschaftsauftrag: »Und Gott der Herr nahm den Menschen und setzte ihn in den Garten Eden, daß er ihn bebaue und bewahre.« Noch deutlicher bestätigt wird das, als Gott den »Bund mit Noah« unter dem Regenbogen schließt: »Seid fruchtbar und mehret euch und füllet die Erde! Furcht und Schrekken vor euch komme über alle Tiere der Erde, über alle Vögel des Himmels, über alles, was auf Erden kriecht, und über alle Fische im Meer: in eure Hand sind sie gegeben. Alles, was sich regt und lebt, das sei eure Speise; wie das Kraut, das grüne, gebe ich euch alles.«[36] Im Psalm 8,6 hatte es geheißen: »Du machtest ihn wenig geringer als Engel, mit Ehre und Hoheit kröntest du ihn. Du setztest ihn zum Herrscher über das Werk deiner Hände, alles hast du ihm unter die Füße gelegt: dazu auch die Tiere des Feldes, die Vögel des Himmels, die Fische im Meere . . .«
Diese Texte sind von damaligen Menschen aus *ihrer Sicht* niedergeschrieben worden. Deren *Wunschvorstellungen* sind also eingeflossen, doch es sind Wünsche, die bis in die Gegenwart gültig geblieben sind. Goethe äußerte ein Jahr vor seinem Tode zu seinem Chronisten Eckermann: »Es ist dem Menschen natürlich, sich als Ziel der Schöpfung zu betrachten und alle übrigen Dinge nur in bezug auf sich und insofern sie ihm dienen und nützen. Er bemächtigte sich der vegetabilischen und animalischen Welt, und indem er

andere Geschöpfe als passende Nahrung verschlingt, erkennet er seinen Gott und preiset dessen Güte, die so väterlich für ihn gesorget. Der Kuh nimmt er die Milch, der Biene den Honig, dem Schaf die Wolle, und indem er den Dingen einen *ihm* nützlichen Zweck gibt, glaubt er auch, daß sie dazu sind geschaffen worden. Ja, er kann sich nicht denken, daß nicht auch das kleinste Kraut für *ihn* da sei . . .«[37] Dementsprechend hält sich Goethes Faust anfangs für ein »Ebenbild der Gottheit«.[38]

Der Mensch wird im *Alten Testament* weit über die übrigen Geschöpfe erhoben, Gott ist sein Gesprächspartner, der ihn als seinen Statthalter auf Erden einsetzt. Im *Neuen Testament* geht Gott noch weiter. Er schickt seinen einzigen Sohn und läßt ihn den Tod am Kreuz sterben, um – ja, um den Menschen zu *erlösen*. Ein Gott opfert sich für die Menschen! Ist das nicht Hybris des Menschen in höchster Potenz? Noch keine Religion hatte bis dahin derart der menschlichen Eitelkeit geschmeichelt. Damit war wohl der christlichen Religion eine erfolgreiche Laufbahn unter den Menschen schon sicher. In verschiedenen Religionen wurden den Göttern lebende Menschen geopfert, um sie günstig zu stimmen, ihren Zorn zu besänftigen oder um sie wieder zu versöhnen. Bei Christus ist das umgekehrt: Er opfert sich für die Menschen! Und das geschieht auf Befehl Gottes, des Vaters. Muß eine solche Lehre nicht die Arroganz des Menschen ins Unermeßliche steigern? Ist damit nicht den Menschen ein Blankoscheck ausgestellt, wie Carl Amery es in seinem Buch »Das Ende der Vorsehung – Die gnadenlosen Folgen des Christentums« formuliert: »Das Christentum hat diese Entwicklung beschleunigt; erstens durch den Hunger nach Verheißung, der profaniert wurde, zweitens durch den Pragmatismus, mit dem die Kirchen alles Weltliche, Wirtschaftliche, Politische dem freien Ermessen einer räuberischen Spezies zum Fraße vorwarfen. Halten wir fest: alle die rastlosen Eroberer und Ausbeuter handelten wenigstens in diesem einen Punkt im besten Glauben . . . an jene Garantien der Genesis, welche die christliche Botschaft so überaus erfolgreich internationalisiert hat. Sie glaubten alle richtig zu handeln, denn ihres totalen Herrschaftsauftrages waren sie ja sicher.«[39]

Gewiß, die völlige Abhängigkeit des Menschen bestand auch in der christlichen Religion fort, aber eben *nicht* die Abhängigkeit von der *Natur*, sondern die Abhängigkeit von *seinem Gott*! Und dieser hatte ihm in bezug auf die Natur so gut wie nichts aufgetragen. Ja, er hatte ihm vielmehr versprochen, daß er immer wieder auf seine Absolution rechnen könne und daß ein jenseitiges Himmelreich ganz für ihn allein bereitstünde! Das Christentum lehrt – so kritisiert Nietzsche – »daß Jeder als ›unsterbliche Seele‹ mit Jedem gleichen Rang hat, daß in der Gesamtheit aller Wesen das ›Heil‹ *jedes* Einzelnen eine ewige Wichtigkeit in Anspruch nehmen darf, daß kleine Mukker und Dreiviertels-Verrückte sich einbilden dürfen, daß um ihretwillen die Gesetze der Natur beständig *durchbrochen* werden – eine solche Steigerung jeder Art Selbstsucht ins Unendliche, ins *Unverschämte* kann man nicht mit genug Verachtung brandmarken. Und doch verdankt das Christentum dieser erbarmungswürdigen Schmeichelei vor der Personal-Eitelkeit seinen *Sieg*, – ... Das ›Heil der Seele‹ – auf deutsch: ›die Welt dreht sich um mich‹ ...«[40]

Doch keine noch so anthropozentrische Religion allein hätte Menschen veranlassen können, die Welt nach eigenen Theorien neu zu bauen und das zum Ziel der Weltgeschichte zu erklären. Hierzu bedurfte es eines besonderen Menschentyps. Und das war am Indus, in der Ägäis, am Tiber, am Rhein und an der Themse – *der Indogermane*. Jener Menschentyp, der am Rande der eiszeitlichen Gletscher überlebt hatte, der also über Jahrtausende seine äußersten Lebenskräfte anzuspannen gezwungen war, die sich dabei immer weiter härteten. Dessen Umweltbedingungen auch nach der Eiszeit noch so rauh waren, daß die Eroberung fremder Territorien auch nicht mehr Energie kostete als die Verteidigung des nackten Lebens in der kargen Umwelt des Nordens. Und auch der in Jahrtausenden schwer geprüfte jüdisch-israelische Menschentyp erfüllte die geschärften Bedingungen, was auch die immer wieder aufbrechende Rivalität zwischen diesen beiden Eliten erklärt, die vielleicht doch nicht zufällig religiöse Gemeinsamkeiten haben.

Es gibt eine umfangreiche Literatur darüber, wie unpassend gerade die christliche Religion für die Germanen gewesen sein müsse. Diese Betrachtungsweise läßt aber jenen Punkt aus, welcher der germanischen Lebensauffassung gemäß war, nämlich den Auftrag zur *Eroberung* und *Herrschaft*. Und da die entdeckten Erdteile von Heiden besiedelt waren, lag im Auftrag zur Christianisierung zugleich der zu ihrer Unterwerfung im Namen des christlichen Gottes. Schließlich hatte die christliche Lehre, noch vor der mohammedanischen, das größte Sendungsbewußtsein und entfaltete den größten Missionseifer, den sie schon bei der Bekehrung der widerspenstigen Germanen bewiesen hatte. Die mittelalterlichen Kreuzzüge fanden ihre Fortsetzung in den »Kreuzzügen« gegen die Indianer in Süd-, Mittel- und Nordamerika, bei der Eroberung Indiens und diverser Stützpunkte an Küsten und Inseln aller fünf Kontinente. Und natürlich hatte man einen großen Vorteil bei den Kämpfen, wenn man die selbstentdeckten physikalischen und chemischen Gesetze gegen den Feind einsetzen konnte: die explosiven Fernwaffen, seetüchtige Schiffe, die Eisenbahnen und schließlich Auto und Flugzeug.

4 Das energetische Feuer

Nicht auf Stoffe, sondern auf Kräfte kommt es an.

Der deutsche Historiker
Oswald Spengler

Was wir heute Energie nennen, entsteht aus dem Feuer. – Wir blicken noch einmal auf die Zeit der Menschwerdung zurück, bis dahin, wo das Denken begann. Die Menschen standen vor vielen Rätseln. Eines der großen war der *Blitz*, der nicht nur ein Schauspiel blieb, sondern der schon einmal einen Menschen erschlug, wovon zumindest erzählt wurde. Und daß der Blitz hin und wieder etwas in Brand setzte, war ebenfalls beobachtet worden. Sicherlich auch, daß verkohlte Tiere eßbar waren, ja, daß sich das so gedörrte Fleisch auch noch später verzehren ließ. So werden die Menschen wohl darüber nachgedacht haben, wie man ein solches Feuer selbst entfachen und nützen könne; denn schließlich strahlte es auch Wärme aus. Andere werden ängstlich davor gewarnt haben, denn der Blitz mußte doch offensichtlich von einer überirdischen Macht gezündet worden sein. Darum wurde er in der Regel einem Gott zugeordnet. Bei den Germanen war es Thor, der seinen Hammer warf, um Blitz und Donner auszulösen. In einigen Gegenden erlebte man einen feuerspeienden Vulkan und erfand auch dafür einen zuständigen Gott.

Da erschien es schon als tödliches Wagnis, diese unheimliche Kraft dem betreffenden Gott oder den Göttern zu stehlen, um selbst darüber zu verfügen! Doch der Drang, das Feuer zu benutzen, blieb bei einigen tollkühnen Menschen stärker. Jemand hatte es auch schon getan, und es war nichts passiert! Doch anderen war es außer Kontrolle geraten, hatte ihre kümmerliche und doch lebenswichtige Behausung in Flammen aufgehen lassen und vielleicht noch einen ganzen Wald dazu! Ein deutlicher Beweis, daß die Götter zürnten! Das Feuer wurde sicher zuerst als *zerstörende* Kraft erkannt. Dennoch hat der Mensch den Feuerstein gefunden und dazu gebraucht, sich nach Belieben Feuer zu entzünden. Die Wissenschaft war seit längerem der Meinung, daß der Mensch das Feuer schon vor 400 000 Jahren nutzte. Der Pekingmensch hatte in China Feuerstellen unterhalten, noch älteren Datums sind die in der Höhle von

Verbeszollös in Ungarn, und auch in Südfrankreich hat man verbrannte Tierknochen solchen Alters gefunden.[41] Erst kürzlich entdeckte man in der Höhle von Swartkrans in Südafrika (Transvaal) eine absichtlich gebaute Feuerstelle, die mindestens *eine Million Jahre alt* ist. Demnach nutzten Menschen der Gattung »Australopithecus« oder wahrscheinlicher »Homo erectus«, die dort erwiesenermaßen gleichzeitig lebten, das Feuer schon vor mehr als einer Million Jahren und kochten darauf auch Fleisch.[42]

Auf jeden Fall war die Bändigung des Feuers, eine Hauptbedingung, um den Weg zur Technik zu eröffnen, schon zu sehr früher Zeit erfolgt. Ohne das kontrollierte Feuer wäre schon der Schritt vom Steinzeitalter in das Metallzeitalter unmöglich gewesen. Denn alles Erz der Erde bekommt erst seinen Wert, wenn man es schmelzen kann. Dennoch ließ dieser waghalsige Schritt den Menschen keine Ruhe, so daß sich noch die Hellenen den Mythos vom bestraften *Prometheus* erzählten. Doch auch noch anderes: Der Halbgott Phaethon wollte eines Tages den Wagen seines Vaters, des Sonnengottes Helios lenken; er verlor aber die Herrschaft über die Rösser, so daß beinahe die Erde in Brand geraten wäre. Dieser Mythos gewinnt heute an Bedeutung, wo der Mensch mit der Sonne vergleichbare Kräfte in seine Hand bekommen hat.[43]

Das außer Kontrolle geratene Feuer hat in der Geschichte öfter die Wohnstätten der Menschen und nicht selten ganze Städte eingeäschert. Die Menschen haben es auch als Waffe gegeneinander ohne Hemmungen eingesetzt, wo sie sich nur auf diese Weise Erfolg versprachen. Ein explosives Gemisch zu entzünden, das eine kleine oder große Kugel gegen die Feinde fliegen ließ, war der nächste Schritt, der noch nicht einmal »eine Nachtwache« hinter uns liegt. In den Klosterzellen des Mittelalters träumten viele wie Roger Bacon und Albertus Magnus davon, die unerschöpfliche Energie für ein *perpetuum mobile* zu finden, um damit die Kräfte der Natur in den Dienst des Menschen zu stellen. Das perpetuum mobile wurde nicht erfunden, und wir wissen heute, daß es nach den Gesetzen der Physik Utopie bleiben muß.

Doch ein weltumwälzender Erfolg war der *Dampfmaschine* beschieden, die mehrere Etappen bis zu ihrer Vollendung benötigte. 1690 erfand der englische Physiker Denis Papin die atmosphärische Dampfmaschine für Bergwerke, 1712 sein Landsmann Thomas

Newcomen die Kolbenmaschine mit gesondertem Dampfkessel, bis schließlich der Schotte James Watt die *doppelt wirkende* Niederdruckmaschine konstruierte, die den Kohleverbrauch je erzeugter Energieeinheit auf ein Drittel senkte. Die Elemente Feuer und Wasser werden damit in eindrucksvoller Weise in den Dienst des Menschen gepreßt und können stationär und auch bald selbstbeweglich und bewegend in Dampfschiffen und Lokomotiven ihren Dienst tun. Damit hat der Mensch erstmalig in seiner Geschichte gewaltige Kräfte gebändigt, die sowohl die Produktion von Waren als auch ihren Transport besorgen können, so daß sie ziemlich schnell die Tiere und die Sklaven ersetzt haben.

1870, nach noch nicht einmal 100 Jahren, überstieg die von Dampfmaschinen erzeugte Leistung von vier Millionen PS die der Körper der damals 31 Millionen Einwohner Großbritanniens.[44] Weltweit wurde die Leistung aller menschlichen Körper von der aus fossilen Brennstoffen künstlich erzeugten zu Anfang unseres Jahrhunderts überholt und beträgt zur Zeit das Zwanzigfache der auf 5,5 Milliarden gestiegenen Weltbevölkerung. Diese Maschinen verschlangen mit zunehmender Zahl und Größe steigende Mengen von Kohle. Andere von Kohle genährte Feuer brannten in den Hochöfen der Eisenhütten, um das Metall unseres Zeitalters zu schmelzen. Denn Kohle und Stahl bilden immer noch die Grundlage unseres Industriezeitalters und damit auch die Macht der Nationen, wie das Wilhelm Fucks dargestellt hat.[45] Man ersieht daraus, daß besonders der Machtkampf zwischen Deutschland und Großbritannien ein solcher der Stahlproduktion war, und der zwischen Deutschland und Frankreich wurde 1951 durch die Bildung der Montanunion bewußt beendet. Inzwischen war auf diesem Gebiet der Wettstreit zwischen den USA und der SU entbrannt, bei dem die letztere schließlich nicht mehr mithalten konnte.

Die Erfindung des Menschen aber, welche die vielseitigsten und intensivsten Auswirkungen hatte, war die Herstellung des *elektrischen Stroms*. 1832 unternahm der Franzose Hippolyte Pixii erste Versuche mit einem Stromgenerator. 1834 konstruierte der Deutsche Moritz Hermann von Jacobi den ersten Elektromotor. Die Glühlampe wurde 1878 erfunden. Die Elektrizität als Sekundärenergie kann aus jeder Art von Primärenergie gewonnen werden, doch die Kohle stellt auch heute den Hauptanteil.

Erdgas wurde in kleineren Mengen schon um 2000– in China, um 400– in Kleinasien und im Mittelalter in Italien für Heiz- und Leuchtzwecke genutzt. Die erste Gaslampe wurde 1799 angezündet, und der erste Gasmotor lief 1860. Erst im 20. Jahrhundert begann man, das Erdgas im großen Maßstab zu fördern und hatte damit zum Heizen, Kochen und zur Stromerzeugung eine relativ saubere Energie.

Das Erdöl wurde in Nordamerika und Europa ab Mitte des 19. Jahrhunderts gefördert – nach unserer verkürzten Zeitrechnung also wenig länger als eine Stunde. Bis Ende 1990 sind von diesem kostbaren Stoff rund 90 Milliarden Tonnen verbraucht worden. 135 Milliarden Tonnen sind noch *gesichert* vorhanden, die möglicherweise noch gewinnbaren Bestände werden auf 150 Milliarden Tonnen geschätzt. Der Jahresverbrauch der Welt liegt seit 1973 nahezu konstant bei drei Milliarden Tonnen; damit liefert das Erdöl fast 40 Prozent der in der Welt verbrauchten Energie. Dieser Brennstoff ist leicht zu handhaben, und sein Energieinhalt pro Tonne liegt um 43 Prozent höher als der von Steinkohle. Wie leicht sich dieser flüssige Brennstoff regulieren läßt, weiß jeder Autofahrer und Betreiber einer Ölheizung. Somit konnte es nicht ausbleiben, daß der klobige und schwere Dampfmotor, der außer der Kohle auch noch große Mengen Wasser mit sich schleppen muß, ab 1876 durch den Benzinmotor und ab 1892 auch durch den Dieselmotor ersetzt wurde. Ersterer war so leicht, daß er sich sogar in die Luft erheben konnte, was ab 1902 geschah.

Man muß es sich immer wieder in Erinnerung rufen, denn es ist sonst einfach nicht zu begreifen: Die für unser heutiges Dasein *»unverzichtbaren«* Maschinen wurden erst vor 100 Jahren mühsam konstruiert und ausprobiert. Nach zwei Generationen haben sie bereits unsere Lebensweise revolutioniert und die Umwelt ruiniert. Die Erfinder, die oft ihr ganzes Leben an ihren Maschinen experimentierten, konnten nicht einmal ahnen, daß die Folgen ihres Erfolges bereits in wenigen Jahrzehnten eine Kette von Problemen heraufbeschwören würden. Und wenn, »haben solche Überlegungen je einen Erfinder dahin gebracht, sein Werk zu vernichten«?[46] So wie das Flugzeug haben wir auch selber die Bodenhaftung verloren – wir schweben immer höher und höher. Dieses Lebewesen, welches vor einigen Millionen Jahren von den Bäumen gestie-

Steigerung der Weltenergieproduktion

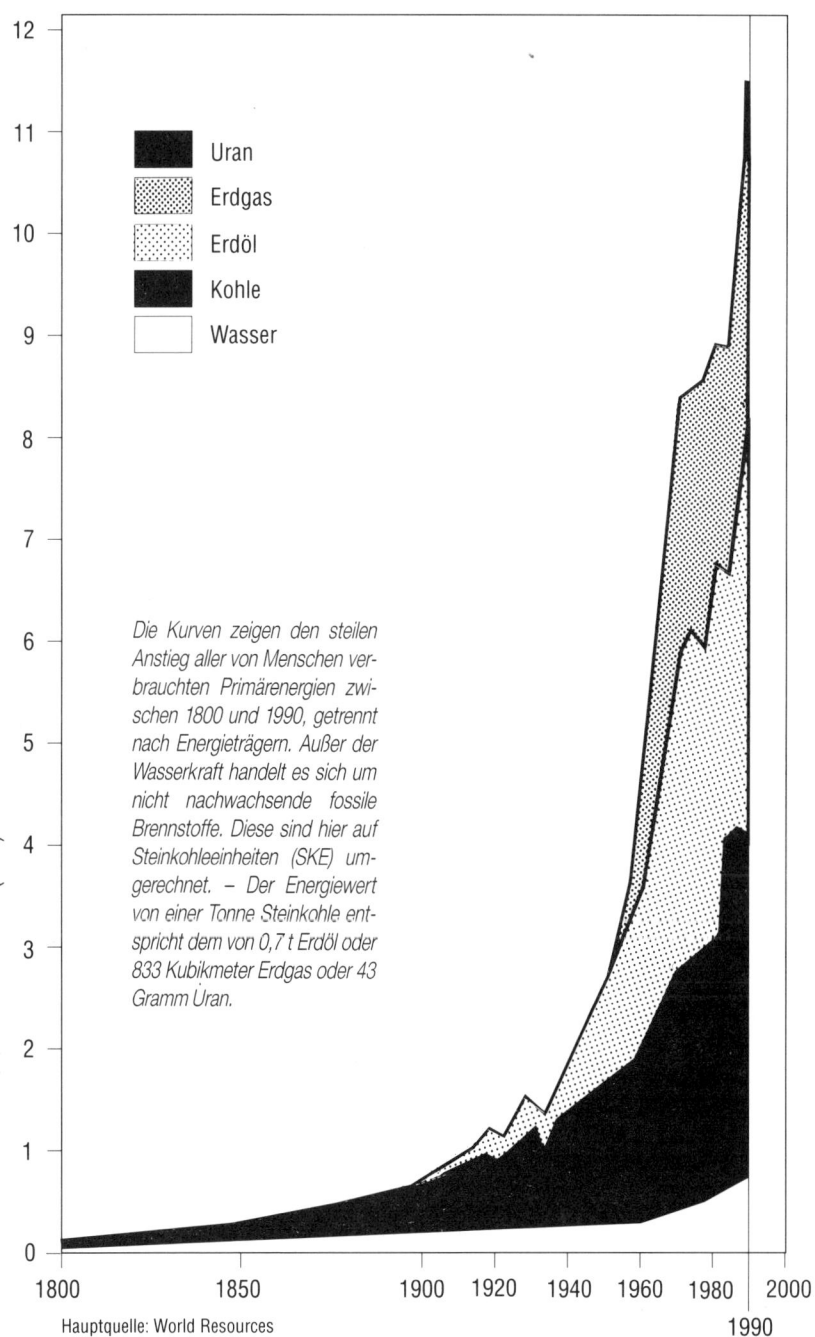

Abb. 2

Legende:
- Uran
- Erdgas
- Erdöl
- Kohle
- Wasser

Die Kurven zeigen den steilen Anstieg aller von Menschen verbrauchten Primärenergien zwischen 1800 und 1990, getrennt nach Energieträgern. Außer der Wasserkraft handelt es sich um nicht nachwachsende fossile Brennstoffe. Diese sind hier auf Steinkohleeinheiten (SKE) umgerechnet. – Der Energiewert von einer Tonne Steinkohle entspricht dem von 0,7 t Erdöl oder 833 Kubikmeter Erdgas oder 43 Gramm Uran.

Milliarden Tonnen Steinkohleeinheiten (SKE)

Hauptquelle: World Resources

1990

gen ist und das erst seit 800 Jahren die Kohle, seit 160 Jahren das Erdöl und keine 100 Jahre das Erdgas nutzt, ist zur Zeit im Begriff, *den ganzen Erdball aufzuheizen!*

Der Weltverbrauch an fossilen Kohlenstoffen erreichte bereits im Jahre 1988 auf Steinkohlen-Einheiten umgerechnet 10 200 Millionen Tonnen.[47] Rechnet man die rund 700 Millionen Tonnen SKE aus der Kernenergie und die etwa 650 Millionen Tonnen SKE aus der genutzten Wasserkraft hinzu, dann bewegt sich der Energiekonsum der Menschen derzeit auf zwölf Milliarden Tonnen SKE hin. Ich habe in »Ein Planet wird geplündert« dargelegt, daß damit das menschliche Leben völlig von den in der Erde gespeicherten, aber nur einmal vorhandenen Vorräten abhängt.

Die Flamme des prometheischen Denkens, die vor ungefähr einer Million Jahren in den Gehirnen einiger weniger die ersten schwachen Funken schlug, die das Feuer entfachten, strebte nun immer schneller ihrem Höhepunkt zu. Das Nachdenken stieß auf die Vermutung, daß in der Materie noch weit gewaltigere Kräfte schlummern könnten. Der hellenische Philosoph *Demokrit* (460–371) hatte schon gefolgert, daß der Kosmos aus *Atomen* bestehen müsse; aber er hielt diese für die kleinsten und nicht mehr aufspaltbaren Teilchen der Materie. Die Idee wurde von der modernen Naturwissenschaft wieder aufgenommen, und 1938 gelang Otto Hahn in Berlin die erste *Atomspaltung*. Die Umsetzung der Spaltung in die praktisch nutzbare Energie aus der Steckdose wäre nicht so schnell vor sich gegangen, wenn nicht der II. Weltkrieg ein Wettrennen um die Atombombe verursacht hätte. Denn ein Aufwand von zwei Milliarden Dollar – und das war damals viel Geld – war nötig, um die ersten Bomben bis zur Zündung zu entwickeln. Für die weitere »friedliche Nutzung der Kernenergie« war der Weg dann nicht mehr so weit. Inzwischen liefern (Stand 1. 1. 1992) weltweit 425 Atomkraftwerke rund 2000 Terawattstunden Strom jährlich aus dem Brennstoff *Uran*, einem verhältnismäßig seltenen Stoff der Erde. Darum wurde der sogenannte »Schnelle Brüter« entwickelt, der mehr Brennstoff neubilden sollte als er verbraucht. Das Perpetuum mobile schien damit gefunden; doch die Schwierigkeiten mit den Brütern in den USA, in der SU und in Frankreich rissen nie ab, so daß diese Linie ins Stocken kam und der deutsche Brüter in Kalkar gar nicht erst in Betrieb genommen wurde, obwohl er 1989 für sieben Milliarden DM fertiggestellt war. Offenbar ist der Mensch hier in Bereiche vorgestoßen, wo schon rein ökonomisch der gigantische Aufwand plus das gigantische Risiko mit dem Energieertrag nicht mehr in einem akzeptablen Verhältnis stehen – wobei der Faktor »Risiko« unabschätzbar ist und bleiben wird. Nur Japan nahm im Mai 1991 einen kommerziellen Schnellen Brüter in Betrieb.

Dennoch arbeiten die Industrieländer an einem noch viel teureren und im Erfolg noch völlig offenen Projekt der Energiegewinnung, der *Kernfusion*, worauf später noch einzugehen ist.

Heute ahnen wir vielleicht den Sinn von Heraklits Satz: »Denn das Feuer wird kommen, alles zu richten und zu verdammen«[48], und auch die Bedeutung jenes anderen: »Alles ist austauschbar gegen Feuer und Feuer gegen alles, wie Waren gegen Gold und Gold gegen Waren.«[49] Wenn wir statt Feuer heute Energie einsetzen, dann wird der Satz sofort verständlich; denn mit Energie können wir aus Rohstoffen Waren herstellen und auch aus Rohstoffen durch Verbrennung Energie gewinnen. Das Feuer hat eine Mittlerfunktion wie das Geld (Gold). Das vom Menschen erzeugte Feuer brennt nicht um seiner selbst willen, sondern es dient der *Umarbeitung* der Materie, dem *Transport* der Materialien und der Menschen. Und das Feuer ersetzt nicht nur die Muskelkraft des Menschen, sondern *vervielfacht* sie. Und es ersetzt die Muskelkraft der Pferde und der Sklaven. Das Feuer ist der neue beliebig lenkbare Sklave des Menschen geworden, von dem kein Streik und kein Aufstand droht. Und das Feuer ist eine gefügige *Waffe* des Menschen gegen den Menschen – das hat man schnell begriffen. Aber es ist vor allem auch eine indirekte Waffe gegen die lebendige Natur; sie dient ihrer *Versklavung* und auch *Zerstörung*. Und dabei empfindet der Mensch das höchste Triumphgefühl!

In keinem Element liegt also Segen und Fluch so dicht beieinander wie im Feuer. Gerade dann, wenn es im nützlichen Dienst des Menschen steht, verzehrt es nicht nur Brennstoffe, sondern dazu vielerlei Rohstoffe, die zu Gebrauchsgütern jeder Art und Größe – am besten immer mehr und immer größer – verarbeitet werden.

5 Die Verarbeitung der Materie

Es ist die Konstruktion der Maschine, mit welcher der heutige Krieg gegen die Natur geführt, die Natur überlistet wird.

Der deutsche Historiker
Oswald Spengler

Etwa vor 10000 Jahren muß wohl in Vorderasien ein Mensch auf den Gedanken gekommen sein, *Kupfer* im Feuer zu schmelzen, um aus der flüssigen Masse eine Axt zu gießen. Jedenfalls sind Kupferäxte die ältesten gegossenen Gegenstände, die bisher gefunden wurden. Als dann um 1500– die Hethiter damit begannen, das Eisenerz gewerbsmäßig zu schmelzen und zu verarbeiten, war das *Eisenzeitalter* erreicht, in dem wir heute noch leben. Trotz vieler anderer Materialien, die man bezeichnenderweise unter dem Namen »Nichteisen-Metalle« (abgekürzt NE-Metalle) zusammenfaßt, ist das Eisen nach wie vor das wichtigste Metall für die Technik geblieben. Aus Eisen und Stahl bestehen vor allem die großen Maschinen unseres Zeitalters. Und Maschinen benötigte man bereits, um mit ihnen die Energie, von der im vorigen Kapitel die Rede war, zu erzeugen. Als *Elektrizität* ließ sie sich über Drähte im Land verteilen.

Die Kraftwerke stehen am Beginn der Industrialisierung. Die Technik braucht zwei Beine: *Kraft und Stoff*. Beide werden der Erde entnommen, wachsen nicht nach und sind somit *erschöpflich*. Die größte technische Leistung des Menschen besteht darin, den Verbund von Brennstoff und Werkstoff hergestellt zu haben, der dann immer weiter perfektioniert wurde und zweifellos im heutigen Computer seinen Höhe- und Endpunkt erreicht hat. Mit Stromstößen von nahe Null und mit Materialeinsatz nahe Null können mit annähernder Lichtgeschwindigkeit die kompliziertesten Rechenoperationen ausgeführt werden. Der Abstand zu geistigen Vorgängen *scheint* nicht mehr groß zu sein.

Die Technik und die neue Ökonomie, die damit entstand, wird jedoch von den Kräfte- und Stoffmassen bestimmt, die dadurch in Bewegung geraten. Das Gesetz der großen Zahl schlägt den Menschen in seinen Bann. In den fortgeschrittenen Ländern verfügt jede

Familie über mindestens *zwei Kraftwerke*: ein stationäres zur Beheizung der Wohnung und ein bewegliches, welches folgerichtig Automobil genannt wird. Das ist ein stolzes Gefährt, das selbst schon rund eine Tonne wiegt. Und die neue Produktionswelt ist *eine Maschinenwelt*, die aus Eisen- und Nichteisenmetallen, inzwischen zum großen Teil auch aus Kunststoffen besteht und die Konsumgüter aus ebensolchen Materialien ausstößt.

Die energieverbrauchenden Maschinen wurden immer größer, automatischer und leistungsfähiger. Ihr Energieverbrauch spielte keine Rolle, denn auch die energieerzeugenden Maschinen verbesserten ihre Leistung nach den gleichen Prinzipien. Damit verschlangen alle Maschinen auch steigende Rohstoffmengen, um sie als Fertigwaren wieder auszuspeien.

Der Rohstoffverbrauch entwickelte sich in den letzten 90 Jahren wie in der Tabelle 2 angegeben. Beim Leitmetall Eisen hat sich der Jahresverbrauch in dieser kurzen Zeit auf mehr als *das Zwanzigfache* erhöht. Ähnliche Vervielfachungen gelten für Kupfer, Zink und andere Metalle. Dazu kam als Neuerfindung *Aluminium*, das in 100 Jahren eine Steigerung von Null auf 18 Millionen Tonnen pro Jahr erlebte. Und die Palette der Kunststoffe, die erst vor einem halben Jahrhundert ihren Siegeszug begannen, bringt es jetzt auf etwa 100 Millionen Tonnen. Damit sind wir schon bei den Produkten *der Chemie*, der letzten großen Wachstumsbranche. Sie hat dem menschlichen Erfindergeist die breitesten und intensivsten Betätigungsfelder eröffnet, deren Gefährlichkeit mit der Masse ihrer Eingriffe in die biologischen Systeme allerdings schnell zugenommen hat.

Die drohende *Verknappung* der mineralischen Rohstoffe, die mit der ersten Veröffentlichung des Club of Rome in den Vordergrund trat, wird nicht sofort akut werden. Das ändert nichts an der Tatsache, daß die Stoffe nicht nachwachsen und ihr Vorrat begrenzt bleibt. Auch die von vielen erwartete *Verteuerung* blieb bisher in Maßen, und das hat zwei Ursachen. Die Weltproduktion stieg nach 1973 bedeutend schwächer als vorausgesagt. Und die ökonomischen Schwierigkeiten der Entwicklungsländer sind aufgrund ihrer Bevölkerungsexplosion so stark, daß sie ihre Rohstoffe zu jedem Preis verkaufen müssen, also in einen Angebotswettbewerb untereinander geraten sind.

Tabelle 3:

Weltproduktion der wichtigsten Metalle in 1000 Tonnen (Hüttenproduktion

	1900	1920	1948	1958
Eisen und Stahl	26 000[1]	80 000[2]	114 000	192 500
Aluminium	6	126	1 225	3 547
Kupfer	499	946	2 327	3 416
Blei	871	859	1 440	2 309
Zink	479	708	1 763	2 867
Zinn	75	122	167	164
Nickel	8	24	136	223
Kadmium			5	10
Magnesium			18	70
Quecksilber	3	3	4	9
Silber		5	5	7
Gold				
Platin				
Phosphat			5 000	8 600
Kali			3 000	7 200

Quellen: Metallstatistik 1990. Metallgesellschaft AG Frankfurt am Main 1990. Mineral Commodity Summaries 1991. US Bureau of Mines. (Zahlen für 1990, zum Teil noch geschätzt.)
[1] 1889
[2] 1913
[3] Unter *Grundvorrat* sind lokalisierte und in ihrem Umfang abgeschätzte Vorkommen zu

Der Erdölschock führte zu einem etwas sparsameren und rationelleren Umgang mit den Bodenschätzen der Erde. Dies wird am deutlichsten im Erdölverbrauch selbst, der seit 1973 nur noch geringfügig um die *drei* Milliarden Tonnen jährlich pendelt, wogegen alte Vorausberechnungen ihn für die heutige Zeit schon bei *zehn* Milliarden Tonnen sahen! Man ersieht daraus, daß eine Entkoppelung von Energieverbrauch und Warenproduktion in Gang kam, denn letztere stieg weiterhin beträchtlich. Völlig ausgeblieben sind allerdings auch die damals angekündigten Erfindungen *neuer Rohstoffe*. Was ich 1975 als den »Schwindel von der Substitution« bezeichnet habe, das hat sich auch als solcher erwiesen.[50] Die Industrie arbeitet nach wie vor mit den gleichen Grundstoffen, und es besteht bisher keine Aussicht, daß sich daran etwas ändern

1968	1978	1990	Grund-vorrat[3]	Reichweite in Jahren
378500	507300	608000	230000000	378
8515	14769	18000	4000000	220
5410	7735	8920	574000	64
3034	3638	3350	120000	35
4819	6042	7300	295000	40
224	240	216	6050	28
485	601	1046	120000	114
15	18	22	970	44
190	294	379	368000	970
9	6	6	240	40
9	11	15	420	28
		2	48	24
		0,3	66	220
18000	28280	38000	7600000	200
15000	23310	28125	17330000	616

verstehen, die in Mineralgehalt, Qualität, Mächtigkeit und Tiefe bei gegenwärtig praktizierten Bergwerkstechniken den Abbau lohnen. Es handelt sich also um eine Größe, die der laufenden Veränderung unterworfen ist. Das ändert nichts an der Tatsache, daß die Gesamtvorräte der Erde begrenzt sind und ihr Abbau künftig immer aufwendiger, folglich auch umweltschädlicher werden wird.

könnte. Das ist auch der Grund dafür, daß die Exploration in den letzten beiden Jahrzehnten beträchtlich verstärkt wurde. Ihre Erfolge führten dazu, daß sich die Reservemengen bei einigen Mineralien zum Teil beträchtlich erhöht haben. Allein die Pläne zur Ausbeutung der Meeresböden beweisen, daß niemand mit lange vorhaltenden Vorräten rechnet. Außerdem wird man kontinuierlich zum Abbau von Vorkommen mit weit geringerem Mineralgehalt übergehen müssen, die nicht nur höhere Investitionen, sondern auch einen höheren umweltschädlichen Energieeinsatz erzwingen und viel größere Abraumhalden hinterlassen werden. Im 19. Jahrhundert wurde zum Beispiel Kupfer nur abgebaut, wenn es einen Anteil von 10 Prozent der Fördermenge ausmachte; heute begnügt man sich mit 0,5 bis 0,8 Prozent. Heraklit sagte schon, »die

Gold suchen, graben die ganze Erde um und finden nur wenig«;[51] heute muß man für alle Metalle hinzufügen: sie finden immer *weniger*. Noch aber erhöht sich die Produktion der Waren, und schnell werden sie wieder weggeworfen. Die Wiederverwendung gewinnt nur mühsam an Boden – und eine Lösung brächte auch sie nicht.[52]

Der Welthandel zeigt im Gefolge der Güterproduktion weitere phantastische Steigerungen. Im Jahre 1800 hatte der weltweite Handel den Wert von einer Milliarde Dollar, im Jahre 1900 erreichte er 20 und im Jahre 1950 schon 135 Milliarden Dollar. Seitdem schoß die Kurve steil in die Höhe auf 570 Milliarden 1970 und weit über 3000 Milliarden Dollar 1990. Wenn auch eine gewisse Entwertung des Dollars zu berücksichtigen ist, so zeigen diese Zahlen doch eine kurzfristige phänomenale Entwicklung explosiven Charakters. Da 1990 etwa 16 Prozent der weltweit erzeugten Waren in den internationalen Handel gingen, belief sich die Weltproduktion auf rund 20000 Milliarden Dollar oder 20 Billionen.[53]

6 Die totale Mobilität

Es ist wohl das erste Mal in der Geschichte, daß die ganze Welt der Fortbewegung dient.

Der amerikanische Biochemiker
Erwin Chargaff

In einem materialistischen Zeitalter versteht man unter Freiheit immer weniger die *Geistesfreiheit* als vielmehr die *Bewegungsfreiheit*. Die Technik machte es möglich, daß die Mobilität am Ende des 20. Jahrhunderts Ausmaße erreicht, an die zu dessen Beginn nicht einmal im Traum zu denken war.

Der Mensch liebt das Fahren und die Geschwindigkeit. Nur so ist zu erklären, daß Autos Absatz finden, die 200 Stundenkilometer und mehr leisten können, obwohl sie auf den Autostraßen Amerikas und Europas der Geschwindigkeitsbegrenzung unterliegen und im übrigen wegen Überfüllung der Straßen dieses Tempo kaum jemals während eines Autodaseins ausfahren können. Allein die Möglichkeit vermittelt ein Rauschgefühl des Überschusses an PS und der Omnipotenz. Und der Autobesitzer hat die freie Wahl, einfach irgendwohin zu rasen, womit sein Machtstreben befriedigt wird. »Kein anderes Produkt symbolisiert den Deutschen so wie das Automobil Glanz und Gloria des hochentwickelten Industriesystems; kein anderes erfreut sich bei allen Ständen und Klassen einer vergleichbaren Zuneigung; kein anderes gilt gleichermaßen, weit über seinen schlichten Zweck des Transportmittels hinaus, als Ausweis von Leistung, Tüchtigkeit, Wohlstand.« Dies schrieb das deutsche Magazin »Der Spiegel« 1989.[54] Wer sich ein Auto leisten konnte, hatte am Anfang der Motorisierung einen höheren Status erreicht, so wie früher der Mensch zu Pferde. Indem der Erwerb eines solchen Statussymbols infolge der Serienproduktion sehr schnell erschwinglicher wurde, konnten sich dieses immer mehr Menschen leisten, bis es nun schließlich keines mehr ist, und die Menschen, die auf sich halten, auf das Flugzeug umsteigen müssen. Doch auch da herrscht schon der Massentransport und die Massenabfertigung. Das war ein Grund, den Überschallflug anzubieten. Dagegen bleibt das Auto individuell und kann zum teuersten Spielzeug aufgemöbelt werden. Denn die Industrie war in der Lage, die Fahrzeuge immer komfortabler auszustatten, so daß die Familie sozusagen in ihren Polstermöbeln durch die Lande reist. Und die Technik wurde so perfektioniert, daß Pannen nur noch selten vorkommen – und wenn, dann ist die nächste Werkstatt nicht weit. Allen anderen Verkehrsmitteln ist das Kraftfahrzeug schon insofern überlegen, weil es Menschen und Waren überall hin von Haustür zu Haustür befördert.

Das Auto hat die Welt und das Leben der Menschen stärker als jede andere Erfindung verändert. Vor 1900 soll ein Mensch in seinem ganzen Leben durchschnittlich 50 000 Kilometer zurückgelegt haben, heute schaffen das viele in einem Jahr mit dem eigenen Auto. Jeder sechste Bundesbürger arbeitet auf irgendeine Weise für das Auto. Der Autobesitzer wendet von 20 Jahren seiner Arbeitszeit ganze zwei bis sechs Jahre für sein Auto auf.[55] Da ähnliche Zahlen auf alle industrialisierten Nationen zutreffen, dürfen wir von *mobilen Gesellschaften* sprechen; denn der Löwenanteil ihrer Arbeitsleistungen dient tatsächlich der Mobilität. Weil auch der Bahn- und Flugverkehr und deren Zulieferindustrien samt Dienstleistungen eingerechnet werden müssen, kommen wir zu dem Ergebnis, daß sogar jeder dritte Beschäftigte für die ständige Fahrbereitschaft und den Reisekomfort aller Bürger arbeitet. Noch deutlicher gesagt: Zwei Beschäftigte leisten sich einen Dritten, der in irgendeiner Form für die Mobilität der drei samt ihrer in keinem Arbeitsverhältnis stehenden Familienangehörigen, also für etwa sechs Personen arbeitet. Interessant ist, daß nur einer von den dreien 20 Prozent seiner Arbeitskraft aufwendet, um die Ernährung der sechs zu sichern. Eine solche Diskrepanz hätte längst zu Überlegungen führen müssen, ob diese Gewichtung stimmen kann.

Die *Autoproduktion*, die im Jahre 1885 mit einem Wagen begann, erreichte 1990 einen weltweiten Jahresausstoß von rund 40 Millionen Personenkraftwagen und 12 Millionen Lastkraftwagen. Da dies in einem Jahrhundert geschah, ist es nicht übertrieben, von einer Explosion zu sprechen. Nach unserer zusammengedrängten Zeitrechnung waren nur 50 Minuten dafür nötig; wir können auch sagen, der dreißigtausendste Teil der Menschheitsgeschichte oder der dreißigmillionste Teil der Naturgeschichte der Erde! Damit das möglich wurde, baute man auf der Fläche der alten Bundesrepublik Deutschland *Straßen* mit einer Gesamtlänge von fast genau 500 000 Kilometern. Somit »besaß« 1989 jeder Bundesbürger, ob Säugling oder Greis, acht Meter Straße; an den gesamten Verkehrsflächen des Landes war er mit 182 Quadratmetern beteiligt. Daß dies sehr viel ist, zeigt ein Vergleich mit der auch schon hohen *Wohnfläche* pro Person von 38 Quadratmetern. Der bundesdeutsche Bürger legte 1987 im Durchschnitt über 10 000 Kilometer zurück, davon über 80 Prozent mit dem Auto, 10 Prozent mit öffentlichen Verkehrsmitteln, 6,5 Prozent mit der Bahn und über 2 Prozent mit dem Flugzeug.[56] Das bedeutet, daß durchschnittlich jeder Deutsche im Laufe seiner normalen Lebenszeit jetzt 700 000 Kilometer hinter sich bringt. Und: »Mehr als die Hälfte des automobilen Personenverkehrs dient dem Vergnügen, ist *Freizeit- und Urlaubsverkehr*.«[57]

Die Bequemlichkeit des heutigen Reisens hat den *Tourismus* in ungeahnte Höhen schnellen lassen. Obwohl ein jeder heute fast kostenlos mittels Film und Fernsehen in alle Winkel der Welt hineinschauen kann, ist die Begierde, möglichst überall einmal gewesen zu sein, eher noch mächtiger geworden. Die Reiselust ist eben auch Teil des *Betätigungsdranges* jedes Menschen. Der Tourismus aber verdankt dem Auto seinen phänomenalen Aufstieg zum Wirtschaftsfaktor. An den Zielorten sind riesige Komplexe in die Höhe gezogen worden, die man »Infrastrukturen« nennt. Dennoch steuert der Tourismus für wenige Länder mehr als 5 Prozent zum Bruttosozialprodukt bei (Österreich, Spanien und Portugal). Nicht nur zur Sommerszeit wälzen sich nun endlose Kolonnen über die Autobahnen Europas. Besonders im zentralen deutschen Raum kommt es immer häufiger vor, daß das Fahrzeug zum »Stehzeug« wird. Die totale Beweglichkeit aller schlägt um in die Bewegungslosigkeit. Doch kein noch so langer Stau in brütender Hitze kann die Menschen davon abhalten, die überfüllten Städte für ein paar Wochen gegen die überfüllten Urlaubsorte zu tauschen.

Seit das *Skifahren* in Mode gekommen ist, hat der Winterurlaub einen alle Rekorde schlagenden Aufschwung erlebt. Das hat allein in den Alpen zur Anlage von 41 000 Skipisten mit 120 000 Kilometern Gesamtlänge geführt, wo sich die Skifahrer mittels der über 15 000 Bergbahnen und Lifte in die Höhe schaukeln lassen. Da die letzten europäischen Winter schneearm blieben, die Gastronomie aber auf ihre »Saison« wartete, begann man, sich den Schnee

»herzustellen«. Eine neue technische Aufrüstung, die mit »Schnee-kanonen«, ist nun im vollen Gange.

Die Alpen sind jährliches Ziel von 100 Millionen Menschen. Und das Mittelmeer lockt weitere 100 Millionen. Den Brenner allein überqueren pro Minute 17 Personen- und vier Lastkraftwagen.

Am grenzüberschreitenden *Welttourismus* nahmen im Jahre 1990 über 400 Millionen Personen teil, und für das Jahr 2000 sagen die Experten 600 Millionen voraus. Dafür werde man dann 18 Millionen Betten statt der bisherigen 10 Millionen benötigen sowie etwa 12 500 Großflugzeuge.[58] Anfang 1990 waren 8000, davon 2000 Großraumflugzeuge im Einsatz. Bis 2009 sollen Flugzeuge im Werte von beinahe einer Billion Dollar hergestellt werden. Man will solche für 500 und mehr Passagiere bauen.[59] Dabei häufen sich jetzt schon die Klagen über überfüllte Lufträume, während die zunehmenden Beinahe-Zusammenstöße verschwiegen werden. Der Bestand an motorgetriebenen Flugzeugen in der Bundesrepublik Deutschland belief sich 1989 auf 8791, der grenzüberschreitende Luftverkehr beförderte 1989 mehr als 21 Millionen Reisende und eine Million Tonnen Güter.[60] Weltweit benutzten im gleichen Jahr 1120 Millionen Menschen Passagierflugzeuge.[61]

Was niemand für möglich gehalten hätte: der Luftraum, wo die Freiheit einmal grenzenlos gewesen sein soll, ist heute schon manchmal mit Flugzeugen verstopft.

7   Die planetarische Gleichzeitigkeit von Wort und Bild

Die Menschen werden von den fernsten Ländern aus miteinander sprechen und sich antworten.

Der italienische Künstler,
Erfinder und Philosoph
Leonardo da Vinci

Der Weltverkehr, der heute rund um den Planeten mit höchster Geschwindigkeit rollt und fliegt, wird weit übertroffen von der Geschwindigkeit der *Nachrichten*, die mit der Schnelligkeit des Lichtes reisen: 300000 Kilometer in der Sekunde. 400 Jahre nach Leonardo da Vinci war es selbstverständlich, daß ein in Italien gesprochenes Wort in Australien gehört und sofort beantwortet werden konnte. Dafür gibt es inzwischen mehrere technische Einrichtungen: Telefon oder Funk, also per Draht oder drahtlos – auch für Bilder, wobei jetzt Satelliten für ausgezeichnete Qualität sorgen. Deren Zahl ist in nur drei Jahrzehnten von Null auf etwa 100 angewachsen, so daß sie sich bereits gegenseitig stören. Kein Ereignis, auch wenn es nur wenige Personen betrifft, bleibt nunmehr verborgen; denn überall sind auch Zeugen zur Weitergabe bereit, und lebende *Bilder* von jedem Ereignis können gleichzeitig allen Interessierten angeboten werden, wenn nur die Herren der Medien etwas für wichtig genug halten. »So schickt uns der ausschweifende und doch oberflächliche Weltverkehr der Informationsdienste stündlich Manifeste, Staatserdbeben, rätselhafte Kongresse, Putsche und Dementis ins Haus.«[62] Bevor die Menschen heute ein Ereignis verarbeitet haben, wird schon längst das übernächste gemeldet. Die lebensnotwendige Abwehr dagegen geschieht durch Abstumpfung.

Die Übersetzung in andere Sprachen verzögert die Weitergabe nur um Minuten. Überdies steht mit der englischen Sprache heute ein Medium zur Verfügung, welches die Gebildeten und auch die Popmusikfans in aller Welt vereint. Auf internationalen Kongressen wird Englisch gesprochen und geschrieben. Die globale Kommunikation ist perfekt und erreicht die entferntesten Winkel des Planeten. In der modernen Medienlandschaft gilt die »Einschaltquote«, und die erreicht man nur durch die seichteste Kost. Da die Filmemacher in den Industrienationen sitzen, wird von da aus bestimmt, was in Afrika, Indien oder Südamerika über die Mattscheiben flimmert. Das bedeutet automatisch: Werbung für den Lebensstil der Industrienationen, auch wenn nicht überdies die Reklame für deren Zivilisationsartikel eingeblendet würde. Die Erde wurde »ein riesiger Verbrauchsplanet der zivilisierten Menschheit, per Versandkatalog zur allseitigen Bedienung angeboten, sogar frei Haus«.[63] Auch das Fernsehen ist – kurz nach dem Rundfunk – schnell und zuschlagend wie ein Naturereignis über die Völker hereingebrochen. Was sie vorgeführt bekommen, ist phantastisch. Doch welche Verbindung können die Zuschauer zwischen dem Gesehenen und der sie umgebenden Wirklichkeit herstellen? Noch einmal Heinz Friedrich: »Alle werden hineingezogen in den Strudel zivilisatorischer Dekadenz, die einen längst fragwürdigen materiellen Lebensstandard anstelle schöpferischer Welt- und Wirklichkeitsbewältigung als höchstes Scheinglück anbietet.«[64] Der Afrikaner Albert Tévoédjrè spricht in seinem Buch »Armut und Reichtum der Völker« vom »Wahnsinn der Imitation«.[65] Man ahmt aber nicht nur nach, man ist bestrebt, die *gleichen* Lebensverhältnisse in allen Teilen des Planeten herzustellen – und das ohne Rücksicht auf Klima, Fauna und Flora und auf die Unterschiede der Menschen. Die »unterentwickelten« Völker jagen der Fata Morgana vom besseren Leben nach, und für die Industrieländer sind sie *Absatzgebiete*, deren Ressourcen zur *Verarbeitung* gebraucht werden. Zur »Entwicklung« hat man ihnen Geld gegen Zins geliehen; doch der schnelle Wohlstand ist ausgeblieben, und die Schulden schleppen sich fort und fort.

Dennoch, die Ökonomie bietet eine reale Basis der Verständigung über alle Kulturen hinweg. Über Soll und Haben herrscht *eine* Meinung, und über den Dollar läßt sich alles und jedes valutieren. Und die Techniker in aller Welt verstehen sich, denn sie arbeiten mit den gleichen Formeln und den gleichen Materialien, und sie agieren überall »in Richtung der Kassenergiebigkeit«.[66] Die Bedingungen des Industriesystems, überall eingeführt, wirken verbindend und nivellierend zugleich. »Zum ersten Mal in der Geschichte sehen alle Menschen sich allen Menschen gegenübergestellt, ohne den Schutz unterschiedlicher Umstände und Lebensbedingungen.«[67] Das soll besagen, daß die eigenen Anschauungen, Sitten und Lebensgewohnheiten einem ständigen Trommelfeuer ausgesetzt sind und damit in die Strudel der *Relativierung und Entwertung* hineingerissen werden.

Da brauchte sich auch in der Nachkriegswelt der scharfe Beobachter von den aufgebauten feindlichen Fronten nicht täuschen zu lassen. Zu recht sagte Martin Heidegger schon 1953: »Rußland und Amerika sind beide, metaphysisch gesehen, dasselbe; dieselbe trostlose Raserei der entfesselten Technik und der bodenlosen Organisation des Normalmenschen.«[68] Inzwischen übernehmen die Völker des ehemaligen Sowjetreiches auch politisch die westlichen Staatsprinzipien.

Das Problem unserer Zeit liegt aber darin, wie die Massen angebotener Informationen überhaupt noch zu bewältigen sind. Der USA-Bürger hat zu wählen unter 53 Fernsehprogrammen, 12 000 Zeitschriften und 80 000 jährlich neu erscheinenden Büchern, von den Rundfunkprogrammen nicht zu reden.[69] So wie der Stau den Verkehr zum Erliegen bringt, so lähmt auch das Nachrichten- und Unterhaltungsangebot die Aufnahmefähigkeit des Menschen. Er schaltet ab und tut so, als wäre dies alles gar nicht vorhanden, was noch der erfreulichste Ausweg ist. Andererseits ermöglichen im Zeitalter der technischen Zivilisation nur die blitzschnellen Nachrichtenverbindungen, daß solche Staatskolosse wie bisher die Sowjetunion oder die Vereinigten Staaten und auch die Europäische Gemeinschaft überhaupt funktionieren. Nur mit Hilfe der Medien kann der Staat für einen gleichmäßigen Informationsstand im ganzen Land sorgen, zum Beispiel auch vor drohenden Gefahren warnen. Allerdings brechen neue Gefahren auch mit einer Geschwindigkeit herein, die früher undenkbar gewesen wäre. »Schnelle Information schafft schnelle Krisen«, sagte der amerikanische Politologe Harvey Wheeler.[70]

Die vielbeschriebene Spitze unter allen denkbaren tödlichen Krisen ist der sogenannte *Atomschlag*, bei dem der Präsident des angegriffenen Landes auf der anderen Erdhälfte nur acht Minuten für eine Entscheidung hätte, mit welcher der Tod dieses Planeten endgültig sein könnte. Das allein kennzeichnet schon die wahnsinnig prekäre Lage, in die sich der Mensch in wenigen Jahren hineinmanövriert hat!

8   Die angekündigten Großtaten

Nicht himmlisch, nicht irdisch haben wir dich erschaffen. Denn du sollst dein eigener Werkmeister sein und dich aus dem Stoffe, der dir zusagt, formen.

Der italienische Philosoph
Pico della Mirandola

Die Menschen jeder Kultur sind überzeugt gewesen, sich auf dem richtigen Wege zu befinden, den sie nur einzuhalten brauchten. So hatten sich in allen Kulturkreisen der Weltgeschichte konstante Lebensanschauungen und Lebensformen entwickelt, die sich nur unmerklich langsam veränderten. Das Hauptmerkmal der euro-amerikanischen Zivilisation ist aber, daß sie einen neuen Wert entdeckt hat: *die Veränderung an sich.* Die jetzige Zivilisation gab es auf, an erreichten Zuständen festzuhalten, ja sie erklärte das als destruktiv. Die neue Zielsetzung heißt, das Erreichte immerzu zu überbieten, das Gute durch das noch Bessere zu ersetzen. »Dieser Fortschritt, der eine immer stärkere Beschleunigung erfährt, kennzeichnet unsere moderne Zivilisation im Gegensatz zu allen früheren. Wir müssen uns dieses Charakters der modernen Gesellschaft stets bewußt sein, um keiner Täuschung hinsichtlich der völlig neuen Qualität der heutigen Verhältnisse zu erliegen.«[71]
Der neue Gott heißt *Fortschritt.* Ein solch überragendes, die Menschen begeisterndes Ziel war imstande, den alten Gott vergessen zu machen. Die neue Qualität bestand aus Quantitäten! Darum war der neue Gott ein sichtbarer. Jahrtausende hatten die Völker Gott angerufen; doch nie war er herabgestiegen, um ihnen zu helfen. Nun halfen sie sich selbst und – siehe da – es funktionierte! Was lag näher, als den unsichtbaren und unergründlichen Gott, für den das inzwischen astronomisch erforschte Universum nirgendwo eine Nische gelassen hatte, durch den sichtbaren und produzierenden Gott zu ersetzen: die *Maschine plus Energie.* Energie, die man sich wiederum durch Maschinen selbst erzeugt, zunächst in Kraftwerken und letzten Endes jeder einzelne für sich privat in seinem Auto. Wir sahen bei Betrachtung der Weltgeschichte, daß ganze Völker seit jeher bereit gewesen waren, ihrem Gott zu entsagen, wenn sich

ein anderer Gott augenscheinlich als der stärkere erwiesen hatte. Die Frage liegt nahe, warum dann die Euroamerikaner ihren christlichen Glauben nicht aufgegeben haben. Wahrscheinlich brauchen sie weiterhin etwas *für die Seele*, denn die Maschine blieb allzu kalt, gefühllos und nüchtern. Und warum sollte man nicht gerade jetzt den christlichen Gott loben? Wo er doch zur Eroberung der Erde aufgefordert hatte! War man doch nun darauf gekommen, wie man es anstellen mußte, um sich die Erde untertan zu machen! Selbst die konservativste Macht der heutigen Welt, die katholische Kirche, mußte kapitulieren: »Gott hat in seiner Güte und Weisheit in die Natur unerschöpfliche Hilfsquellen [!] gelegt und hat den Menschen Verstand und schöpferische Kraft gegeben, sich die geeigneten Werkzeuge zu beschaffen, um sich ihrer zu bemächtigen und sie zur Befriedigung der Bedürfnisse und Erfordernisse des Lebens einsetzbar zu machen. Deshalb liegt die grundlegende Lösung des Problems [der vielen Geburten] . . . in einem erneuerten wissenschaftlich-technischen Bemühen des Menschen, seine Herrschaft über die Natur zu vertiefen und auszuweiten [!]. Die von der Wissenschaft und Technik schon erreichten Fortschritte eröffnen auf diesem Weg unbegrenzte Horizonte . . .« So lautet es in der Enzyklika des Papstes Johannes XXIII. aus dem Jahre 1961. Die »unbegrenzten Horizonte« sind durch die Fülle physikalischen und chemischen Grundlagenwissens eröffnet worden, das sich vor allem seit dem 19. Jahrhundert in Windeseile angesammelt hatte. So konnte Winston Churchill mit vollem Recht 1932 schreiben: »Wir wissen genug, um sicher zu sein, daß die wissenschaftlichen Errungenschaften der nächsten fünfzig Jahre bedeutend größer, schneller und überraschender sein werden als die, die wir bereits kennengelernt haben.«[72] Und er behielt voll und ganz recht mit seiner Voraussage.

Der neue Gott heißt also *Fortschritt*, und dessen ökonomische Folge heißt *wirtschaftliches Wachstum*. Mumford bezeichnet die neue Religion als »Mythos der Maschine«. Die Erlösung des Menschen aus seiner materiellen Daseinsnot – ist es nicht das, was die christliche Botschaft versprochen hatte? Und mit zunehmender Erfüllung dieser Botschaft, die der Mensch jetzt eigenhändig besorgte, hatte man ihren Verkünder immer weniger und weniger nötig. Was man jetzt verehrt, ist die *Veränderung*. Wo das schöne neue Leben der Güterfülle noch nicht erreicht ist, dort muß es noch geschaffen werden. Und wo der Reichtum schon da ist, dort muß er noch reichhaltiger werden. Das gilt für ganze Völker wie für jeden einzelnen Menschen. *Nicht ein bestimmtes Ziel ist zu erreichen, sondern die Erhöhung der Geschwindigkeit auf ein unbekanntes Ziel hin.* Und die ökonomische Geschwindigkeit wird in Prozenten der »Wachstumsraten« gemessen; darin sind sich die Broker in New York mit den schwarzen Bergarbeitern in Südafrika und den weißen in der Sowjetunion so einig wie die deutschen Gewerkschaftler mit allen Parlamentsparteien.

Es ist ein physikalisches Gesetz, daß sich die Richtung einer Bewegung um so schwerer verändern läßt, je höher ihre Geschwindigkeit ist; das weiß jeder Autofahrer. Da aber die Erhöhung der Geschwindigkeit das *oberste Ziel* der jetzigen Weltvorgänge ist, bleibt nichts anderes übrig, als die Fahrt in der einmal eingeschlagenen Richtung fortzusetzen; denn das »Aussteigen« wird immer lebensgefährlicher. So liegt eine begründete Logik darin, daß sich alle Kräfte, die sich sonst erbittert bekämpfen, darin einig sind: Das wirtschaftliche Wachstum muß *hoch bleiben* – und das geht nur bei Einsatz und Weiterentwicklung all der technischen Mittel, die schon zur Verfügung stehen und derer, die man noch zu finden *hofft.*

Im *großtechnischen Bereich* sind so bahnbrechende Erfindungen wie Elektrizität, Benzinmotor, Rakete und Kernspaltung nicht mehr zu erwarten. Der Aufbau von Fabriken für Automobile, Flugzeuge und Kraftwerksanlagen erforderte Investitionen von vielen Milliarden auf Jahrzehnte. Damit ist jedoch auch der Kurs der Industrie und der Gesellschaft, die diese Produkte kaufen soll, auf längere Zeit festgeschrieben. Denn auch die Straßen, Plätze, Garagen und Servicestationen mußten eingerichtet werden. Ähnliches gilt für die Flugzeuge, die Schiffe, das Elektrizitäts- und Telefonnetz. Das heißt, die industrialisierte und motorisierte Gesellschaft wird um so schwerfälliger, je perfektionierter sie wird. Auch die gegenseitigen Abhängigkeiten der Industriezweige nehmen zu und ebenfalls die Abhängigkeit aller Länder von den Rohstoffzufuhren aus aller Welt. Solange also die Entwicklung im höchsten Tempo weitergehen soll, kann es sich nur um eine *Fortschreibung* bisheriger Trends handeln. Um so gravierender wird es aber, wenn eine der Voraussetzungen plötzlich wegfällt. Eine solche Gefahr bestand bei Ausfall des Erdöls 1973, sie kann aber in allen möglichen Bereichen eintreten.

Noch folgenreicher als diese Entwicklungen sind unter Umständen die *Erwartungen*, die von ihnen ausgelöst werden. Dazu gehören die Jugendrevolten der sechziger Jahre. Sie drängten auf *schnellere* Verwirklichung von Zukunftsutopien, die ihnen von vielen Seiten vorgegaukelt worden waren. Ausgerechnet zu diesem Zeitpunkt hatten aber einige Entwicklungen schon ihre Grenzen erreicht, was inzwischen an einigen Beispielen sichtbar geworden ist.

Am *Überschallflugzeug* für den Verkehr, auf das die USA verzichteten, erwies sich erstmalig bei einem Großprojekt der Technik, daß der finanzielle Aufwand, der Verbrauch an Energie und die Umweltbelastung weit höher zu Buche schlagen als der Gewinn an Zeit für einige wenige Passagiere. Darum ließen bald sowohl Frankreich und Großbritannien als auch die Sowjetunion ihren bereits installierten Supersonic-Transport in den achtziger Jahren auslaufen. In den Voraussagen hatte es geheißen, daß in diesen Jahren bereits *überwiegend* im Superschallbereich geflogen werden würde. Bei den Kampfflugzeugen spielten natürlich ökonomische Erwägungen nie eine Rolle; sie operieren schon seit den fünfziger Jahren im Überschallbereich.

Im atomaren Bereich ist allerdings die Entwicklung noch nicht beendet, wenngleich die Brüterlinie als gescheitert gelten kann und auch in der Kernspaltung ein Rückschlag eingetreten ist. Der Bau weiterer Reaktoren wurde in vielen Ländern eingestellt. Atomare Schiffsantriebe liefen, außer im militärischen Bereich, völlig aus. Weil der Brennstoff *Uran* auf unserem Planeten nur in begrenzten Mengen zur Verfügung steht, man schätzt die Vorräte heute auf fünf Millionen Tonnen, erhofft man sich alles von der Kernfusion.

Auch *die Kernfusion* hatte in der Wasserstoffbombe zunächst die militärische Realisierung erfahren. Doch zwischen der Energieerzeugung in Form eines Sprengsatzes und einer im kontrollierten Dauerbetrieb besteht ein bedeutender Unterschied. Ob die Zähmung der Kräfte, die in unserer Sonne toben, in einem von Menschen gesteuerten Reaktor je gelingen wird, bleibt noch völlig offen. Die Befürworter erwarten sich unbegrenzte Mengen von

Energie, also das erträumte perpetuum mobile, gezündet vom Super-Prometheus.

Wer ist der Mensch, daß er sich solch prometheische Entwürfe erlaubt? Die Prometheus-Sage ist im indogermanischen Sprachgebiet verbreitet und hat tiefsinnig-tragische Züge. Sie beweist die ehrfurchtsvolle Scheu der Menschen gegenüber dem Feuer, das den Göttern frevelhaft entrissen worden war. »Und so stellt gleich das erste philosophische Problem einen peinlichen unlösbaren Widerspruch zwischen Mensch und Gott hin und rückt ihn wie einen Felsblock an die Pforte jeder Kultur. Das Beste und Höchste, dessen die Menschheit teilhaftig werden kann, erreicht sie durch einen Frevel...«[73] Soweit Friedrich Nietzsche in »Die Geburt der Tragödie«. Für die Hellenen war die Hybris des Menschen eine ständige Gefahr, vor deren Versuchungen er sich zu hüten hatte. Im Prometheus-Mythos wurden die Qualen des Verletzers göttlicher Gesetze beschrieben. Es ist kennzeichnend, wie Goethe die Sicht umkehrt: Prometheus ist bei ihm nicht mehr der Leidende, sondern der höhnende *Herausforderer Gottes*.[74] Wir benötigen heute den Mythos nicht mehr, für uns ist er Wirklichkeit. Ob allerdings die für eine geregelte Stromerzeugung notwendigen technischen Anlagen jemals sicher funktionieren und ökonomisch noch tragbar sein werden, bleibt offen. Nach früherer Meinung der Optimisten hätte bereits 1985 die Fusion fast die gesamte Energieversorgung der industriellen Welt übernommen haben müssen. Ein gewisser Krafft A. Ehricke sah um diese Zeit Fusionskraftwerke bereits auf dem Mond arbeiten.[75]

Ökologen weisen andererseits nach, daß die erzeugte Energiemenge pro Landfläche eine bestimmte Belastungsgrenze nicht überschreiten darf, wenn das Ökosystem nicht zusammenbrechen soll. Diese Grenze ist aber schon jetzt um das Mehrfache überschritten.[76]

Unbegrenzte Energie, die selbstverständlich auch noch billig sein soll, ist eine Hauptvoraussetzung für die meisten Propheten künftiger Supertechnologien. Am Energiemangel ist bisher auch noch keine Technik gescheitert oder auch nur dadurch verzögert worden. Doch unvorhergesehene Schwierigkeiten anderer Art verursachten das Ausbleiben vieler phantastischer Projekte.

Die vorausgesagten und nicht realisierten Utopien sind inzwischen so zahlreich, daß ihr Scheitern einmal an einigen Beispielen festgestellt werden muß. Der Amerikaner Olaf Helmer, Leiter des »Institute for the Future« in Connecticut, hatte im Jahre 1970 die Vollendung von 56 Großprojekten mit Zeitangaben zwischen 1980 und 2020 angekündigt.[77] Der Vergleich der konkretesten von diesen mit dem realen Stand des Jahres 1992 ergibt folgendes Bild: Bis 1990 sollten bereits *in Gebrauch* sein: Automatisierte Sprachen-Übersetzung durch Computer, künstlich fabrizierte Ersatzorgane für den menschlichen Körper, elektronische Prothesen, Radar für Blinde, die Fließbandfertigung von Computern mit eigener Motivation und Lernfähigkeit und schließlich Maschinen mit höherer Intelligenz als sie die meisten Menschen besitzen. Im Stadium der allgemeinen *Einführung* noch vor dem Jahr 2000 sollten sich heute befinden: der bergwerksmäßige Abbau von Meeresbodenschätzen, die Wetterkontrolle und -steuerung, Energieerzeugung durch kontrollierte Kernfusion, künstliche Schöpfung von Lebewesen. Vor der unmittelbaren Verwirklichung sollten bis zum Jahr 2020 stehen: Substanzen, die den Körper zum Nachwachsen neuer Organe anregen, chemische Stoffe zur dauernden Anhebung des Intelligenzniveaus, chemische Kontrolle des Alterns, Reisen in die Zeit durch langandauerndes Koma (Tiefschlaf) und schließlich das unmittelbare Einführen von Informationen in das Gehirn.

Die ausgebliebene Verwirklichung dieser und vieler anderer Vorhaben in der angegebenen Zeit und das jetzt absehbare Scheitern einiger auf immer, gerade jetzt, kann kaum Zufall sein. Die Überprüfung beweist vielmehr, daß der Mensch jetzt an *der Grenze seiner Möglichkeiten* angekommen ist. Daß seine Phantasie über alle Grenzen hinausschoß, ist nicht überraschend. Da bis zur Mitte des 20. Jahrhunderts vieles geglückt ist, was man im vorigen Jahrhundert noch für unmöglich hielt, war alle Welt in eine Euphorie geraten, die beinahe alles für machbar hielt. Die Wirklichkeit verursachte jedoch einen Stau, während die Phantasie gerade erst in volle Fahrt gekommen war. Die »Negation der Natur«, von der John Locke gesprochen hatte, gelingt auf vielen Gebieten nicht mehr, und das Scheitern auf anderen zeichnet sich deutlich ab. Der Mensch sieht sich immer deutlicher vor *unüberwindbaren Grenzen*. Ein aktuelles Beispiel ist die Entwicklung der *Weltraumfahrt*. Noch im Jahre 1987 hatten die Europäer ein eigenes Weltraumprogramm beschlossen und waren bereit, dafür rund 100 Milliarden DM auszugeben. Am 18. Dezember 1990 brachte die »Frankfurter Allgemeine Zeitung« einen Leitartikel mit der Überschrift »Bemannte Raumfahrt ohne Zukunft« – so schnell geht das!

Es gibt aber inzwischen ein neues Gebiet, auf dem der prometheische Mensch alle Grenzen zu durchbrechen sich anschickt, *die Gentechnik*. In der Genetik kamen die Erkenntnisse derart über Nacht, daß jetzt die Folgen fast eher eintreffen als die Voraussagen.

9 Neue Geschöpfe durch Gentechnik?

Hier sitz' ich, forme Menschen
Nach meinem Bilde . . .

Der deutsche Dichter Goethe
im »Prometheus«

Die Worte des Prometheus in Goethes Gedicht sind wahrscheinlich meist im übertragenen Sinne verstanden worden. Aber der weitblickende Goethe sah voraus, daß der Mensch versuchen würde, Menschen mit technischen Mitteln »herzustellen«; sonst hätte er den in der Retorte erzeugten Homunculus nicht in den zweiten Teil des »Faust« aufgenommen. Dort erklärt der Gelehrte Wagner:

> »Behüte Gott! wie sonst das Zeugen Mode war
> erklären wir für eitel Possen.
> . . .
> Wenn sich das Tier noch weiter dran ergetzt,
> So muß der Mensch mit seinen großen Gaben
> Doch künftig reinern, höhern Ursprung haben.
> . . .
> Was man an der Natur Geheimnisvolles pries,
> Das wagen wir verständig zu probieren . . .«[78]

Anderthalb Jahrhunderte nach Goethe befindet sich eine neue Wissenschaft, die Gentechnologie, auf dem Weg eben dahin. Sie ist dabei, zwar nicht den ganzen Menschen, aber Teile von ihm umzukonstruieren. Die Voraussetzung dafür war die Entdeckung der Genketten vor vier Jahrzehnten, die wir am Anfang des Buches beschrieben haben. Die Geschwindigkeit, in der die Entdeckung *verwertet* wird, ist ebenso atemberaubend wie bei der Kernspaltung. Und um *Spaltung* handelt es sich auch hier. Denn der Kern jeder Zelle, von denen der Mensch um die 60 Billionen besitzt, enthält auch die Gene. Wie viele das sind, weiß man noch nicht, die Schätzungen schwanken zwischen 40 000 und 200 000. Um die Aufspaltung der Genketten in den Zellkernen geht es also, um durch Austausch die erwünschten Eigenschaften zu bekommen und die unerwünschten zu eliminieren. Es wird also eine *Auslese* getroffen. Nicht die Auslese der Natur, die Darwin entdeckte, sondern eine vom Menschen ausgedachte und künstlich zu vollziehende. Die

Auslese der Natur ist ein Vorgang von Hunderten und Tausenden von Generationen. Darauf zu warten, hat der Mensch heute keine Zeit! Er will seine Ergebnisse sofort, in einer Generation – und er will sie *vermarkten*!

Züchtung mittels geplanter Paarung gab es seit einigen Jahrtausenden, sie wurde zur Grundlage von Pflanzenanbau und Viehzucht. Und diese altmodische Methode wollten die deutschen Nationalsozialisten auch auf den Menschen anwenden. Da hat man auch gesehen, daß diese Methode zu lange dauert; denn bevor einige »Zuchterfolge« erzielt werden konnten, waren die Urheber dieser Idee schon wieder verschwunden. Darum beeilt sich die heutige Ad hoc-Technik: Entdeckung und Anwendung fallen zeitlich fast zusammen. Schnell, schnell, der Konkurrent könnte zuvorkommen. Der Nobelpreisträger James Watson fürchtete schon, der Amerikaner Linus Pauling könnte zuvorkommen.[79] Es war von Anfang an ein Wettrennen wie bei der Atombombe. Allerdings sind die Anwendungsbereiche der Gentechnologie tausendmal vielfältiger.

Was ist aber das Ziel dieser neuen Unternehmungen? Bei der Atombombe wußte man es: *die Vernichtung des Gegners*. Auch bei der friedlichen Kernspaltung wußte man es: *Erzeugung von Energie*. Doch welche Ziele hat die Gentechnologie? Zunächst gab man sich bescheiden: besseres Saatgut, leistungsfähigere Tiere, gesündere Menschen. Das ist den letzteren leicht plausibel zu machen, zumal hier die erste Anwendung nicht den Schreck verbreitete wie die Zündung der beiden Atombomben über Hiroshima und Nagasaki, woraufhin Japan sofort kapitulierte. Und dennoch wurden danach weitere Atombomben gebaut, schließlich zu Tausenden – heute schon von Staaten, die ihre Bevölkerung kaum ernähren können. Am Beginn der Gentechnik stand also kein Feuerball und kein Rauchpilz, und ein *sichtbares* Fanal wird von ihr auch künftig nicht ausgehen. Darum gibt es gegen sie auch keine Massendemonstrationen wie gegen die Kernkraftwerke, denn man bemerkt ja nichts, die Öffentlichkeit kennt nicht einmal den Sitz der Laboratorien. Doch die Euphorie der Wissenschaftler ist die gleiche. War die Atomtechnik mit der Erwartung verbunden, die Menschheit werde nun unbegrenzte Mengen billiger Energie bekommen, so die Gentechnik mit der Euphorie, der Mensch sei nun den Geheimnissen des Lebens auf die Schliche gekommen und könne sich folglich selbst *als Schöpfer* betätigen. Nicht mehr nur als Schöpfer der Maschinen, sondern als Schöpfer von *Lebewesen*, was man bisher immer noch notgedrungen Gott überlassen hatte. Demgemäß lauteten die Schlagzeilen in den Zeitungen: »Spielregeln für den achten Schöpfungstag«,[80] »Dem Schöpfer auf die Sprünge helfen«.[81]

Richtig ist, daß es sich um *Eingriffe* in die Schöpfung handelt. Doch wissen die neuen Herren der Schöpfung, zu welchem Zweck und Ziel ihr Tun letztlich führen soll? Zu dieser Frage ist das Kapitel *»Was ist das Leben?«* so wichtig; da der Mensch *nicht weiß*, was Leben eigentlich ist, ob die Evolution ein Ziel hat oder ob sich ein Sinn hinter allem verbirgt – wie soll er da ein Ziel seiner Eingriffe vorweisen können? Er könnte sich darauf beschränken, daß es gut sein muß, einfach *mehr Leben* zu haben. Aber wie kann es ein vernünftiges Ziel sein, mit hohem technischen und finanziellen Aufwand neuartige Lebewesen in die Welt zu setzen, während gleichzeitig täglich Hunderte von Arten ausgerottet werden?

Der Gipfel der Absurdität liegt also darin, daß der Mensch eine Entwicklung »selbst in die Hand nehmen« will, *über deren Sinn er nichts weiß!* Ohne die Weisheit Gottes zu besitzen, will er jetzt Gott spielen – bis in die Reihen der Theologen hinein. Der Jesuitenpater Teilhard de Chardin schrieb in seinem Hochmut: »Wird uns die Entdeckung der Gene nicht bald die Kontrolle des Mechanismus der organischen Vererbung gestatten?«[82] Und ein führender Moraltheologe der Katholischen Kirche, Johannes Reiter, meint: »Die Gentechnologie eröffnet dem Menschen Chancen und Hoffnungen.«[83]

Wie sollten bei soviel christlichem Beistand die Wissenschaftler der Branche nicht an ihre eigene Mission glauben? Jede Sparte ist doch heute von ihrer Wichtigkeit überzeugt, die schon aus der Höhe der erzielten Einkommen hervorgeht. Und wer stellt schon die eigene Daseinsberechtigung in Frage? Das tun immer nur einige Außenseiter, die sich den Luxus der Unabhängigkeit leisten. Da gab es einige in der Atomphysik, wie zum Beispiel die Nobelpreisträger Hannes Alfven und Linus Pauling. Und in der Biochemie tat das der erste Erspürer der Genketten, der im alten Österreich-Ungarn geborene Erwin Chargaff, welcher zum schärfsten Kritiker aller

Eingriffe wurde. Wir können uns auf ihn berufen, denn es gibt keinen Fachkundigeren, der zugleich das umfassende Allgemeinwissen hat, um die schicksalhafte Bedeutung des Vorgangs für die menschliche Gattung zu begreifen.

Der Ausgangspunkt von Chargaffs Warnrufen ist die Tatsache, daß wir über die biologischen Vernetzungen in der Natur herzlich wenig wissen. Das wird jeder bestätigen müssen, der in den letzten Jahrzehnten die Nachrichten über *die Entdeckungen der medizinischen Forschung* verfolgt hat. Jede neue Erkenntnis muß schon in Jahresfristen ergänzt, eingeschränkt, verfeinert oder für überholt erklärt werden; manche Ergebnisse müssen auch widerrufen, ja sogar ins Gegenteil gewendet werden. Und das ist in der Regel nicht die Schuld der Forscher, sondern das ergibt sich aus der ungemein verwickelten Materie der menschlich-tierischen Körper und der Vorgänge in ihnen. Internationales Aufsehen erregen allerdings nur die großen Fehlschläge: Das *DDT*, als »Segen der Menschheit« gepriesen, das *Contergan*, das die Gene und damit den Körper von vielen tausend Kindern deformierte.

Eine Vorstellung vom menschlichen Körper als eines Kosmos versuchten wir mit der Vielfalt der Einzeller, die als Gäste in ihm hausen, in der Einleitung zu vermitteln. Ebenso eine Vorstellung davon, daß jeder Kubikzentimeter Mutterboden einen ganzen Kosmos von Lebewesen in sich birgt, die auch alle miteinander in Beziehung stehen. Chargaff faßt das zusammen: »Aus der Wissenschaft habe ich gelernt, daß wir zu allen Zeiten die Spezifität, die unglaubliche Schärfe des Ineinanderpassens der Lebensvorgänge unterschätzt haben. Wann immer wir glaubten, am Ende zu sein, öffnete sich ein neuer Abgrund von Dezimalen. Deshalb müssen wir in der Biologie immer wieder unsere Grundauffassungen abändern und unsere Verfahren verfeinern. Ein Ende ist nicht in Sicht . . .«[84] Hubert Markl, der nicht als Außenseiter verschrien wird, bezieht das direkt auf die Gene: »Natürlich sind wir weit entfernt davon, die Funktionsweise auch nur der wichtigsten, geschweige denn aller Gene, die zur Entstehung und beim ›Betrieb‹ eines normalen oder eines durch Erbkrankheit beschädigten Menschen zusammenwirken müssen, zu verstehen.«[85] Dennoch greifen die Wissenschaftler mit ihrem bruchstückhaften Wissen forsch in ungeheuer verwickelte Vorgänge ein.

Da die Gentechniker mit Vorliebe mit den Genen der diversen Stämme der *Escherichia coli* manipulieren, betont Chargaff folgende speziellen Einwände.

»1. In Anbetracht der weiten Verbreitung von Stämmen von E. coli als obligaten Symbionten in der Darmflora von Mensch und Tier muß die Wahl eines, wenn auch abgeschwächten, Vertreters dieser Bazillenklasse als Wirt für die zur Einschleusung fremder DNS dienenden modifizierten Plasmide als wahnwitzig erscheinen. 2. Mit dem Entkommen solcher neuen Lebensformen aus den Laboratorien muß trotz Vorsichtsmaßnahmen gerechnet werden. Was für Unfug oder sogar Unheil dieses Lebewesen entweder unmittelbar oder durch Austausch genetischer Elemente mit den im Darm lebenden normalen E. coli Zellen anrichten können, ist unbekannt. 3. Da sich die gesamte molekularbiologische Forschung in der Vergangenheit fast ausschließlich auf Colibakterien beschränkt hat, kann man gar nicht sagen, ob sich nicht eine geeignetere Mikrobenklasse finden läßt, mit der ähnliche, jedoch weniger riskante Versuche gemacht werden können. Da meiner Meinung nach nicht die geringste Eile ist, sollte man sich Zeit lassen, um geeigneteres Versuchsmaterial zu finden. 4. Falls die Versuche mit E. coli fortgesetzt werden, so müßten sie auf wenige, leicht zu überwachende Zentrallaboratorien ... beschränkt werden.« Unterdessen schätzte man die Zahl der Laboratorien dieser Art in den USA bereits 1976 auf etwa 300.[86] Im Jahre 1991 waren es allein in Deutschland 1300.

Das Problem mit den Bakterien entsteht, weil man diese als Träger für die Einschleusung der Gene braucht. Der Präsident der Policy Research Corporation, James Murray, erklärte 1981: Im Wettbewerb mit natürlichen und sogar mit chemischen Produktionsverfahren erweisen sich die mit Hilfe der Gentechnologie gezüchteten Bakterien als die wirtschaftlichste Methode. Mit geringen Kosten könnten bakterielle »Fabriken« überall in der Welt errichtet werden, die mit minimalen Vertriebskosten operieren könnten. Für zahlreiche europäische Länder könne die mit Hilfe der Gentechnologie bakteriell produzierte Viehnahrung einen großen Teil des bisher verfütterten Getreides der menschlichen Ernährung zuführen.[87] Chargaff erachtet für sicher: »Bei Bakterien, die sich normalerweise im menschlichen oder tierischen Organismus aufhalten, können auch die strengsten Vorsichtsmaßnahmen nicht ausreichen; irgendwie werden sie entweichen, sich vervielfältigen oder ihre Erbmasse an andere lebensfähige Zellen abgeben. Aber das ist ja nur der Anfang: die molekularen Zauberlehrlinge stehen schon Schlange, um endlich mit der Verbesserung der genetischen Anordnung des Menschen beginnen zu können.«[88] »Es handelt sich um nichts Geringeres als die Erzeugung neuer Lebensformen. Wenn es auch nur ein Bakteriunkulum ist und noch kein Homunkulus, der Rest wird kommen. Sträflicher als die Versuche selbst ist die Gesinnung, die dahintersteckt.«[89]

Über die Gesinnung in heutiger Zeit kann kein Zweifel bestehen. In »Ein Planet wird geplündert« habe ich dargestellt, daß in unserem Jahrhundert die Frist zwischen Erfindung und Anwendung immer kürzer geworden ist.[90] So ist auch die Genmanipulation in wenigen Jahren ein *riesiger Wirtschaftszweig* geworden. Demgemäß finden sich die Berichte darüber in den Wirtschaftsteilen der Zeitungen mit Schlagzeilen wie »In der Biologie steckt das Leben der Industrie«.[91] Sie zählt bereits zu den »Schlüsselindustrien«, die über den Absatzwettbewerb der Zukunft entscheiden. »Die Gentechnologie öffnet Milliarden-Märkte«,[92] sie ist »wirtschaftlicher als die chemische Produktion«. Die Parlamente konnten mit ihrer Gesetzgebung gar nicht so schnell mithalten, wie das die chemische Industrie wünschte, die andererseits die gesetzlose Zeit fleißig nutzte, um vollendete Tatsachen zu schaffen. Da hieß es schon 1981: »Hoechst schürt das Wettrennen in der Gen-Technik«.[93] Man riß sich um die Institute und um die Wissenschaftler, die im Nu von Fachleuten zu Geschäftsleuten wurden. Die Chemiegiganten stürzten sich auf das neue Geschäftsfeld: Ciba Geigy, BASF, Dow Chemical, Monsanto; Hoechst und Du Pont schlossen Exklusiv-Verträge mit der Universität Harvard zur Kommerzialisierung der dort mit ihrem Geld erhofften Entdeckungen, andere Firmen auch. So hat das International Plant Research Institute in Kalifornien mitgewirkt »an der Entwicklung von Pflanzen, die im Salzwasser gedeihen, und solchen, die mit Tiergenen ›aufbereitet‹ sind und fleischähnliche Proteine produzieren sollen. Präsident Martin Apple sprach nur halb im Scherz, als er sagte, man werde bald ›Koteletts an Bäumen wachsen‹ lassen . . . Pflanzen, die ihre eigenen Stickstoffe herstellen und Düngemittel überflüssig machen.«[94] Ralph Hardy von Du Pont sprach 1981 von einem 10-Milliarden-Markt in zehn Jahren. Der Präsident der Policy Research Corporation in Chicago erwartete zu der Zeit bereits für 1996 einen Markt von 50 bis 100 Milliarden Dollar allein in der Landwirtschaft, während der in der Humanmedizin nur fünf bis zehn betragen werden.[95] Zehn Jahre später klingen die Berichte bedeutend kleinlauter. Der Transfer der Gene in Pflanzen zur Stickstoffbindung zum Beispiel hatte nicht den erwünschten Erfolg.[96]

Doch das große Geschäft mit den kühnen Erwartungen geht weiter. Der Schweizer Konzern Hoffmann-la Roche erwarb Anfang 1990 für 2100 Millionen Dollar die Mehrheit bei der »US-Biotechnologie-Perle«, der Gentech Inc., San Francisco, obgleich fünf Wochen später eine breit angelegte italienische Herzmittelstudie bewies, daß deren Mittel zur Auflösung von Blutgerinnseln nicht besser sei als ein altes europäisches, das zehnmal billiger ist; doch der Kurs der HoffRoch-Aktie zitterte daraufhin nur ein wenig.[97] Andererseits befürchtet der Kongreß der USA jetzt, daß die Gentechnik nach Japan abwandern könnte.

Nicht nur mehr die Natur wird vermarktet, sondern bereits die *Baupläne der Natur.* Was leben soll auf diesem Planeten, wird künftig in den Vorstandsetagen von HoffRoche, Hoechst, BASF und Bayer entschieden. Man sieht, die Deutschen sind wieder ganz vorn, falls ihnen nicht die Japaner den Rang ablaufen. Wie sagte doch Chargaff schon 1980? »Der Raubbau an den Naturgeheimnissen ist eine Großindustrie geworden.«[98] Obwohl aber die Milliarden nur so hin und her geschoben werden, halten die Firmen den Regierungen jederzeit die offene Hand hin. Und tatsächlich machen auch diese noch Milliarden locker, denn man darf ja nicht den Anschluß an den internationalen Wettbewerb verlieren. Bis 1994 sollten in der Bundesrepublik Deutschland 1,5 Milliarden DM dafür ausgegeben werden. Im Juni 1991 legte jedoch der Bundesforschungsminister ein fünfjähriges Zusatzprogramm vor, das mit jährlich 100 Millionen DM der Biotechnik einen zusätzlichen »Schub« geben soll. Damit gibt die öffentliche Hand jährlich 1,3 Milliarden, während die deutsche Industrie nur 250 Millionen einsetzt.[99] Das liegt daran, daß diese ihr Geld schon in den USA investiert hat, als sie in Deutschland noch Behinderungen fürchtete. Schwerpunkte der deutschen Förderung sollten sein: Neurobiologie, Proteindesign, photosynthetische Stoffproduktion, nachwachsende Rohstoffe und Ersatzmethoden zum Tierversuch. Aber warum müssen eigentlich derart als »zukunftsträchtig« gepriesene Projekte vom Steuerzahler mitfinanziert werden? Wo sie doch so große Gewinne versprechen!

Die Industrie legt auch großen Wert darauf, ihre veränderten oder neuen Lebewesen *unter Patentschutz* gestellt zu bekommen, während alle bisherigen Lebewesen und auch wir Menschen ohne Patent herumlaufen müssen. Im Europäischen Patentübereinkommen stand seit 1973: »Pflanzensorten und Tierarten/Tierrassen sowie im wesentlichen biologische Verfahren zur Züchtung von Pflanzen und Tieren sind nicht patentierbar.« Doch mit dem Binnenmarkt soll eine Richtlinie über den rechtlichen Schutz biotechnologischer Erfindungen kommen.[100] Die Welternährungsorganisation will dagegen weltweit das Recht der Landwirte auf ihre eigenen Züchtungen als Völkerrecht etabliert sehen. Würden alle Rechte bei den großen Konzernen liegen, hätten diese praktisch eine Weltnahrungsdiktatur in den Händen; ihre Herrschaft ist ohnehin schon gewaltig.[101] Martin Urban entlarvte in der »Süddeutschen Zeitung« die Ziele der chemischen Industrie noch weiter und schrieb: »Hauptziel gentechnischer Bemühungen ist allerdings nicht die Feldfrucht, die ohne Düngemittel und Pestizide auskommt. Damit würde sich die chemische Industrie, Hauptpromotor der genetischen Forschung, die Märkte für ihre Agrarchemikalien verstopfen. Vielmehr wird mit besonderem Eifer und auch Erfolg an der Resistenz von Kulturpflanzen gegen Herbizide (Unkrautvertilgungsmittel) gearbeitet, die dann in desto größeren Mengen ausgebracht werden könnten.«[102]

Was den Menschen selbst anbetrifft, so werden natürlich nach bewährtem Muster die heilenden Möglichkeiten der Genveränderung in den Vordergrund gestellt. James Watson spricht von der Chance der Entdeckung und Heilung von rund 3000 menschlichen Erbkrankheiten.[103] (Um die 4000 gibt es nur.) Er erweckt damit die Illusion, die Erbkrankheiten könnten praktisch abgeschafft werden. Wieviel *neue Krankheiten* aber dabei entstehen werden, verschweigt er und kann es auch gar nicht wissen. Sicher wird hier und da auch ein Erfolg erzielt, aber eben auch unvorhergesehene Schä-

den und eventuell hier und da ein Chaos in den Erbinformationen verursacht werden. In welcher Weise heute in der Öffentlichkeit darüber diskutiert wird, zeigen einige Zeilen in der »Neuen Zürcher Zeitung«: »Alle Wissenschaftler und Ärzte sind sich darüber einig: ›Hände weg von den menschlichen Keimzellen!‹ Da Änderungen, die dort eingefügt werden, auch für alle Nachkommen Konsequenzen hätten, kann man solche Eingriffe nicht verantworten. Man würde dabei auch in die menschliche Evolution eingreifen und im Genpool Änderungen einbringen, die man später vielleicht bereuen würde.« Nächster Satz: »Im Prinzip wird das allerdings heute schon gemacht.«[104] Wieso wird das schon gemacht, wo sich doch alle Wissenschaftler und Ärzte angeblich einig sind, es *nicht* zu tun? Diese sündhaft teuren Eingriffe in die Erbinformationen haben ja auch nur dann Sinn, wenn die Nachkommen ebenfalls geheilt werden. Infolgedessen war auch in »bild der wissenschaft« zu lesen: »Die gezielte Verbesserung menschlichen Erbgutes – bislang ein Tabu – wird laborfähig: Die Gentherapie am Menschen ist von den staatlichen Gesundheitsbehörden in Washington genehmigt worden. In diesem Monat (Dezember 1990) wird erstmals eine Genbehandlung an einem schwer erkrankten Patienten praktiziert.« Die genetische Information einer krebshemmenden Substanz wird in das befallene Gewebe gebracht. »Viren helfen bei dem Transfer der tödlichen Information in die Erbsubstanz des Zellkerns.« Aber: »Die amerikanischen Mediziner sind noch nicht in der Lage, den Weg der eingeschleusten Informationen vollständig zu kontrollieren. So besteht die Gefahr, daß die Gene an nicht vorhersehbaren Stellen eingebaut werden. Denkbar wäre auch, daß Fremdgene aktiviert oder inaktiviert werden, was zu einem Chaos im Stoffwechsel führen könnte.«[105]
Ein schwedischer Versuch hatte ergeben, daß Bakterien eines gleichen Typs sehr unterschiedliche Wirkungen haben können. Durch das Genexperiment wurde ein Stamm hochgiftig.[106] Was bei der praktischen Anwendung entsteht, ist oft gar nicht vorauszusehen. Darum sind auch die vielzitierten *Sicherheitsmaßnahmen nicht viel mehr als eine Farce.* Sie dienen weniger der Sicherheit als vielmehr der Beruhigung der Öffentlichkeit – oder, wie das Chargaff formulierte, dem Schutz der Forscher gegen Schadensersatzklagen.[107] Maurice Wilkins, der dritte Nobelpreisträger in Sachen

Genketten, erinnerte bei der Nobelpreisträgertagung 1987 an die Pockenviren, die aus dem Labor entkamen und Menschen tödlich infizierten. Der schuldige Forscher, zugleich Sicherheitsbeauftragter seiner Universität zum Schutze der Bevölkerung vor den Gefahren der mikrobiologischen Forschung, nahm sich das Leben.[108] Darum sind die Forscher durchaus *für Gesetze* zur Gen-Technik und auch für Patente. Sie wollen also drei Dinge vom Staat: Gesetze, die sie im Ernstfall schützen, Geld für ihre Entwicklungen und Patente für die Ergebnisse. Im übrigen pochen sie auf ihre verbriefte wissenschaftliche Freiheit.

Die Ethik der Wissenschaft ist ein Thema der letzten Jahre. Vorzugsweise beschäftigt es Kongresse, Akademien und Kirchen, die am Lauf der Dinge nichts ändern. Die Entscheidungen überträgt man freundlichst der Politik. Aber wer glaubt, daß Politiker Entwicklungen stoppen könnten, für die schon Milliardensummen ausgegeben wurden? *Die Ethik kommt immer zu spät.* Ja, sie kommt nicht nur zu spät, sie müsse sich sogar an Entwicklungen anpassen, die anderen Gesetzmäßigkeiten folgen, stellte man beim »Forum Engelberg« fest.[109] Die Dynamik der Fortschrittsgläubigkeit des Publikums fegt alle Bedenken hinweg, sogar unter Theologen. Am genannten Ort meinte der katholische Vertreter Edouard Bone, daß selbst der Eingriff in die Erbsubstanz des Menschen zentrale Werte nicht gefährden könne, weil diese schließlich durch die gesamte Kultur gestützt würden.[110]

Da die Politiker von den fachlichen Problemen keine Ahnung haben, laden sie die Fachleute ein, die selbstverständlich das höchste Interesse daran haben, ihre Forschungen weiterzuführen und auch *zu verwenden*. Das ist hier nicht anders als in der Kernphysik. Im Rahmen der deutschen Gesetzesberatungen *verlangten* 2000 Wissenschaftler und Ärzte die Weiterentwicklung der Gentechnik, denn es sei ein »unverzichtbares Werkzeug«. Ein Nein oder ein Verzicht auf diese chancenreiche Technologie bedrohe die Grundlagenforschung. Wenn Peter Starlinger von der Zentralen Kommission für die biologische Sicherheit dazu erklärte, durch Unterricht, Gespräche und Beratung könne eine Barriere gegen den Mißbrauch aufgebaut werden, dann ist das schlichtweg lächerlich.[111]

Der australische Nobelpreisträger für Medizin 1960, Macfarlane Burnet, hat treffend gesagt: »Die Auswirkung dessen, was in diesem höchst verfeinerten Universum von Zellkulturen, Bakterien und Viren vorgeht, auf den Menschen . . . ist bestenfalls zweideutig und schlimmstenfalls tief erschreckend.« Schon die *Mutationen in den Viruskulturen* gefährdeten die Welt aufs schwerste. Darauf beruft sich Friedrich Wagner in dem von ihm herausgegebenen Buch »Menschenzüchtung«.[112]

Der neue Mensch, den der Marxismus durch Erziehung, der Nationalsozialismus durch Erziehung *und* Menschenzüchtung erreichen wollte, soll nach Meinung vieler Wissenschaftler heute durch die Gentechnik herbeigeführt werden, womit sie voll im Trend des technischen Zeitalters liegen. Was im natürlichen Bereich als unmoralisch gilt, wird von der Öffentlichkeit akzeptiert, wenn es nur mit *technischen* Mitteln geschieht; denn Technik ist immer gut und – moralfrei! Um ethische Verfehlungen zu brandmarken, genügt es, sich über die der Deutschen und Japaner im letzten Krieg zu entrüsten. Das tat auch Francis Crick auf dem Nobelpreisträger-Treffen 1987 in Lindau. Im übrigen waren sich die Teilnehmer in einer Podiumsdiskussion über die ethischen Probleme einig, »den zu erwartenden großen Nutzen der Gentechnik, vor allem für die Medizin der Zukunft« zu betonen.[113]

Zu Chargaffs Gegenargumenten gehört die *Unwiderruflichkeit* solcher Experimente. Er hat die Frage aufgeworfen, ob wir das Recht haben, »unwiderruflich der evolutionären Weisheit von Jahrmillionen zuwider zu handeln, um den Ehrgeiz und die Neugier einiger Forscher zu befriedigen«.[114] Aber er wußte schon damals, »es ist wahrscheinlich zu spät: Was geschehen kann, hat schon angefangen zu geschehen.« Und »was ein Trottel verbrochen hat, werden hundert Genies nicht ungeschehen machen können . . . Was von den genetischen Ingenieuren geplant und zum Teil bereits ins Werk gesetzt wurde, wird die Biosphäre unwiderruflich verschmutzen . . .«[115] Die Filme über die neuen Monster sind bereits gedreht worden: 1988 wurde im britischen Fernsehen »Gordon« ausgestrahlt, halb Mensch, halb Affe; eine deutsch-schweizer Gemeinschaftsproduktion unter dem Namen »Daedalus« läßt eine ganze Mannschaft von geklonten Wesen auftreten, die 2018 die Herrschaft übernimmt; aber solche Filme lassen sich wohl schon nicht mehr zählen.

Nicht einmal auf Friedrich Nietzsche können sich die laborisierenden Gottspieler berufen. Obwohl ihn der Gedanke nie losließ, wie der Mensch zum Übermenschen weiterentwickelt werden könnte, schrieb er schließlich 1884: »*Könnten* wir die günstigsten Bedingungen *voraussehen*, unter denen Wesen entstehen vom höchsten Werte! Es ist tausend Mal zu kompliziert, und die Wahrscheinlichkeit des Mißratens *sehr groß*: so begeistert es nicht, danach zu streben! – Skepsis.«[116]

Heute, hundert Jahre später, ist der Zug nicht nur abgefahren, er rast bereits dahin. Dieses Großprojekt des »wohlgemeinten Guten« kann bestenfalls nur soviel Nutzen stiften, wie es Schaden anrichten wird – schlechtestenfalls aber einen unberechenbaren Beitrag zur Ausrottung von Arten leisten, vielleicht auch der menschlichen Gattung selbst. Daß die Potentiale auch dafür in der Genmanipulation vorhanden sind, wird nicht einmal von den Befürwortern bestritten. Aber das Risiko ist wieder einmal »so gering«, daß es vernachlässigt werden darf! Jeremy Rifkin behält recht: »Man wird Gene manipulieren, um neue Formen erneuerbarer Energie zu schaffen, um Krankheiten zu heilen oder den Intelligenzquotienten zu erhöhen, aber damit wird die Milliarden Jahre alte Weisheit der Evolution unwiederbringlich zerstört werden ... Der Optimist wird seinen größenwahnsinnigen Feldzug nicht gewinnen, aber er könnte sehr wohl Erfolg damit haben, die gesamte Menschheit ins Verderben zu stürzen.«[117]

Nach neuesten Meldungen hat man in den Vereinigten Staaten und in Japan die Vorschriften über den Umgang mit gentechnisch veränderten Organismen weiter gelockert, um die Entwicklung der Biotechnologie erheblich zu beschleunigen.[118] In den Niederlanden wurde Kühen ein menschliches Gen eingepflanzt, die erhoffte Wirkung aber nicht erreicht.[119]

Ulrich Beck urteilt aus soziologischer Sicht: »Die Reichweite der Gesellschaftsveränderungen verhält sich umgekehrt proportional zu deren Legitimation, *ohne* daß dies an der Durchsetzungsmacht des ›Fortschritt‹ verklärten technischen Wandels etwas ändern würde ... Es finden Hearings statt. Die Kirchen protestieren. Selbst fortschrittsgläubige Wissenschaftler können das Gruseln nicht abschütteln. Dies alles findet jedoch wie ein *Nachruf* auf längst getroffene Entscheidungen statt. Mehr noch: es gab keine Entscheidung ... Man kann zum Fortschritt zwar nein sagen, *aber das ändert nichts an seinem Vollzug.*«[120]

206

10 Die Ausgeburten des Wahns

Unsere menschliche Spezies selbst ist eine »Elite-spezies«, der die Fülle ihres überlegenen Könnens so zu Kopf gestiegen ist, daß sie sich jetzt am Taumel der Machtentfaltung bis zur Besinnungs-losigkeit berauscht.

Der deutsche Biologe
Hubert Markl

Das Motto zu diesem Kapitel hätte auch schon Oswald Spengler liefern können; denn er schrieb 1931 in »Der Mensch und die Technik«: »Ob es einen Sinn hat oder nicht, das technische Denken will Verwirklichung«,[121] und er sprach schon in seinem Hauptwerk von einer *Orgie des technischen Denkens.*[122] Und der Mathematiker Johann von Neumann meinte, daß technische Möglichkeiten für den Menschen *unwiderstehlich* sind.[123] Nicht nur im technischen, im ganzen naturwissenschaftlichen Bereich einschließlich der Medizin fördert die unüberwindbare Neugier der Forschung die Mißachtung jedes Maßes bis hin zur Sinnlosigkeit.[124]

Die Köpfe begabter Menschen stecken voller *Utopien.* Wir beschränken uns hier mehr oder weniger auf die technischen und naturwissenschaftlichen und lassen die ökonomischen und gesellschaftlichen beiseite. Heute besteht Anlaß zu betonen, daß Utopien Wunschträume und Hirngespinste sind, die *nirgendwo* (so die griechische Bedeutung des Wortes) existieren. Denn in den letzten Jahren ist – wie vieler andere Unsinn auch – das Wort »Realutopie« in Umlauf gebracht worden. Dieser Begriff enthält zwei einander entgegengesetzte Bestandteile; denn was real sein kann, ist nicht utopisch, und was utopisch ist, kann nicht real sein und auch nicht werden. Darum bleiben wir bei dem schönen Wort *Idee.* Eine Idee kann realisierbar sein und dennoch sinnlos bleiben, sie kann aber auch sinnlos und unrealisierbar zugleich sein.

Wir befassen uns hier vorzugsweise mit den Ideen, die *sinnlos* sind. Das schließt nicht aus, daß manche Leute sie für sinnvoll halten werden. (Dichtung hat ja auch ihren Sinn.) Sinnlose Projekte können durchaus triumphal sein; denn ihre Beurteilung hängt von der jeweiligen Kultur ab. Für die Ägypter waren die Pyramiden triumphal, für die Franzosen und Deutschen die gotischen Dome. Für die Menschen im gegenwärtigen technischen Zeitalter sind demgemäß die technischen Höchstleistungen triumphal; sie erhöhen ihr Selbstwertgefühl, auch wenn die Mondfähre nur einige Pfund Gestein zurückbringt.

Aus dem Jahr 1869 wird folgende Unterhaltung aus dem Pariser Restaurant »A Magny« überliefert: Berthelot habe vorausgesagt, daß man nach hundert Jahren der Wissenschaft wissen werde, was das Atom sei, und daß der Mensch in der Lage sein werde, die Sonne nach Belieben zu dämpfen, auszulöschen oder wieder anzuzünden; daß Claude Bernard seinerseits ankündigte, daß man in hundert Jahren der physiologischen Wissenschaft das organische Gesetz verkünden und die Schöpfung des Menschen werde bewerkstelligen können.[125] Damit verglichen liegen die vor wenigen Jahren von Robert Prehoda in seinem Buch »Designing the Future« vorausgesagten Triumphe trotz ihrer Phantastik noch weit darunter: »Die Raumschiffe werden 1998 [welch präzise Zeitangaben!] mit Lichtgeschwindigkeit fliegen, die auf der Erde erzeugte Energie wird 1994 größer sein als die Sonneneinstrahlung, die Lebenserwartung nähert sich um das Jahr 2000 der Unsterblichkeit . . .«[126] Die Raumschiffe werden weder 1998 noch jemals mit Lichtgeschwindigkeit fliegen. Die Höhe der Sonneneinstrahlung, die auf der Erde ankommt, liegt bei 44 Billionen Kilowatt, während die von Menschen erzeugte zusätzliche Energie 6,6 Milliarden Kilowatt, also 0,015 Prozent der Sonneneinstrahlung, beträgt; doch das ist *bereits zuviel*, wie die derzeitige Diskussion um die *Klimaveränderung* beweist. Um diese Erwärmung einzudämmen, hatte der Schweizer Ingenieur Walter Seifritz eine Idee. Er schlug vor, einen Sonnenschirm, halb so groß wie die USA, im Weltraum aufzuspannen, der als Satellit 1,5 Millionen Kilometer von der Erde entfernt stationiert werden sollte. Dazu müßten nach seiner Berechnung 45 Millionen Tonnen Material dorthin befördert werden, wozu die Energie von 30 Atomkraftwerken 20 Jahre lang nötig wäre.[127] Einen entgegengesetzten Vorschlag unterbreiteten amerikanische Forscher 1982. Sie wollten riesige Spiegel auf die Erdumlaufbahn bringen, um hier die Städte nachts zu erhellen.[128]

Das *Wettermachen* ist ein beliebtes Spekulationsobjekt der Gegenwart. Doch wenn das technisch machbar werden sollte, würde die

Frage auftauchen, wer darüber zu befinden hätte. Da jedes Land das optimale Wetter für sich fordern würde, könnte es zum Beispiel zu einem Krieg um den kostbaren Regen kommen. Bisher galt das Wort »der Herr läßt seine Sonne scheinen über Gerechte und Ungerechte«. Damit konnten die »Gerechten« zum Beispiel den »Ungerechten« weder Sonne noch Regen entziehen. Künftig würde dann gelten, wer das Wetter in der Hand hat, der besitzt die Macht über die Welt. Die Wetterforschung in der Sowjetunion gehörte zu den militärischen Geheimnissen. Ein Weiser, wie es Leonardo da Vinci war, hat schon die verheerenden Folgen der Wetterwaffe vorausbeschrieben: Dann hätte der Mensch die Fähigkeit, »Gewitter und Sturm zu erzeugen, mit schrecklichen Donnerschlägen und Blitzen, die durch die Finsternis rasen, mit wilden Orkanen, die große Bauwerke umwerfen, Wälder entwurzeln, ganze Armeen zerschlagen und vernichten; schlimmer noch, verheerende Unwetter zu machen und damit dem Landmann die Früchte seiner Arbeit zu rauben... Wahrlich, wer über solch unwiderstehliche Kräfte gebietet, wäre Herr über alle Völker, und keine menschliche Kunst wäre imstande, seiner Zerstörungsgewalt zu trotzen... Was kann es denn geben, das von solch einem Mechaniker nicht vollbracht werden könnte? Nahezu nichts, außer dem Tod zu entrinnen.«[129]

Einige der großen Triumphe erzielte der Mensch in der *Medizin*. Der Körper wurde immer genauer erforscht und kann heute im wahrsten Sinne des Wortes *durchleuchtet* werden. Erprobte Mittel gegen alle möglichen Krankheiten, die man zum großen Teil früher gar nicht definieren konnte, stehen zur Verfügung. Der zahlenmäßig größte Erfolg bestand in der Abschaffung der ansteckenden Epidemien, ebenso in der Verringerung der Babysterblichkeit. Diesen zwei Positionen ist es hauptsächlich zu verdanken, daß sich die Lebenserwartung eines Neugeborenen etwa verdoppelt hat. Wer die ersten Lebensjahre überstand und von Seuchen verschont blieb, der hatte auch früher die Chance, ein biblisches Alter zu erreichen. Heute scheint jedoch für die Lebenserwartung die Grenze erreicht zu sein; denn die Verlängerung des Siechtums erweist sich als ein zweifelhafter Gewinn. Außerdem konnte gegen den *Krebs* trotz jahrzehntelanger Milliardenausgaben noch immer kein durchschlagendes Mittel gefunden werden.

Die ärztlichen Künste erhalten den Menschen das Leben und schaffen damit das Problem ihrer künftigen *Unterbringung*. (Ihre Versorgung klammern wir zunächst aus.) Dies veranlaßt Ingenieure aller Art, spektakuläre Vorschläge über Aufenthaltsorte der zunehmenden Menschenmassen anzubieten.

Wohnungen unter die Erde zu verlegen, schlug schon vor 20 Jahren unter anderem der holländische Architekt Cornelius Roddersen vor. Da er auf den Energieverbrauch keine Rücksicht nimmt, kann er die unterirdischen Städte sonnenhell erleuchten und auch die viele Energie für die Unterhöhlung der Erde in Tiefen bis zu 150 Meter unberücksichtigt lassen. Außerdem würden riesige Abraumhalden in die Landschaft gesetzt, deren totes Gestein unfruchtbar wäre. Mit Nahrung von der Oberfläche würde man aber die Bewohner der Unterwelt versorgen müssen. Die gesundheitlichen und psychischen Probleme eines Maulwurf-Lebens sind wohl erst gar nicht untersucht worden, ebensowenig wie die des Lebens *unter Wasser*.

Für das *Wohnen auf dem Wasser* unterbreitete wohl der amerikanische Architekt Buckminster Fuller die meisten »konkreten Utopien«. Er wollte schwimmende Tetraeder von $3,2 \times 3,2 \times 3,2$ Kilometer bauen, in denen 300 000 Familien mit rund einer Millionen Menschen wohnen könnten. Die in der Welt nach Belieben umherschwimmende Pyramide würde natürlich durch ein darin enthaltenes Kernkraftwerk mit jeder Menge Energie versorgt. Überdies stünden Flugmaschinen für jeweils 10 000 Menschen zur Verfügung, die Fuller als horizontale Empire-State-Buildings bezeichnet, die vertikal starten und überall in der Welt landen könnten, dort werden sie dann »hochkant gestellt«.[130] Auch Fuller sagt wenig über den Energieverbrauch seiner schwimmenden Groß- und fliegenden Kleinstädte. Noch weniger verlautbarte er darüber, welche persönlichen Vorteile die Menschen von einem Leben in solch abgeschlossenen Ameisenhaufen hätten. Weder die Natur des Menschen noch die der Umwelt spielt in diesen Plänen eine Rolle. Darum schlug er auch überdachte *Kuppelstädte* vor, »um die Arktis und die Antarktis zu bewohnen und dort zugleich die Rohstoffe zu fördern, aber man werde die Kuppeln auch in der Wüste errichten, um »Pflanzenwuchs vor der Sonne zu schützen« [!].[131] Über allem werden noch geodätische Kugeln von 800 Metern Durchmesser mit vielen tausend Passagieren als »schwebende Wolken« fliegen und ab und zu »an Berggipfeln vor Anker gehen«.[132]

Der Clou unter den Utopien Fullers ist eine »kleine 500-Pfund-*black-box*«. Sie enthält sozusagen die gesamte Umwelt, die der Mensch zum Leben braucht. In ihr sind »die umweltbedingten und metabolischen Regenerationsverhältnisse des Menschen . . . zum Zwecke des wirtschaftlichen Raketentransports« in Verpackungsform gebracht. Mit ihr werden die Menschen »bequem im Weltraum leben«, ja »überall im Universum – was natürlich auch das Gebiet ›auf der Erde‹ einschließt«.[133] Die kleine black-box, die der Mensch immer bei sich haben werde, liefert ihm alles: Luft, Wasser, Nahrung und recycliert auch den Abfall, wo immer er im Universum herumfliegen wird. Die rein körperlichen Bedürfnisse des Menschen spielen bei Fuller keine Rolle, so daß er sich nicht einmal darüber ärgert, daß solche seine Pläne behindern könnten, geschweige seine seelischen Bedürfnisse. Der Mensch ist nur ein funktionelles, beliebig verfügbares Teilchen, wie es sich ein Diktator, aber auch der Sozialismus nur wünschen kann. Fuller interessieren nur »schnellere Techniken, die alle Meere und den ganzen Himmel für den Erfolg und den Genuß (!) des Menschen öffnen werden«, womit er dann »weitere Bereiche des Universums für sich in Anspruch zu nehmen« in der Lage ist.[134] Ein Ereignis ist geradezu symbolisch für den 1989 gestorbenen Buckminster Fuller. Er hatte für die Weltausstellung 1967 in Montreal den USA-Pavillon in Form einer 18 Meter hohen Kugel für 30 Millionen DM gebaut. Infolge Funkenflugs verglühte 1976 die Außenhaut aus Plastik einschließlich des Aluminiumgerippes in wenigen Minuten, weil er feuergefährliches Material verwendet hatte.

Die amerikanische Universität Princeton veröffentlichte 1976 ein »berechnetes« Projekt mit der Überschrift »Umzug ins All – 1988 verlassen die ersten 10000 Bürger die Erde«.[135] Kostenpunkt: 10 Millionen Dollar pro Person. Im Jahre 1996 sollten dann schon 150000 im Weltraum wohnen, im Jahre 2002 eine Million und 2008 schon 10 Millionen. Pro Jahr würden also rund 1,5 Millionen Menschen in den Weltraum geschossen, um dort ihre Wohnungen zu beziehen, während sie von der Erde versorgt werden müßten. Warum versorgt man sie da nicht gleich hier? Warum sollen sie wie Affen in der Schwerelosigkeit herumturnen und sich Knochenerweichung und Gehirnschwund zuziehen? Das Raumschiff für eine Million Bewohner soll eine Länge von zehn Kilometern und einen Durchmesser von zwei Kilometern haben. Darin gibt es erstaunlicherweise Eigenheime mit Gärten; und auch für Flüsse, Berge und Wolken ist noch Platz genug, wo doch für einen Bewohner nur 31 400 Kubikmeter Raum zur Verfügung stehen. Das heißt, wenn er sich bei einer Höhe über seinem Kopf von 30 Metern begnügt, dann verbleibt ihm eine Grundfläche von 30 mal 30 Meter für sein gesamtes Dasein. 1988 residierte bekanntlich noch kein einziger Bürger in der Erdumlaufbahn. 1990 flog erstmalig ein zahlender Passagier in einem sowjetischen Raumschiff mit, aber nicht um dort zu bleiben; der japanische Journalist zahlte dafür 12 Millionen Dollar. Die Materialversorgung der Weltraumstädte sollte weitgehend vom Mond her geschehen, wozu dort erst einmal eine Siedlung errichtet werden müßte. Eine solche wollte Wernher von Braun auch bereits im Jahre 1983 stehen sehen, aber schon zwei Jahre früher wollte er Menschen auf den Mars schicken.

Die ersten Pioniere der Raketentechnik dachten daran, bald weit ins Universum vorzustoßen. Eugen Sänger: »Der Beginn der Raumfahrt ist der gewaltigste historische Vorgang in der halbmillionenjährigen Menschheitsgeschichte, den wir als vielleicht zwanzigtausendste Generation mitzuerleben das unwahrscheinliche Glück haben: Der Aufbruch des Menschen aus der kleinlichen irdischen Enge in die Größe und Weite des Weltraums.«[136] Gerade Sänger hätte wissen müssen, daß dies nur ein Aufbruch in die absolut lebensfeindliche Leere ergeben könnte; doch er wollte darin eine Möglichkeit sehen, die zunehmende Weltbevölkerung *auszusiedeln.* Innerhalb der nächsten 150 Jahre sollte dafür die Erforschung der sonnennahen Fixsternsysteme abgeschlossen sein, damit »größere Menschenkontingente auf diese in neuen Lebensraum auswandern können, anstatt durch Geburtenbeschränkungen oder Atombomben ausgerottet zu werden«.[137] Geburten müssen also sein! Selbst wenn nachher nichts anderes übrig bleibt, als sie durch Atombomben auszurotten oder in den Weltraum zu schießen! Könnte aber irgendein Planet im Weltraum erobert werden, dann würden sämtliche Ressourcen der Erde nicht ausreichen, daß Projekt zu verwirklichen.

Die Auswanderung in das Universum betrachtete auch der New

Yorker »Futurologe« Herman Kahn dennoch als Ausweg. Er behauptete, über die Zeit nach dem Jahre 2176 besser Bescheid zu wissen als über die bevorstehenden zwei Jahrhunderte. Er sah dann »voll entwickelte postindustrielle Institutionen und Kulturen fast überall auf der Erde. Der Mensch beginnt seine Aufmerksamkeit auf die Schaffung solcher Gesellschaften im ganzen Sonnensystem und eventuell sogar in anderen Sonnensystemen zu richten.«[138] Die »Kolonisation des Sonnensystems« war eine Standardwendung dieses Mannes, die er nicht näher erklärt, von der er aber behauptete, daß sie zu einem »unbegrenzten Lebensraum« führen würde. »Begrünung der Galaxis« lautete ein anderes seiner bombastischen Schlagworte. Immerhin konzedierte er, »daß die große Mehrzahl der Erdbewohner in den nächsten 200 Jahren weiterhin die Erde bewohnen wird«.[139] Demnach werden es »nur« einige hundert Millionen sein, die ihre Sachen packen müssen.

Aber auch ein viel nüchternerer Wissenschaftler wie der russische Atomphysiker Andrej Sacharow, der die Fusionsbombe entwickelt hatte und später Politiker wurde, geriet ins Schwärmen. Schrieb er doch in seinem 1968 im Westen veröffentlichten Büchlein »Wie ich mir die Zukunft vorstelle«, daß künftig Menschen »auf *Asteroiden*, deren Bahnen durch Atomexplosionen verändert worden sind, arbeiten und ununterbrochen leben müssen«.[140]

Der uns nach der Venus nächstgelegene Planet im *eigenen* Sonnensystem ist der *Mars*. Schon zu ihm würde die Hin- und Rückreise zwei Jahre dauern. Ob Menschen diese lange Isolation im schwerelosen Zustand überstehen würden, ist noch nicht absehbar. Bei den sowjetischen Kosmonauten, die 185 Tage im All blieben, kam es zur Knochenerweichung (Kalkverlust), und die kosmische Strahlung führte zu einem geringen Verlust an Gehirnmasse.[141] Bisher gibt es auch noch keine Rakete, welche die Schubkraft aufbringt, um ein Raumschiff mit genügend Treibstoff, Nahrung, Atemluft und den nötigen Instrumenten aus der Schwerkraft der Erde zu schießen. Trotzdem planen die Sowjets nach mehreren unbemannten Flügen zwischen 2010 und 2015 einen bemannten Flug, wenn sie nicht näherliegende Sorgen zur freiwilligen Aufgabe zwingen werden. Die Amerikaner haben 1988 errechnet, daß der Besuch auf dem Mars rund 100 Milliarden Dollar kosten würde.[142] Der Kongreß kürzte 1990 die Mittel, obwohl Präsident George Bush das

Sternenbanner spätestens 2020 auf dem Mars flattern sehen möchte. Inzwischen spricht man von 400 bis 500 Milliarden Dollar, denn es müßte zunächst ein atomarer Raketenantrieb entwickelt werden.[143]

Ein Flug nach dem erdfernsten Planeten *Pluto* würde dann schon 200 Jahre benötigen.[144] Das heißt, daß erst die Urenkel der gestarteten Raumfahrer zurückkommen könnten. Man müßte also mindestens zwei Ehepaare auf die Reise schicken und dennoch Inzucht in Kauf nehmen. Ob aber Fortpflanzung unter solchen Bedingungen überhaupt möglich ist, wäre erst zu klären. Wer wird aber eine solche Reise antreten wollen mit der einzig sicheren Aussicht, daß die eigene Leiche früher oder später in den Weltraum »entsorgt« werden würde. Was für eine Erde würden die Rückkehrer 200 Jahre später vorfinden? Da sind der Phantasie keine Grenzen gesetzt.

Der anspruchsvolle menschliche Körper verursacht einige höchst ärgerliche Erschwernisse bei seinen Ausflügen ins Weltall. Darum »wäre der Gipfel des Fortschritts erreicht, wenn es uns gelänge, menschliche Gehirne in einer Lösung schwimmend am Leben zu erhalten, den in diesen Gehirnen vorausgesetzten Subjekten durch elektrische Ströme permanent euphorische Empfindungen zu induzieren und das Leben abzuschalten, sobald sich Anzeichen des Nachlassens der Euphorie zeigen.« Soweit der Philosoph Robert Spaemann, der dies keineswegs empfiehlt.[145] Ein solches Gehirn könnte man auf eine Jahrhunderte während Reise schicken. Doch hier fragen wir schon heftigst nach dem Sinn des Unternehmens: was kann eigentlich damit noch erreicht werden? Hier stoßen wir wieder auf die schon erörterte Frage nach dem *Sinn des Lebens überhaupt*, die nur dahingehend beantwortet werden konnte, daß das Leben um des Lebens willen existiere – aber sicher nicht um eines Gehirns in der Nährlösung willen. Darum schließt Robert Spaemann: »Wo immer der Fortschritt die durch die natürliche Organisation des Menschen vorgezeichneten Grenzen sprengt, hört er auf, Fortschritt zu sein.«

In gleicher Richtung bewegen sich die Versuche, den Computer soweit zu entwickeln, daß er selbständig denkt und handelt. Bei der ersten Konferenz über *Künstliche Intelligenz* 1989 in Hamburg dachte der amerikanische Journalist Hans Moravec über »fortpflanzungsfähige« Maschinen nach, die als Nachfolger des Menschen dann die »Krone der Schöpfung« bilden würden.[146]

Noch viel weiter ging Earl Joseph bei der 6. Generalversammlung der »World Future Society« im Sommer 1989 in Washington. Über diese als »größte intellektuelle Schau der Welt« angekündigte Veranstaltung berichtete Robert Jungk Erstaunliches: »Basierend auf den Arbeiten von Eric Drexler und seiner Gruppe am MIT wurde geschildert, wie eine Technik aussehen könnte, die individuelle Atome und Moleküle für die Konstruktion neuer Artefakte mit zielgerichteter Genauigkeit nützt. Auf dieser Stufe soll eine neue Generation von ›Nanomaschinen‹ entstehen, die sogenannten ›assemblers‹, die aus den kleinsten Bausteinen der Materie und des Lebens eigene Schöpfungen zusammenbauen: Mikrocomputer, die hunderttausendmal schneller sein sollen als die heutigen, aber auch ›Bäume, Wale, künstlich zusammengestellte Samen‹. Diese ›Maschinen des Überflusses‹, die als ›planetmending machines‹ angeblich imstande sein sollten, die zerstörte Umwelt wiederherzustellen und als ›engines of healing‹ durch in den Körper eingeführte künstliche ›Bakterien‹ und ›Viren‹ der Medizin ganz neue Perspektiven eröffnen, sind aber auch als ›Maschinen der Zerstörung‹ zu programmieren ›wirkungsvoller als Atomwaffen‹.«[147] Das heißt nicht mehr und nicht weniger: Menschen werden Maschinen bauen, die eigens neuartige Lebewesen erzeugen können, so wie das Jahwe in der Genesis getan hat. Aber im Unterschied zum Gott der Bibel wird sich der Mensch nicht selber die Finger schmutzig machen; die Arbeit überläßt er der von ihm konstruierten »Schöpfungsmaschine«. Es sind Naturwissenschaftler, die solche Wahnideen verkünden! Darum hatte schon Sören Kierkegaard geschrieben, daß alles Verderben von den Naturwissenschaften kommen werde. Dabei ist zu unterscheiden, von welchen Naturwissenschaften die Entwürfe kommen; ob von den organischen, die sich mit den Lebensvorgängen auf dieser Erde beschäftigen, oder von den mechanischen, die unsere technische Superzivilisation errichtet haben.[148] Wenn man deren Verfechter wie Fuller, Kahn, Sänger, McLuhan und Clark hört, dann muß es zu einem Seitenwechsel gekommen sein. Clark: »Mögen die Spießer auf der gemütlichen Erde bleiben, der wahre Genius wird nur im Weltraum gedeihen – im Reich der Maschine, nicht im Reich von Fleisch und Blut.«[149]

Das sind romantische Verklärungen, dem Reiche der Phantasie entsprungen, welches eigentlich die Domäne der Dichter ist. Aber diese sehen heute die Welt nüchterner, obwohl manchmal sie wie Ernst Jünger eingestehen: »Dennoch bemächtigen sich unser zuweilen üppige Vorstellungen, etwa derart, daß wir mit unseren Maschinen das Universum zu melken imstande seien.«[150]

Es ist die Hybris, mit der »sich der Mensch selbst zum Gott gemacht hat, da er inzwischen die technischen Fähigkeiten zu einer ›zweiten Erschaffung‹ der Welt besitzt, die an die Stelle der ersten Schöpfung des Gottes der traditionellen Religion getreten ist... Wir haben die Maschine zur Gottheit erhoben und werden selbst Gott gleich, indem wir sie bedienen.« Doch: »Wir sind nicht länger Herren der Technik, sondern werden zu ihren Sklaven – und die Technik, einst ein wichtiges schöpferisches Element, zeigt uns ihr anderes Gesicht als Göttin der Zerstörung.«[151]

Es ist zu fragen, worin sich eigentlich diese technischen Allmachtsphantasien von den Mythen der frühesten Kulturvölker unterscheiden. Auch jene bewiesen schon die Fähigkeit, sich mit Göttern bevölkerte Himmelswelten auszumalen. Die Menschen wollten offensichtlich zu allen Zeiten utopische Vorstellungen haben, um sich im Glauben daran *zu erheben*. Wird ihnen eine Utopie genommen, so entwickeln sie sofort eine neue. So werden selbst die Hirngespinste von der im Universum herumfliegenden, besser herumgeisternden Menschheit gläubig angenommen. Ob als Religionsersatz oder nicht, solche Allmachtsphantasien entsprechen offensichtlich den metaphysischen Bedürfnissen des Menschen. Er bildet sich immerzu – seit er das Stadium der Tiere hinter sich gelassen hat – *Wahnvorstellungen* (ohne jeden abwertenden Beiklang sei das Wort hier verwendet). Es gibt auch den »*Wahn*, der glücklich macht«, sagt Nietzsche, und der »ist verderblicher als der, welcher direkt schlimme Folgen hat«.[152] Nietzsche bezeichnet den Menschen wiederholt als »das wahnsinnig gewordene Tier«.[153]

Einiger Menschen Machbarkeitswahn will letzte Triumphe feiern, selbst künstliche Wesen schaffen, die dem Menschen an Intelligenz überlegen sind. Sie sollen also verständiger sein als ihr Schöpfer! Ist das vielleicht die logische Folge des Wahns, daß sich der Mensch inzwischen auch für klüger hält, als es irgendein Schöpfer gewesen sein mag?

11 Auch der Geist mutiert

Der Irrtum hat aus Tieren Menschen gemacht.

Der deutsche Philosoph
Friedrich Nietzsche

Wenn wir das Wirken des menschlichen Geistes über nahezu 5000 Jahre studieren und die Ergebnisse bilanzieren, dann müssen wir feststellen, daß sich die grundlegenden Verhaltensmuster überhaupt nicht geändert haben. Sie gleichen sich auch in voneinander isolierten Kulturkreisen, und die Vorstellungen untergegangener Kulturen tauchen später wieder auf.

Die Kulturen zeigen folgende Hauptmerkmale:

1. Die Menschen haben stets einen *metaphysischen Sinn* ihres Daseins gesucht.

2. Sie haben daraufhin *Glaubensinhalte* festgelegt – meist durch Religionsstifter – und kultische Handlungen praktiziert.

3. Sie haben in *Kriegen* ihren Lebensraum verteidigt und ab und zu benachbarte Gebiete hinzu erobert – und auch wieder verloren.

4. Ganze Völker haben sich hin und wieder auf die *Wanderung* begeben, manche sind dabei zugrunde gegangen, andere zurückgekehrt. In Glücksfällen haben sie eine Hochkultur gegründet.

5. Die Völker haben eine begrenzte Anzahl von *Staatsformen* wieder und wieder durchprobiert, ohne daß je eine überdauert hätte. Es wechselten: Monarchien, Autokratien, Demokratien, Aristokratien, Oligarchien, Plutokratien und Priesterherrschaften.

6. Innerhalb der Staaten kam es zu unzähligen *Umstürzen*, Revolutionen, Bürgerkriegen, Bauern- und Sklavenaufständen.

7. Es kam immer wieder zu individuellen und kollektiven *Mordtaten* aus politischen, religiösen und rein persönlichen Gründen.

8. Die Völker haben wissenschaftlich und philosophisch begründete *Theorien* entwickelt und sich über deren Richtigkeit viel gestritten.

9. Ab und zu versuchten einzelne Völker einen völligen *Neubeginn*, verbrannten ihre alten Schriften und Werke; doch nach kurzer Zeit lebten alte Werte und Spielregeln wieder auf.

In der Geschichte der 5000 Jahre, die wir überblicken können, tauchen also immer wieder die gleichen Themen und Streitpunkte

217

auf – bis auf den heutigen Tag! Da gibt es *keine Aufwärtsentwicklung*, wie das die Einteilung in Altertum, Mittelalter und Neuzeit glauben machen wollte. Und auch vom moralischen Standpunkt aus gesehen gibt es keine »Besserung« des Menschen. *Konflikte* gehören zu jedem normalen Geschichtsverlauf, genauso wie zur Biographie jedes einzelnen Menschen. *Friedenszeiten* sind nur kürzere oder längere Atempausen.

Jeder, der viel von der Geschichte weiß, wird zugeben, daß sie eine *Geschichte der fortwährenden Irrtümer* ist, und sogar zum größten Teil immer wieder der gleichen Irrtümer. Darin herrscht »ewige Wiederkehr«. Über die einzelnen Kulturkreise hinweg treten die Irrtümer in geringer Abwandlung stets aufs neue auf. Das gleiche kann man von den *Wahrheiten* sagen; denn sie behaupten sich stets nur auf einige Zeit. Warum wurde nie »*das Richtige*« gefunden, an dem man festgehalten hätte? Warum bleibt der Verlauf der Weltgeschichte voller Rätsel?

Mit der Größe seines Gehirns steht dem Menschen ein Überschuß an Geist zur Verfügung. Ein Vergleich mit den Tieren zeigt, daß der Mensch weit mehr Denkfähigkeiten besitzt, als er zur Erhaltung seines Lebens und des seiner Kinder benötigt. Mumford formuliert das so: »Mit seinem überentwickelten und fortwährend aktiven Gehirn hatte der Mensch mehr geistige Energie zur Verfügung, als er zum Überleben in rein tierischer Form benötigte: und er war deshalb gezwungen, diese Energie nicht allein in Nahrungsbeschaffung und sexuelle Reproduktion zu kanalisieren, sondern in Lebensweisen, die diese Energie direkter und konstruktiver in angemessene kulturelle – das heißt symbolische – Formen umwandelten. Nur mit der Kultur konnte der Mensch seine eigene Natur ausschöpfen, kontrollieren und voll entwickeln.«[154]

Geistige Vorgänge können sich immer viel schneller entwickeln als materielle, darum sind sie stets reichlich vorhanden, sogar im Überfluß. *Dieser zeigt sich in folgenden Erscheinungen.*

Träume. Die Träume beweisen, daß der Geist nicht einmal im Schlaf abgeschaltet ist. Das Gehirn ruht nur teilweise völlig, andere Teile sind halbwach und wieder andere vollwach und arbeiten offensichtlich weiter. Da aber wichtige Teile eben doch schlafen, kommt es zu eigenartigen, manchmal wirren und absurden Kombinationen der Gehirnzellen.

Phantasien. Im wachen Zustand, also bei vollem Bewußtsein, kann der Mensch phantasieren, sich an ferne Orte und in andere Zeiten versetzen; er weiß dabei aber, daß er phantasiert, daß er in Wirklichkeit *hier* ist.

Spiele. Im Spiel wird Phantasie und Wirklichkeit kombiniert. Die Kinder spielen leichthin, die Erwachsenen betreiben ihre Spiele mit großem Ernst. Der Spieltrieb »ruft andere Welten ins Leben«.[155]

Ideen. Die Ideen sind *Versuche des Geistes*, die aus Träumen, Phantasien und Spielen, vermischt mit Erfahrungen in vielfältigen Kombinationen entstehen. Sie unterliegen keinen exakten Gesetzmäßigkeiten; sie treten spontan auf, wandeln und wiederholen sich immer wieder.

Die Ideen haben im geistigen Bereich die gleiche Funktion wie die *Mutationen* im physischen: Es sind Abweichungen im Erbgang, von denen sich die meisten als untauglich, einige wenige als tauglich erweisen. Die *Experimentierfreude der Natur*, die ja die Grundlage der physischen Evolution bildet, findet also im geistigen Bereich (im Gehirn des Menschen) ihre *Fortsetzung*. Und dort herrschen auch die gleichen Ausleseprinzipien wie in der Genetik der Lebewesen; nur das Geeignete überlebt auf die Dauer. Die Ideen und Ideale führen auf der geistig-seelischen Ebene den gleichen »Kampf ums Dasein« wie die Gene im physischen. *Und auch hier sind die Mutationen die Bahnbrecher des Neuen.*

Ähnliche Gedankengänge fand ich bei dem hellenischen Philosophen Parmenides, der sie vor nun bald 2500 Jahren in Versform brachte:

Je nachdem sich die Mischung vollzieht in den schwanken Organen
Ist die Tätigkeit auch des menschlichen Geistes. Nichts andres
Als der Organe Natur ja ist's, was denkt in den Menschen,
Und zwar in allen und jedem. Was stärker, bestimmt den Gedanken.[156]

Parmenides hatte demnach schon erkannt, daß der menschliche Geist die Tätigkeit seiner Körperorgane *fortsetzt*. Wenn das so ist, warum sollte dann nicht das, »was denkt in den Menschen«, also das Gehirn, nach den gleichen Spielregeln agieren wie die Gene? Müßten dann die geistigen Vorgänge im Gehirn nicht ebenfalls der *Evolution und Mutation* unterliegen?

Friedrich Nietzsche notierte sich 1875 unter der Überschrift »Zum

Darwinismus«: »Ungebundene, viel unsicherere und *schwächere* Individuen, die neues versuchen und vielerlei versuchen, sind es, an denen der Fortschritt hängt: unzählige dieser Art gehen zu Grunde ohne Wirkung, aber im Allgemeinen *lockern sie auf* und bringen so von Zeit zu Zeit dem stabilen Elemente eine *Schwächung* bei, führen an irgend einer schwachgewordenen Stelle etwas Neues ein. Dies Neue wird von dem im Ganzen intakten Gesamtwesen allmählich assimiliert. – Die *degenerierenden Naturen*, die leichten Entartungen sind von höchster Bedeutung. Überall wo ein Fortschritt erfolgen soll, muß eine Schwächung vorhergehen.«[157] Mit diesen Überlegungen übertrug auch Nietzsche die Auswahlkriterien der physischen Evolution auf die geistige Evolution. Er erkennt auch, daß Gewinne und Einbußen sich immerzu kompensieren.

Es ist sicher schwer – und in der menschlichen Geistesgeschichte vielleicht sogar unstatthaft – zu beurteilen, was *vorteilhaft* oder *nachteilig, positiv* oder *negativ, fortschrittlich* oder *rückschrittlich* ist. Auch das ist eine Ursache dafür, daß der Kampf der Geister unentwegt weitergeht. Die Menschen können nur beurteilen, was in *ihrer* Kultur und zu *ihrer* Zeit jeweils der einen oder der anderen Kategorie zuzuordnen ist; denn auch die Urteile sind einem ständigen Wandel und wechselnden Mehrheiten unterworfen. Und ein Bereich läßt sich in dieses Entweder-Oder-Schema überhaupt nicht einordnen, nämlich *die Kunst*. Und auch im religiösen Bereich sind Beurteilungen wie: diese Religion sei vorteilhafter als jene, völlig sinnlos.

Die *Mutationen im geistigen Bereich* sind es also, die die Ideengeschichte der menschlichen Kulturen beherrschen. Sie setzen die Kräfte in Bewegung, die sich zu Weltanschauungen, Philosophien und Religionen verdichten und sich auch wieder zersplittern. Es sind geistige Kräfte, die sich gegenseitig bekriegen, die allerdings auch oft zur physischen Waffengewalt greifen. Da die geistige Evolution immateriell, das heißt hier ohne die Gene, abläuft, gelten die Vererbungsregeln hier nicht. Untaugliche geistige Mutationen können demnach nicht (wie im Erbgang der Gene) durch Tod ihres Trägers ausgeschieden werden; sie können auf vielerlei Weise »weiterleben«: durch *sprachliche Weitergabe*, vor allem seit die Schrift in Gebrauch gekommen ist. Die Aussonderung irriger Ideen erfolgt dadurch, daß sie keinen Anklang finden oder indem die

Ausführung der Idee scheitert. Das kann ein sehr schneller oder auch ein sehr langsamer Vorgang sein. Es ist durchaus möglich, daß die gleiche falsche Idee in anderen Köpfen erneut auftaucht, ja im Laufe der Geschichte immer mal wiederkehrt. Heute sind wir in der Lage, jede abgetane Idee in Bibliotheken noch lange schlummern zu lassen, bis sie jemand wiederentdeckt und vielleicht zu neuem Leben erweckt. Ein ganz Geschickter gibt sie dann als seine eigene aus.

Somit geistern *irrige Ideen in Fülle* in der Welt herum – entsprechend der Fülle abweichender Gene, von denen nur die wenigsten geeignet waren, die Evolution des Menschen voranzubringen.[158] Wäre aber die Fülle der Ideen überhaupt nicht vorhanden, so gäbe es auch kein Reservoir, aus dem sich *richtige Ideen* herauskristallisieren könnten. Nur sehr selten gewinnt eine »richtige Idee« die Oberhand; denn sie kann unbeachtet bleiben oder von falschen Ideen überwuchert oder auch bekämpft und besiegt werden. Auf den geistigen Schlachtfeldern können auch *falsche Ideen* siegen, einige Zeit lang an der Herrschaft bleiben – vor allem dann, wenn nicht genügend Gegenkräfte auftreten oder wenn die falsche Idee sich nicht selbst vernichtet. Im geistigen Raum darf jeder Unsinn Blüten treiben, so abwegig er auch sei. Selbst Genialität und Dummheit schließen sich keineswegs aus. Der französische Schriftsteller Henry de Montherlant sagte richtig: »Die Dummheit besteht nicht darin, daß man keine Ideen hat . . . Die menschliche Dummheit besteht vielmehr darin, daß man eine Menge Ideen, aber eben dumme Ideen hat.«[159] »Je größer die Bemühung ist, um so stärker wird die Albernheit«, schrieb sein moderner französischer Kollege Charles Richet.[160]

Daß der Mensch voller Irrtümer steckt, wurde in den Hochkulturen anerkannt. Daraus entstand schon bei den Griechen eine besondere Gattung von Dichtungen, *die Komödien*. Ihre Tradition setzte sich über Rom dann im ganzen Abendland fort. Dazu kam die *Ironie* in Romanen und Gedichten, in Sprichwörtern und Karikaturen. Auf verschiedene Weise vermag es der Mensch, Abstand zu sich selbst zu gewinnen und sich über seine eigenen Fehler zu belustigen. Was ist das anderes als die freundliche Anerkennung der Tatsache, daß viele seiner Ideen und Handlungen falsch, ja komisch sind. Darin unterscheidet er sich sicherlich vom Tier, was auch äußerlich zum

Ausdruck kommt, da er *das Lachen* kennt. Im Gegensatz dazu allerdings auch *das Weinen*. Beides kann man als untrügliche Kennzeichen eines höheren Bewußtseins ansehen, das den Tieren fehlt. An der *Ideengeschichte* sind nun nicht nur einzelne Gehirne, sondern auch *Menschenmassen* beteiligt. Das hat Le Bon in seiner »Psychologie der Massen«, Ortega y Gasset im »Aufstand der Massen« und schon Machiavelli in seinem Werk »Der Fürst« dargestellt. Mit der Macht der Massen greift die Ideengeschichte zunehmend stärker in die reale Geschichte ein, im Guten wie im Bösen. Solange sich die Ideen im rein geistigen Raum bewegen, bleiben sie unschädlich oder richten nur geringen Schaden an; doch auch ihr Nutzen bleibt gering. Das war es ja gerade, was Karl Marx den Philosophen vorwarf, daß sie die Welt *nur* interpretiert hätten, während es doch darauf ankomme, sie zu *verändern*, also Nutzen aus den Erkenntnissen zu ziehen. Heute wissen wir, wohin die Veränderungen geführt haben, die er für die einzig richtigen hielt. Doch bleiben wir zunächst noch im geistigen Raum der Ideen! Gibt es in der geistigen Welt überhaupt Fortschritt, also Evolution? Wenn wir die Zunahme der bloßen Zahl der Ideen als Fortschritt einstufen dürften, dann wäre der Fortschritt phantastisch. Wenn wir aber wissen, daß die Zahl der dummen Ideen – analog den Mutationen – stets stärker zunimmt als die der klugen, dann ist der Fortschritt höchst fraglich. Sicher ist auch, daß mit der Zunahme beider das Schlachtfeld der Ideen immer unübersichtlicher, immer verwirrender wird – und das ist der heutige Weltzustand, der sich mit ständig erhöhter Geschwindigkeit noch weiter verkompliziert. Schon vor hundert Jahren sagte Nietzsche darüber: »Aus Mangel an Ruhe läuft unsere Zivilisation in eine neue Barbarei aus.«[161] In der zahlenmäßigen Zunahme der Ideen kann also der geistige Fortschritt nicht liegen, also nur *in der Auslese*. Doch wie geschieht diese? Was ist im Wettstreit der Geister positiv und was negativ? Wer befindet darüber? In der Natur ist die Entscheidung klar: das Negative stirbt; denn: »Was fruchtbar ist, allein ist wahr!«[162] In der Natur werden die ungeeigneten Gene selbsttätig ausgemerzt, weil sie *nicht lebensfähig* sind. In der geistigen Welt verschwinden sie aber nicht auf diese Weise; denn die Gedanken leben lustig weiter, solange sie keine *Probe auf Überlebensfähigkeit* durchstehen mußten. Also bleiben auch die negativen Mutationen geistig lebendig und führen im Reich der Ideen einen immerwährenden Kampf mit den wenigen positiven. Letztere sind zwar überzeugender und damit stärker, aber eben weniger an Zahl, so daß sie gegen die Masse der dummen Ideen häufig unterliegen.

Goethe sprach am 16. Dezember 1828 zu Eckermann: »Man muß das Wahre immer wiederholen, weil auch der Irrtum um uns her immer wieder gepredigt wird, und zwar nicht von einzelnen, sondern von der Masse. In Zeitungen und Enzyklopädien, auf Schulen und Universitäten, überall ist der Irrtum obenauf, und es ist ihm wohl und behaglich im Gefühl der Majorität, die auf seiner Seite ist.«[163]

Im ständigen Streit der vielen alten und neuen Irrtümer untereinander und gegen die wenigen Wahrheiten, die auch untereinander streiten, sehe ich eine Analogie zum Wirken der Gene in ihren Mutationen. Wie es in der physischen Evolution nur in riesigen Zeiträumen Verbesserungen gegeben hat, so ist es auch im geistigen Bereich. Nur hier und da schälte sich aus den Irrtümern etwas Brauchbares, dem Leben Dienliches heraus. Das meint Nietzsche, wenn er vom *Wert des Irrtums* spricht, der den Menschen erzogen habe; »er sah sich erstens immer nur unvollständig, zweitens legte er sich erdichtete Eigenschaften bei, drittens fühlte er sich in einer falschen Rangordnung zu Tier und Natur, viertens fand er immer neue Gütertafeln und nahm sie eine Zeit lang als ewig und unbedingt, sodaß bald dieser, bald jener menschliche Trieb und Zustand an der ersten Stelle stand und in Folge dieser Schätzung veredelt wurde.«[164]

Im geistigen Bereich ist die menschliche Geschichte immer ein Schlachtfeld geblieben. Niemals konnten Probleme »endgültig« entschieden werden. Nur in der Technik wurde stets offenkundig, ob eine Maschine lief oder nicht. Hier herrscht Einigkeit, darum entschieden sich alle für die Maschine. Sie ist der Sieger. Aber sie hat einen solchen Energiehunger, daß sie die Erde kahlfrißt.

Es gibt jede Menge Beispiele für erwiesenermaßen *ungeeignete Mutationen,* von denen nur einige aufgeführt werden können.

Die *Schriftzeichen der Chinesen* haben sich als ungeeignete geistige Mutation erwiesen, denn sie führten in eine nicht entwicklungsfähige Sackgasse. Dennoch blieben sie in China und Japan bis heute in Gebrauch, obwohl das aus dem Mittelmeerraum stammende Alphabet seine Überlegenheit längst bewiesen hat; denn es kann mit 25 Buchstaben eine praktisch unbegrenzte Zahl von Wörtern bilden, die noch dazu leichter zu schreiben sind. Jede europäische Sprache hat daraufhin einige hunderttausend Wörter.

Mit der *lateinischen Ziffernschreibung* kann man zwar jede Zahl darstellen, es wäre aber wohl unmöglich gewesen, die heutige Mathematik und die Computer damit zu betreiben.

Wie furchtbar sich Irrtümer auswirken können, zeigen andere Ergebnisse. Es mußten erst unzählige »Hexen« verbrannt werden, bis man merkte, daß dies wohl keine gute Idee war. Die amerikanischen Indianerkulturen opferten sicherlich insgesamt einige zehntausend wenn nicht hunderttausend Menschen den Göttern, damit diese unter anderem Regen schickten, und haben bis zu ihrem eigenen bitteren Ende wohl nie bemerkt, daß dies eine absurde Idee war. Wer zweifelt da noch an der Richtigkeit von Nietzsches Schlußfolgerungen: »Oh über diese wahnsinnige traurige Bestie Mensch! Welche Einfälle kommen ihr, welche Widernatur, welche Paroxysmen des Unsinns, welche *Bestialität der Idee* bricht sofort heraus, wenn sie nur ein wenig verhindert wird, Bestie der Tat zu sein! ... Hier ist *Krankheit*, es ist kein Zweifel, die furchtbarste Krankheit, die bis jetzt im Menschen gewütet hat ... Im Menschen ist so viel Entsetzliches! ... Die Erde war zu lange schon ein Irrenhaus!«[165]

Die großen und schrecklichen Beispiele aus sehr vielen dürfen aber nicht darüber hinwegtäuschen, daß die Weltgeschichte von unzähligen kleinen Irrtümern in Bewegung gehalten wird – natürlich auch von unzähligen richtigen Schlußfolgerungen, sonst hätte es die Entwicklung vom Einzeller zum Menschen nicht gegeben. Die Geschichte der letzten Jahrtausende, dieses faszinierende Wogen der Ideen und Kräfte, konnte nur geschehen, weil der Mensch in das neue unermeßliche Reich des *Bewußtseins* eingetreten war. »Die Bewußtheit ist die letzte und späteste Entwicklung des Organischen und folglich auch das Unfertigste und Unkräftigste daran. Aus der Bewußtheit stammen unzählige Fehlgriffe, welche machen, daß ein Tier, ein Mensch zu Grunde geht, früher als es nötig wäre ... Wäre nicht der erhaltende Verband der Instinkte so überaus viel mächtiger, diente er nicht im Ganzen als Regulator: an ihren verkehrten Urteilen und Phantasiren mit offenen Augen, an ihrer Ungründlichkeit und Leichtgläubigkeit, kurz eben an ihrer Bewußtheit müßte die Menschheit zu Grunde gehen...«[166]

Das Neue an der europäischen Zivilisation war und ist, daß all die Ideen überhand nahmen, die sich materialisieren ließen. Das sind *die technischen Erfindungen.* Diese kann man als geistige Mutationen bezeichnen, die in der physischen Welt ihre Realisierung fanden. Diese haben im Kampf der Ideen einen riesigen Vorteil auf ihrer Seite: sie können handgreiflich und augenfällig beweisen, daß sie sich »machen lassen«, daß sie funktionieren. Also mußten sie doch vorteilhaft, positiv und fortschrittlich sein! Nichts förderte weitere technische Erfindungen so sehr wie das Gelingen bisheriger. Während es in den reinen Geisteswissenschaften keine einwandfrei definierbaren Fortschritte gab, konnten die exakten Naturwissenschaften solche in Physik, Chemie, Medizin und in deren technischer Anwendung sichtbar vorweisen. Auch die Gesamtergebnisse liegen vor:

– Der Mensch lebt länger,

– er wohnt komfortabel bis luxuriös,

– läßt Maschinen für sich arbeiten

– und hat eine nahezu unbegrenzte Mobilität erreicht.

Die Landwirtschaft erzeugt mehr Nahrung auf gleicher Anbaufläche. Noch spektakulärer ist die Verbesserung der *Waffen.* Schon in der Vorgeschichte war dies ein wichtiges Kriterium des Fortschritts gewesen. Doch in den letzten 500 Jahren wurde die Entwicklung immer rasanter: Vom Schießgewehr zum Ferngeschütz, zum Panzer, zum Bombenflugzeug und zur Rakete, ausgerüstet mit Sprengbomben, Uranbomben, Wasserstoffbomben und Neutronenbomben – und die Unterseeboote ebenso.

Kein Zweifel, daß zum Beispiel die höheren Erträge in der Landwirtschaft oder die Zerstörungskräfte der Waffen *meßbar* sind, genauso die zunehmende Geschwindigkeit oder das höhere Lebensalter. Daraus ergeben sich *Erfolgserlebnisse,* und es ist nicht verwunderlich, daß sich der Mensch zunehmend dem Erfolg dort hingegeben hat, wo er leicht war, daß er sich bevorzugt auf das stürzte, was ihm gelang. Das habe ich schon in »Ein Planet wird geplündert« dargelegt.

Im Zentrum der Darlegungen dieses Buches steht der folgenreichste und darum *letzte große Irrtum des Menschen*, nämlich daß diese gesamte Erde mit allem, was auf ihr ist, sein Spielzeug sei. Diesem Irrtum durfte er sich gefahrlos hingeben, solange er ein Traum blieb. Seit er aber mit technischen Mitteln seine wirren Träume materialisieren kann, *werden sie tödlich*. Oder, um das Eingangszitat Nietzsches wieder aufzugreifen: »Der Irrtum hat aus Tieren Menschen gemacht; sollte die Wahrheit im Stande sein, aus dem Menschen wieder ein Tier zu machen?« Unmittelbar nach diesem Satz notierte Nietzsche: »Wir gehören einer Zeit an, deren Kultur in Gefahr ist, an den Mitteln der Kultur zu Grunde zu gehen.«[167] In dieser letzten und explosiven Phase der geistigen Mutationen befinden wir uns. Sie wurden in derart gewaltigem Ausmaß realisiert, daß die Folgen nicht mehr zu tilgen sind.

TEIL IV

Die zerstörten Fließgleichgewichte der Natur

1   Unser labiler Planet

Wir schlafen sämtlich auf Vulkanen.

Der deutsche Dichter
Johann Wolfgang Goethe

In den mehreren hundert Millionen Jahren, in denen sich die Erde abkühlte, ging die Vulkantätigkeit zurück. Doch einige hundert Vulkane blieben bis heute mehr oder weniger aktiv, wobei sie allerdings nur sporadisch Feuer und Asche speien oder gar Lavaströme ausgießen. Sie häufen sich in einigen Land- und Seegebieten; 96 Inseln sind durch Vulkane entstanden. Man kann etwa jährlich mit zwei größeren Ausbrüchen an irgendeiner Stelle rechnen. In den ersten 80 Jahren unseres Jahrhunderts gab es 166 Eruptionen aus elf Vulkanen. Mit 40000 Toten forderte der Ausbruch des Montagne Pelé auf der Insel Martinique 1902 die höchsten Verluste. Der berühmteste historische Vulkanausbruch ist der des Vesuv am 24. August des Jahres 79, wobei in Pompeji rund 2000 Bürger umkamen, die zum Teil in der Lavaflut konserviert wurden. Der bisher letzte große Lavaausstoß erfolgte 1783 in Island, wo der Lakagigar eine flüssige Masse von zwölf Kubikkilometern ausgoß. Die gewaltigste datierbare Vulkaneruption ereignete sich vor 7000 Jahren in Kalifornien, wobei 6000 Kubikkilometer ausgeworfen wurden.[1] Dagegen ist der eine Kubikkilometer, den der Mount St. Helens 1980 auswarf, eine Lappalie. Die gewaltigsten Vulkanausbrüche mögen soviel Staub und Asche in die Atmosphäre geschleudert haben, daß sie das Klima veränderten. Somit könnten sie auch das plötzliche Verschwinden zahlreicher Tierarten zu gewissen Zeiten verursacht haben, dessen Erklärung noch aussteht. *Meteoriten*, von denen ein großer im Durchschnitt alle 120000 Jahre auf der Erde einschlug, könnten allerdings noch mehr Staub in die Atmosphäre geschleudert haben als Vulkane. Eine andere Art von Vulkankatastrophe gab es im Jahre 1985, als die Lava des Vulkans Nevado del Ruiz in Kolumbien sich mit Regen- und Schmelzwasser des Schnees sowie Erdmassen verband und die Stadt Armero mit 20000 Einwohnern unter dem Schlamm begrub. Der Pinatubo auf den Philippinen, der 700 Jahre ruhte, eruptierte 1991 gewaltig und begrub wenig Menschen, aber Tausende von Quadratkilometern unter seiner Asche, die er weiter auswirft; bis zum Herbst 1991 wurde eine Million Philippinos obdachlos.

Größere Gefahren gehen von den *Erdbeben* aus. Sie entstehen durch Verschiebung der kontinentalen Erdplatten, die im Laufe von Hunderten von Jahrmillionen schon Tausende von Kilometern gewandert sind. Unsere Erdkruste schwimmt gleichsam auf einer zähen heißen Flüssigkeit, folglich kommt sie nie zur Ruhe. Die verheerende Wirkung der Erderschütterungen besteht weniger in den Veränderungen der Landschaft als vielmehr darin, daß sie die festen Bauten der Menschen wie Kartenhäuser einstürzen lassen und die Menschen darunter begraben. Also waren Erdbeben so-lange kein lebensgefährliches Problem, wie die Menschen noch keine festen Häuser kannten. Eine Vorankündigung der Beben hat sich trotz intensiver Forschung als unrealisierbar erwiesen. Bekannt sind lediglich die gefährdeten Zonen, was die Menschen nicht abschreckte, sich dort anzusiedeln.

Die Europäer wurden von Erdbeben relativ wenig heimgesucht. Das schwerste im Mittelalter war das von Basel (1356) mit zirka 300 Toten. 1509 forderte ein Beben in Konstantinopel etwa 1300 Men-schenleben. Die größte Erdbebenkatastrophe Europas war die des Jahres 1755, welche die reiche Hauptstadt Lissabon zerstörte und ungefähr 32 000 Tote forderte. Die Nachricht davon ließ damals den sechsjährigen Goethe an der Güte Gottes zweifeln. Dagegen sind Beben derartigen Ausmaßes in Asien nichts Ungewöhnliches. Be-richtet wurden: 1042 ein Beben im Iran mit 40 000 und 1273 ein solches in Japan mit 22 000 Toten. In Anbetracht der damals weit geringeren Bevölkerungszahlen sind das hohe Verluste gewesen.

In der Gegenwart sind gerade solche Gebiete der Erde von großen Erschütterungen bedroht, die sehr dichte Besiedelung aufweisen. Sowohl in Japan als auch in Kalifornien wartet die Bevölkerung auf die nächsten großen Beben. In Tokio waren 1923 mindestens 150 000 Bewohner umgekommen, 200 000 wurden verletzt und Mil-lionen obdachlos. Erfahrungsgemäß belaufen sich die Abstände zwischen den Beben auf 60 bis 80 Jahre. Das große Erdbeben von San Francisco im Jahre 1906 zerstörte die Stadt durch die Brände; ein kleineres bewirkte im Jahr 1990 den Einsturz einiger Hochstra-ßen. Der »San-Andreas-Graben« beweist seine ständige Aktivität, und alle Anzeichen deuten auf ein baldiges Großbeben hin. Sechs der Vereinigten Staaten werden von der New-Madrid-Verwerfung durchzogen, die von Illinois bis Arkansas reicht. Dort gehören kleinere Erschütterungen zum Alltag; aber 1811 und 1812 ließen schwere Beben den Mississippi rückwärts fließen, und solche erwarten die Seismologen noch vor dem Jahr 2000.

In den letzten Jahren erhöhten sich die Aktivitäten unserer Erde beträchtlich. In Nordost-China tötete 1976 ein Erdbeben mehrere hunderttausend Menschen. Fast 50 000 kamen 1990 im Westen des Iran um. Im gleichen Jahr wurden 68 größere Beben registriert, acht mehr als 1989, darunter auch einige in Europa. Gezählt wurden die Erschütterungen über 6,5 auf der Richterskala oder solche mit Menschenverlusten und erheblichen Sachschäden. Auch diese geologischen Ereignisse müssen wir zu der Anzahl der Kernkraftwerke ins Verhältnis setzen, von denen nicht wenige bereits in von Erdbeben gefährdeten Gebieten errichtet worden sind.

Die dritte Gefahr drohte dem Menschen allezeit vom Wasser. Riesige Ländereien sind von den *Meeresfluten* überspült und nicht mehr freigegeben worden, an anderen Küsten treten die Sturmfluten periodisch auf. Zur Weihnacht 1277 versanken 50 Dörfer in der Nordsee, und am 16. Januar 1362 riß eine Sturmflut weite Teile der nordfriesischen Küste hinweg. Der heutige Jadebusen entstand am 17. Februar 1164. Am 2. November 1570 schließlich ertranken mehr als 100 000 Menschen, weil die Deiche gegen die Nordsee von Holland bis Jütland brachen.

Gerade die Niederungen sind meist fruchtbar und klimatisch begünstigt, so daß die Menschen immer wieder dorthin drängen. Dies ist sogar eine von der Natur verursachte Entwicklung, da sämtliche Flüsse Jahr für Jahr fruchtbare Erde aus den Hoch- und Mittelgebirgen an die Mündungen tragen. Entsprechend verheerend sind dann jeweils die Verluste der Menschen, die auf dem frischen Schwemmland siedeln. Die aktivsten Völker errichten Dämme gegen das Meer, ja ringen ihm Flächen ab, die sogar tiefer liegen als der Meeresspiegel. So haben die Niederländer inzwischen der Nordsee soviel Boden abgerungen, daß ein Drittel des gesamten Landes unter Normalnull liegt. Dabei wurden allerdings moderne großtechnische Mittel eingesetzt, die in früheren Zeiten gar nicht vorhanden gewesen wären. Die Nordseeküste sinkt aber kontinuierlich um fünf bis zehn Zentimeter alle 100 Jahre.[2]

In Bangladesch gehört es zur Normalität, daß der Indische Ozean riesige Niederungen überflutet, wobei in manchem Jahr Hunderttausende ertrinken und Millionen ihre Existenzgrundlage verlieren. Im Jahre 1970 sollen 500000 ertrunken sein und 1991 um die 200000, was sich dort nie genau ermitteln läßt. Was man weiß ist, daß die Bevölkerung von Bangladesh zwischen 1970 und 1990 von 64 auf 115 Millionen zugenommen hat. Darum siedeln dort Millionen Menschen praktisch im Wasser.

In China waren es 1991 die Flüsse, die über die Ufer traten, Wohnsiedlungen mit sich rissen und vor allem 20 Prozent der Gesamternte des Riesenreiches vernichteten.

Die Weltgesundheitsorganisation veröffentlichte im Frühjahr 1991 einen Bericht mit der Feststellung, daß die von Menschen verursachten Katastrophen weiter *zunehmen werden*. Die darin enthaltene Statistik für das Jahr 1988 verzeichnet 74 größere Überflutungen, 50 Wirbelstürme, 17 Erdbeben und 18 Dürrekatastrophen sowie 162 größere Unfälle, mit denen die nationalen Behörden nicht fertig werden konnten. Die gleiche Tendenz vermelden die internationalen Versicherungsgesellschaften. *Versichern* können sich die Menschen überhaupt nur dann mit Aussicht auf Ersatz, wenn irgendwo noch genügend Werte erhalten geblieben sind. Gegen die künftigen Globalereignisse kann es gar keine Versicherung mehr geben. Das gleiche gilt für atomare Großkatastrophen.

2   Die Menschenflut

Der Erdkreis ruht von Ungeheuern trächtig,
und der Geburten zahlenlose Plage
droht jeden Tag als mit dem jüngsten Tage.

Der deutsche Dichter
Johann Wolfgang Goethe

Schon das Bibelwort »Seid fruchtbar und mehret euch und füllet die Erde« enthält auch die Konsequenz, daß die Erde eines Tages *über*füllt sein kann; denn alles, was voll wird, muß schließlich überfließen. Nun ist zwar die Erde kein Topf, bei dem der Moment des Überfließens genau ermittelt werden kann; dennoch sind ihre Kapazitäten berechenbar. Auch der *Grundbedarf* des einzelnen Menschen ist berechenbar. Weniger genau zu berechnen ist die Fruchtbarkeit der Menschen, weil sich die einzelnen Völker und Kulturen höchst unterschiedlich verhalten und Lebensvorgänge nicht nach Plan verlaufen.

Um so erstaunlicher ist die Genauigkeit, mit der sich die Prognosen von 1974, die ich in meinem Buch »Ein Planet wird geplündert« verwendet hatte, erfüllten. Die Menschenzahl erreichte Mitte 1991 laut offizieller Mitteilung vom 13. Mai 5,4 Milliarden, und der UN-Weltbevölkerungsfond berechnete, daß sie im Jahr 2000 in der Nähe von 6,4 Milliarden liegen werde, da die jährliche Zunahme jetzt 100 Millionen beträgt. Sie wird sich dann in unserem schicksalsschwangeren 20. Jahrhundert fast genau *vervierfacht* haben. Die weitere Zunahme auf *8,5 Milliarden im Jahr 2025* ist unvermeidlich, weil die wenig entwickelten Völker, die inzwischen 80 Prozent der Weltbevölkerung stellen, *junge Völker* sind, bei denen die Jahrgänge, die das gebärfähige Alter erreichen werden, überdurchschnittliche Stärke aufweisen. Selbst wenn sie nur zwei Kinder pro Ehe hätten, bliebe die weitere Steigerung programmiert. Damit fällt alle vier Jahre eine Bevölkerungsmasse auf diesen Planeten hernieder, die der Einwohnerzahl der gesamten Europäischen Gemeinschaft gleichkommt. Wenn ein Land wie Mexiko ab sofort seine Geburtenrate derart senken könnte, daß sie im Jahre 2020 gleich der Sterberate wäre, so würde die Bevölkerung dennoch von 50 auf 130 Millionen anwachsen.[3] Insgesamt wird die Weltbevölkerung, falls keine Sterbekatastrophen eintreten, um 2050 auf elf Milliarden angewachsen sein! Und das selbst dann, wenn die Geburtenplanung einigen Erfolg haben sollte, andernfalls wird die Zahl noch höher liegen!

Wie konnte es zu dieser Flut innerhalb von 100 Jahren kommen, wo doch der Mensch schon seit drei Millionen Jahren auf der Erde lebt? Die Antwort lautet: Weil sich der Mensch genau in diesen hundert Jahren mit seinen neuen Mitteln den Erdball unterworfen hat. Die explosive Entwicklung der Technik und der Medizin führte zur Explosion der Menschenzahl. Und eine Explosion hat es an sich, daß sie nach der Zündung nicht mehr zu stoppen ist. *Die Weltbevölkerungskurve entspricht der Kurve der technischen und medizinischen Erfindungen.*

Die Wissenschaftler haben aufgrund vieler Indizien ermittelt, daß unser Planet in der Steinzeit wohl zwischen ein und zehn Millionen Menschen trug, vielleicht auch noch weniger. Vor 8000 Jahren könnten die ersten zehn Millionen überschritten worden sein. Dann lag die jährliche Wachstumsrate bei 0,05 Prozent. Bei Beginn der ersten vorchristlichen Hochkulturen waren es schon 50 Millionen und um Christi Geburt 200 bis 300. Hätte man die Personen gleichmäßig verteilt, dann wäre in der Steinzeit der einzelne nach vier Kilometern auf den nächsten Menschen gestoßen, aber um die Zeitenwende schon nach 450 Metern.[4] Um das Jahr 1000 waren es dann schon etwa 500 Millionen. Nicht nur in Europa verminderte die große Pest von 1348 bis 1352 die Zahl der Menschen, aber hier weiß man, daß sie 25 Millionen Todesopfer gekostet hat, womit die Bevölkerung in manchen Regionen auf die Hälfte dezimiert wurde. *Die Entwicklung der Weltbevölkerung* war stets ungleichmäßig. In den Nationen mit Hochkultur, also in nachchristlicher Zeit in Europa, nahm die Bevölkerung auch schon vor der Industrialisierung zu: von 1475 bis 1775 von 64 auf etwa 200 Millionen. Dies führte zu einem zunehmenden Auswanderungsdruck, dessen wichtigstes Ergebnis ein *zweites Europa* in Nordamerika wurde. Im Zeitalter der Industrialisierung verdichtete sich Europa bis 1900 auf das Doppelte in einem Jahrhundert, auf rund 400 Millionen, und stieg seitdem bis 1990 nochmals auf 700 Millionen. Davon sind aber bereits 20 Millionen außereuropäische Einwanderer abzuziehen. Das heißt, daß die europäischen Geburtenraten stark zurückgingen

Die Explosion der Erdbevölkerung

Abb. 3

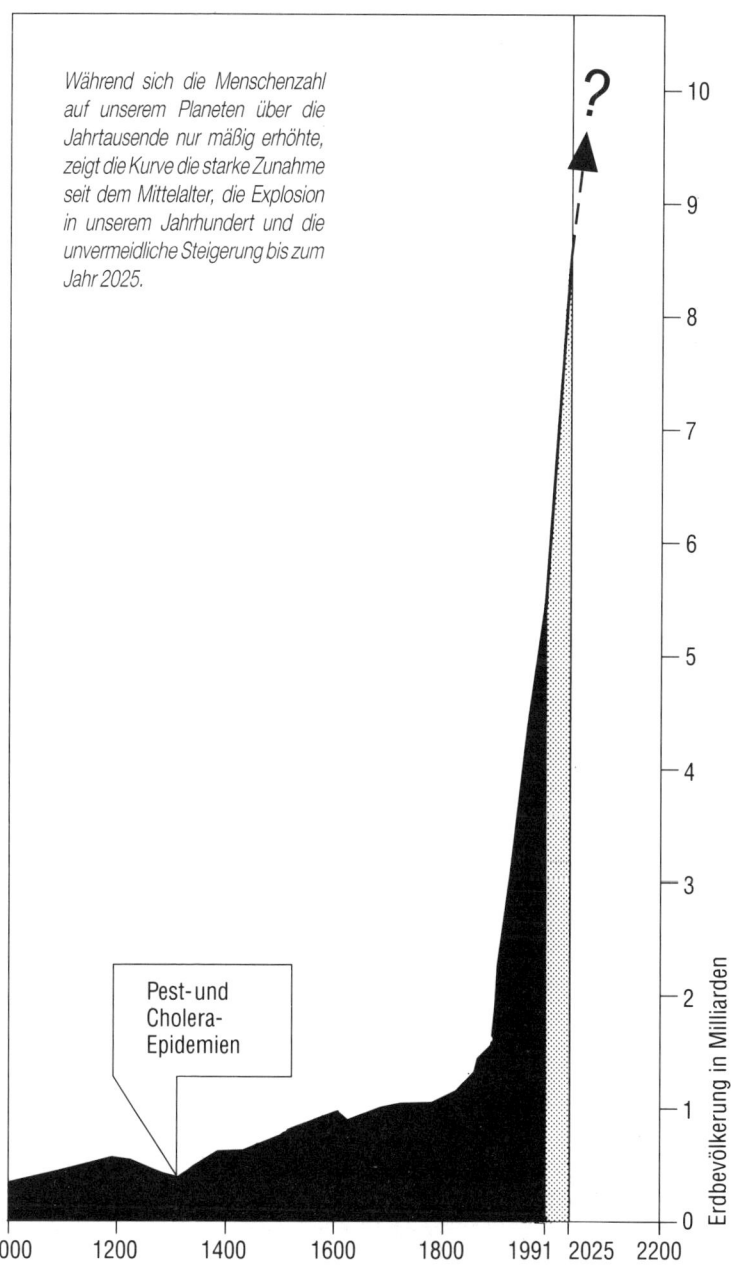

Während sich die Menschenzahl auf unserem Planeten über die Jahrtausende nur mäßig erhöhte, zeigt die Kurve die starke Zunahme seit dem Mittelalter, die Explosion in unserem Jahrhundert und die unvermeidliche Steigerung bis zum Jahr 2025.

?

Pest- und
Cholera-
Epidemien

Erdbevölkerung in Milliarden

10

9

8

7

6

5

4

3

2

1

0

1000   1200   1400   1600   1800   1991 2025 2200

Quelle: UNO.

Tabelle 4:

*Größe und Zunahme der Menschenzahl und der Arbeitskräfte
nach Regionen*

| | Bevölkerung in Millionen | | |
	1960	1990	2025
Welt insgesamt	3019	5292	8466
Europa (ohne USSR)	425	498	512
USSR mit asiatischem Teil	214	288	351
Nordamerika (USA + Kanada)	199	276	333
Mittel- und Südamerika	214	442	752
Afrika	281	647	1581
China	658	1136	1493
Indien	442	853	1446
Japan	94	124	129
Vorderasien	86	204	449
Übrige Länder Süd- und Ostasiens	382	785	1363
Australien mit Ozeanien	16	26	39

Die Tabelle zeigt die stark differierende Entwicklung in den kulturell
abgrenzbaren Großräumen der Erde.

und zur Zeit nur eine geringe Vermehrung aufweisen. Dabei sind
die Unterschiede zwischen den einzelnen Staaten beträchtlich. Ein
Defizit ergibt sich zur Zeit in Deutschland, Österreich, Italien und
Dänemark.

Die übrige Welt, die sich von Christi Geburt bis 1900 nur bescheiden
vermehrt hatte, von rund 100 Millionen auf 1250, trat nun in das
explosive Stadium ein, das auch die jemals höchsten Zunahmen
Europas weit in den Schatten stellt: sie *vervierfachte* sich innerhalb
der letzten 90 Jahre auf weit über vier Milliarden. Die Zunahmera-
ten betragen dort bei manchen Völkern vier Prozent jährlich, was
eine *Verdoppelung alle 17,5 Jahre* ergibt. Daß in Europa und
Nordamerika die Bevölkerung überhaupt noch wuchs, ist darauf

urchschnittl. jährl. Zunahme in Prozent			Durchschnittl. jährl. Zunahme der Arbeitskräfte in %		
1965–70	1975–80	1985–90	1960–70	1970–80	1980–90
2,06	1,74	1,73	1,7	2,1	1,9
0,67	0,45	0,23	0,6	0,7	0,6
1,01	0,82	0,78	0,6	1,6	0,7
1,13	1,06	0,83	1,9	2,4	1,1
2,62	2,30	2,10	2,5	3,2	2,6
2,63	2,95	3,00	2,2	2,5	2,5
2,61	1,43	1,39	2,2	2,5	2,2
2,28	2,08	2,08	1,5	1,7	2,0
1,07	0,93	0,44	1,8	0,7	0,9
2,86	2,69	2,94	2,3	2,7	3,0
2,55	2,29	2,23	2,0	2,4	2,5
1,97	1,51	1,44	2,4	2,2	1,8

Quelle: World Resources 1990/91

zurückzuführen, daß sich hier die Lebenszeit beträchtlich erhöht hat. Vermindernd wirkten sich auch die beiden Weltkriege aus, denn sie kosteten vor allem europäische Menschenopfer. Die Bevölkerung nahm also in historischer Zeit überall, aber höchst unterschiedlich zu.

Es gibt Differenzen in der Frage, ob ein gutes Nahrungsangebot eine stärkere Vermehrung nach sich zieht, oder ob eine wachsende Bevölkerung zu einer höheren Nahrungsproduktion geführt hat. Forrester meinte, in der Geschichte sei die Bevölkerungszahl der zur Verfügung stehenden Nahrungsmenge stets »um eine Nasenlänge voraus« gewesen.[5] Das stimmt so pauschal nicht, denn die Hungersnöte mit hoher Sterblichkeit ereigneten sich stets nur in einzelnen meist abgeschiedenen Regionen. Sie kamen schicksalhaft aufgrund ungünstiger Wetterjahre und manchmal auch der Kriege. Von Christi Geburt bis zum Zweiten Weltkrieg gab es nach der Aufstellung von Metternich 421 Hungersnöte größeren und großen Ausmaßes. Ihre Zahl schwankte zwischen zehn und 60 pro Jahrhundert bei ständiger Zunahme.[6] Die Speicherung von Lebensmitteln über Jahre war früher technisch schwer zu realisieren und immer teuer, so daß die optimistischen Menschen sich den Aufwand dafür sparten. Erst in diesem Jahrhundert ist die Speicherung mit Ausnahme der Kosten kein Problem, und seit dem Zweiten Weltkrieg sind die Transportmöglichkeiten so perfekt, daß in allen Teilen des Planeten schnell ausgeholfen werden kann. Damit wuchs aber auch die Versuchung, auf die Hilfe von oben zu vertrauen. Daß damit die Eigenverantwortung nicht gestärkt wird, liegt auf der Hand; denn das Trauma früherer Hungersnöte wirkt kaum noch.

Die Welt verfiel in Sorglosigkeit, weil Robert Malthus mit seinen prophezeiten Hungerkatastrophen im vorigen Jahrhundert nicht recht bekam, weil die sogenannte *zweite agrarische Revolution* von Justus von Liebig eingeleitet wurde. Durch die Versorgung der Pflanzen mit den *Hauptnährstoffen* Stickstoff, Phosphor und Kali konnten die Ernten erhöht werden und durch immer raffiniertere *Sortenzüchtungen* noch zusätzlich. Die hochgezüchteten Arten erwiesen sich zwar als krankheits- und schädlingsanfällig, aber dafür stand wieder die chemische Industrie bereit. Ein entsprechender Vorgang vollzog sich in der Tierzucht. Die Erfolge führten zu irrsinnigen Hochrechnungen auf künftige Ernten. Diese reichten zum Beispiel bei Fritz Baade bis zur Versorgung von 65 Milliarden Menschen und bei dem Briten Fremlin bis zu Billionen, der allerdings zugab, daß seine Rechnungen nur theoretisch sind. Derartiges gehört zu den »Triumphen des Wahns«, die aber auf dem sensiblen Gebiet der Ernährung viel gefährlicher sind als bei sonstigen Techniken. Sie tragen leider dazu bei, daß der größte Teil der Weltbevölkerung in dem vertrauensseligen Wahn lebt, die landwirtschaftliche Produktion ließe sich durch *Investitionen* ebenso steigern wie jede Industrieproduktion. Das ist eine Täuschung, die übrigens auch noch der Club of Rome mit seinen Computermodellen verbreitete; aber wen wundert's, es waren Techniker, die jene Kurven berechneten.

Daß nun auch die zweite Agrarrevolution der Menschheitsgeschichte an ihre Grenzen gestoßen ist, wird immer klarer, denn sie richtet schon jetzt Schäden im Ökosystem an, die wir noch beschreiben werden. Damit bekommen die Befürchtungen des Robert Malthus, die er 1798 veröffentlicht hatte, nach 200 Jahren erneut brennende Aktualität. Die unwissenden Schwätzer hielten ihn mit der zweiten Agrarrevolution für widerlegt; doch um mit der jetzigen Bevölkerungsexplosion Schritt zu halten, müßte die dritte und dann die vierte kommen und so fort. Im übrigen konnte Malthus noch keine Ahnung davon haben, daß die Industriegesellschaft die natürliche Umwelt immer stärker belasten und deren Wachstumsergebnis vermindern würde.

Die Völker geben sich gern der Illusion hin, daß es letzten Endes immer irgendwelche Auswege geben werde. Sehr viele vernachlässigen darüber ihre eigene Landwirtschaft. Ihr Verhungern wird sie eines Tages eines anderen belehren; doch dann wird es für eine Umkehr zu spät sein. Welch tolle Blüten die Dummheit treibt, zeigen diese Jahre. Die Amerikaner erwarten, daß die Europäische Gemeinschaft ihre Landwirtschaft opfert, damit sie nach Europa exportieren können. Dagegen sagt sogar ein Ökonom, Maurice Allais: »Wenn wir unsere Grenzen ohne Zollerhebung den amerikanischen Agrarprodukten öffnen, würden wir unsere Landwirtschaft endgültig zerstören. Das wäre Selbstmord... Daß Deutschland beispielsweise seine Bauern opfert, erscheint mir völlig untragbar.«[7] Würde eine ständige *weltweite Einheitsversorgung* eingeführt, dann wäre die Gefahr, daß alle darauf vertrauten, noch größer. Wenn es dann global zu einem schlechten Erntejahr kommt, müßte theoretisch die gesamte Menschheit hungern. Aber eben nur theoretisch; denn wer noch genügend hat, wird erst einmal sich selber sättigen und nur den Rest zur Verfügung stellen, und das zu horrenden Preisen.

Der Direktor des Umweltprogramms der Vereinten Nationen mit Sitz in Nairobi, der Ägypter Mostapha Tolba, rechnete 1978 vor, daß bei anhaltendem Bevölkerungswachstum – und es hält weiter an – im Jahr 2000 nur noch 0,16 Hektar fruchtbaren Landes pro Erdbewohner zur Verfügung stehen würden, gegen damals noch 0,31 Hektar. Als Biologe vom Fach fuhr er fort: »Wenn mir jemand sagt, daß die 0,16 Hektar von morgen ebensoviel hergeben werden

wie die 0,31 heute, dann habe ich als Wissenschaftler meine Zweifel.«[8] Aber selbst wenn die Ernten pro Fläche nochmals verdoppelt
werden *könnten*, was passiert dann Mitte des nächsten Jahrhunderts, wenn uns nur noch ein Garten von 800 Quadratmetern je
Person zur Verfügung stehen wird? In der Steinzeit besetzte jede
Horde ein Landgebiet. In den Agrarkulturen besaß jede Familie ein
Stück Land und wußte, daß sie davon leben mußte.

Wären die Menschen weiter so verfahren, dann hätten sie gemerkt,
wie die Flächen mit der Zunahme der Köpfe immer kleiner und
kleiner wurden. »Es gibt viele Säuger- und Vogelarten, bei denen
der Besitz eines Territoriums Voraussetzung für den Fortpflan-
zungserfolg ist. Individuen, denen es nicht gelungen ist, ein Territorium zu besetzen und gegen Konkurrenten zu verteidigen, sind
Ausgestoßene, die nur selten zur Paarung gelangen, die auch als
erste emigrieren oder Räubern zum Opfer fallen.«[9] Die Menschen
merkten die schnelle Verkleinerung ihres Raumes nicht, weil sie
inzwischen *die Stadt* erfunden hatten. Und seitdem spielen sie das
Spiel ihres Lebens mit verdeckten Karten. Ein Spiel, das nun
laufend undurchsichtiger geworden ist; denn keiner kennt mehr *die
Grundregeln*, die unter dem künstlichen Regelwerk verborgen
liegen.

Die Stadt war der Ausweg für alle überzähligen Menschen. Und die
Entfaltung der Technik samt Industrie sorgte dafür, daß dort alle
etwas zu tun bekamen, ja daß es oft an Arbeitern fehlte. Die
Einkommenschancen waren seit eh und je höher als auf dem Dorf.
Diese Ballungstendenz hat sich inzwischen auf die Entwicklungsländer übertragen, denn was sollten sie sonst unter »Entwicklung«
verstehen, wenn nicht *»Verstädterung«*? Das System Stadt hat die
gleiche magische Anziehungskraft wie seinerzeit die »Auswanderung nach Amerika« für die Bauernkinder Europas. Die Verlok-
kungen der Städte sind immer noch grenzenlos, und deren Aufnah-
mekapazitäten scheinen unendlich zu sein. In den Entwicklungsländern verlassen *täglich* 140 000 Menschen ihr ländliches Zuhause.
Vor 60 Jahren gab es erst 40 Großstädte mit mehr als einer Million
Bewohnern, davon 26 in Europa und Amerika. Damals hatte
Spengler gerade geschrieben: »Ich sehe – lange nach 2000 – Stadtan-
lagen für zehn bis zwanzig Millionen Menschen, die sich über weite
Landschaften verteilen, mit Bauten, gegen welche die größten der

Gegenwart zwerghaft wirken, und Verkehrsgedanken, die uns heute als Wahnsinn erscheinen würden.«[10] Im Tempo irrte sich Spengler gründlich; nicht lange *nach* 2000, sondern *vor* 2000 traf seine Vision ein! Schon heute gibt es *400 Städte* mit mehr als einer Million Menschen, und der Wahnsinnsverkehr ist längst Wirklichkeit. Schon 1990 lebten *zwei Milliarden* Menschen in Städten, das sind genausoviel, wie 1930 insgesamt auf der Erde gelebt haben! Noch vor 50 Jahren lebten 80 Prozent der Menschen in Agrardörfern.[11] Die UNO-Organisation für das Siedlungswesen (Habitat) teilte weiter mit, daß im Jahr 2025 schon 60 Prozent der Menschen in Städten leben werden, was dann bereits *fünf Milliarden* heißt.[12] Die Organisation möchte den Städten mehr Geld geben! Dies würde die Zuwanderung noch verstärken! Woher soll dann die Nahrung kommen? Von den Städten der Dritten Welt hatten schon 1985 acht über zehn Millionen Einwohner, im Jahr 2000 werden es 23 sein.[13] Das heißt, in den Slums, die sich wie Jahresringe um jede Stadt legen, werden die Menschen zunehmend im eigenen Dreck umkommen, wie das in einigen Ballungszentren Indiens lange der Fall ist. Selbst in einem relativ geordneten Land wie Kenia sah sich die Regierung 1990 gezwungen, die illegalen Slums mit Bulldozern zu beseitigen. Da schrie die dortige Katholische Kirche auf; was tut sie wohl sonst?[14] Der Müll verrottet stinkend auf den Straßen, sogar in Hauptstädten wie Manila, Mexiko, Kairo, Ankara, Colombo, Dhaka, Rangun, ja selbst in Hongkong. Jakarta wird in 50 Jahren unbewohnbar sein.[15] In Bangkok ist es nicht besser, aber die Stadt ist mit 1,8 Millionen Autos und Motorrädern »versorgt«.

In vielen Städten bleibt den verwaisten Kindern oft nichts weiter übrig, als vom Diebstahl zu leben, und sie bilden Banden, gegen die sich die Bevölkerung natürlich wehrt. Nach Berichten aus Rio de Janeiro wurden schon viele dieser Kinder ermordet, 450 sollen es 1990 gewesen sein.[16] Die Probleme der Ballungszentren werden immer furchtbarer.

Schon 1973 schrieb Manfred Niermann vom Institut für Tropisches Bauen der TH Darmstadt: Es sei in all diesen Ländern »völlig undenkbar, daß die öffentliche Hand durch Einsatz von finanziellen Mitteln für Milliarden Menschen an dieser Aufgabe mitwirkt«. Er schloß seine Betrachtung: »Noch nie ist die Menschheit ... so unvorbereitet in eine beinahe unlösbare Situation solch katastrophalen Ausmaßes hineingestolpert.«[17] Wenn die Probleme bereits 1973 *beinahe* unlösbar waren, heute *sind* sie unlösbar. Diese Städte sind nicht nur Krebsgeschwüre an sich, sie fressen sich Jahr für Jahr weiter ins Land hinein; das Land, von dem andererseits erwartet wird, daß es *steigende* Mengen von Nahrungsmitteln in die Städte liefert.

Das Land wird gerade in den Wohlstandsländern immer knapper. Das deutsche Bundesland Nordrhein-Westfalen berichtete, daß seit 1975 jede Minute 146 Quadratmeter Land den Gebäuden und Verkehrsbauten zum Opfer fallen, 20 Prozent der Landesfläche ist bereits dafür verbraucht worden. Im Gebiet der ganzen alten Bundesrepublik waren es 1990 täglich 1,59 Quadratkilometer.

Zwei Naturgeschehnisse rasen aufeinander zu: So wie die Zahl der Menschen mit hoher Geschwindigkeit wächst, nimmt andererseits die Bodenfläche ab. Wir sind dem Zusammenprall nahe. Wann er eintritt, hängt von den Witterungsbedingungen der nächsten Jahre und von den politischen Ereignissen ab, die nicht voraussehbar sind. Wer hätte zu Beginn des Jahres 1990 den Golfkrieg voraussagen können? Also bleibt nur die Alternative: *Untergang oder vorsorgliche Reduktion.* Eigenartigerweise sind gerade die Völker, die das Sterben *zuerst* treffen wird und die es *schon trifft,* am wenigsten imstande, ihre Geburtenraten zu reduzieren. Das rührt auch von ihrer völlig anderen Grundeinstellung zum Leben her; der eigene Tod wird wie der der Kinder als Schicksal hingenommen. Für uns ist eine solche Haltung nicht nachvollziehbar. So kommt es, daß die Geburtenplanung nur im euroamerikanischen Bereich sowie in Japan und auch noch China einigermaßen Erfolg hat, wenn er auch nicht ausreicht. Denn ein Prozent jährlicher Zunahme bedeutet in 70 Jahren dennoch Verdoppelung.

Der Hungertod breitet sich gerade in den ärmsten Ländern aus; dennoch hat er dort die Geburten nicht stoppen können. Es sind die gleichen Länder, in denen das Bruttosozialprodukt pro Kopf abnimmt.

In Afrika ist jeder dritte Einwohner unterernährt, und 22 Millionen waren im Frühjahr 1991 vom Hungertod bedroht. Im September 1990 fand in Paris die »2. Konferenz über die am wenigsten entwikkelten Staaten« statt: 41 Staaten mit 500 Millionen Menschen, die unter dem Existenzminimum leben, kamen zusammen; 1981 waren es noch 31 gewesen. Diese Länder verfügen über keine nennenswerten Rohstoffe für den Export, und ihre Bevölkerung wächst schneller als das Bruttosozialprodukt. Ihre Lage hatte sich in den neun Jahren sehr verschlechtert. Afrika ist der einzige Kontinent, auf dem die *Zunahmerate* in den letzten drei Dekaden noch etwas *höher* geworden ist, während wenigstens diese in der übrigen Welt abnahm.

Dichtestress haben die Verhaltensforscher bei einigen Tierarten nachgewiesen. Bei zu dichter Population kommt es zu Verhaltensänderungen mit der Folge geringerer Nachkommenschaft. Ratten werden kannibalisch, Lemminge gehen ins Wasser, Rotwild leidet an Muskelschwund und hat weniger Junge. Andererseits gibt es im Tierreich explosive Vermehrungen, bei Heuschrecken und anderen Insektenarten, auch bei Ratten und Mäusen, bei Kaninchen und in Australien gegenwärtig bei Känguruhs. Jede *Epidemie* liefert den Beweis, daß sich eine gewisse Art von Bakterien oder Viren im Explosionsstadium ihrer Vermehrung befindet; aber nach einiger Zeit bricht jede Population auch wieder zusammen. Theo Löbsack bringt das Beispiel von den Rädertierchen, die sich im Wasser von 15 °C gleichmäßig fortpflanzen ohne zuzunehmen, aber im Wasser von 25 °C innerhalb von sechs Tagen um ein Drittel vermehren; doch darauf kommt es zu einem dramatischen Rückschlag, »dem zwar noch zweimal kurzfristige Erholungsphasen folgen, dann aber – nach vier Wochen – das unweigerliche Ende: Die Rädertierchen-Gesellschaft stirbt aus.«[18] Robert Ardrey schließt: »Neben jenen Spezies, die ihre Anzahl selbst regulieren können, gibt es andere, die dazu nicht imstande sind.«[19] Der Mensch gehört offensichtlich nicht generell zu den Spezies, die sich von selbst regulieren. Zwar hat Eckart Knaul 1985 in seinem Buch »Das biologische Massenwirkungsgesetz« darzulegen versucht, daß proportional zur Massendichte ein Bevölkerungsrückgang eintrete. Er glaubt beim Menschen ein »Nachlassen der speziell männlichen wie weiblichen Sexualhormonproduktion« feststellen zu können.[20] Da müßten aber in den Armenvierteln der Ballungszentren und in den Entwicklungszentren die Konsequenzen längst zu erkennen sein. *Leider ist das nicht der Fall.* Die Menschen können offensichtlich den »Pferchungsdruck« durchstehen; er hat nicht zu weniger Kindern geführt. In den Slums der Weltstädte ist die Geburtenziffer im allgemeinen hoch. René Dubos meint wie viele: »Der Mensch ist ein Herdentier«; denn er neigt dazu, bevölkerte Umgebungen zu akzeptieren und sogar aufzusuchen.[21] Aber es gibt dennoch Grenzen: »Jenseits dieser Grenzen wird eine Übervölkerung aller Wahrscheinlichkeit nach psychologische Schäden verursachen. Für einige überfüllte Populationen mag dann Gewalt oder sogar die Atombombe eines Tages keine Drohung mehr sein, sondern eine Befreiung.«[22]

Einen entscheidenden Unterschied der menschlichen Gattung gegenüber allen anderen hatte schon Leonardo da Vinci erkannt: »Die Natur... hat es so eingerichtet, daß sich ein Tier von dem anderen ernährt, um den kommenden Geschlechtern Platz zu machen. Daher sendet sie auch Seuchen und Pestluft dorthin, wo sich die Geschöpfe, besonders die Menschen, zu sehr vermehrt haben. Bei den Menschen übersteigt nämlich die Anzahl der Geburten die der Sterbefälle beträchtlich, weil sie nicht anderen Geschöpfen zur Nahrung dienen.«[23] Seitdem nun der Mensch bei der Bekämpfung der Seuchen große Siege errungen hat, denn außer Malaria und Schlafkrankheit spielen sie keine Rolle mehr, traten die von Leonardo erkannten Konsequenzen ein. Aber das schließt nicht aus, daß völlig *neue Erreger* auftauchen. Hubert Markl beschrieb 1987 die Lage: »Wir sollten uns nicht darüber täuschen, daß 200 Millionen Tonnen Menschen – soviel wiegen wir alle miteinander –, zu denen jedes Jahr noch einmal 4 Millionen Tonnen hinzukommen, eben auch ein fantastisches Fleischgebirge darstellen. Die Menschheit ist nichts anderes als das Schlaraffenland ihrer Parasiten. Und wir sind es ja nicht allein: Die Weltgetreideernte betrug 1986 1,8 Milliarden Tonnen, dazu kamen noch einmal mehr als eine Milliarde Tonnen Wurzelfrüchte, Obst und Gemüse und eine Tierfleischproduktion von nochmals 150 Millionen Tonnen von Milliarden Rindern, Schafen und Schweinen. Allein der Weltbestand an Geflügel liegt bei 10 Milliarden... Das alles ist nicht nur ein gigantisches Kombinat von Nahrungskonkurrenten für alle anderen Lebewesen: Es ist zugleich ein schier unerschöpfliches Nahrungsangebot für jeden Parasiten, jeden Wurm, der es sich zu erschließen weiß.«[24] Das Letztere bestätigt sich bereits in diesen Jahren, denn immer häufiger hören wir Meldungen von *rätselhaften neuen Tierkrankheiten*, aber auch von solchen, die den Menschen befallen.

Aids ist wie aus heiterem Himmel heruntergefallen. Die Weltgesundheitsorganisation rechnet bis zum Jahr 2000 mit 40 Millionen Infizierten, davon 90 Prozent in Entwicklungsländern mit Schwerpunkt in Afrika sowie Indien und Südostasien.[25] Die Zahl der Toten wurde für 1989 auf 200000 beziffert. Auf der WHO-Konferenz über Aids im August 1990 wurde berichtet, daß mindestens zwei Millionen Kinder von aidsinfizierten Frauen geboren wurden.[26] In Afrika schätzt man 1990 etwa fünf Millionen Infizierte. Laut einer USA-Studie werden dort in 25 Jahren 70 Millionen Menschen erkrankt sein, bei einer auf 900 Millionen angewachsenen Bevölkerung.[27] In Indien wird mit einer ähnlich starken Ausweitung gerechnet. Wie weit solche Seuchen, gegen die mit Hochdruck Mittel gesucht werden, die Bevölkerung dezimieren werden, bleibt im Dunkel. Der Krebs konnte bis heute nicht besiegt werden. Die Auswirkung künftiger Krankheiten auf die Bevölkerungsentwicklung läßt sich kaum berechnen.

Da der Mensch unter den Lebewesen keine ihm überlegenen Feinde hat und eine natürliche Geburtensteuerung in ihm nicht wirksam ist, bleibt nur seine vielgepriesene Vernunft. Aber gerade da, wo die Rationalität am dringendsten nötig wäre, bei den armen Völkern der Erde, reicht sie nicht hin.[28] Dort nimmt zwar die Zahl derer, die Lesen und Schreiben lernen, zu, aber prozentual zur Bevölkerung sinkt sie sogar. Und hunderte Millionen Menschen wissen auch dort nichts mehr über ihre eigenen Lebensgrundlagen, die sehr schnell schwinden. Das Nötigste ist noch meist *irgendwoher* gekommen. Da die Menschen sich auch unter kein Gebot zwingen lassen, bleibt letzten Endes nur die zwangsläufige Regulation durch den Mangel, der um so schärfer werden wird, je länger die Völker das Problem vor sich her schieben. Jede aus der jetzigen Sicht scheinbar »erfolgreiche« Rettung wird, solange die Menge der künftig nicht mehr Versorgbaren zunimmt, das kommende Verhängnis vergrößern. Die gegenwärtig Geborenen haben normalerweise 70 Jahre des Bedarfs vor sich, den man jetzt immer noch zu erhöhen trachtet! Die naturgegebenen Voraussetzungen dieser Erde reichen aber – auf Jahrtausende gesehen – nur für eine Milliarde Menschen oder höchstens zwei. Aber schon heute sind die Weichen auf weiter zunehmende Menschenmassen im nächsten Jahrhundert gestellt. Es geht nur noch darum, ob sie sich *verdop-*

peln (wenn einige Maßnahmen greifen) oder ob sie sich *verdreifa-chen* wird. Eine »grausame Bedeutung« maß Frau Nafis Sadik, Direktorin des Bevölkerungsfonds der Vereinten Nationen, den Entscheidungen zu, welche die Regierungen in Hinblick auf die Bedrohung treffen werden.[29]

Auf der Weltbevölkerungskonferenz in Mexiko 1984 glaubte man bereits einen wesentlichen Rückgang der Überschußrate von 2,03 auf 1,67 Prozent verkünden zu können. Doch die folgenden Jahre zeigten, daß sich der Überschuß bei 1,9 Prozent verfestigte; er beträgt 2,1 Prozent in den Entwicklungsländern und 0,5 Prozent in den Industrieländern. Und das, obwohl jährlich 50 Millionen Ab-treibungen erfolgen und über 14 Millionen Kinder an Unterernäh-rung sterben. Beide Zahlen hinzuaddiert würden einen jährlichen Zuwachs von 160 Millionen ergeben.

So halten denn auch von den unterentwickelten Staaten 65 ihren Zuwachs für zu hoch, und 53 davon haben Maßnahmen zur Geburten-kontrolle ergriffen.[30] Aber einige Staaten lehnen jede Geburten-planung rundweg ab. Den größten Erfolg hatte *China*, wo die Überschußrate von 2,6 Prozent (1970) auf 1,4 Prozent (1985) sank. Am Ziel der Wachstumsrate 0 gemessen, war es dennoch ein bescheidener Erfolg. Aber schlimmer ist, daß die Zahl der Gebur-ten schon wieder steigt. Selbst wenn es gelungen wäre, die Zu-wachsrate in China auf ein Prozent zu drücken, würde die Bevölke-rung um jährlich zwölf Millionen anwachsen und damit um 2050 1500 Millionen erreichen.[31] In *Indien* endeten die zum Teil radika-len Bemühungen der siebziger Jahre mit einem Mißerfolg; die Zunahme beträgt 1,8 Prozent. Das bedeutet, Indien wird im Jahr 2000 über eine Milliarde Menschen haben und um 2030 China als den zahlreichsten Staat der Erde überholen. Dazu kommen auf dem indischen Subkontinent schon um 2000 je 150 Millionen in Pakistan und Bangladesh, das heißt, daß dieser dann soviel Men-schen haben wird wie zu Anfang unseres Jahrhunderts die ganze Erde hatte. Schon heute leben 60 Prozent aller Menschen in Asien.

Eine der verbreiteten Thesen lautet: *Geburten durch Wohlstand vermindern!* Da die wohlhabenden Völker in der Regel die schwächsten Geburtenraten haben, wird als Ausweg propagiert, alle Völker auf diesen Wohlstand zu heben. Die »Weltkommission für Umwelt und Entwicklung« stellte 1987 fest, daß die globale

Industrieproduktion »*verfünf- bis verzehnfacht* werden müßte, falls in den Entwicklungsländern bis zum Abflachen des Bevölkerungswachstums das gleiche Konsumniveau pro Kopf erreicht werden sollte, das heute in den Industrieländern üblich ist«.[32] Die Unmöglichkeit dieses Weges habe ich bereits in »Ein Planet wird geplündert« dargestellt.[33] Die Faustregel, daß der Wohlstand zu einer geringeren Nachkommenschaft führt, gilt überdies nicht für alle Völker. Sie gilt wohl für Europa, Nordamerika und neuerdings Japan. Dazu ist gerade für Europa die Frage aufzuwerfen, ob es seinen Wohlstand nicht auch der Tatsache verdankt, daß hier, vor allem in Mittel- und Nordwesteuropa die Zahl der Nachkommen *nie sehr hoch war*. Hier gab es offensichtlich schon immer Geburtenplanung. Sie ließ offenbar etwas nach, als die Erfahrung gemacht wurde, daß durch Abwanderung in die Städte oder Auswanderung sehr wohl mehr Menschen ihr Auskommen finden konnten. Zu einer so rationalen Verhaltensweise sind die meisten Völker der Welt nicht fähig. Darum werden sie den Wohlstand nie erreichen; denn die vielen Kinder fressen sofort jeden ökonomischen Zuwachs weg. Wo aber der Wohlstand sprunghaft gestiegen ist wie in den Erdölländern, gibt es dennoch die höchsten Geburtenraten. All den Völkern, welche die Lebensweise der Europäer kopierten, hätte auffallen müssen, wie wenig Kinder diese haben.

Mehr Menschen ergeben mehr Arbeitsuchende. Die schnelle Vermehrung bringt nicht nur die Probleme der Ernährung, der Behausung, des Raumes und der Dichte, sondern auch das der *Arbeit*. Die Tabelle 4 zeigt, wie stark die Nachfrage nach Arbeitsplätzen bis 2025 zunehmen wird: stärker als die Bevölkerung, da in nächster Zeit die stärksten Jahrgänge der Weltgeschichte ins arbeitsfähige Alter kommen. *Auch die Arbeit richtet die Welt zugrunde.* Denn es ist nicht mehr die Arbeit der Steinzeit und auch nicht mehr die der vergangenen Hochkulturen; es handelt sich vielmehr um Arbeit mit technischen Waffen. Die Arbeitenden sind ausgerüstet mit Motorsägen, Bulldozern, Kränen, Lastwagen, Schiffen, Flugzeugen, und in den Fabriken verarbeiten riesige mit Energie angetriebene Maschinen gewaltige Rohstoffmengen. Je mehr sie leisten, um so mehr Brennstoffe und Mineralien fressen sie. Das heißt, jede modern und rationell eingesetzte Arbeitskraft verfügt über ein riesiges Zerstörungspotential, mit dem sie nicht etwa dauerhafte Werte schafft, sondern kurzlebige Güter, die rasch auf den Abfallhalden landen. Das Arbeits*produkt* ist in kurzer Zeit verschlissen, es *bleiben* dagegen: die leeren Lagerstätten der Mineralien und der fossilen Brennstoffe, die Umweltschäden der Produktionsprozesse und letztlich der Müll. Jeder arbeitende Mensch ist also ein Umweltschädling; er schadet der Natur um so mehr, je »produktiver« er arbeitet. Die vielen arbeitenden Menschen werden zu Totengräbern dieser Welt. Es ist eine makabre Ironie, wenn Papst Johannes XXIII. den Müttern zurief: »Habt keine Angst davor, viele Kinder zu bekommen! Die Welt ist von Gott nicht geschaffen worden, um ein Friedhof zu sein. Der Herrgott segnet die großen Suppentöpfe!«[34] Auch ein Papst sollte wissen, daß die Friedhöfe um so größer werden müssen, je mehr Menschen geboren werden. Und unser Planet wird um so früher zum Friedhof der Menschen werden, je schneller deren Zahl zunimmt.

Diese Erde und – worauf es ankommt – ihre *Natur* wird sich nie und nimmer danach richten, wieviel Menschen zu versorgen sind, sondern die Menschen müßten sich danach richten, wie viele von ihnen hier eine Lebensbasis finden können.

Der Mensch beschneidet jedoch der Natur den Raum auf dieser Erde Tag für Tag und füllt ihn blindlings mit Menschen. Je schneller er ihn überfüllt, um so früher schwinden seine eigenen Lebenschancen dahin. Die Zahl der Toten wird in Korrelation mit der Zahl der Geburten wachsen und – zu einem schon nahen Zeitpunkt – apokalyptische Ausmaße annehmen.

3 Die Unratlawine

*Die Industrie und ihre Produkte führen uns an den
Rand des Bankrotts, nämlich zur Zerstörung von
Erde und Atmosphäre.*

Der französische Dichter
Eugène Ionesco

Die Masse Mensch belastet die natürlichen Systeme unseres Planeten zunehmend. Die Last wird vervielfacht durch die materiell
überlastete Lebensführung, die im technischen Zeitalter zur Gewohnheit geworden ist. In seiner ganzen Vorgeschichte über die
drei Millionen Jahre hinterließ der Mensch *nahezu nichts*, was nicht
verrottbar gewesen wäre, außer den Knochen der gejagten Tiere,
und selbst die wurden noch zum Teil als Waffe oder Werkzeug
verwendet. Das änderte sich erst in den Hochkulturen, die jedoch
Inseln in einer weiter einfach lebenden Welt blieben. Der weltweite
Verbrauch an Grundstoffen pro Kopf blieb bis ins 19. Jahrhundert
gering; erst in unserem Jahrhundert wurde die Steigerung explosiv.
Für die Schweiz ermittelten Wissenschaftler einen durchschnittlichen Pro-Kopf-Verbrauch im Jahr von *90 Tonnen*.[35] Damit erreicht
der Jahresverbrauch eines Schweizers ungefähr 1200mal das eigene
Körpergewicht. Bei einer siebzigjährigen Lebenszeit kommt ein
Berg von *84 000 Tonnen* zustande! Der Verbrauch in der Schweiz
kann für mindestens eine Milliarde Menschen auf der Erde als
repräsentativ angesehen werden, denn der des USA-Bürgers liegt
noch bedeutend höher.

Dieser *Verschleiß* sieht nach Wahnsinn aus; doch er relativiert sich
etwas. Denn 60 Tonnen macht allein der jährliche Wasserverbrauch
aus, den der Mensch für diverse Formen der Reinigung nötig zu
haben glaubt, während sein Leib nur eineinhalb Tonnen benötigt.
Auch für die Atmung braucht er nur vier Tonnen Luft im Jahr.
Wasser und Luft *erneuern* sich immer *noch* alljährlich, so daß sie
nicht aufgezehrt werden; doch die 60 Tonnen Wasser verlassen die
Häuser als *Abwasser*, was uns noch im nächsten Kapitel beschäftigen wird.

Hier interessiert, daß *28 Tonnen Stoffe* je Person und Jahr für
Wohnung und Transporte aller Art aufgewendet werden, die sich

nicht erneuern. Abzüglich einer bescheidenen Wiederverwendungsrate ist das ein Posten, der unwiderbringlich verloren geht; denn in ihm stecken die verbrannten Energiemengen für Heizung und Verkehr. Selbst wenn wir von einer fünfzigprozentigen Wiederverwendung von acht Tonnen fester Stoffe ausgehen, was zur Zeit eine Illusion ist, bleibt eine Vernichtung von rund 20 Tonnen Feststoffen pro Person im Jahr. Wenn wir den Verbrauch der ärmeren Hälfte der Erdbewohner ganz weglassen, dann ist es wohl erlaubt, die Schweizer Zahlen auf die halbe Weltbevölkerung, also derzeit 2,8 Milliarden Köpfe hochzurechnen. Das ergibt einen Jahresverschleiß von 56 Milliarden Tonnen. Der Erdball hat eine Landfläche (ohne die eisbedeckten Gebiete) von 111 Billionen Quadratmetern. Würde die jährliche *Verarbeitung* der entsprechenden Zahl von Kubikmetern 2000 Jahre fortgeführt, dann würde *die gesamte Landfläche der Erde in einer Tiefe von einem Meter einmal umgearbeitet sein.* Hätte man also bei Christi Geburt mit der heutigen Menschenzahl und Wirtschaftsweise begonnen, so wäre das heute »geschafft«! Und das bei sogenanntem Nullwachstum. Und hätte man zu Beginn der Kulturgeschichte vor 5000 Jahren so begonnen, dann wäre die Erdkruste heute in *zweieinhalb Meter Tiefe* einmal umgewühlt. Um korrekt zu bleiben, auch diese Rechnung relativiert sich etwas; denn wir holen einen riesigen Teil der Menge aus tiefen Bergwerken und pumpen Öl und Gas aus unterirdischen Lagern hoch. Doch daraus den Schluß zu ziehen, daß die Erdoberfläche damit nicht beschädigt werde, wäre verfehlt; denn es entstehen außer den *Abraumhalden* bei den Verarbeitungs- und Verbrennungsprozessen vielerlei Umweltbelastungen – und das nicht nur auf der Erdoberfläche, sondern auch in den Weltmeeren und in der dünnen Lufthülle.

Somit schädigen die rund 10 Milliarden Tonnen fossiler Brennstoffe und die rund zwei Milliarden Tonnen Mineralien sowie die 150 Millionen Tonnen Düngemittel das gesamte Ökosystem weit mehr als die Stein-, Sand- und Lehmgruben, woraus die schlichten Baumaterialien – allerdings mit riesigem Energie- und Transportaufwand – gewonnen werden. Der Bergbau räumt also nicht nur die Erde aus, sondern schädigt sie in jeder Beziehung. Und für seine unbrauchbar gewordenen Güter sucht der Mensch Ablagerstätten, die Kenneth Boulding »umgekehrte Bergwerke« nennt. In der Tat wäre es am vernünftigsten, die in der Erde entstandenen Hohlräume mit dem Abfall wieder aufzufüllen. Aber die aufgelassenen Bergwerke befinden sich selten dort, wo der Abfall entsteht, oft sogar in anderen Kontinenten, so daß die Transport- und Bergungskosten viel zu hoch wären. Diese »spart« man sich und kippt den Müll in der Nähe der Wohnsiedlungen aus oder verbrennt ihn, genauer gesagt, man teilt ihn auf: der kleinere Teil wird zu Schlacke und Asche, der größere wird in die Luft geblasen. Die Verbrennung ist trotzdem auf dem Vormarsch, weil die leicht erreichbaren Sand-, Ton- und Steingruben in wenigen Jahrzehnten voll geworden sind. Die Bevölkerung wehrt sich aber inzwischen sowohl gegen die Deponien als auch gegen die Verbrennungsanlagen. Damit wird bewiesen, daß in den wohlhabenden Regionen der Erde *schon nach 40 Jahren* Wohlstand der Wohlstandsmüll nicht mehr unterzubringen ist. Die Menschen wollen zwar den Wohlstand, weigern sich aber, die Folgen der Wegwerfgesellschaft zu akzeptieren.

Allein in der Bundesrepublik Deutschland stieg von 1970 bis 1985 die Zahl der *Einwegpackungen* für Getränke von zwei auf neun Milliarden Stück. Die Papier- und Pappeproduktion erreichte 13 Millionen Tonnen (1989), die Hälfte bedruckt. Davon werden 43 Prozent wiederverwendet, aber dennoch wuchs der jährliche Hausmüllberg auf über 30 Millionen Tonnen und der des Sondermülls auf fünf Millionen. Der Bauschutt erreichte in der Europäischen Gemeinschaft schon 1980 125 Millionen Tonnen.

Die Natur hatte solche Probleme nie! Sie hat nur das produziert, was auch verrottbar war und damit in den Kreislauf zurückgeführt werden konnte. In der Natur ist für jedes Molekül auch ein Enzym zu dessen Auflösung vorhanden, aber sie hat keine Mittel zur Verarbeitung der vielen synthetischen Produkte, die der Mensch jetzt industriell erzeugt; denn sie sind abiotisch, wie der Fachausdruck lautet, biologisch nicht abbaubar. Viele davon sind *Gift* für die Kreisläufe der belebten Welt. Da die Menschen aber bis vor kurzem in der Regel davon keine Ahnung hatten, wurde alles, einschließlich der giftigsten chemischen Verbindungen, in die Abfalldeponien geschüttet. Die Folgen kommen schon heute »zu Tage«, in Form vergifteter Grundwässer und Böden, ja vergifteter Häuser, die auf solchen Böden leichtfertig gebaut worden sind. Eigenartigerweise bezeichnet man diese Hinterlassenschaften als

»Altlasten«, obwohl sie noch selten 50 Jahre alt sind. Wie wird das erst werden, wenn der Müll von 500 Jahren zusammenkommt? Für die Bundesrepublik Deutschland hat der Sachverständigenrat für Umweltfragen 1989 die Anzahl der gefährlichen Vorkommen, auch »Müllbomben« genannt, auf 50 000 geschätzt, darunter 8000 ehemalige Firmenstandorte; das Umweltbundesamt spricht gar von 70 000 bis 80 000 Verdachtsflächen, wozu jetzt noch die des ehemaligen DDR-Gebiets kommen. Schon die »Sanierung« auf dem alten Bundesgebiet würde nach Berechnungen des Bundesministeriums für Forschung und Technologie 50 Milliarden DM kosten, während die Landesregierung von Nordrhein-Westfalen sie allein in diesem Bundesland so hoch einschätzt.

Nachdem viele Staaten in zunehmendem Maße die giftigen und gefährlichen Abfälle, auch *Sondermüll* genannt, unter Kontrolle zu bringen *versuchen*, hat sich ein schwarzer Exportmarkt dafür entwickelt. Die Umweltorganisation Greenpeace schätzte ihn auf mindestens eine Million Tonnen jährlich. Die Organisation Afrikanischer Staaten (OAU) schloß Anfang 1991 einen Vertrag gegen derartige Importe und auch gegen die Versenkung in den Meeren. Eine »Weltkonvention« gegen die Abfall-Schattenwirtschaft wurde 1989 in Basel beschlossen, von der aber keine große praktische Wirkung zu erwarten ist.

Von der *Müllversenkung in den Weltmeeren* muß vermutet werden, daß sie gewaltig ist. Plastikmüll schwimmt inzwischen auf allen Meeren; er wird in Neuseeland ebenso angeschwemmt wie in Alaska oder Afrika. »Die Strände aller Kontinente werden von Plastikflaschen, -eimern, -folien und Schaumstoffen überschwemmt. Der Golfstrom trägt sie an die Strände der Barentssee, wo sie bis zu einem Meter hoch liegen.«[36] Plastikmüll wird in den Mägen aller Meerestiere vom Wurm bis zum fischfressenden Vogel gefunden, die oft daran verenden.[37] Schließlich liegen auf dem Meeresboden bereits mehr als 50 Atombomben und Reaktoren atomar betriebener U-Boote, die bei Unglücksfällen verlustig gingen.[38]

Auch *im Weltraum* kreisen schon beträchtliche Mengen Schrott. 7000 Teile von alten Satelliten und ausgebrannten Raketenstufen, die größer als Tennisbälle sind, werden ständig beobachtet. Aber auch winzige Splitter sind gefährlich, da sie mit Geschwindigkeiten von bis zu 60 000 Kilometer pro Stunde aufprallen können.[39]

4 Die Entropie

Die Zeit vermindert den Wert der Welt.

Der römische Dichter Horaz

Die soeben beschriebenen Vorgänge, die vor unseren Augen ablaufen: Verwandlung von wertvollen Rohstoffen in einen wertlosen Mischmasch von Müll und der fossilen Brennstoffe in Abgase und Asche, ist auch ein theoretisch erfaßbarer Ablauf. Die Physiker sprechen seit 120 Jahren von *Entropie*. Nach dem ersten Hauptsatz der *Thermodynamik* bleibt in einem geschlossenen System die Gesamtenergie immer gleich. Nach dem zweiten Hauptsatz fällt die Energie von niedriger Entropie, die nutzbar ist, der Zerstreuung und damit stetiger *Verminderung* anheim, wird also *wertlos* wie eine Mülldeponie.

Der Physiker Albert Einstein bezeichnete die Thermodynamik als die einzige physikalische Theorie universellen Inhalts, die niemals umgestoßen werden wird. Der amerikanische Ökonom Nicholas Georgescu-Roegen erkannte die Folgen für die Wirtschaft des Menschen, was die Masse der Ökonomen bis heute nicht daran gehindert hat, sich dagegen blind zu stellen.

Nun ist allerdings unser Planet Erde für sich allein *kein geschlossenes System*, denn er empfängt unablässig Energie von der Sonne. Dabei bleibt die Menge der uns zufließenden Sonnenenergie über die Millionen Jahre nahezu konstant. Ob die Eiszeiten auf verminderten Zufluß zurückzuführen sind, konnte noch nicht geklärt werden. Die Erde bildet jedenfalls *mit der Sonne ein geschlossenes System*. Ohne Hinzutun des Menschen bewirkt die Sonne das organische Wachstum von Pflanze, Tier und Mensch auf unserem Planeten. Fast vier Milliarden Jahre wirkt die Sonne als Motor der Lebensvorgänge auf unserer Erde und arbeitet damit wider die Entropie, indem sie natürliches Wachstum bewirkt. Infolgedessen blieb die Erde kein kahler toter Planet wie unser Trabant, der Mond. Die Fülle des Lebens nahm unter großen Schwankungen mit der Evolution zu. Die *lebendigen Werte* wuchsen mit ihrer Vielfalt und Zahl der Organismen bis hin zum Menschen. Das formulierte der britische Philosoph Alfred North Whitehead am klarsten: »Wenn wir die Erde als physikalisches System betrachten, erscheint sie als ein endliches, in beständigem Verfall begriffenes System, dessen Vielfältigkeit und Aktivität fortwährend abnimmt.«[40] »Die andere, gegenläufige Tendenz manifestiert sich im jährlichen Frühlingserwachen der Natur und in der aufwärts gerichteten Evolution der lebenden Organismen.«[41]

Bevor der Mensch die Macht übernahm, hat also – unter wiederholten Einbrüchen wie den Eiszeiten – eine stetige Anreicherung der Biomasse und folglich der Humusschicht, die sich aus deren Verwesung ergab, stattgefunden. In unserer Gegenwart erzeugt das gesamte Ökosystem jährlich eine Biomasse von rund 140 Milliarden Tonnen.[42] Auch die Kohlenstoffe in Form von Kohle, Erdöl und Erdgas sind Produkte früherer Sonnenenergie.

In ihrer grundsätzlichen Bedeutung wurden diese Erkenntnisse von dem amerikanischen Ökonomen Herman Daly aufgegriffen: Wir haben auf dieser Erde zwei Quellen, die unsere Wirtschaft speisen. Erstens *die Strahlungsenergie der Sonne* und zweitens *die Lagerstätten der fossilen Brennstoffe* und auch der sonstigen *Mineralien in der Erdkruste*, die ebenfalls einen niedrigen Grad von Entropie aufweisen, wie Eisen, Kupfer, Zinn und so weiter.

Die Sonnenenergie fließt eng *begrenzt* in ihrer Menge, aber nahezu *unbegrenzt* in bezug auf ihre zeitliche Dauer (jedenfalls noch einige Milliarden Jahre). Die irdischen Lagerstätten aber sind in der Gesamtmenge begrenzt, wogegen das Tempo ihres Abbaus vom Menschen gesteigert werden kann. Die irdischen Reserven unterliegen also der Willkür des Menschen, die solaren nicht. Der Mensch steigert zur Zeit die Nutzung dessen, was seiner Willkür unterliegt – und kommt sich sehr klug dabei vor. Die ganze Absurdität des Vorgangs deckt Herman Daly in dem Mißverhältnis der beiden Quellen auf: »Wenn alle fossilen Brennstoffe der Welt verbrannt werden könnten, so würden sie nur das Energieäquivalent von einigen wenigen Wochen Sonnenenergie liefern.«[43] Ich hatte das in »Ein Planet wird geplündert« so dargelegt, daß wir das *Kapital der Erde* aufzehren, statt nur von den Zinsen zu leben. Wer schnelles »Wachstum« haben will, der muß das Kapital angreifen – und das tun die Menschen im weiter zunehmenden Maße. Wenn die gegenwärtige Absicht darin besteht, hohc Wachstumsraten zu erzielen, dann kann dies auf die bequemste Weise erreicht werden – indem man die irdischen Quellen schnell aufbraucht. Wenn das

Wachstum der Bevölkerung und der Pro-Kopf-Verbrauch Höhen erreichen, die jenseits der Kapazitäten der Selbsterneuerung der Ressourcen liegen, dann stehen wir einem noch größeren Druck gegenüber, fortzufahren, das geologische Kapital zu verbrauchen. »Die Schwierigkeit ist eine doppelte«, fährt Herman Daly fort: »Erstens werden unsere irdischen Quellen letzten Endes versiegen. Zweitens, selbst wenn unsere Quellen nie versiegen würden, stünden wir noch vor dem Problem ökologischer Zusammenbrüche, verursacht durch einen wachsenden Durchsatz an Materie und Energie. Sogar dann, wenn die Technologie in der Lage wäre, die Strahlung der einfallenden Sonnenenergie (bei weitem der saubersten Quelle) zu verdoppeln, so würde auf Grund der Millionen von Jahren hinter uns liegenden evolutionären Anpassung an die gewohnte Menge die Verdopplung dieser Menge eine totale Katastrophe auslösen. Die gesamte Biosphäre ist als ein komplexes System um den fixierten Punkt des vorgegebenen Sonnenenergieflusses entstanden. Der moderne Mensch ist das einzige Lebewesen, das den solaren Ertragshaushalt überzogen hat. Die Tatsache, daß der Mensch seinem festgelegten Solareinkommen etwas hinzugefügt hat, indem er irdisches Kapital verbraucht, hat ihn aus dem Gleichgewicht mit der übrigen Biosphäre herausgeworfen. Da die Bestände künstlicher Gebrauchsgegenstände an Zahl und die Menschenzahlen gewachsen sind, mußte der Durchsatz zu deren Erhaltung ebenfalls wachsen, was wiederum stärkere Ausbeutung der Ressourcen und mehr Umweltverschmutzung einschließt. Die natürlichen biologisch-geologisch-chemischen Zyklen werden überlastet. Es werden fremdartige Stoffe produziert und massenweise in die Biosphäre geschleudert – Substanzen, mit denen die Welt noch keine auf Anpassung gerichteten evolutionären Erfahrungen gesammelt hat und die daher immer zerstörend wirken.«[43]

Je schneller wir das Kapital der Erde ausbeuten, um so mehr treiben wir die Entropie voran. Und der Vorgang beeinträchtigt nun schon längst die vielfältigen Lebensvorgänge auf diesem Planeten, was in den nächsten Kapiteln im einzelnen zu beweisen sein wird. Obwohl das bekannt ist, erweitert der Mensch das Ausmaß der toten Materie, die zu nichts mehr zu gebrauchen ist. Nur *das Leben* hat die einzigartige Eigenschaft, dem Verfall entgegenzuwirken.[44]

Seitdem sich der Mensch mit den großtechnischen Mitteln am

Abbau der lebendigen Natur beteiligt und Abfall erzeugt, überwiegt die Entropie auf der Erde bei weitem die Naturproduktion. Der Umschlag in eine negative Bilanz wird sich irgendwann im 20. Jahrhundert ereignet haben. *Die ökologische Weltbilanz wird immer negativer*, und zwar genau in dem Maße, *wie das fälschlich so genannte »wirtschaftliche Wachstum« zunimmt.* Die heute lebenden Menschen sind Großparasiten an der Natur, die »entwickelten« Völker am stärksten, die »unterentwickelten« am geringsten; sie sollen noch zu einer parasitären Lebensweise »entwickelt« werden. Das heutige Weltprogramm, welches sich die Entwicklung der »Unterentwickelten« zum hochtechnischen Zivilisationsstandard zum Ziel setzt, ist ein *perfektes Entropieprogramm!* Das gleiche gilt natürlich auch für die weiteren wirtschaftlichen »Wachstumsprogramme« der Industrienationen. (Dies wird nun verschiedentlich erkannt. So plant das deutsche Statistische Bundesamt neben den ökonomischen Jahresrechnungen künftig auch ökologische zu erstellen; es wird allerdings bei deren Berechnung auf große Schwierigkeiten stoßen.)

Die Folgen sieht man überall, am krassesten aber im Aussterben der pflanzlichen und tierischen Arten. Der Mensch entzieht ihnen den Lebensraum, weil er die natürlichen Lebensräume immer schneller für sich »erschließt«, das heißt die Flächen mit Beton übergießt, auf denen vorher etwas *wuchs.* Und diese Beseitigung der Wachstumsmöglichkeit der Natur nennt er ironischerweise »wirtschaftliches Wachstum«.

5 Die fruchtbaren Böden schwinden dahin

Eine solche Wirtschaft trägt mit Recht den Namen Raubbauwirtschaft.

Der deutsche Agrochemiker
Justus von Liebig

Unser Planet hat eine Oberfläche von 510 Millionen Quadratkilometern. Davon nehmen die Wasserflächen 71 Prozent, gleich 362 Millionen ein. Die Landfläche von *148 Millionen Quadratkilometern* ist zum großen Teil eisbedeckt, reine Wüste und unfruchtbares Hochgebirge, so daß für die gesamte Vegetation *87 Millionen Quadratkilometer* übrig bleiben. Diese teilten sich 1987 so auf:[45]

40,74 Millionen Quadratkilometer Wald
32,15 Millionen Quadratkilometer Weide, Grasland und Steppe
14,73 Millionen Quadratkilometer Ackerland

87,62 Millionen Quadratkilometer nutzbare Bodenfläche

Vom Wald entfallen etwa acht Millionen Quadratkilometer auf tropische Wälder.

Die landwirtschaftliche Nutzfläche läßt sich auf Kosten der Steppe oder der Urwälder nur noch unwesentlich steigern. Die Steppenflächen sind zu trocken, und die Urwaldflächen der Tropen verkarsten nach wenigen Ernten. Der Löwenanteil der menschlichen Ernährung stammte zu allen Zeiten aus den Humusgebieten und den Schwemmlandböden. Diese Böden leiden aber unter dem natürlichen Verschleiß, oder wir können auch sagen der *Entropie*. Der Fachausdruck lautet in diesem Fall *Erosion*, verursacht durch Wind und Wasser. Beide Elemente wirken in einem Ausmaß, von dem wir uns im gemäßigten Klima Mitteleuropas keine rechte Vorstellung bilden können. Weltweit gehen jährlich 26 Milliarden Tonnen fruchtbaren Bodens verloren. Durch den Wind, aber besonders durch starke Stürme werden die größten Mengen gerade in den fruchtbaren Flachländern hinweggetragen. Sie gehen natürlich irgendwo nieder. Da aber über 70 Prozent der Erdoberfläche vom Wasser bedeckt sind und nochmals zehn Prozent von Wüsten, gehen über 80 Prozent auch dort herunter, sind also verloren. Bei dem vom Wasser weggeschwemmten Erdreich geht ein noch höherer Anteil in die Meere.

In der *Ukraine* blies im Mai 1928 ein gewaltiger Sturm von der sogenannten »Schwarzen Erde« eine Billion Tonnen hinweg. Allein damit wurde die Humusschicht um durchschnittlich sechs Zentimeter verringert, stellenweise bis zu 23 Zentimeter.[46] Infolge kontinuierlicher Abnahme seit Anfang unseres Jahrhunderts sank der Humusanteil auf ein Drittel. Diese Abnahme in der Ukraine bestätigte mir persönlich Freiherr von Massenbach. Er war im letzten Krieg auf altes Kartenmaterial über die frühere Stärke der Humusdecke gestoßen und stellte daraufhin Probegrabungen an, die eine alarmierende Abnahme der Humusschicht um die Hälfte und mehr bewiesen. Über die *Vereinigten Staaten* fegte am 11. Mai 1934 ein gewaltiger Hurrikan, der 300 Millionen Tonnen fruchtbaren Weizenbodens zum größten Teil in den Ozean trug.[47] *Die Sahara* verbreitete sich seit dem Jahre 1500 um einen Kilometer, in diesem Jahrhundert bereits um mehrere Kilometer jährlich nach Süden. Alle Phantasien von ihrer Begründung sind überholt, denn die Gewalt der Sandstürme geht über alle Hindernisse. *Spanien* als das von der Erosion am stärksten betroffene Land Mittel- und Westeuropas verliert jährlich durch Wind und Wasser eine Milliarde Tonnen Mutterboden, der zum größten Teil im Mittelmeer landet.[48]

Es ist bekannt, daß in den Tropen und Subtropen wolkenbruchartige Regenfälle oft auch nach längeren Trockenzeiten niedergehen. Diese reißen innerhalb von Stunden gewaltige Humusmassen mit sich fort, besonders im hängigen Gelände. Auch in unseren Breiten können wir das beobachten; denn in Trockenzeiten sind die Flüsse – wenigstens am Oberlauf – noch klar, nach Regenfällen jedoch braun. Auf landwirtschaftlich bearbeiteten Böden ist die Erosion durch Wind und Wasser immer stärker, weil dort die Ackerkrume stets gelockert wird, während die Wiesen und noch mehr die Wälder das Erdreich durch ihr Wurzelwerk festhalten. Die sogenannte *Kultivierung* der Böden dient also nicht nur der Ernährung, sondern fördert auch die Erosion. Schon aus diesen Gründen dürfte der Wald- und Grasbestand der Erde nicht noch weiter vermindert werden, was man in den meisten Ländern zu spät erkennt. Nachdem das Land urbar gemacht wurde, wird überall zuerst die obere,

also die fruchtbare Humusschicht, hinweggeschwemmt. Die größten *Wassererosionen* der Welt verursachen die Ströme Ganges und Brahmaputra mit jährlich 3000 Millionen Tonnen. In China nimmt der bezeichnenderweise »Gelber Fluß« genannte Huangho jährlich 500 Millionen Tonnen Erde mit, der Jangtsekiang 200 Millionen Tonnen – die chinesischen Flüsse insgesamt 2500 Millionen Tonnen. In Amerika nimmt der Mississippi 200 Millionen Tonnen mit sich, und beim Po sind es immerhin noch 11,5 im Jahr. Die ermittelten Zahlenwerte ergeben eine jährliche *weltweite Wassererosion von 20000 Millionen Tonnen* von zumeist fruchtbarer Erde.[49]
In den weniger stark betroffenen Industrieländern der gemäßigten Zone trägt die Betonierung der Flächen und die Begradigung der Flüsse zum schnellen Abfluß der Niederschläge ebenso bei wie die »Flurbereinigung« bis hinauf in die Weinberge; das sind alles kostspielige Dummheiten, wie man nun zu spät erkennt. Bei ganz starken Regengüssen gehen auch in Bayern 25 Tonnen pro Hektar verloren.[50]
Die Wasserwirtschaft des Menschen ist langfristig zumeist von Übel. Sicher, schon seit den Zeiten der Sumerer und Ägypter hat er sich einen großen Teil seiner Nahrung durch künstliche Bewässerung des Landes beschafft. Vor 100 Jahren waren das nur fünf Prozent. Zur Zeit werden zweieinhalb Millionen Quadratkilometer der Weltanbaufläche künstlich bewässert, aber diese 18 Prozent erbringen 33 Prozent der Nahrungsmittel. Der Anteil der Bewässerung an der Getreideerzeugung ist in den einzelnen Ländern der Welt höchst unterschiedlich.[51] Der bewässerte Anteil schwankt zwischen 0 und 100 Prozent. Die Spitze hält Ägypten mit 100 Prozent, 77 Prozent sind es in Pakistan, 48 Prozent in China, 63 Prozent in Japan. Die Landwirtschaft verbraucht etwa 70 Prozent des genutzten Wassers der Welt und bereitet damit schon oft den übrigen Abnehmern Sorgen und auch sich selber, weil vielfach der Grundwasserstand sinkt.
Die Versalzung der Böden ist zum Problem aller Erdteile geworden. Die Ertragssteigerungen durch Bewässerung schlagen ins Gegenteil um. Obwohl es sich natürlich um Süßwasser handelt (unter 0,01 Prozent Salzgehalt), werden doch bei einer Bewässerung mit 10000 Kubikmetern im Durchschnitt zwei bis fünf Tonnen Salz *jährlich* dem Land zugeführt. Somit wird die Versalzung mit der

Zeit zu einem Problem, welches schon zur Stillegung von Bewässe-
rungen geführt hat. Mehr als die Hälfte der bewässerten Flächen
der Welt ist bereits versalzt.[52] Aber auch die Wasserentnahme
schafft Probleme, darunter das Austrocknen einiger Binnenmeere.
So ist zum Beispiel der Wasserinhalt des *Aralsees* innerhalb von
20 Jahren auf ein Drittel abgesunken (ebenso die Seefläche), seit
die beiden Zuflüsse zur Bewässerung von Baumwollfeldern benutzt
werden. Das Salz des ausgetrockneten Seebodens wird zu 65 Millionen Tonnen jährlich durch den Wind über 200000 Quadratkilometer Land verteilt und noch weiter getrieben, so daß sich sogar der
Salzgehalt des Regens weltweit um fünf Prozent erhöht hat. Daß die
Austrocknung des Aralsees eine Kette weiterer Umweltprobleme
schafft, sei hier nur erwähnt. Das gilt auch für den für Afrika
wichtigen *Tschadsee*, der ebenfalls austrocknet. Das Ende einer
solchen Entwicklung zeigt der Große Salzsee in den USA. Die
Versalzung des Landes soll jetzt *Australiens* größtes Umweltpro-
blem sein; die Schäden werden bereits auf 500 bis 2000 Millionen
australischer Dollar geschätzt. In einem entsprechenden Bericht
schrieb die »Neue Zürcher Zeitung« am 23. 6. 1990: »Versalzung,
die Anreicherung von Salzen in der Wurzelzone und an der Oberfläche, zehrt weltweit viele Böden aus, und das seit langem ... In
vielen Gebieten der Erde ist die schleichende Bodenkrankheit
unversehens akut geworden; in einigen Fällen scheint sogar der
völlige Kollaps der Bodenfruchtbarkeit unabwendbar.« Gerade der
Bewässerungsfeldbau habe zwar zur Ernährungssicherheit beigetragen, trage aber auch den Keim der Katastrophe in sich. Obwohl
schon die Kultur der Sumerer an der Versalzung scheiterte, werden
in der Geschichte die gleichen Fehler periodisch wiederholt. *Wassermangel* in Trockenjahren ist eine weitere Ursache für die Stillegung von Bewässerungsanlagen. In Kalifornien ist der Kampf um
die Wasserrechte im Jahre 1990 voll entbrannt. »Wahrscheinlich ist
die Annahme eher vorsichtig, daß fünf Prozent der weltweit bewässerten Flächen so sehr unter Wassermangel leiden, daß die Landwirte oder die Regierungen sie stillegen müssen.«[53]
Der weltweite *Chemikalieneinsatz* wird wahrscheinlich die
schlimmsten Auswirkungen auf die zukünftige Fruchtbarkeit der
Böden mit sich bringen. Denn ohne Zweifel wird die Kleinlebewelt
im Humus, die wir auf Seite 23 beschrieben haben, weitgehend

dezimiert. Wenn auch in diesem Punkt ziemliche Unsicherheit herrscht und die chemische Industrie immerzu versichert, daß keine anderen Organismen Schaden nehmen würden, so könnten die geschaffenen Fakten doch verheerend und nicht mehr umkehrbar sein. Der Agronom Gerhard Preuschen sagt dazu: »So notwendig eine lückenlose Ursachenforschung wäre, so hoffnungslos ist das Unterfangen. Es müßte ja jeder mögliche Schadstoff (Größenordnung 30000) allein und in jeder Kombination untereinander in seiner Wirkung auf mindestens tausend Arten pflanzlicher und tierischer Lebewesen im Boden untersucht werden – dazu noch einige Stufen des Ökosystems von stabil bis fast abgestorben – und das alles in situ. Das ist selbst als Jahrhundertprogramm undurchführbar.«[54] In den Bereichen intensiver Landwirtschaft hat sich die Zahl der Insektenarten in den letzten 30 Jahren um 50 bis 80 Prozent vermindert; die Zahl der nützlichen hat sogar noch stärker abgenommen.[55]

Der Gesamteinsatz von Insektiziden, Pestiziden, Herbiziden und Fungiziden betrug 1990 weltweit dem Werte nach 36 Milliarden DM. Die Menge ist schwer zu ermitteln, da es sich um Mischungen von sehr unterschiedlicher Zusammensetzung handelt. Die Wirkstoffe dürften ein Gesamtgewicht von einer Million Tonnen in der Welt erreichen. Die Hälfte stellen die Unkrautvertilgungsmittel, je ein Viertel die Mittel gegen Insekten und Pilzbefall. Die USA, Japan und Frankreich verbrauchen allein schon 44 Prozent der Weltproduktion. Die weltweite Vergiftung der natürlichen Kreisläufe wird damit begründet, daß anders die zunehmenden Menschenmassen nicht mehr ernährt werden könntcn. Abcr *Vergiftung der Böden ist kein Ausweg!* In bezug auf die jetzige Landwirtschaft könnte man mit dem Botaniker Kurt Egger fragen: »Wollen wir auf diese Weise gezielt einen Zusammenbruch der Welternährung herbeiführen, um das Übervölkerungsproblem zu lösen?«[56]

In Europa und den Vereinigten Staaten führt die derzeitige Ruinierung der Böden zudem zu teuren Überschüssen. Die herrschende Preisgestaltung zwingt die Bauern zur intensiven Massenproduktion und zur naturfeindlichen Kalkulation; denn sie erhalten in Deutschland nur 36 Pfennige von der Mark, zu der die Konsumenten die Nahrungsmittel im Laden erstehen.

Der bisher geächtete ökologische Landbau findet inzwischen sogar

Verständnis bei der Landwirtschaftsorganisation der UNO. Jedenfalls hat der Generalsekretär der FAO, Eduard Saouma, auf dem Welternährungstag 1990 die Notwendigkeit einer umweltverträglichen Entwicklung der Landwirtschaft betont und gesagt: »Von früheren Generationen haben wir bereits eine Menge an verbrauchtem Land und Wüsten geerbt, wo nie wieder Lebensmittel wachsen.« Und solange dem Trend zur Zerstörung der natürlichen Ressourcen nicht Einhalt geboten werde, »werden wir nicht überleben«. Da aber die diversen negativen Entwicklungen, die hier nur in groben Zügen geschildert werden konnten, zusammenwirken, besteht keine Chance, den zusätzlichen Bedarf von immer mehr hungrigen Menschen künftig noch erfüllen zu können. *Die Sandwüsten, die Salzwüsten und die Betonwüsten sind auf dem Vormarsch. Die Betonierung* des Bodens durch den Menschen ist zu fast 100 Prozent ein Verlust fruchtbarer Flächen, denn die Menschen siedeln nicht in unwirtlichen Regionen. Sie wird zwangsläufig weitergehen, weil sich mit der steigenden Weltbevölkerung ein entsprechend zunehmender Bedarf an Wohn-, Verkehrs- und Industrieflächen ergibt. Im »Planspiel zum Überleben« wurde die überbaute Landfläche für 1882 mit 87 000 Quadratkilometer und für 1952 mit 162 000 Quadratkilometer angegeben. Seit 1952 dürfte sich diese Fläche verdoppelt haben; denn schon in der alten Bundesrepublik Deutschland waren 1989 bereits 29 270 Quadratkilometer bebaut. Es ist schon grausame Ironie, wenn im »Bodenschutzprogramm« der deutschen Bundesregierung 1985 eine »Trendwende im Landverbrauch« gefordert wurde. »Ökologische Belange« sollten »grundsätzlich Vorrang« haben! Sie haben bis heute *grundsätzlich keine Rolle gespielt*! Der Ruf nach schnellem Wohnungsbau, nach mehr Investitionen für Industrie und Straßenbau tönt derzeit laut durch die Lande – und der Ruf nach Beseitigung bürokratischer Hemmnisse! Damit sind natürlich die Umwelteinwände gemeint, was sonst? Pflanzenschutzmittel sollten »möglichst sparsam« eingesetzt werden; aber das war eben auch nicht möglich: ihr Verbrauch erreichte 1988 mit 32 500 Tonnen einen erneuten Höchststand. Nicht zuletzt ist zu erwähnen, daß überall die schönsten Landschaften der Welt durch Hotelkomplexe zubetoniert werden. Der Verlust der Naturflächen geht in allen Ländern der Welt weiter. Der schon zitierte Berndt Heydemann, derzeit Umweltminister in

Schleswig-Holstein, ist der Ansicht, daß die Böden »viel intensiver zerstört und verdorben werden als das Wasser«.

Die menschlichen Aktivitäten insgesamt führen jährlich weltweit zur *Verödung* von 60 000 Quadratkilometern, und weitere 200 000 »werden jährlich soweit ausgezehrt, daß sie als Acker- oder Weideland unwirtschaftlich sind«.[57] Eine dreijährige Untersuchung für die Konferenz des UNO-Umweltprogramms im Jahre 1992 ergibt, daß fast ein Viertel der landwirtschaftlichen Nutzfläche der Erde *schwer geschädigt* sind: *drei Millionen Quadratkilometer.* Durch Erosion, Versalzung und Chemierückstände *drohen Schäden* auf weiteren *neun Millionen Quadratkilometern.*[58] Beides zusammen ergibt ein Gebiet, das schon bald so groß ist wie die gesamte Ackerfläche unserer Erde.

6 Die Gewässer verderben und versiegen

Alles ist aus dem Wasser entsprungen!
Alles wird durch das Wasser erhalten!

Der deutsche Dichter Goethe
im »Faust II«

Das starke Überwiegen der Wasserflächen läßt unsere Erde aus dem Weltraum als »blauen Planeten« erscheinen. Die Wassermassen dürften in ihrer Menge schon seit vier Milliarden Jahren annähernd konstant geblieben sein. Ihre Berechnung ergibt heute ein Gesamtvolumen von 1350 Millionen Kubikkilometer, davon 3,5 Prozent Süßwasser. Im Wasserdampf der Atmosphäre befinden sich 0,1 Prozent. Auf dem Festland sind 77 Prozent des Wassers in Form von Eis gebunden.

Der Grund und Boden allein wäre wertlos. Wo etwas darauf wachsen soll, muß Wasser da sein, viel Wasser – von oben Regen und von unten Grundwasser. *Die Sonne* läßt täglich 1000 Kubikkilometer Meerwasser verdunsten, das als Regen wieder zum größten Teil auf das Meer zurückfällt und zu einem Viertel über den Landflächen niedergeht. Dieser von der Sonnenenergie betriebene Kreislauf ist zugleich eine globale Entsalzungsanlage. Da der Regen sehr unregelmäßig und ungleich verteilt fällt, ist die Speicherkapazität der Böden und die Höhe des Grundwasserspiegels von entscheidender Bedeutung.

Die Pflanzen benötigen, um ein Kilogramm Grünlandtrockensubstanz zu bilden, zwischen 150 und 1200 Liter Wasser. Das zeigt deutlich, daß nicht nur der Boden, sondern auch das Wasser dem Wachstum Grenzen setzt.

In den *Wasserkreislauf* greift der Mensch umso störender ein, je größer erstens die Zahl der Menschen und zweitens ihr »Lebensstandard« ist. Unser Körper braucht nur drei Liter pro Tag. Aber in der Bundesrepublik Deutschland verbrauchte 1983 eine Person durchschnittlich 145 Liter täglich. Mit einem Drittel des *Trinkwassers* spült der Mensch seinen Kot dorthin, wo er nicht hingehört: in die Gewässer. Wie schon Justus von Liebig erkannte, gehörte der in den Boden. Aber die Menschenmassen der Städte stünden da vor einem übelriechenden Transportproblem, das ihnen die Kanäle abnehmen. Mit 30 Prozent des Trinkwassers duscht und badet der Bundesbürger. Das restliche Drittel wird für Geschirr- und Wäschewaschen verbraucht, wofür ein besonderer Kult entfaltet worden ist. Der Schmutz wird mit elektrischen Waschapparaten und chemischen Mitteln bekämpft, die Wäsche noch mit Trocknern und Büglern behandelt. Die Belastung der Umwelt durch diese Methoden beträgt das Vielfache dessen, was der Schmutz an Nachteilen verursacht. Um einen Kubikmeter Wasser auf den Reinheitsgrad des Trinkwassers zu bringen, sind etwa zehn Megajoule Energie nötig, und für die Klärung noch einmal diese Menge. Eine moderne amerikanische Stadt mit einer Million Einwohnern benötigt für beide Vorgänge zwei Kernkraftwerke der 1000-Megawatt-Klasse. Die Industrie nutzt ebenfalls zum großen Teil Trinkwasser. Dieses eingerechnet, verbraucht der Mitteleuropäer um die 400 Kubikmeter Wasser im Jahr, der USA-Bürger aber 2000, also fünfmal mehr.[59] *Die Entsalzung* von Meerwasser erfordert sogar drei- bis sechsmal soviel Energie wie die Aufbereitung von Süßwasser.

Der Welt stehen jährlich 20 bis 30 Tausend Kubikkilometer Süßwasser zur Verfügung, wovon zur Zeit 3000 genutzt werden. Das ist schon viel, wenn wir die extrem unterschiedliche Verteilung der Niederschläge berücksichtigen, die ja auch zur Folge hat, daß ein großer Teil der Landfläche unfruchtbar ist und bleiben wird. Der Mensch siedelte schon immer da, wo genügend Trinkwasser vorhanden ist. Die Millionenstädte von heute müssen sich längst ihr Wasser aus zunehmend entfernteren Vorkommen heranpumpen, was dann dort zu Grundwassersenkungen mit negativen Folgen für die Vegetation führt. Das Oberflächenwasser muß zu wachsenden Anteilen über das sogenannte »Uferfiltrat« herangezogen werden. Seine »Aufbereitung« ist umso kostspieliger, je verschmutzter die benutzten Flüsse sind. Die Kapazitätsgrenzen sind bereits in vielen Regionen erreicht, und in Trockenjahren wird die Lage kritisch. Meldungen über Wassernotstände kamen in den letzten zwei Jahren aus allen Kontinenten.

In sieben Staaten im Südwesten der USA bis Kalifornien gab es 1991 das sechste niederschlagsarme Jahr in ununterbrochener Folge, was den dort ohnehin traditionellen Wasserkrieg wieder verschärfte, angeheizt durch den wachsenden Bevölkerungsdruck. In Mexiko-City mit seinen 20 Millionen Einwohnern überschreitet das entnommene Grundwasser die Auffüllung bereits um 40 Prozent. In Israel beteten 1990 Rabbiner am Ölberg um Regen; 300 unterirdische Wasserreservoirs sind ausgetrocknet. Der Notstand hielt im März 1991 an. Das Wasser am Persischen Golf war schon vor dem dortigen Krieg knapp, denn die Bevölkerung verbraucht inzwischen soviel Wasser pro Kopf wie die Bürger der USA. In den asiatischen Teilen der Sowjetunion gehört der Wassermangel zum Alltag. In China leiden nun schon 300 Städte an akutem Wassermangel, die 70 Prozent der nationalen Industrieproduktion beherbergen; der Grundwasserspiegel in Peking fällt jährlich um ein bis zwei Meter. Überall ist die Knappheit natürlich mit der Qualitätsminderung verbunden.

Unter *Giften in den Gewässern* haben besonders die Industrieländer zu leiden. Seit einigen Jahren ist das ein Dauerthema der Presse, auch aller Länder Europas. Die Flüsse wurden seit dem II. Weltkrieg zunehmend zu *Abwasserkanälen*, wobei die Regionen am Unterlauf stets in die schlechteste Position gerieten. Das trifft besonders für den Rhein und für die Niederlande zu. Diese vergiften allerdings durch ihre Intensivlandwirtschaft und chemische Industrie ihr Gebiet noch zusätzlich, was selbst die Königin zugeben mußte. In Frankreich werden erst 40 Prozent der Abwässer biologisch geklärt. Obwohl die Bundesrepublik Deutschland 90 Prozent ihrer Abwässer biologisch klärt, handelte sie sich wie Großbritannien eine Klage der EG wegen Nichteinhaltung der Trinkwasserqualität ein. In Italien und anderen Ländern ist die Lage dennoch schlechter.

Im ehemaligen Ostblock, woher in den vergangenen Jahren nur selten Meldungen durchdrangen, wurde jetzt das ganze Desaster offenkundig. Aus Polen wurde bekannt, daß vielerorts das Wasser nicht einmal für die Industrie taugt, und von 265 überprüften Brunnen waren 40 Prozent verseucht. 60 Prozent der Abwässer werden in der Sowjetunion ungeklärt in die Flüsse geleitet, die vorwiegend im Schwarzen Meer enden, das keinen Austausch mit dem Weltmeer hat. Im Weißen Meer versenkte die Sowjetunion in den fünfziger und sechziger Jahren chemische Waffen, die jetzt durchrosten. In der Region um Archangelsk brächten viele Frauen »nur noch mißgebildete Fleischklumpen zur Welt«[60].

In Meeren, die vom Festland umgeben sind und nur geringen

Austausch mit den Ozeanen haben, ist die Lage schon seit langem kritisch. Ihre Ufer sind in der Regel dicht besiedelt und industrialisiert, während die Abwässer immer noch ungeklärt eingeleitet werden. Diese Meere sind durch die Zuflüsse überdüngt und weitgehend von Giften belastet; aber auch der Wind treibt mit der Ackerkrume den von der Landwirtschaft gestreuten Stickstoff wie auch das Phosphat in die Meere. Die Folge ist Sauerstoffarmut und schließliches Absterben jeglichen Lebens. Die ersten Leidtragenden sind die Fischer.

Mittelmeer, Nord- und Ostsee sind zugleich Erholungsgebiete der Binnenbevölkerung, die jetzt, vollmotorisiert wie sie ist, leicht dahin gelangen kann. Ans *Mittelmeer* kommen jährlich 100 Millionen »Erholungsuchende«. Allein an Öl gelangen 650000 Tonnen pro Jahr in dieses Meer. 1990 wurde es schon als großer Erfolg ausgegeben, daß sich 15 Länder in einer »Charta von Nikosia« geeinigt hatten, bis zum Jahre 2025 (!) 100 Kläranlagen und 25 Giftmülldeponien zu bauen. Das dürfte wie fast immer zu wenig und zu spät sein. Erschwerend kommt hinzu, daß die Mittelmeervölker traditionell wenig Sinn für die Umwelt haben.

Auch die *Ostsee* hat wenig Wasseraustausch mit dem Weltmeer, und dieser muß über die ebenfalls verschmutzte Nordsee laufen. Wegen des Sauerstoffmangels ist ein Viertel der Ostseee tot. Die Anrainerstaaten trafen sich wiederholt in Konferenzen, ohne daß bedeutende Erfolge erzielt werden konnten. Über die *Nordsee* sind wohl noch mehr Konferenzen abgehalten, Verhandlungen geführt, Untersuchungen angestellt worden. Sie trägt auch die zusätzlichen Belastungen des größten Schiffsverkehrs der Welt und neuerdings noch zahlreicher Bohrinseln. Sie ist von noch mehr Industrie und Menschen umsäumt, und größere Ströme wie Rhein und Elbe versorgen sie aus entfernten Hinterländern mit Abwässern und Giften. Die wichtigsten Posten sind jährlich 400000 Tonnen fossile Kohlenwasserstoffe, einige zehntausend Tonnen Zink und Blei, einige tausend Tonnen Kupfer, Chrom und Nickel, einige hundert Tonnen Cadmium und mindestens einhundert Tonnen Quecksilber.[61] Die Untersuchungen ergaben, daß sich Chlorkohlenwasserstoffe und andere auf dem Meeresboden irreversibel anreichern. Der Ökologe Konrad Buchwald folgert in einer neuesten Untersuchung: »Das bedeutet, daß praktisch *keine* weiteren Einträge in die

Nordsee mehr erfolgen dürfen, wenn diese weiterhin ihre Funktionen für unsere Gesellschaft erfüllen soll: für Erholung, Naturschutz und Fischerei. *Sanierung der Nordsee kann also bestenfalls heißen: Erhaltung des gegenwärtigen Zustandes.* Und auch dieses Ziel ist nur zu erreichen, wenn alle Schadstoffeinleitungen schnellstens beendet werden.«[62] Es besteht nicht die geringste Aussicht, daß solche Forderungen in absehbarer Zeit auch nur aufgegriffen werden. Zu den bekannten Belastungen der Nordsee ist eine weitere an die Öffentlichkeit gedrungen, die durch die atomaren Wiederaufbereitungsanlagen in La Hague und Sellafield; darum strahlt der Meeresboden mit 8000 Becquerel pro Quadratmeter Cäsium 137, wovon die Hälfte aus der Katastrophe von Tschernobyl stammt, von woher die Ostsee noch schwerer betroffen wurde.[63] Prinz Charles bezeichnete auf der 2. Internationalen Nordsee-Konferenz im Jahre 1987 die Nordsee als *Kloake*; selbst wenn sofort gehandelt würde, müßten noch Jahre vergehen, bevor die Nordsee zu retten wäre. Aber schon die Regierung seines eigenen Landes war ganz anderer Ansicht, und so ist es kein Wunder, wenn bis heute nichts Wesentliches geschah.

Die Nordsee zählt zu den wichtigsten *Schelfgebieten* dieser Erde, die eine besondere Bedeutung haben. Sie werden von vielen Fischarten zum Laichen aufgesucht, weil sie sozusagen die Kinderstuben der Fische sind. Zu den Schelfgebieten rechnet man die Ränder der Weltmeere bis zu einer Wassertiefe von 200 Metern; das ergibt fünf Prozent der Wasseroberfläche der Erde, also rund 17 Millionen Quadratkilometer. Mit den Schelfen befaßte sich 1990 die »61. Dahlem Konferenz«. Diese Gebiete nehmen jährlich 250 Millionen Tonnen Kohlendioxyd aus der Atmosphäre und dazu die Kohlenstoffe der Landwirtschaft über die Flüsse aus dem Binnenland auf. Damit wird der Sauerstoffgehalt des Wassers aufgezehrt, und die Eutrophierung tritt ein. Darum ist die hochgepriesene *Aquakultur*, das heißt die gewerbsmäßige Haltung von Fischen und Meeresfrüchten eine *»biologische Zeitbombe«*, so die Konferenzteilnehmer, da sie zusätzliche Nährstoffe und am Ende Tierkot in die Schelfe bringt. Dadurch sind schon ganze Fjorde in Norwegen verschlammt worden. Überdies werden diese Monokulturen mit Antibiotika gefüttert, deren langfristige Folgen die Wissenschaftler mit dem DDT verglichen. Ihre Schlußfolgerung: »Die Zeit drängt, wenn Maßnahmen gegen die Zerstörung der Schelfe entwickelt werden sollen, die nicht wieder eine Umweltzerstörung durch eine andere ersetzten.«[64]

Die Ölverschmutzung der Weltmeere betrug in den letzten Jahren 3,2 Millionen Tonnen. 37 Prozent davon stammen aus der Industrie und den Wohnsiedlungen, 33 Prozent aus der normalen Schiffahrt, während aus Tankerunglücken nur zwölf Prozent jährlich kommen, deren Zahl zurückgegangen sei.[65] In den Zahlen noch nicht erfaßt sind die Verpestungen des Persischen Golfs, wo das Öl als Kriegswaffe großen Ausmaßes eingesetzt wurde, wozu noch die Luftverpestung der brennenden Ölquellen kommt. Es wird unfaßlich bleiben, wie hier knappe Ressourcen der Zukunft vernichtet wurden und dabei noch die Umwelt verheerend schädigten. Noch unfaßlicher: Die Empörung der Weltöffentlichkeit blieb gering! Ein Beweis dafür, daß die *eigentlichen* Probleme unserer Erde noch gar nicht begriffen werden.

Die Korallenriffe, vielleicht die größten Naturwunder unseres Planeten, liegen im Sterben. Dieses Phänomen, 1987 erst entdeckt, wurde 1990 in allen Weltmeeren beobachtet: in der Karibik, im Pazifik, um Australien und Indonesien wie um die Galapagosinseln. Überall verlieren die Korallentierchen ihre leuchtenden Farben, und übrig bleibt ein bleiches Skelett. Aus bisher unerklärlichen Gründen stoßen die Korallen die Algen ab, mit denen sie in Symbiose leben müssen, worauf sie in kurzer Zeit selbst absterben. Da sie das weltweit tun, muß es eine überall wirksame Ursache geben, die man in der veränderten Umwelt vermutet.

Eine weitere Belastung der Ozeane scheint bevorzustehen: *der Tiefseebergbau* zur Gewinnung von *Manganknollen*, die auch andere Metalle enthalten. In Anbetracht der kommenden Rohstoffknappheit spricht man seit 20 Jahren von den großen Schätzen auf den Böden der Ozeane, die man ausbeuten könnte. Am besten erforscht wurde ein 13 Millionen Quadratkilometer umfassendes Gebiet im nördlichen Pazifik. Dort rechnet man mit zwei Milliarden Tonnen Mangan, 94 Millionen Tonnen Nickel, 87 Mt Kupfer und 24 Mt Kobalt. Auf einem Quadratkilometer wären das 154 Tonnen Mangan, aber nur zwischen zweieinhalb und sieben Tonnen der anderen Mineralien. Dafür müßte der Meeresboden in einigen Kilometern Tiefe durchfurcht werden, wobei der Schlamm aufgewirbelt würde. Dann käme die Anreicherung noch auf hoher See, wobei ein großer Teil als Abfall sofort wieder ins Meer gekippt würde. Bei der Verhüttung an Land mit Schwefelsäure bleiben nochmals 68 Prozent als Abfall übrig.[66] Daß bei diesen Eingriffen empfindliche Ökosysteme gestört werden, ist offenkundig. Die amerikanische Umweltbehörde warnt auch davor, daß schwermetallhaltige Knollenpartikel in die Nahrungskette gelangen könnten. Insgesamt ist die Schädigung der Meere, indem man sie einerseits als bequeme Abfalldeponie benutzt, andererseits überfischt, schon so weit fortgeschritten, daß die amerikanische Meeresbiologin Sylvia Earle die Einrichtung von »Meeresparks« fordert, analog zu den »Naturschutzparks« auf dem Festland.[67]

7 Die Lüfte verbreiten Gifte und Strahlen

Es wäre doch möglich, daß einmal unsere Chemiker auf ein Mittel gerieten, unsere Luft plötzlich zu zersetzen, durch eine Art Ferment. So könnte die Welt untergehen.

Der deutsche Philosoph
Georg Christoph Lichtenberg

Die Genialität des Menschen hat es fertiggebracht, vier weitere riesige Komplexe der Umweltbelastung aufzubauen: die *Verbrennungsprozesse*, die *chemischen Prozesse*, die Freisetzung von *Metallen* und die *Verstrahlung*. Alle vier sind miteinander verflochten. Das gesamte Leben hängt von Grund auf an den Elementen Kohlenstoff und Sauerstoff. Die Gesamtmenge des in Pflanzen, Böden, Mooren und in der Atmosphäre vorhandenen Kohlenstoffs hat sich in den letzten 18000 Jahren verdoppelt und beträgt um die 2000 Milliarden Tonnen.[68] Der Kohlenstoff in der Atmosphäre stieg laut dieser Untersuchung um 37,5 Prozent auf 586 Milliarden Tonnen. Der Sauerstoff der Atmosphäre hat ein Gewicht von 1650 Billionen Tonnen. Die weltweite Sauerstoffproduktion durch die *Photosynthese* der Pflanzen liegt bei 107 Milliarden Tonnen jährlich. Der Bedarf für Atmung und Verbrennung erreichte schon vor 20 Jahren 15 Milliarden Tonnen, bei Steigerungsraten von drei bis vier Prozent im Jahr.[69]
Die Verbrennung fossiler Kohlenstoffe stieg von 1970 bis 1990 von 6500 Millionen Tonnen Steinkohleeinheiten auf über 10000. Dementsprechend erreichte der *Kohlendioxydausstoß* in die Atmosphäre über 20000 Millionen Tonnen. Der jährliche *Kohlenmonoxydausstoß* lag in den achtziger Jahren bei 700 Millionen Tonnen. Das Kohlenmonoxyd hat in der Atmosphäre eine mittlere Lebensdauer von drei Monaten, tritt aber in vielerlei Reaktionen ein. Durch Beteiligung des Schwefeldioxyds entsteht der *saure Regen*, in dem auch Metalle wie Aluminium, Cadmium, Blei und Quecksilber löslich werden. Er fällt über Wäldern, Äckern, Wiesen und Seen hernieder. Zwei Drittel der 1800 Millionen Großstadtbewohner werden damit stark belastet, besonders in den Entwicklungsländern.[70]

Die Schwefeldioxydemissionen überstiegen in den achtziger Jahren 200 Millionen Tonnen jährlich. Sie entstehen hauptsächlich bei der Verbrennung von Kohle, je nach deren Schwefelgehalt. Die Vereinigten Staaten minderten zwischen 1970 und 1987 ihre Schwefeldioxydemissionen um 28 Prozent, Japan noch viel mehr, und die Bundesrepublik Deutschland, die 1982 noch 1,5 Millionen Tonnen ausstieß, wird bis jetzt durch Einbau von Entschwefelungsanlagen die Menge auf unter eine Million reduziert haben. Der bisherige Ostblock blies vor seiner Auflösung allein weit über 30 Millionen Tonnen Schwefeldioxyd in die Luft, woran sich bis auf Ostdeutschland auch kaum viel ändern wird. Schwefeldioxydverbindungen gelangen bis in die Stratosphäre, wo sich ihr Gehalt in weniger als 15 Jahren verdoppelte.[71] Schwefeldioxyd ist es in erster Linie, was die alten Bauten zerfrißt, so daß an den alten Domen permanent repariert werden muß. Aber auch die modernen Betonbauten und Brücken werden zerfressen.

Die weltweite Belastung durch *Kohlenwasserstoffe* erreicht mit nahezu 70 Millionen Tonnen keine so hohen Mengen. Dafür sind gerade diese besonders schädlich und krebserregend. Sie stammen zu 40 Prozent aus dem Kraftfahrzeugverkehr.

Die *Bleibelastung* der Luft konnte in den letzten Jahren in Europa bedeutend vermindert werden, indem der Autoverkehr sich weitgehend auf bleifreies Benzin umstellte. Sie beträgt aber immer noch weltweit über eine Million Tonnen pro Jahr.

Die Stickoxydbelastung ist weltweit auf rund 60 Millionen Tonnen pro Jahr angestiegen, worunter besonders die Großstädte leiden; denn die Hauptquelle ist der Autoverkehr. 1988 verpflichteten sich elf europäische Nationen, ab 1994 nicht *mehr* Stickoxyde zu emittieren als 1987 und ab 1998 mindestens 30 Prozent weniger. Also zunächst nur Versprechungen! Die USA haben 1991 ein Gesetz angenommen, wonach ab 1994 die Stickoxyde der Kraftfahrzeuge um 60 Prozent und die Kohlenwasserstoffe um 40 Prozent gesenkt werden sollen. Die Schwefeldioxyde der Kraftwerke sollen bis zum Jahr 2000 halbiert werden. Da der Autoverkehr in der ganzen Welt weiter zunimmt und in Europa durch den Binnenmarkt einen starken Auftrieb bekommen *soll*, ist mit einer Besserung nicht zu rechnen.

Der Luftverkehr trägt nach einer Schweizer Untersuchung in diesem Land ein bis zwei Prozent zu den Luftverunreinigungen bei;

doch die Flugzeuge befördern diese in großen Höhen und sind darum am Abbau der Ozonschicht beteiligt.[72] Was da so nebenbei alles passiert, zeigt eine Verlautbarung der hessischen Landesregierung, wonach zwischen 1987 und 1990 vor Notlandungen in Frankfurt 18 Maschinen mindestens 380 000 Liter Kerosin in der Luft abließen.

Die Chemie ist die erfolgreichste Großindustrie unserer Zeit, obwohl sie bisher auch erst rund 100 Jahre wirkt. Sie ist so tüchtig, daß sie Jahr für Jahr einige tausend neuer Verbindungen auf den Markt wirft und damit in die Umwelt entläßt; denn *nichts geht verloren*. Die »Beilstein-Datenbank« in Frankfurt bemüht sich, alle organisch-chemischen Verbindungen zu erfassen, und hat bisher mehr als drei Millionen davon gespeichert. Zwei Millionen Tonnen chemischer Substanzen gehen jährlich in die Luft.[73]

Mit Hilfe der Chemie kämpfte der Mensch zunächst gegen seine eigenen Krankheiten, dann gegen die seiner Haustiere und schließlich gegen die *Krankheiten der Pflanzen*. Damit erreichte der Mengeneinsatz eine ganz neue Dimension und kam in den Millionen-Tonnen Bereich. Schon bei der Verstreuung oder Versprühung gehen beträchtliche Anteile in die Luft und in die Gewässer; andere Teile nehmen den langen Weg durch Pflanzen, Tiere und menschliche Körper. Das ist der Kreislauf der Nahrungsketten. Die erhoffte Verdünnung erfolgt längst nicht immer; es kommt oft zu *Konzentrationen*. Schon in den Nebeltröpfchen wurden Anreicherungen auf mehrere Hundert Prozent, ja auf das mehr als Tausendfache gemessen.[74] In den Luftströmungen können die Pflanzengifte praktisch rund um die Erde getragen werden. Mit dem Regen werden sie irgendwo aus der Luft »ausgewaschen«, gelangen aber damit in die Erde. Interessant ist in diesem Zusammenhang, daß der Wasserstoffgehalt in der Atmosphäre pro Jahr um 0,6 Prozent zunimmt, was auf die zunehmende Verbrennung des Erdgases zurückgeführt wird. In Irland niedergegangene Insektenmittel stammten von den Baumwollfeldern der südlichen USA. Selbst im antarktischen Dorsch aus 600 Meter Meerestiefe wurden Organchlorverbindungen nachgewiesen, nicht viel anders als in Nord- und Ostsee.[75] Die »Biologische Bundesanstalt für Land- und Forstwirtschaft« teilte mit, daß bei besonderen Witterungsbedingungen bis zu mehr als 90 Prozent der »Wirkstoffe« sich verflüchtigen können. Die notwendigen Vorsichtsmaßnahmen werden in den Entwicklungsländern so wenig beachtet, daß es dort laut »Weltgesundheitsorganisation« zu jährlich 500000 Vergiftungs- und 5000 Todesfällen kommt.

Nach dem II. Weltkrieg hatte bereits A. Metternich gewarnt: »Der Gedanke ist grotesk, mit Gift das höher entwickelte Leben auf der Erde erhalten zu wollen, Gift ist da, um zu morden, nicht zur Erhaltung des Lebens, und wenn der Mensch versucht, mit Giften seinen Lebensanspruch zu stützen, so stellt er auch hier die Dinge einfach auf den Kopf.«[76] Die Umweltgifte wurden auch wiederholt als Waffen in Kriegen eingesetzt, worüber Roland Röhl sein Buch »Natur als Waffe« schrieb. Die USA berieselten in Vietnam mit dem Entlaubungsmittel »Agent Orange« die Wälder, um den Vietkong die Deckungsmöglichkeit zu nehmen. Der Krieg wurde auch damit nicht gewonnen, aber 15000 eigene Soldaten gesundheitlich schwer geschädigt. Sie litten unter Chlorakne, Krebs und Leberkrankheiten sowie Nervenleiden. Es gibt noch Auswirkungen auf Kinder und Enkel der einheimischen Bevölkerung und der US-Soldaten.

Die größten Chemie-Katastrophen der Geschichte, Seveso in Italien, Bophal in Indien, Schweizerhalle bei Basel, ereigneten sich bei der Produktion von *Giften für die Landwirtschaft*, also für Anwendungen, die mit Nahrung zu tun haben. Von 1949 bis 1982 hatten sich schon 25 Unfälle in chemischen Fabriken ereignet, bei denen Arbeiter Dioxin abbekamen. Seitdem hat ihr jeweiliges Ausmaß ständig zugenommen. Einige Gebiete waren zumindest vorübergehend unbewohnbar. An diese Grenze geraten aber auch schon Ballungsgebiete aufgrund der sich ansammelnden Belastungen aus vielen Quellen. So teilte der Vorsitzende des Umweltschutzkomitees der Sowjetunion im Dezember 1989 mit, daß die Probleme zum Teil tschernobylähnliche Ausmaße angenommen haben, daß zum Beispiel die Stadt Ufa am Ural mit einer Million Einwohnern eigentlich unbewohnbar sei.[77]

Die Giftigkeit der *Metallstäube* ist bisher zu wenig beachtet worden. Sie entstehen bei den diversen Aktivitäten des heutigen Menschen im Umgang mit den Metallen. Ein Teil davon verbreitet sich über die Atmosphäre und geht über Böden und Gewässern nieder. Wissenschaftler in einem norwegischen und einem kanadischen Institut haben folgende jährlichen Emissionen ermittelt (in Tonnen): Arsen 120000, Antimon 72000, Blei 1160000, Cadmium 30000, Kupfer 2150000, Molybdän 110000, Nickel 470000, Quecksilber 11000, Selen 79000, Vanadium 21000, Zink 2340000. Die Forscher kamen zu dem Ergebnis, daß die jährlich in die Biosphäre entlassenen Metalle *giftiger sind* als alle radioaktiven und organischen Abfälle zusammen.[78]

Der atomare Komplex ist in der Publizistik der letzten Jahrzehnte so intensiv behandelt worden, daß hier einige Ergänzungen genügen. Ich verweise unter anderem auf mein Buch »Der atomare Selbstmord«.

Die Spaltung der Urankerne ist mit rasender Geschwindigkeit sowohl waffentechnisch als auch energietechnisch zur Anwendung gekommen. Über *die Folgen* hat sich unter den Verantwortlichen niemand Gedanken gemacht: weder über die Strahlenbelastung durch die vielfältig neu entstehenden Isotope, noch über die Risiken des Betriebs oder die der Zerstörung von Werken im Falle von Kriegen oder Bürgerkriegen. Mit diesen neuen Anlagen hat der Mensch die Erde mit zusätzlich drohenden Vulkanen bestückt, die bei Ausbruch weit gefährlichere und langfristigere Verheerungen anrichten, weil sie unsichtbare und schleichende Gifte über große Gebiete verbreiten.

Schon bei der militärischen Bombenproduktion herrschte eine unglaubliche Leichtfertigkeit. Die USA setzten ihre eigenen Truppen bei den Tests der Strahlung aus, wie später die Sowjets auch. Jahrzehnte später wurde über die Verseuchung der Umgebung der Atomwaffenfabrik Hanford im Staate Washington berichtet, die schon in den vierziger Jahren begann, aber erst jetzt zur Schließung der Anlage führte. Im Oktober 1988 wurde die Plutoniumfabrik in der Nähe von Denver stillgelegt, weil sie gegen zahlreiche Sicherheitsvorschriften verstieß. Nur Wochen später wurde die amerikanische Öffentlichkeit schockiert, als bekannt wurde, daß der Reaktor Fernald in Ohio viele Jahre Luft und Grundwasser in der Umgebung von Cincinnati verseucht hatte. Im Kongreß wurde dies als Kriegsführung gegen die Bevölkerung und als schlicht verbrecherisch gegeißelt. Um die gleiche Zeit wurden zwei militärische Reaktoren in Südcarolina und Colorado wegen der Risiken eingestellt. Das Energieministerium schätzte Anfang 1989 die durch Produktion von Atomwaffen verursachten Umweltschäden auf 200 Milliarden Dollar.[79] An Harrisburg sei erinnert.

Die Sowjetunion schließt jetzt ihr Testgelände Semipalatinsk in Kasachstan, wo in 40 Jahren über 700 Atombombentests stattfanden, die ein Territorium von 200 000 Quadratkilometern verseuchten. Der Leiter des sowjetischen Instituts für Strahlenkunde, Boris Gusew, hatte im März 1991 in Hiroshima mitgeteilt, daß dort eine halbe Million Menschen verstrahlt worden seien, wovon 100 000 an Krebs litten. Die Zeitung »Moskowskie Nowosti« hat im Frühjahr 1991 berichtet, daß in der ersten sowjetischen Plutoniumfabrik im Ural Atombomben ohne alle Vorsichtsmaßnahmen hergestellt wurden. Ein See wurde als Deponie benutzt, dessen Strahlung nun zweieinhalbmal höher sei als die bei der Katastrophe in Tschernobyl; 500 Millionen Kubikmeter Wasser seien verseucht, und noch immer lagerten 25 Tonnen Plutonium dort, 450 000 Menschen seien seit den fünfziger Jahren verstrahlt worden. Die Bewohner von Oserny im Gebiet Swerdlowsk, die 40 Jahre auf dem strahlenden Sand der Urangruben gelebt haben, sollen jetzt umgesiedelt werden.

Die Katastrophe von Tschernobyl belastet noch heute vier Millionen Menschen mit hohen Strahlendosen. Etwa 200 000 Quadratkilometer Land dürften auf unbestimmte Zeit nicht bestellt werden. Der Zwist um die Zahl der Todesopfer ist müßig, da noch viele Jahrzehnte Menschen an den diversen Strahlenbelastungen sterben werden. 576 000 Strahlengeschädigte sind amtlich registriert, andererseits 270 000 Einwohner der Region überhaupt noch nicht untersucht. Die Regierung gibt an, daß 188 000 Personen bis zum Frühjahr 1991 umgesiedelt worden sind und daß weiter umgesiedelt wird. Der Staat gab bisher rund 20 Milliarden Rubel allein für die Spätfolgen aus. Ohne die gesundheitlichen Schäden wurden die volkswirtschaftlichen Belastungen der Katastrophe mit 250 Milliarden Rubel, also gleich 500 Milliarden DM beziffert.[80] – Aus dem einbetonierten Reaktor entweicht immer noch Radioaktivität, denn die Ummantelung ist undicht und droht außerdem eines Tages zusammenzustürzen.

Mit der Ausbreitung der *Kernkraftwerke in Entwicklungsländern* werden weitere Gefahrenpunkte über die Erde verteilt, abgesehen davon, daß manche davon auch in die Atomwaffenproduktion einsteigen. Drohungen mit Atombomben oder mit Zerstörung von Kernanlagen wurden schon mehrfach ausgestoßen. Und die Welt steht erst am Anfang einer Entwicklung, deren Folgen noch gar nicht zu übersehen sind. Aber selbst in Europa werden große Mängel an den Reaktoren laufend gemeldet. In Bulgarien müßten alle vier Blöcke nach Urteil der Fachleute stillgelegt werden, aber das Land kann das »finanziell nicht verkraften«![81] In Frankreich, das die meisten Werke in Europa betreibt, stellt die eigene Sicherheitsbehörde jetzt fest, daß es Mängel bei der Betriebssicherheit »anzuprangern« gibt.[82] Zudem gibt es bei Limoges illegale Freiluftdeponien.[83]

Abgesehen von der Erhöhung der globalen Radioaktivität ist eines sicher: Wenn der Mensch im heutigen Ausmaß die Kernkraft weiter benutzt, dann wird es infolge von Unfällen im nächsten Jahrhundert zunehmend größere Flecken auf der Landkarte geben, wo das Leben unmöglich ist.

8 Die Wälder weichen – das Meer steigt

Die Wälder gehen den Völkern voran, die Wüsten folgen ihnen.

Der französische Politiker
François René Chateaubriand

Als der Wald den Planeten erobert hatte, war *das Leben* auf dessen Oberfläche für längere Zeit gesichert. Vor 5000 Jahren, als die ersten Hochkulturen entstanden, dürfte der Wald 36 Prozent der Erdoberfläche eingenommen haben, also etwa 55 Millionen Quadratkilometer. Der Wald ist Humuserzeuger, Nährstoffsammler, Wasserspeicher und -filter, Luftfilter, Sauerstofferzeuger, Klimastabilisator, wirksamster Erosionshemmer.

»An der Behandlung des Waldes schied sich in der Geschichte das Schicksal der Völker.«[84] Einige wußten das zu allen Zeiten; schon eine babylonische Keilinschrift lautet: «Weißt du nicht, daß die Wälder das Leben eines Landes sind?«[85] Die menschlichen Kulturen hinterließen oft Wüsten, und einige gingen auch daran zugrunde.

Julius Cäsar schrieb: »Rom hat seine ganze Weltmacht mit dem Holz erst seiner Wälder und dann mit dem seiner eroberten Provinzen erkauft, nicht minder seine Kultur und seinen *Luxus*.«[86] Darin kommt schon der Gesichtspunkt der Vermarktung zum Vorschein. In der Tat haben die Kulturen um das Mittelmeer ganze Gebirgszüge kahl geschlagen, deren nackte Gerippe bis heute die Irrtümer der Menschen bezeugen. Charles Richet schrieb nach dem Ersten Weltkrieg in seinem Buch, das bezeichnenderweise den Titel trägt »Der Mensch ist dumm«: »Noch etwa einhundert Jahre, und es wird keine Wälder mehr in Europa geben.«[87] Mit dem Zeitpunkt dürfte er genau Recht behalten, wenn das *Waldsterben* im bisherigen Tempo weitergeht. Im 19. Jahrhundert führte die Bevölkerungszunahme in Europa zu umfangreichen Rodungen, aber auch in anderen Teilen der Welt, die von Europäern besiedelt wurden. Das war bereits ein gewaltiger Rückgriff auf die Oberflächenvorräte der Erde, der im 20. Jahrhundert mit der Ausbeutung unterirdischer Vorräte vervielfacht wurde. Infolgedessen wurde der Wald in den Hauptindustrieländern bis in dieses Jahrhundert noch im großen und ganzen erhalten, bis er nun an der Industrie stirbt.

Die zweite Gefahr, *die Zerstörung der Tropenwälder*, kam in den letzten Jahren zu Recht in die Schlagzeilen. Denn deren Rodung verspricht so gut wie keinen Nutzen für den landwirtschaftlichen Anbau, dagegen verheerende Folgen für die Natur. Der Tropenwald besitzt keine Humus- oder feste Lehmschicht, er lebt fast nur vom intensiven Kreislauf des Wassers. Man könnte ihn beinahe als Hydrokultur bezeichnen. Die dünne Schicht organischer Bodenbestandteile wird sofort weggespült, wenn das Wurzelwerk der Vegetation fehlt. Schon nach zwei bis drei Ernten verkarstet der Boden, man spricht in diesem Fall von »Laterisation«, mit der Folge, daß die Bauern ein neues Stück Wald niederbrennen. Darum ist die Rodung und Brandrodung der tropischen Urwälder identisch mit der Ausbreitung der Wüsten auf unserem Planeten.[88]

Die FAO errechnete 1976, daß von den ursprünglich 15 Millionen Quadratkilometern Tropenwälder der Erde noch knapp 60 Prozent vorhanden waren, also 9,3 Millionen. Da sie eine jährliche Kahlschlagfläche von 70000 Quadratkilometern angibt, wäre in den vergangenen 14 Jahren bereits eine weitere Million verloren gegangen, so daß der derzeitige Weltbestand bei acht Millionen läge. Andere Institute kommen auf weit höhere Verluste, das Geographische Institut der Universität München gar auf jährlich 245000 Quadratkilometer. (Nach Mitteilungen der Schweizer UNESCO-Kommission.) Das World Resources Institute gibt 204000 Quadratkilometer an. Der Präsident des UNO-Umweltprogramms sprach am 3. Juli 1991 von 200000 Quadratkilometern, die jährlich verlorengehen.

Die Diskussion konzentriert sich zumeist auf den größten Urwald der Erde im Einzugsbereich des *Amazonas*-Stromes. Die Regierung Brasiliens erklärte wiederholt, auf die »Nutzung« nicht verzichten zu können und verbat sich jede Einmischung. Der Gouverneur Mendes ließ 1989 Tausende von Motorsägen kostenlos an die Siedler verteilen.[89] Nach brasilianischen Angaben wurden 1988 insgesamt 121000 Quadratkilometer gerodet, ein USA-Satellit registrierte 8500 Brände an einem Tag. Die Brandrodung hat dazu geführt, daß Brasilien in den achtziger Jahren mit elf Prozent nach den USA mit 18 Prozent und der Sowjetunion mit zwölf Prozent der drittgrößte Kohlendioxydproduzent der Welt wurde, während China mit 1100 Millionen Einwohnern nur sieben Prozent beitrug.

Seit 1989 soll die Rodung nach Angaben der Regierung Brasiliens stark zurückgegangen sein, während das brasilianische Weltrauminstitut von immer noch 33 000 Quadratkilometern jährlich spricht. Der waldärmste Kontinent ist *Afrika* mit sieben Prozent, wo wie in Indien (13 Prozent) und Pakistan (vier Prozent) der Raubbau schon früher begann. Die Folgen sind dementsprechend. In *Südostasien*, vor allem in Indonesien räumt Japan auf. Die kommerzielle Rodung vernichtet jährlich 20 000 Quadratkilometer. Die amerikanische Scott Paper Company will zum Beispiel in Indonesien 8000 Quadratkilometer Wald zu Klosett- und Taschentuchpapier verarbeiten. In Vietnam kamen die Schäden des Krieges dazu, aber auch in Thailand und Laos sowie auf den Philippinen schwinden die Wälder. Malaysia muß bald Hartholz einführen.

In *Europa* ist seit einigen Jahren eine andere Art des Waldverlusts auf dem Vormarsch, das sogenannte *Waldsterben*. Die jährliche Statistik der kranken Wälder ist insofern noch täuschend, weil die erkrankten Bäume ständig gefällt werden, der restliche Wald also dabei gesünder werden müßte. Die Ermittlungen für 1988 wiesen aus, daß von den 1,4 Millionen (ohne Sowjetunion) Quadratkilometern europäischen Waldes eine halbe Million Schäden zeigen.[90] An der Spitze liegen: Tschechoslowakei, Griechenland und Großbritannien, gefolgt von der Bundesrepublik Deutschland. Die Sowjetunion besitzt 1,9 Millionen Quadratkilometer Wald, wovon jetzt 35 000 durch Tschernobyl verseucht sind.[91]

Durch *Waldbrände* infolge Fahrlässigkeit und Brandstiftung wurden im Jahre 1989 Bestände in allen Kontinenten vernichtet. In Quadratkilometern: Europa 3600, China 9000, auf der sowjetischen Insel Sachalin 900, in den Vereinigten Staaten 2000. In Kolumbien fielen im Februar 1991 etwa 10 000 Quadratkilometer eines Naturschutzgebietes den Flammen zum Raube.

Die Waldverluste haben *mehrfache Auswirkungen*:

1. Die in ihrem Ausmaß unberechenbaren ökologischen Schäden.
2. Eine weitere Kohlendioxydbelastung der Atmosphäre.
3. Ökonomische Verluste. So wurden für die Schweiz 100 Milliarden sfr. allein für die Schäden errechnet, die in den nächsten 50 Jahren durch vermehrte Lawinen und die notwendigen Gegenmaßnahmen entstehen werden.
4. Der Erholungswert der Natur wird gemindert, was ebenfalls in

Zahlen nicht zu ermitteln ist. »Die Bäume bilden die Poesie der Erde«, schrieb Charles Richet vor 70 Jahren.[92]

»Nicht nur der Wald, die *gesamte Biosphäre* ist betroffen: also *auch die Landwirtschaft* mit dem Boden, den sie bebaut – und jenseits des Wirtschaftlichen Pflanzen, Tiere und Menschen insgesamt durch die Luft, die sie atmen.«[93]

Der Treibhauseffekt war neben den Wäldern das beherrschende Umweltthema der letzten Jahre. Er entsteht in erster Linie, weil das bei jeder Verbrennung in die Atmosphäre gewirbelte Kohlendioxyd die Abstrahlung von Wärme in den Weltraum vermindert. Ein für die USA-Regierung vor 20 Jahren erstelltes Gutachten besagte: «Morgen wird die Erde ein von einem Mantel aus Dampf und Kohlendioxyd umhülltes Treibhaus sein, riesige Landstriche werden unter den von den Polen abschmelzenden Wassermassen verschwinden.«[94] In den achtziger Jahren entstand erst einmal ein großer Streit um die Auswirkungen des Kohlendioxyds. Der ist zwar bis jetzt noch nicht beendet, doch die Meinung, daß eine große Gefahr heraufzieht, hat sich durchgesetzt. Es könnte allerdings sein, daß dies nur gelungen ist, weil die Atomindustrie im Treibhauseffekt einen guten Bundesgenossen im Kampf für die Atomkraftwerke sieht. In Deutschland warnte Anfang 1987 die »Deutsche Physikalische Gesellschaft« zusammen mit der »Deutschen Meteorologischen Gesellschaft« vor der kommenden Gefahr. 1988 stellte eine NASA-Studie fest, daß der Kohlendioxyd-Gehalt der Luft seit der Mitte des vorigen Jahrhunderts von 270 auf 350 Teile pro Million gestiegen ist und die Temperatur um 0,3 bis 0,7 Grad Celsius, und diese werde in 15 Jahren selbst dann um ein halbes Grad ansteigen, wenn keine weiteren Gase hinzukämen. Um 2050 werde sich der Gehalt an Kohlendioxyd in der Atmosphäre voraussichtlich verdoppelt haben.

Inzwischen hatte man weitere Veränderungen entdeckt. *Die Ozonschicht* in der äußeren Lufthülle nahm ab, und am Südpol wuchs ein Ozonloch bis zur Flächengröße der USA. Der erste Verdacht fiel auf die *Fluorchlorkohlenwasserstoffe* (FCKW) aus den Spraydosen und Kühlaggregaten. Nach mehreren Konferenzen wurde 1987 schließlich das »Protokoll von Montreal« von 24 Staaten unterzeichnet, das eine Abnahme der Produktion bis 1993 um 20 Prozent und um weitere 30 Prozent bis 1998 vorsah. Im Jahre 1986 betrug die Weltproduktion 1,4 Millionen Tonnen; 440000 in den EG-Ländern, 300000 in den USA. Wegen der Dringlichkeit sah man sich im Mai 1989 in Helsinki wieder und begriff, daß die Produktion bis zum Jahre 1999 eingestellt werden müßte; doch die Entwicklungsländer zogen nicht mit, in China war die Produktion gerade angelaufen.

Forschungen ergaben, daß sich auch der *Methangehalt* der Luft in den letzten 100 Jahren verdoppelt hatte. Methan entsteht zu 20 Prozent bei der Erdgas- und Erdölgewinnung sowie aus den FCKW. Weitere Mengen kommen aus dem Reisanbau und von den wiederkäuenden Haustieren, beide Produktionen haben mit der Bevölkerung stark zugenommen. Eine weitere Quelle ist das *Lachgas*, welches aus den Düsentriebwerken und auch von den Mikroorganismen abgeholzter Wälder herrührt. Ganz frisch ist die Erkenntnis amerikanischer Wissenschaftler, daß ein Zehntel des Lachgases, das sind 700000 Tonnen, bei der Produktion von Nylonfasern entsteht.[95] Lachgas wird erst in 150 Jahren vollständig abgebaut. – Das *Ozon*, dessen Abnahme in der äußeren Lufthülle gefährlich ist, nimmt in Bodennähe zu, was leider hier sehr unerwünscht ist, weil es im Zusammenwirken mit Stickoxyden und Kohlenwasserstoffen ebenfalls zum Treibhauseffekt beiträgt.

Wie ein Seminar der OECD 1989 in Paris feststellte, sind *alle Tätigkeiten des Menschen* an der Erzeugung des Treibhauseffektes beteiligt. Jede Energieerzeugung setzt mehr Abwärme frei, als sie Nutzenergie hervorbringt. Beim Auto beträgt der Verlust über 80 Prozent, bei den Kohle- und Atomkraftwerken mindestens 60 Prozent, in der Regel aber mehr. Darum benötigt ja jeder Verbrennungsvorgang Kühlung, in der Regel mittels Wasser, womit die Abwärme in die Gewässer und an die Luft abgegeben wird.

Die Klimaveränderung durch Erwärmung wird auf jeden Fall beträchtlich werden, ist im einzelnen aber schwer vorauszusagen. Die bisherige Erwärmung ist nachweisbar. Und es ist kein Zufall, daß die sieben wärmsten Jahre seit 1880 in den soeben vergangenen achtziger Jahren lagen und daß 1990 die höchsten Temperaturen des ganzen gemessenen Zeitraums erreichte.[96] Wetteränderungen sind schwer zu prognostizieren. Aber die globale Erwärmung wird einen Teil der Eisgebirge unseres Planeten auftauen und in Wasser verwandeln. Da das Eis der *Arktis* im Wasser schwimmt, bewirkt sein Auftauen keine Erhöhung des Wasserspiegels, dafür aber das Grönlandeis mit 2,6 Millionen Kubikkilometern und das Kanadas und Rußlands. Der Hauptpunkt ist die *Antarktis*; denn auf diesem Kontinent ruhen 25 Millionen Kubikkilometer Eis mit einer durchschnittlichen Höhe von 1720 Meter. Sicher ist auch, daß die Erwärmung an den Polen stärker sein wird als am Äquator. Die geschätzte Differenz liegt am Äquator zwischen + 1° und + 3°, dagegen an den Polen + 7° Celsius. Das Abschmelzen *aller Eisgebirge* würden den Weltwasserspiegel um 70 Meter erhöhen. Jetzt muß mit dem Anstieg von einem Meter bis 2075 gerechnet werden.[97] Das würde nach niederländischen Berechnungen schon alle Ländereien bis fünf Meter über Normalnull gefährden. Das sind fünf Millionen Quadratkilometer oder fünf Prozent der Vegetationsflächen der Erde, auf denen zur Zeit 1000 Millionen Menschen wohnen; aber noch wichtiger ist, daß darin *ein Drittel der Ackerflächen der Erde* liegen.[98] Im Worldwatch-Report 90/91 findet sich die schon makabere Bemerkung, die Küstenländer stünden dann vor der »Wahl«: *Rückzug* aus diesen Gebieten oder *Eindeichung*, als ob sie eine Alternative hätten! Selbstverständlich müßten sie alle Deiche erhöhen und solche selbst dort bauen, wo bisher keine nötig waren. Richtig ist aber die Feststellung, daß heute mit der Planung begonnen werden müßte. Die USA-Umweltbehörde rechnete schon 1985 damit, daß der Anstieg des Weltwasserspiegels um 2100 mehr als zwei Meter betragen werde. Die Errichtung von Deichen in allen Kontinenten würde auf Grund der zu bewegenden Materialmassen auch weitere ökologische Schäden mit sich bringen. Aber was tun die betroffenen Länder jetzt? Sie bauen weitere Wohnungen und Industrien an allen Küsten der Welt. Die großen Hafenstädte der Industrieländer liegen an den Flußmündungen, sind also zuerst bedroht: London, Hamburg, Leningrad, Rotterdam, Amsterdam, New York, New Orleans, Sydney und viele andere. Am gefährdetsten sind aber zehn Entwicklungsländer: Bangladesch, Ägypten, Indonesien, die Malediven, Moçambique, Pakistan, Senegal, Surinam, Thailand und Gambia.[99] Dort werden die Riesenstädte Alexandria, Bangkok, Kalkutta, Dakka, Hanoi, Karatschi und Schanghai zuerst betroffen sein.

Die natürlichste und kostengünstigste Rettung wäre, die Ursachen der Erwärmung zu vermindern: in der Hauptsache den Einsatz von

Kohle, Öl und Gas zur Energieerzeugung. Eine erste *Weltklima-konferenz* im Juni 1988 in Toronto hat die Fakten anerkannt und eine *Reduzierung* des Kohlendioxydausstoßes um 20 Prozent bis zum Jahr 2000 und um 50 Prozent bis 2050 gefordert. Doch ein Jahr später tagte in Montreal die 14. *Weltenergiekonferenz*. Ihre Prognose: Der Energieverbrauch werde bis zum Jahr 2020 um 50 bis 75 Prozent *steigen*, zwei Drittel des Anstiegs müßten von den fossilen Brennstoffen gestellt werden. Folglich werde auch der Ausstoß von Kohlendioxyd bis 2020 um 40 bis 70 Prozent steigen! Das sind zwischen *acht und 14 Milliarden Tonnen mehr als zur Zeit!* Die Belastungsspitze läge dann bei 35 Milliarden Tonnen jährlich, statt der geforderten 15 Milliarden Tonnen. In dieser klaffenden Lücke zwischen den beiden Kurven liegt *die Entscheidung über das weitere Leben auf diesem Planeten!* Und es besteht gar kein Zweifel, welcher Kurve die Entwicklung folgen wird. Der Ruf nach *mehr* hat noch immer gesiegt. Dementsprechend ist der Weltverbrauch fossiler Brennstoffe von 1988 bis 1990 schon wieder um etwa 500 Millionen Tonnen Steinkohleeinheiten gestiegen.

Die folgende 2. Weltklimakonferenz im Oktober 1990 in Genf endete mit einer *unverbindlichen* Aufforderung, den Kohlendioxydausstoß bereits bis 2010 um 20 Prozent zu senken. Vor allem die Vereinigten Staaten, die pro Kopf und Jahr mit 19 Tonnen die Weltspitze halten, wandten sich gegen konkrete Ziele, »weil dieses Vorgehen nicht ihrer Philosophie im Umweltbereich entspreche«.[100]

9 Die Selbststeuerung der Natur ist gestört

Der Mensch ist das naturzerstörende Wirtschafts-
tier.

Der deutsche Philosoph
Max Weber

Indem der Mensch seine eigenen Lebensbedingungen geändert hat, veränderte er auch zwangsläufig die Lebensbedingungen der Pflanzen und Tiere sowie auch der Mikroorganismen, die er gar nicht sieht. »Als man die Bakterien identifiziert hatte, konnten sie erfolgreich bekämpft werden, und der Mensch besaß nun keinen todbringenden Feind mehr in der Biosphäre außer sich selber.«[101] Wie stark sich die Eingriffe auswirken, hängt von der Quantität und Qualität sowie von der Zahl der Menschen ab. In einer Welt mit wenigen Menschen und primitiven Werkzeugen konnte die Natur in keine Gefahr kommen.

Der erste große Schritt einer Emanzipation von der Natur kam mit dem Ackerbau und den folgenden Hochkulturen. Doch in diesem mußte sich der Mensch noch sehr der Natur anpassen. So blieb zum Beispiel den Griechen, die über die Welt tiefer nachgedacht haben, als das in den folgenden Jahrtausenden der Fall war, der Gedanke an eine Umgestaltung der Natur völlig fremd. Auch in Rom befand der Satirendichter Juvenal: »Niemals darf der Wille des Menschen je über die Natur siegen.«[102] Selbst im Mittelalter hatte der deutsche Mystiker Meister Eckart erkannt: »Es ist in der Natur um uns schlechthin unmöglich zu leben und zu überleben, wenn wir sie so traktieren und so wenig alleine ihr Werk tun lassen.«[103]

In jenen Zeiten war der Mensch auch gar nicht in der Lage, seine Umwelt nach Belieben zu behandeln. Die über sein Schicksal entscheidende Epoche kam, als er die Natur und sein Leben nicht mehr als einfache Gegebenheiten eines Schöpfungswunders hinnahm, sondern begann, ihre Gesetze und Geheimnisse zu ergründen, um in ihre Prozesse eingreifen zu können. »Das fragende Experiment hat den Erdkreis besiegt.«[104] Mit den schnell entwikkelten großtechnischen Mitteln der Gegenwart konnte die Natur überwältigt und dem Menschen dienstbar gemacht werden. Bis zum Jahr 1800 etwa »hatten alle Arten, der Mensch nicht ausgenommen, von der Gnade der Biosphäre gelebt – erst die industrielle Revolution lieferte sie der Gnade des Menschen aus.«[105] Damit sind wir beim zweiten und unvergleichlich radikaleren Schritt, besser Sprung der Emanzipation, den allein die Europäer wagten. Dabei überlassen wir mit Toynbee den Engländern die Ehre, »den Anfangsimpuls für die enorme Entwicklung der industriellen Revolution gegeben zu haben«.[106] Diese Revolution war von den Naturwissenschaften in ungefähr drei Jahrhunderten vorbereitet worden. Aber auch die Philosophie hatte ihren Anteil. John Locke (1632–1704) sah in der »*Negation der Natur*« den »Weg zum Glück« und forderte die Menschen auf, sich vollständig von der Natur zu emanzipieren.[107] Dagegen vertrat Immanuel Kant ein Jahrhundert später weiterhin den alten Standpunkt: »Der Mensch muß sich in die *Natur* schicken; aber er will, daß sie sich in ihn schicken soll.«[108] Und Goethe schrieb: »Der Wechsel von Tag und Nacht, der Jahreszeiten, der Blüten und Früchte... ist er doch ewig und unantastbar. Das irdische Leben begebe sich nicht daran, ihn zu verändern. Wär' es doch Narrheit nur.«[109] Deutsche Philosophen und Dichter haben sich nie derart abschätzig über die Natur geäußert wie manche westeuropäische. Das hat aber nichts daran geändert, daß der gesamte deutschsprachige Raum neben England und Frankreich eine Pionierrolle bei der Industrialisierung der Welt spielte, wobei es zum Konkurrenzkampf zwischen den europäischen Mächten kam. Dieser führte auch zu einem Wettrennen um Kolonien, in dem das junge Deutsche Reich nach 1871 nur die letzten übrig gebliebenen Brocken einheimsen konnte, die es 1918 wieder verlor. Die Kolonien der Europäer müssen erwähnt werden, weil über sie die Industrialisierung der ganzen Welt möglich wurde. Da die Natur seit Menschengedenken immer brav ihre Dienste getan hatte, werde sie auch – unterstellte der ökonomische Liberalismus – weiter so funktionieren. Was auch der Mensch unternehme, stets werde eine »*unsichtbare Hand*« das Ganze leiten, meinte Adam Smith, der *nur* die Erfolge des neuen Zeitalters sah. Anderer Auffassung war Karl Marx, der *nur* dessen Mißstände sah; darum müsse die Welt von der *eigenen Hand* des Menschen gehörig verändert werden, damit es diesem wohlgehe und er lange lebe auf Erden. Darum sein Vorwurf an die Philosophen, sie hätten die Welt nur verschieden interpretiert, während es darauf ankomme, *sie zu verändern.* Beide Richtungen setzten absolutes Vertrauen in die Fähigkeiten des Menschen und selbstverständlich auch in die unbegrenzte Leistungsfähigkeit der Natur. – Somit lief die im III. Teil dieses Buches beschriebene Maschinerie unaufhaltsam weiter.

Erst im 20. Jahrhundert kamen einzelne Bedenken auf, ob die Natur die inzwischen rasend steigenden Belastungen werde verkraften können. Die Lebensphilosophie zu Ende des 19. Jahrhunderts, in der Tradition Goethes stehend, hatte vorgearbeitet. Eine einsame Speerspitze naturgemäßen Denkens bildete Friedrich Nietzsche. Oswald Spengler war dann der erste Universalhistoriker, der die Zerstörungen der Natur in seine Betrachtungen einbezog, was schließlich auch der letzte große Welthistoriker, Arnold Toynbee, tat. Er wie sein von der Soziologie kommender Zeitgenosse Lewis Mumford betonten gleichermaßen, daß die von den Menschen in den letzten zwei Jahrhunderten errungene zerstörerische Macht *einmalig* ist.[110] In Deutschland führte Ludwig Klages zu Anfang des Jahrhunderts die Gedanken der Naturphilosophie fort, ohne öffentliche Aufmerksamkeit zu erreichen. Auch die Bücher von A. Metternich (1947) und Reinhard Demoll (1954) fanden keine Beachtung. Erst die Amerikanerin Rachel Carson konnte mit ihrem Warnruf »Der stumme Frühling« (1962) einen Teil der dortigen Öffentlichkeit mobilisieren. Doch die Verbreitung solcher Gedanken in den USA stand unter der Devise »human environment protection«, also Schutz der *Umwelt des Menschen.*

Der christliche Mensch des Mittelalters und der Neuzeit neigte dazu, die Natur als seinen Gegenspieler zu betrachten, mit dem er kämpft und mit dessen Gegenzügen er rechnet. Auch Nietzsche denkt manchmal ähnlich, wenn er fragt: »Ist jetzt nicht der ganze Weltprozeß ein Bestrafungsakt der Hybris?«[111] Diese Frage unterstellt der Natur die Rolle eines Richters, der Strafen anordnet. Dabei resultiert doch die »Strafe« für den Menschen aus den automatischen Rückwirkungen seines eigenen Tuns. Es handelt sich also um metaphorische Redewendungen; denn die Natur spielt weder Richter noch Rächer. Sie leidet und stirbt hier und da, weil aus ihr Stücke herausgebrochen werden, so daß einzelne Kreisläufe zusammenbrechen. Einen Zweikampf Menschheit – Natur kann es schon darum nicht geben, weil die Menschen Teil der Natur sind. *»Die Menschheit«* und *»die Natur«* sind abstrakte Begriffe. Wenn die

Natur als Subjekt eine Strategie hätte, dann müßte sie *einen Kopf* haben – und wenn »die Menschheit« eine Strategie hätte, dann müßte sie ebenfalls *einen* Körper und *einen Kopf* haben; doch sie hat beides *nicht*, sie ist im wahrsten Sinne des Wortes *kopflos* und handelt darum auch kopflos. Die Menschheit ist auch kein Körper, so wie der Mensch ein Körper ist; denn die Teile des menschlichen Körpers sind völlig unfrei, während die Teile »der Menschheit« Narrenfreiheit haben – von der sie auch weidlich Gebrauch machen. Das wird uns doch täglich vorgeführt. »Die Menschheit« und »die Natur« sind in sich so komplexe Gebilde, daß es eigentlich gar nicht erlaubt sein dürfte, diese Begriffe zu verwenden. Wir tun das notgedrungen, wie wir ja auch von einem »Atom« sprechen, ohne zu wissen, was das eigentlich ist.

Viele Wissenschaften trugen inzwischen zu Erkenntnissen bei, wonach die Natur millionenfach differenzierter organisiert ist als alles Menschenwerk. Die Natur ließ sich für ihre Neuentwicklungen unermeßlich viel Zeit; dafür waren die Ergebnisse *dauerhaft.* Der Mensch der Technik drängt Versuch und Anwendung auf einen winzigen Zeitabschnitt zusammen; mit der Folge, daß die Ergebnisse *nicht dauerhaft* sind. Die völlig unbedachten Auswirkungen auf die Natur erfolgen somit kurzfristig, konzentriert und bleiben lange erhalten. Weil kein steuernder Kopf da ist, berechnet auch niemand die *Fernwirkungen* der Veränderungen, welche die Menschen und Völker heute im guten Glauben forcieren. Und auch die Natur kann die Fernwirkungen der erlittenen Verwundungen und Vergiftungen nicht vorausberechnen; sie zeigen sich erst, indem sie dahinsiecht oder stirbt.

Wie groß die Störungen der Natur jetzt schon sind, das wird sich nie ermitteln lassen. Besitzen wir überhaupt einen Maßstab, um die Ausmaße der Störungen des gesamten Ökosystems zu ermessen? Der zuverlässigste Maßstab dürfte die *Zahl der aussterbenden Arten* sein. Sie sind zwar nicht alle für das Ökosystem gleich wichtig, aber irgendeine Bedeutung hat eine jede. »Was für ein Glied du auch aus der Kette der Natur hinwegnimmst, das zehnte oder das zehntausendste, so wird doch allezeit die Kette zerbrochen«, schrieb der englische Dichter Alexander Pope.[112] Infolgedessen verursachen viele Ausfälle auch große Lücken im Verbundsystem der Natur. »Was diesbezüglich derzeit passiert, ist eine Katastrophe, wie sie sich auf dem Globus seit der Entstehung des Lebens noch nicht abgespielt hat.«[113] Zu diesem Ergebnis kommt der Zoologe Bernhard Verbeek in dem neuen Buch »Die Anthropologie der Umweltzerstörung«. *In der Natur entstehen neue Arten mit einer Wachstumsrate von 0,37 Prozent in einer Million Jahren*, das wäre eine jährliche Zunahme von 0,00000037 Prozent. Wenn wir die Gesamtzahl der lebenden Arten mit drei Millionen ansetzen, dann wäre pro Jahr eine neue Art entstanden.[114] *Gegenwärtig verschwindet aber pro Stunde eine Art!* Das sind über *10 000 in einem Jahr*! Ein Symposium der Schweizerischen Akademie der Naturwissenschaften, das an der Universität Genf vom 3. bis 6. Oktober 1990 tagte, kam auf 4000 bis 6000 aussterbende Arten pro Jahr und errechnete auch, daß die Aussterberate heute die der Natur um das Zehntausendfache übertreffe; eine *Katastrophe*, die *tausendmal schneller* ablaufe als die erdgeschichtlichen Vernichtungskrisen früherer Zeitalter.[115] Der renommierte amerikanische Biologe Edward Wilson hatte schon 1987 die jährliche Aussterberate auf 175 000 Arten geschätzt, wobei er eine Gesamtzahl der existierenden Arten von fünf Millionen zugrunde legte.[116] Um das etwas anschaulicher zu machen: von den Vogelarten in Deutschland wird es in 50 Jahren nur noch die Hälfte, vielleicht sogar nur noch ein Drittel geben.

Der zitierte Charles Richet protestierte schon 1922: »Eine Tierart, die erlischt! Welch tempelschänderisches Verbrechen. Keine Macht, weder eine menschliche noch eine göttliche, wird sie wieder zum Vorschein bringen! Es ist vorbei, für alle Zeiten vorbei! – So können wir denn auch wohl voraussehen, daß es dem Menschen gar bald gelingen wird, die meisten der wunderbaren lebenden Formen, die die Erde bisher zierten, von Grund auf auszurotten.«[117] Richet fährt dort fort: »Von den lebenden Tieren werden wir . . . in Zukunft nur noch die Gattungen der Haustiere kennen lernen, wie Katzen, Hunde, Pferde, Esel, Kühe, Hammel, Ziegen, Schweine, Hühner, Enten, Gänse . . . vielleicht werden für den Jagdsport noch einige Rebhühner, Kaninchen, Rehe und Hasen am Leben gelassen werden.« Von dem französischen Dichter Romain Rolland soll der Satz stammen: »Künftige Generationen werden den Vandalismus verfluchen, mit dem wir ein kurzes Jahrhundert Raubbau an der Tierwelt getrieben haben, zu deren Vervollkommnung die Natur fünfzig Millionen Jahre brauchte.«[118]

Eine Gattung, die sich alle anderen Lebewesen unterwirft, einen Bruchteil der Arten domestiziert, andere ausrottet, beendet damit auch deren *natürliche Evolution*. Der Basler Genetiker Werner Arber erklärte 1987 in seiner Rektoratsrede: »Im zunehmenden Maße nimmt die Vielfalt an Lebewesen und damit an Erbgut in der Biosphäre unter Einwirkung der menschlichen Zivilisation ab. Mit dem Aussterben von Lebewesen verschwinden auch deren Gene.«[119] *Die Natur schwelgte bis ins vorige Jahrhundert im Überfluß.* Seitdem hat der Mensch mit seinen neuen großtechnischen Mitteln so »erfolgreich« abgeräumt, daß der Umschlag in den *Mangel* unvermeidlich wird. Je stärker sich der Mensch von der Diktatur der Natur befreite, desto deutlicher zeigte sich, wie total er ihr immer ausgeliefert war und bleiben wird. Doch die derzeitig Lebenden beschränken ihre Aufmerksamkeit auf ihre künstliche Umwelt, während ihnen die Abhängigkeit von der natürlichen gar nicht mehr bewußt wird; denn sie haben jede *direkte Beziehung* zu ihren Lebensgrundlagen verloren. Da sich der Mensch auch selbst domestiziert hat, ist die biologische Evolution der eigenen Gattung abgebrochen worden. Und durch seine expansive Lebensweise zerstört er auch die labile Ausgewogenheit der Pflanzen und Tierarten untereinander. »Dies kann sich nur in negativer Weise auf die zukünftigen Möglichkeiten auch der menschlichen Entwicklung auswirken.«[120] Die radikale Veränderung der gesamten natürlichen Umwelt beeinträchtigt also nicht nur diese in allen ihren Potentialen kurzfristig, sondern auch die menschlichen Lebewesen selbst – biologisch und genetisch.

Bis zum II. Weltkrieg war unsere Welt im großen und ganzen noch in der gleichen Ordnung, in der sie sich in den letzten Jahrtausenden durchgehend befand. Die unermeßlichen Schäden, die wir im Teil IV behandelt haben, entstanden erst *in den letzten 50 Jahren.* Ein halbes Jahrhundert hat genügt, den ganzen Planeten weitgehend zu ruinieren! Wie soll er erst nach weiteren 50 oder nach 100 Jahren aussehen? Zumal die Zerstörungsprozesse nicht nur fortgesetzt werden, sondern sich laufend verstärken: durch die Bevölkerungsexplosion *und* durch das, was man »wirtschaftliches Wachstum« nennt. Welch hilflose Gegenaktionen unternommen wurden, ist schon hier und da angedeutet worden. Aber wir untersuchen die Chancen einer welthistorischen Wende nochmals im Teil V.

TEIL V

Der Mensch als göttlicher Lenker?

1 Umweltpolitik?

Sie reinigen sich, indem sie sich von neuem besudeln.

Der griechische Philosoph Heraklit

Die Entdeckung der *Umwelt* als schutzbedürftiges System, dem der Mensch zu Hilfe kommen muß, habe ich in der Politik seit 1969 miterlebt. Obwohl in Deutschland schon immer ein tieferes, zum Teil romantisches Gefühl für die Natur vorhanden war, kam der Begriff wie die neue Bewegung aus den Vereinigten Staaten herüber. Dort hieß das nun »human environment protection«, also Schutz der *menschlichen* Umwelt, nicht etwa Schutz der *natürlichen* Umwelt an sich. Somit blieb der Mensch im Mittelpunkt und erklärte alles übrige zu *seiner* Umwelt. Er begriff allerdings, daß ihm selbst Gefahr drohte, wenn er die Dinge weiter so laufen ließ. Die übrigen Geschöpfe, die Tiere und die Pflanzen, interessierten nicht so sehr; denn deren Dahinschwinden bemerkt der städtische Mensch selten. Doch die schlechte Luft roch er, das schlechte Wasser schmeckte er, den Lärm hörte er, und den Müll sah er. Das erboste viele, und sie riefen nach Abhilfe. Aber wer sollte abhelfen, wenn nicht *die Technik*, die doch wohl alles vermochte. Wenn sie immer neue Mittel erfinden konnte, warum nicht auch die Gegenmittel? Damit war der *technische Umweltschutz* geboren, für den man auch sofort die Fachleute hatte. Folglich wurde der Umweltschutz in Fachbereiche aufgeteilt, und andererseits wurde er selbst zu einem neuen Ressort der Politik, also der Gesetzgebung. Denn auf freiwilliger Basis geschah nichts, nur durch den Druck der Öffentlichkeit und den Zwang des Staates. Allgemein gültige *Grenzwerte* für zulässige Belastungen, von denen man annahm, daß sie der Mensch gerade noch vertrug, wurden verordnet. Im Ringen mit der Industrie um die »höchst zulässige« Verschmutzung machte man die beruhigende Entdeckung, daß der Mensch oft mehr vertragen kann als manche Pflanzen- und Tierart, zumal ihm notfalls immer noch Ärzte und Medikamente als letzte Rettung zur Verfügung stehen. Da die Belastungen summiert und synergetisch wirken, lassen sie sich quantitativ und qualitativ schwer oder gar nicht erfassen – und vieles wird immer ungeklärt bleiben, wie wir schon beim Waldsterben erfahren mußten. Die bisherige Umweltpolitik hat sich der »Schadstoffe und Umweltmedien einzeln angenommen, damit aber kumulative Effekte mehrerer gleichzeitig auf Mensch und Umwelt einwirkender Einflüsse zu wenig berücksichtigen können«.[1]

Somit waren Betroffene und Umweltschützer meist in Beweisnot, ob denn nun eine Krankheit wirklich gerade auf eine bestimmte Chemikalie zurückzuführen sei, wo doch noch tausend andere Ursachen denkbar blieben. Aber die Medien griffen die Themen auf, und wer eine Tageszeitung von heute mit einer 20 Jahre zurückliegenden vergleicht, wird feststellen, daß sich die Berichte über Umweltprobleme mindestens verzehnfacht haben. Das konnte die Politik nicht ignorieren. Nach und nach schuf man Umweltministerien und entsprechende Parlamentsausschüsse in allen größeren Staaten und auch in Bundesländern; dazu die nötigen Fachbehörden bis herunter auf Kreis- und Stadtebene. Vielfältige Institute schossen aus dem Boden, Gutachter waren gefragt und natürlich Juristen, denn der Umweltkampf zwischen Wirtschaft, Staat und Bürger wurde zunehmend auch vor Gerichten ausgefochten. Teil des ganzen anwachsenden Systems waren auch die Bürgerinitiativen, die Umwelt- und Naturschutzverbände. Die vorwiegende Stimmung war die, daß es doch wohl gelacht wäre, wenn wir die Probleme nicht in »den Griff« bekommen sollten, wo der Mensch doch »schon ganz andere Probleme gelöst« habe. Mit der Entdeckung immer neuer Mißstände entfalteten sich *neue Wachstumsbranchen* zu deren Beseitigung.

Schließlich begriff auch die gewerbliche Wirtschaft, die sich lange gegen die »wettbewerbsschädlichen Einschränkungen« gesperrt hatte, daß sie ihre Strategie ändern mußte. Es dauerte nicht lange, und nirgendwo grünte es nun so grün wie in den Werbeanzeigen der Industrie bis hin zur chemischen. Beinahe alles, was heute produziert wird, ist nun *ökologisch!* Auf diese Weise überspringt man mit Schlagworten elegant das große Dilemma, daß nämlich die moderne Ökonomie die altmodischen Natursysteme zerstört. Aber auch Wissenschaftler hatten für die Überlebensprobleme Sprüche anzubieten: Ökonomie und Ökologie bildeten *keinen Gegensatz*, ergänzten vielmehr einander und könnten sogar harmonisch ineinander gefügt werden. Das hörten sowohl die Unternehmer wie auch die Gewerkschaften gern; denn nun war ihre Interessengemeinschaft wieder gesichert. Es darf, ja es muß sogar mehr produziert werden, denn die Erhaltung der Umwelt kostet Geld, das erst einmal verdient werden muß. Erst wenn man es hat, kann auch etwas für die Umwelt abgezweigt werden. Somit erschien weiteres wirtschaftliches Wachstum geradezu *geboten*. Auch die Wähler waren zufrieden, denn es wird ja schon *soviel* für die Umwelt getan! Und das Erfreulichste dabei: Keiner braucht Einschränkungen hinzunehmen, im Gegenteil, nach der Ölkrise wurden größere Autos gekauft, man flog zu noch entfernteren Urlaubsorten und kämpft tapfer weiter gegen das Übergewicht.

Der technische Umweltschutz steigert nun auch das Bruttosozialprodukt. Gerade die erforderlichen Großanlagen sind teuer: Kläranlagen, Müllverbrennungsanlagen, Filtersysteme für Großkraftwerke. Und ein Massenbedarf entsteht bei Katalysatoren, Lärmschutzwänden und -fenstern, um einiges zu nennen. Das Wissenschafts-Zentrum Berlin ermittelte, daß von 1970 bis 1988 der Anteil des Bruttosozialprodukts, der für die Beseitigung von Umweltschäden aufgewendet wurde, von sieben auf zwölf Prozent gestiegen ist. Diese müßten vom Bruttosozialprodukt abgezogen werden; denn ihr *Wert* liegt nur darin, daß eine weit größere Verschlechterung der Umwelt vermieden wurde.

Das Bruttosozialprodukt wächst also umso kräftiger, je höher die Schäden sind, die behoben werden müssen! Ökologisch betrachtet heißt das jedoch, daß jeder technische Umweltschutz einen *zusätzlichen* Energieeinsatz erfordert. Kraftwerke mit Filter und Autos mit Katalysator benötigen nicht nur die Energie zur Herstellung der Geräte, sondern auch für deren Betrieb. Das gilt auch für Klärwerke und eigentlich für alles. *Jeder technische Vorgang verbraucht weit mehr Energie, als er an Leistung erbringt.* Außerdem sind für den Bau der Anlagen mineralische Rohstoffe nötig, die auch nicht nachwachsen. Und alle Energieerzeugung und jeder Rohstoffverbrauch (sogar die Wiederverwendung) ist auch wieder mit unvermeidlichen Umweltbelastungen verbunden, somit kann die *ökologische Bilanz* gar nicht so viel besser werden – selbst dann nicht, wenn der perfekteste Umweltschutz betrieben würde.[2] Hundertprozentig wird die Umwelt nur entlastet, wenn die jeweilige Produktion *ganz eingestellt* wird.

Über *das Verursacherprinzip* ist man sich einig. Doch wer ist der Verursacher? Der Autoproduzent oder der -fahrer? Wenn keine Autos gekauft würden, dann könnten die Fabriken keine herstellen, und auch die Tankstellen wären überflüssig. Also ist der primäre Verursacher der, welcher sich ein entsprechendes Gut anschafft. Der sogenannte Normalbürger, der in aller Unschuld kauft, was ihm angeboten wird, ist der eigentliche Verursacher der Umweltmisere, ob er das nun wahrhaben will oder nicht. Eine Umfrage ergab, daß zwei Drittel aller Bundesbürger der Ansicht sind, in ihrer Freizeit und im Urlaub die Umwelt überhaupt nicht zu beeinträchtigen![3]

Bisher wurde noch nicht einmal den besser Gebildeten klar, daß die Umweltschäden mit der Dichte der Besiedelung und dem Lebensstandard unweigerlich steigen, und daß damit eine Umkehr immer aussichtsloser wird. Und das, obwohl die Berechnungen von Forrester und Meadows schon vor 20 Jahren die Verknüpfung und gegenseitige Verschlimmerung der Faktoren Bevölkerung, Nahrung, Verschmutzung, Energie und Rohstoffe dargestellt hatten.

Um die Belastung der Natur durch die Menschen grob berechnen zu können, hat der Ingenieur Wolfram Ziegler den menschlichen Energieeinsatz je Flächeneinheit als Indikator eingeführt. Da alle technisch-ökonomischen Betätigungen des Menschen mit von ihm selbst produzierter Energie ausgeführt werden, läßt sich schon an deren Einsatzhöhe die Belastung der ökologischen Systeme abschätzen. Demnach ist in Deutschland der auf die Fläche bezogene Energieverbrauch zehnmal höher, als er in einem stabilen Ökosystem sein dürfte.

Seit meiner Gesamtdarstellung in «Ein Planet wird geplündert» sind die folgenden globalen Gefahrenkomplexe hinzugekommen: *Waldsterben, Treibhauseffekt, Ozonschwund* in der oberen Atmosphäre. Und die aus der *Atomspaltung* resultierenden Gefahren haben sich konkretisiert. Wären diese neuen Gefahren nicht hinzugekommen, dann hätte man pauschal von gleichbleibenden Umweltbelastungen auf dem schon *völlig untragbaren* Niveau der siebziger Jahre sprechen können. Aber eben nur, wenn allein die konventionellen Emissionen berücksichtigt werden. Der »Erfolg« bisheriger Umweltpolitik liegt allein darin, daß es in den damals bekannten Bereichen nicht noch viel schlimmer geworden ist.

Die Umweltpolitik ist in allen Staaten eine mit viel Propagandage-schrei begleitete *Symptombekämpfung.* Man kann sie auch als halbherzige *Defensivpolitik* bezeichnen. Von Umwelt*vorsorge*, die von der Gesamtregierung betrieben werden müßte, kann keine Rede sein. Der Ressortminister für die Umwelt hat in allen Regie-rungen hauptsächlich eine Alibifunktion, aber keinen entscheiden-den Einfluß. Die ökonomische Weiterentwicklung wird von der Ökologie nur am Rande ein klein wenig berührt. Wenn zum Bei-spiel der deutsche Bundeskanzler beim Weltwirtschaftsgipfel 1989 darauf»drängte«, einige Phrasen über die Umwelt in das Kommu-niqué aufzunehmen, dann bleibt das erwiesenermaßen folgenlos. Die Organisation für wirtschaftliche Zusammenarbeit und Ent-wicklung *(OECD)* legte Anfang 1991 den dritten *Bericht über die Umwelt* in den dort vertretenen 24 Ländern vor. (Außer den EG-Ländern gehören noch dazu: USA, Kanada, Japan, Australien, Neuseeland, Türkei, Österreich, Schweden, Finnland, Island und Jugoslawien.) Diese Länder mit 950 Millionen Einwohnern »pro-duzieren« jährlich zwei Milliarden Tonnen Abfälle und tragen zur Kohlendioxydbelastung der Welt über 40 Prozent bei. Die Abwäs-ser von 330 Millionen Einwohnern gehen *ungeklärt* in Flüsse und Meere. Die Aufwendungen für die Umwelt schwanken in diesen Staaten zwischen 0,8 und 1,5 Prozent ihres Bruttosozialprodukts; Deutschland 1,52 Prozent, USA 1,47 Prozent, am geringsten waren sie in Frankreich und Italien. Das sind überall lächerlich geringe Sätze. Damit können nur die schlimmsten Schäden gemildert wer-den, und das oft nur nachträglich, während die Gesamtbelastung weiter zunimmt. Die steigenden wirtschaftlichen Aktivitäten fres-sen die umweltpolitischen Erfolge bei weitem wieder auf. Der Bericht spricht von Fortschritten, gibt aber zu, daß sie unzurei-chend sind, und fordert ein »gewichtiges Programm«. Die *Boden-erosion* sei in den USA, Australien und Spanien ein wachsendes Problem, wie überhaupt die Bodenqualität abnehme; *Wüsten* brei-teten sich in Kanada, Spanien und der Türkei weiter aus. Eigenarti-gerweise ist der Bericht mit dem Zustand der *Wälder* zufrieden. Und das, wo doch der Straßenverkehr seit 1970 um 86 Prozent zugenommen hat, während das Bruttosozialprodukt um 72 Prozent stieg. Der Bericht beklagt auch, daß trotz Verbesserung der Moto-ren die Belastung der Atmosphäre konstant weiter steigt, und fordert die Dämpfung des Straßenverkehrs. Doch das erklärte Ziel des Europäischen Binnenmarktes ist gerade dessen Erhöhung. Auch der Konsum der immer kleiner werdenden Familien schnellt weiter hoch.

Daß auch die Entwicklung armer Regionen der dortigen Umwelt schadet, wagte ein Bericht des World-Wildlife-Fund auszusprechen. Schon die erhöhten Mittel der EG für die »rückständigen Regionen« in Griechenland, Spanien, Portugal und Island sowie für die französischen Überseegebiete gefährden dortige ohnehin ökologisch labile Räume und zerstören Fauna und Flora.[4]

Im *ehemaligen Ostblock* mit seiner beträchtlichen Industrialisierung stellt sich die Lage am verheerendsten dar. Das ganze Ausmaß der Umweltverderbnis wurde mit der Perestroika und der Demokratisierung der einzelnen Nationen nach und nach deutlich. Man darf wohl sagen, daß es dort überhaupt keinen Umweltschutz gegeben hat. Die Aussichten auf Verbesserung bleiben düster, da die ausgebrochene Wirtschaftsmisere alle Kräfte binden wird. Der über 450 Millionen Menschen umfassende Raum, bisher als Zweite Welt bezeichnet, hat einen weit geringeren Lebensstandard, doch einen höheren Energieeinsatz pro Kopf und viel höheren Verschmutzungsgrad aufzuweisen. Ganze Landschaften kann man als geschädigt oder sogar als vergiftet einstufen. Angefangen beim Erzgebirgsraum deutscher- und tschechischerseits, über Oberschlesien bis in die vielen großen Industrieanballungen der Sowjetunion, quer durch Sibirien bis zum Pazifik. Am Amur ist das Industriegebiet um Komsomolsk auf 10000 Quadratkilometern so vergiftet, daß vielerorts kein Gras mehr wächst. »Den Nachkommen bleibt nur die Wüste«, durfte jetzt ein Abgeordneter einem deutschen Fernsehteam sagen.

Der sowjetische Umweltminister Nikolai Worontsow erklärte Anfang September 1991, daß 20 Prozent der Sowjetunion verseucht seien, auf weiteren 35 Prozent seien schwere Schäden zu registrieren; die restlichen 45 Prozent des gesamten Territoriums seien unberührt. Dazu gehören jedoch gerade die zum großen Teil unbewohnten Gebiete um den Polarkreis. Am gründlichsten wurde die Natur durch die atomaren Anlagen ruiniert. Zu dem großen atomar verseuchten Raum um Tschernobyl kommen die Produktions- und Versuchsanlagen der *Atomwaffen*. Ihre Zentren lagen am Ural, in Kasachstan und auf der Insel Nowaja Semlja im Nordmeer. Die Urangewinnung hinterläßt auch in Sachsen und Thüringen riesige radioaktiv verseuchte Flächen. Im eigenen Land benutzte die Sowjetunion atomare Sprengsätze für Erdbewegungen; selbst jetzt, im Jahr 1991, gibt es noch Pläne, die chemischen Waffen mittels atomarer Explosionen zu vernichten![5]

Zur *Kohlendioxydbelastung* der Welt trugen die ehemaligen Ostblockstaaten 25 Prozent bei, obwohl sie nur acht Prozent der Bevölkerung stellten. Die starke Belastung Osteuropas wirkt sich über die Luft und die Gewässer auch auf das übrige Europa aus, besonders durch die Flüsse, die ins Schwarze Meer und in die Ostsee münden.

Im Rückblick stellt sich heraus, daß es verhängnisvoll war, die Umwelt nicht unter dem umfassenden Begriff der Ökologie, sondern unter dem begrenzten von Emissionen und Immissionen zu betrachten. Durch deren Minderung glaubte man daraufhin die Welt retten zu können, ja sogar eine *höhere Lebensqualität* zu gewinnen. Daß es jedoch um *das Leben* auf dieser Erde und damit um die Existenz des Menschen geht, haben bis heute nur verschwindend kleine Minderheiten begriffen. Nach und nach ist zwar neben dem Begriff Umwelt auch der umfassendere der *Ökologie* aufgetaucht, aber dessen Tragweite erfaßten ganz wenige. In den komplexen Systemen der Natur zu denken, überfordert das menschliche Gehirn. Darum hat der Mensch auch keine Ahnung, welchen Schaden er in ihnen anrichtet.

Die Probleme der heutigen Welt auf den Begriff »Umweltschutz« zu reduzieren, heißt sie verniedlichen. Und selbst das, was in der Umweltpolitik geschieht, könnte man in der Formel zusammenfassen: über Altlasten diskutieren und Neulasten produzieren.

2 Qualitatives Wachstum?

*Wir müßten Engel werden, um vom himmlischen
Bruttosozialprodukt leben zu können.*

Der amerikanische Ökonom
Herman Daly

Das weitere wirtschaftliche Wachstum werde ein *qualitatives
Wachstum* sein, sagen seine Befürworter, wenn sie die Grenzen
nicht mehr abstreiten können. Was jedoch unter qualitativem
Wachstum zu verstehen sei, bleibt noch immer der Phantasie jedes
einzelnen überlassen. Auf jeden Fall sollte es allerdings die *»Lebensqualität«* erhöhen, worüber sich auch ein jeder seine eigenen
Vorstellungen bilden darf. In einem materialistischen Zeitalter wie
dem unseren wird die Qualität weitestgehend von der Quantität
abgeleitet, und alles Trachten konzentriert sich auf die Erhöhung
der Besitzstände. Das manifestiert sich alle Jahre in den Lohnkämpfen. Das Jahreseinkommen pro Kopf ist der Indikator des
»Lebensstandards«, und für die Nationen ist es das Bruttosozialprodukt.

Daß im letzteren wesentliche Leistungen nicht enthalten sind, weil
sie sich schwer oder gar nicht in Geld umrechnen lassen, ist ein
bekanntes Thema. So sind vor allem die Arbeitsleistungen der
Hausfrauen für ihre Familien in dieser Statistik nicht enthalten.
Und wie soll man saubere Luft, sauberes Wasser und eine saubere
Landschaft berechnen? Abgesehen von dem Umweg über die
Krankheitskosten, aber der kann auch nicht zu eindeutigen Beträ-
gen führen. Da sich der Kapitalwert einer schönen Landschaft der
Berechnung entzieht, kann die Urlaubswerbung beträchtlich mo-
geln, denn die angepriesenen Umweltqualitäten sind meist nicht
mehr so. Und wie soll bewertet werden, daß die Wohnqualität einer
Stadt oder eines Dorfes abgenommen hat, weil sie lärmerfüllt, von
eintönigen Betonbauten eingeengt und mit Immissionen belastet
ist? Vielleicht schießen die *»Freizeiteinrichtungen«* darum so aus
dem Boden, weil man deren horrende Kosten genau beziffern
kann? Oder ist dann die Lebensqualität eines Ortes tatsächlich um
diesen Betrag gestiegen? Wenn ein Land mit vielen Ärzten und
Rechtsanwälten ausgestattet ist, sollte man dann auf eine hohe

Lebensqualität schließen dürfen oder könnte das auch auf einen hohen Krankenstand, beziehungsweise große Streitsucht zurückzuführen sein? Erfreulicherweise gibt es im zwischenmenschlichen Bereich noch viele Dinge, die sich nicht in Währungseinheiten umrechnen lassen.

Eine Expertenkommission des Eidgenössischen Volkswirtschaftsdepartements definierte 1985: »Qualitatives Wachstum ist jede nachhaltige Zunahme der gesamtgesellschaftlichen oder pro Kopf der Bevölkerung erreichten Lebensqualität, die mit geringerem oder zumindest nicht ansteigendem Einsatz an nicht vermehrbaren oder nicht regenerierbaren Ressourcen sowie abnehmenden oder zumindest nicht zunehmenden Umweltbelastungen erzielt wird.« Also mit *geringerem* Einsatz an Ressourcen darf die Steigerung weitergehen! Ihr Einsatz sollte nur so beschaffen sein, daß er die Umwelt *nicht stärker* belastet als bisher. Demnach blieben Ressourcenverbrauch und Umweltbelastung bestehen – und deren Ausmaß ist bekanntlich gewaltig.

Wer in Deutschland ein Produkt mit etwas weniger Schädigung auf den Markt bringt, darf schon den sogenannten *Umweltengel* in blauer Farbe aufdrucken, und sei es auf seine Toilettenblättchen. Der »Umweltengel« ist darum sehr begehrt. Mit solchen Errungenschaften und mit dem Schlagwort vom »qualitativen Wachstum« sind bisher nur die Tatsachen vernebelt worden. Besonders im politischen Raum hat man versucht, den Eindruck zu verbreiten, als würde mit dem qualitativen Wachstum die Umwelt völlig geschont, während die »Lebensqualität« dennoch weiter steigen kann. Darum schrieb Carl Amery 1976: »Die politische Perspektive, unter der uns... das Problem der Ökologie nahegebracht werden sollte, war die Perspektive der Lebensqualität. Viel Schlimmeres konnte dem ökologischen Problem nicht zustoßen.«[6] Die Lebensqualität wurde zum Wahlkampfschlager. Es war nicht gelungen, um noch einmal mit Amery zu reden, »den Konsumaffen mit der Lebensqualitätsbanane, die er ruhig als zusätzliche Prämie verstehen sollte, aus dem Urwald der Überproduktion zu locken.«[7]

Auch *die Dienstleistungen* hat man so dargestellt, als seien sie nur qualitativ, also weder umwelt- noch ressourcenverbrauchend. Diese Auffassung hat der Ökonom Herman Daly gründlich widerlegt. »Wenn wir alle indirekten wie direkten Aspekte der Dienstleistungen ... addieren, werden wir herausfinden, daß die Dienstleistungen nicht viel weniger verschmutzen oder Materie verbrauchen als viele industriellen Leistungen. Daß die meisten Dienstleistungen eine substanzielle Grundversorgung erfordern, beweist der gelegentliche Besuch einer Universität, eines Hospitals, einer Versicherungsgesellschaft, eines Friseurs oder sogar eines Symphonieorchesters. Sicher werden die verdienten Einkommen der Menschen in den Dienstleistungssektoren nicht völlig für Dienstleistungen aufgewandt, sondern tatsächlich für den durchschnittlichen Konsumentenkorb, der aus Waren und Diensten besteht.«[8]

Jeder lebende Mensch benötigt eine Grundversorgung, bestehend aus Nahrung, Kleidung und Unterkunft. Inbesondere die Erzeugung der Nahrung wird immer einige hundert Quadratmeter pro Kopf erfordern. Dieser Bedarf könnte nur vermindert werden, indem man die Menschen »kleiner macht«. Das schlug jedenfalls Rüdiger Proske 1975 in einem Streitgespräch mit mir vor. Doch es sind wohl bis heute noch keine Erfolge zu vermelden. Herman Daly hat diesen Gedanken weiter gesponnen und kommt zu dem Ergebnis: »Die Idee, daß wirtschaftliches Wachstum physikalische Grenzen übersteigen kann, um ein immaterielles Bruttosozialprodukt zu gewinnen, ist gleichbedeutend mit der Vorstellung, die Grenzen des Bevölkerungswachstums könnten überwunden werden, indem man den Energiedurchsatz der menschlichen Körper vermindert. Zunächst würden wir Pygmäen, dann Däumlinge, dann große Moleküle, dann reine Geistwesen. Wahrhaftig, wir müßten Engel werden, um von einem himmlischen Bruttosozialprodukt leben zu können.«[9]

Also bleibt es dabei, daß *jeder Mensch* eine physische Belastung dieser Erde ist und das umso mehr, je höher sein gesamter Lebensstandard getrieben wird. Nur durch dessen drastische Einschränkung ließe sich der Verschleiß irdischer Güter mindern. Das hieße, auf ein früher in der Geschichte erreichtes Niveau zurückzugehen, was allerdings keine Einschränkungen im geistigen Bereich erfordern würde. Das bisherige Ergebnis kann nur enttäuschen, schrieb Walter Schiesser in der »Neuen Zürcher Zeitung«; »wir sind nämlich keineswegs auf dem Pfad zum qualitativen Wachstum, sondern befinden uns ganz im Gegenteil erneut in einer *Phase beschleunigten quantitativen Wachstums*.«[10]

3 Naturreservate?

Der Mensch ist Räuber an der Natur.

Der chinesische Philosoph
Liä Dsi

Wenn der Mensch der Räuber der Natur ist, wer soll dann die Natur vor dem Menschen schützen? Da es keine Macht mehr gibt, die *über* dem Menschen steht, die ihn stoppen könnte, müßte der Mensch zugunsten der Natur *gegen sich selbst* Partei ergreifen! Ist das überhaupt möglich?

Der Natur wenigstens geschützte Zonen zu belassen, ist eine alte Idee. Dabei richtete sich das Interesse vorwiegend auf *schöne Landschaften*, das Motiv war also weitgehend ästhetisch. Als erster Nationalpark der USA wurde 1872 der Yellowstonepark beschlossen, inzwischen sind es 40. Zum ersten deutschen Naturschutzpark wurde 1910 die Lüneburger Heide erklärt. Auf Grund der landschaftlichen Besonderheiten, der Eigentümlichkeiten des Pflanzenwuchses und der Tierbestände wirkten diese Parks wie Magneten auf die Touristen. Da die allgemeine Motorisierung es leicht machte, wurden die Reservate jährlich von Millionen aufgesucht. Sie brachten diese Gebiete in zunehmende Schwierigkeiten. Das Worldwatch Institute berichtete schon 1976: »Zeltplätze sind zu Zeltstädten geworden, und Supermärkte schießen in den Wäldern aus dem Boden. Das von den Gründern des Nationalparkdienstes geplante ›Vergnügungsgebiet‹ droht unter der Last von 200 Millionen Besuchern im Jahr zusammenzubrechen. Alle Jahre kamen mehr Besucher fast ausnahmslos mit dem eigenen Auto, inzwischen sind es 260 Millionen. So werden die einzigartigen Schätze Amerikas von der Menschenmenge zerstört.«[11] Auch einige Reservate, die man den *letzten Eingeborenen* in Nord- und Südamerika sowie in Australien noch zugestand, werden nach und nach weiter dezimiert. In Afrika konnte man den Regierungen Naturschutzgebiete nur damit schmackhaft machen, daß sie einen einträglichen Tourismus mit sich brächten.

Erst mit der neuen Umweltdiskussion gewann der Gedanke an Boden, daß man der Natur einige Zonen zur *ungestörten Eigenentwicklung* überlassen müsse, wo sich auch »unnütze« Pflanzen und

Tiere erhalten könnten. Doch da war es für die Industrieländer bereits zu spät, um noch viel retten zu können. In Deutschland waren schon alle Winkel durch Verkehrswege »erschlossen«, sogar mit Gewerbebetrieben versehen, so daß man nur noch kleine Stückchen herausschneiden konnte. Das sind 1300 Einzelstücke, zusammen 0,9 Prozent des ehemaligen Bundesgebietes. Kaum mehr als 100 sind größer als Quadrate mit zehn Kilometer Seitenlängen, die nicht von Verkehrswegen zerschnitten werden. In solch isolierten Fleckchen kann sich keine Flora und erst recht keine Fauna ungestört entwickeln. Denn wenn ringsherum das Land intensiv genutzt und mit allen chemischen Mitteln reichlich besprüht wird und der Verkehr rollt, wie soll sich dazwischen das Wildleben erhalten? Darum wurde von Ökologen wiederholt gefordert, diese Flächen untereinander notdürftig zu verbinden und die Gesamtfläche so zu vergrößern, damit wenigstens 10 Prozent unseres Landes zu möglichst natürlichen Biotopen werden. Hubert Markl bemerkte dazu, »daß dies alles tiefgreifenden Zerstörungen und Verwerfungen der Natur keineswegs Einhalt gebieten wird.« [12] Obwohl die Landwirtschaft zur Zeit eine – wenn auch ökologisch ungesunde – Überproduktion hervorbringt und ihr Prämien für Flächenstillegungen gezahlt werden, haben solche Vorschläge keine Chance, politisch aufgegriffen zu werden. Statt dessen läuft eine Kampagne, die Landwirtschaft solle einen neuen Produktionszweig aufnehmen: Anbau von Pflanzen zur Treibstofferzeugung, sogenannte *nachwachsende Rohstoffe*, die aus Zuckerrüben, Kartoffeln oder Raps gewonnen werden könnten. Die Folge wäre, daß die chemieintensive Landwirtschaft in jetziger oder noch höherer Intensität in der Nahrungserzeugung weiter betrieben, sich aber noch auf jetzt stilliegende Flächen ausdehnen würde, um dort die Treibstoffe für Autos anzubauen. Jetzt scheitern die Pläne erfreulicherweise noch an den Kosten; doch der Schrei nach staatlichen Subventionen dafür ertönt schon lange. Wenn aber erst einmal im nächsten Jahrhundert das Erdöl knapp und teuer werden wird, kommt der Druck in dieser Richtung mit größerer Wucht wieder. Es wird wohl bei den kleinen, nicht lebensfähigen Naturschutzgebieten bleiben – und selbst die werden mit Gewaltanwendung geschützt werden müssen, wie Arnold Toynbee schrieb: »Bis vor kurzem waren die Städte durch Mauern geschützt. Morgen werden die übriggebliebenen ›Grüngürtel‹ eingezäunt sein, um sie davor zu schützen, von der Großstadt verschluckt zu werden.«[13] *Die Reste der Natur* werden im nächsten Jahrhundert bestenfalls den Charakter von Museen bekommen, die gegen Eintrittsgeld besichtigt werden dürfen. Der Anfang ist mit Wildparks, Vogelparks und ähnlichen Einrichtungen schon längst gemacht. Der Deutsche Heimatbund forderte auf seinem Jahrestreffen 1990 bereits die Einführung einer »Naturtaxe« für Touristen, sozusagen als Eintrittsgeld in die Natur.[14]

Da die Liste der vom Aussterben bedrohten Arten immer länger wird, sucht man auch *einzelne* Tier- und Pflanzenarten zu schützen, indem ihr Abpflücken, Einfangen und in den Handel bringen bestraft wird. Das Washingtoner *Artenschutzabkommen* von 1973, welches zunächst 750 Arten aufführte, wozu später noch weitere hinzukamen, ist von vielen Ländern gar nicht erst unterschrieben worden. Aber nicht einmal die Bundesrepublik Deutschland und nicht einmal das Bundesumweltministerium unternimmt wirksame Maßnahmen, um dieses Abkommen einzuhalten. Der Deutsche Naturschutzring teilte am 22. Mai 1991 mit, daß zwischen 1984 und 1988 eingeführt worden sind: 168 000 Papageien, 88 000 Riesenschlangen, 112 100 Warane, 65 500 Bengalkatzen und 16 200 Taggeckos. Und das mit Genehmigung des obersten deutschen Artenschutzbeamten, der laut Aussage der »Aktionsgemeinschaft Artenschutz« »schon seit 20 Jahren mit den Naturplünderern gemeinsame Sache macht«.[15] Daraufhin kann man sich vorstellen, wie »wirksam« dieses Abkommen in anderen Ländern angewendet wird, zumal über die Lücken der Staaten, die nicht unterzeichnet haben, der Handel ohnehin floriert. Aber auch ein ausgedehnter illegaler Handel ist bei den horrenden Preisen, die von den Wohlstandsbürgern gezahlt werden, lukrativ. Die Bemühungen, mit Gesetzen und Polizei die aussterbenden Arten zu retten, sind hoffnungslos, weil sich nicht einmal die Unterzeichnerstaaten an die Vereinbarungen halten.

Um Samen aussterbender Pflanzen für künftige Generationen zu retten, haben einige Länder *Gen-Banken* eingerichtet. Darin läßt sich zwar Saatgut über Tausende von Jahren aufbewahren; doch dürfen die mit Strom betriebenen technischen Einrichtungen nicht ausfallen, was schon bei einem normalen Geschichtsverlauf fraglich erscheint. Der kanadische Biologe Pat Roy Moony hält sie für äußerst verletzliche Einrichtungen, denn einige gingen schon verloren. Die US-Akademie der Wissenschaften sah sich »nach Abwägung aller verfügbaren Daten über die Erhaltung bedrohter Arten ... zu der Schlußfolgerung gezwungen, daß die einzige verläßliche Methode im Belassen in der natürlichen Umwelt besteht.«[16]

Wenn man es schon nötig hat, einen »Vogel des Jahres«, eine »Blume des Jahres« und dergleichen zu proklamieren, dann ist das Ende solcher Geschöpfe nicht mehr weit. Die Nester letzter Exemplare müssen schon rund um die Uhr bewacht werden, damit Eiersammler sie nicht plündern. Die Bewacher rekrutieren sich aus der *schwachen Minderheit*, die überhaupt ein Interesse an der Pflanzen- und Tierwelt hat. Paul Ehrlich erkannte schon 1971, daß die Bevölkerung geteilt sei in eine kleine Gruppe, die für die Erhaltung der Umwelt kämpft, und in die große Mehrheit, die an der Zerstörung beteiligt ist oder ihr teilnahmslos gegenübersteht. Angesichts der Bevölkerungsexplosion könne »Unerschlossenes« nicht lange bestehen bleiben. »Trotz aller Bemühungen der Naturschützer, trotz all der Aufklärungsfeldzüge, beredten Schriften und schönen Bilder wird die Schlacht um den Naturschutz in Kürze verloren sein.«[17] Wir müssen heute feststellen, daß es zu einer »Schlacht« mangels Truppen auf seiten der Umwelt gar nicht gekommen ist; man könnte höchstens von einigen *Rückzugsscharmützeln* sprechen. Unzählige Aufrufe wie die von René Dubos: »Wir müssen einen energischen Versuch unternehmen, soviel wie möglich von der ursprünglichen Natur zu retten, sonst verlieren wir die Möglichkeit, hin und wieder aufs neue Kontakt zu unseren Ursprüngen zu finden«, sind ungehört verhallt.[18] Die Verluste der Natur waren in den letzten 20 Jahren größer denn je. Die Flutwelle der motorisierten Menschenmassen begräbt alles Natürliche unter ihren Spuren. Philip Whylie hatte recht, in jedem Fortschritt die Ausbreitung eines endlosen Friedhofs zu erblicken. »Jeder Wolkenkratzer, jede Autobahn, jede Vorstadt, jedes Auto, jeder Lastwagen und jeder sonstige von Menschen gemachte Gegenstand ist für mich ein Leichnam und ein Leichenmacher. Was die Szene an Fortschritt zu zeigen scheint, wurde durch einen Rückschritt in der Natur bewerkstelligt und einen unwiederbringlichen Verlust am Reichtum des Menschen.«[19]

Auch *Meeresschutzgebiete* wurden schon von der Weltnaturschutzorganisation gefordert, die im Dezember 1990 in Perth tagte. Das »Great Barrier Reef« an der Küste Australiens mit 350000 Quadratkilometer steht bereits unter Naturschutz.[20] Nachdem in den letzten 50 Jahren zwei Millionen Wale abgeschlachtet worden waren, findet seit Jahren ein Tauziehen um die Restbestände statt. Trotz vereinbarter Fangverbote sind in den letzten fünf Jahren 14000 Wale erlegt worden. Wie Greenpeace jetzt mitteilte, ignorieren einige Länder das Verbot schlechthin oder sprechen wie die Japaner vom Walfang zu »wissenschaftlichen Zwecken«.[21] So werden trotz aller Abkommen die diversen Walarten, die über 100 Millionen Jahre die Meere bevölkerten, bald ausgerottet sein, und die Delphine werden das gleiche Schicksal erleiden.

Die Antarktis ist der letzte Kontinent, den der Mensch betreten hat. Bei 80 wissenschaftlichen Stationen und einigen Tausend Forschern erreicht der angesammelte Müll auch schon Zehntausende von Tonnen.[22] Und bei der Versorgung der Stationen ging 1989 das erste Schiff unter und verschmutzte mit einer Million Liter Dieselöl und Flüssiggas die Küstengewässer. Auch touristische Kreuzfahrten in das Eis kommen immer mehr in Mode.

So ganz uneigennützig sind die Forschungen der Industrieländer keinesfalls; denn unter den Eisgebirgen vermuten sie Mineralien und fossile Brennstoffe in den noch tieferen Erdschichten. Wahrscheinlich zu Recht, da es dort vor vier Millionen Jahren unter anderem sogar noch Laubbäume gegeben hat.[23] Deren anvisierte Ausbeutung ist der Grund, warum sich die 39 Unterzeichnerstaaten des Antarktisvertrages von 1961 bis vor kurzem nicht darauf verständigen konnten, auf die Ausbeutung der Bodenschätze zu verzichten. Vor allem die USA, Großbritannien und Japan blockierten einen entsprechenden Vertrag. Am 3. Oktober 1991 einigten sich jedoch die 26 stimmberechtigten Nationen nach hinhaltendem Widerstand der USA darauf, zunächst für 50 Jahre auf den Bergbau zu verzichten und ihn danach nur zu beginnen, wenn darüber unter den 26 stimmberechtigten Staaten Einstimmigkeit erzielt werden könnte. Die Ratifizierung steht noch aus. Dies scheint ein erfreulicher Sieg für die Umwelt zu sein, doch 50 Jahre sind schnell vorüber. Das Übereinkommen ist wohl auch nur darum errungen worden, weil gegenwärtig die Ausbeutung von den Kosten her höchst unökonomisch wäre. Letzten Endes wird man auch diesen Kontinent plündern, es sei denn, die technische Zivilisation bräche eher zusammen. So oder so stehen wir vor Martin Heideggers schon 1953 gestellter Frage: »Wenn die hinterste Ecke des Erdballs technisch erobert und wirtschaftlich ausbeutbar geworden ist... dann, ja dann greift immer noch wie ein Gespenst über all diesen Spuk hinweg die Frage: wozu? – wohin? – und was dann?«[24] Die Frage »was dann?« wird sich natürlich lange vor Ausbeutung der Antarktis auf vielen Gebieten stellen. Die Antarktis kann zum *ökologischen* Überleben ohnehin nichts beitragen. Eher ist zu befürchten, daß sie zur allerletzten Mülldeponie des Planeten werden wird, was ohnehin schon vorgeschlagen worden ist.

Welche Naturreservate auch immer noch in der Welt eingerichtet werden, es wird nicht lange dauern, und die Menschenflut wird sich auch darüber ergießen.

4 Multikulturelle Gesellschaft?

Die ganze Gesellschaft wird ein Büro und eine Fabrik sein.

Der russische Revolutionär Lenin

Wir wiederholen die Feststellung, daß alle Hochkulturen in *kleinräumigen Stadtstaaten* mit bäuerlichem Umland existiert haben. Imperien entstanden in den Kulturkreisen, als diese ihren Höhepunkt schon überschritten hatten. Doch selbst die früheren Großreiche umfaßten nach heutigen Maßstäben nur bescheidene Zahlen von Bewohnern, und die Reichsteile hatten geringe Verbindungen untereinander. Jede Kultur bis hin zu den primitiven Stämmen hatte ihren ausgeprägten individuellen Charakter, mit eigenen Bau- und Kunstformen, mit eigener Religion und Sitte sowie der jeweiligen Geographie angepaßter Landbebauung und Ernährung.

Erst das Verkehrswesen des 20. Jahrhunderts verkürzte die Reiseentfernung von Wochen auf Stunden und gestattete mit Großtransportmitteln den totalen Waren- und Personenaustausch zwischen Völkern, die sich früher nie gesehen hatten. Das leichtgewordene Reisen wirbelt seit dem II. Weltkrieg die Völker durcheinander wie noch zu keiner Zeit. Ausgenommen davon waren bisher nur die Ostblockländer und China.

Als noch folgenreicher erwies sich die Verbreitung der gleichen Techniken rund um den Globus. Die gleichen Schiffe, Eisenbahnen, Automobile und Flugzeuge führten zu gleichen Häfen, Bahnhöfen, Garagen und Flugplätzen. Stahl, Beton und Glas sind die Baumaterialien, die in unserem Jahrhundert die ganze Welt eroberten und ihr ein Einheitsbild verpaßten. Die weltweiten Investitionen der Konzerne sorgten dafür, daß überall dieselben technischen Systeme eingerichtet wurden. Japanische Autos unterscheiden sich nicht von europäischen oder amerikanischen. Die Wissenschaftler, Techniker und Manager arbeiten weltweit an den gleichen Projekten, treffen sich auf Ausstellungen und Kongressen. Sie bilden jetzt eine *internationale Klasse*, wie sie Marx mit seinem Proletariat nie erreicht hat.

Die letzten regionalen Bastionen sind mit der Öffnung des Ostblocks eingestürzt, und auch die übrig gebliebenen, das große China, Nordkorea und das kleine Kuba wanken.

Die europäischen Völker haben ihre Eigenheiten bereits im Zuge der Amerikanisierung nach dem II. Weltkrieg weitgehend verloren. Doch die euroamerikanische Zivilisation hat den ganzen Erdkreis besiegt. Die Herstellung gleicher Lebensverhältnisse in der Welt als Ziel zu proklamieren, wäre gar nicht nötig gewesen; der Zug rollte schon längst in diese Richtung. Das besorgten die großen industriellen Machtkomplexe; denn sie brauchten Absatzmärkte für ihre Produkte, und sie benötigten die Rohstoffe dafür. Länder, die solche liefern konnten, wie speziell die Erdölbesitzer, gerieten schnell unter die Reichen; während Länder, die nichts zu bieten hatten als Menschen, am Hungertuch der Entwicklungshilfe nagen und infolge ihrer Vermehrung weiter nagen und verhungern werden.

Weder die ökonomischen Marktstrategen noch die Regierungen haben sich jemals Gedanken darüber gemacht, worauf die Entwicklung letztlich zielt, wie das gelobte Land der »gemeinsamen Zukunft« einmal aussehen soll. Insofern läuft der Vorgang wie ein Naturereignis, obwohl er doch von Menschen ausgelöst worden ist. Die Welt erstrebt einen einzigen Lebens*stil*, aber es existieren himmelweit unterschiedliche Lebens*verhältnisse*. Diese klaffen so weit auseinander wie noch nie in der Geschichte des Menschen auf dieser Erde. Die einen vegetieren in den Slums unter Kistenbrettern und Wellblech, und die anderen übernachten nur einige Kilometer weiter in Hotels, wo ein Tag soviel kostet, wie die anderen für ein ganzes Lebensjahr nicht in die Hand bekommen. Eigenartig: Ausgerechnet im materialistischen Zeitalter sind es die *materiellen Unterschiede*, die weiter auseinander klaffen denn jemals in der Geschichte.

Die kulturellen Unterschiede unterliegen jedoch der Nivellierung. In den Hotels und in den Slums laufen die gleichen Fernsehprogramme, tönen die gleichen Schlager, kommen die gleichen Nachrichten aus den Lautsprechern, die Kinos zeigen die gleichen Filme, und die Sportereignisse vereinen Arme und Reiche. Der Verleger Heinz Friedrich schrieb in seinem Buch »Kulturverfall und Umweltkrise«, daß die globale Kommunikation alles »bis in die entferntesten Winkel des Planeten hineinprojiziert. Die Eskimos bleiben ebenso wenig davon verschont wie die Neger Innerafrikas oder die Einwohner Polynesiens. Sie alle werden hineingezogen in den

Strudel zivilisatorischer Dekadenz, die einen längst fragwürdigen materiellen Lebensstandard anstelle schöpferischer Welt- und Wirklichkeitsbewältigung als höchstes Scheinglück anbietet. So infiziert die an Sinnentleerung schwer erkrankte, abendländisch geprägte und amerikanisch verflachte Zivilisation durch ihre Kommunikations- und Verkehrsmittel die gesamte Menschheit.«[25] Der Philosoph Max Scheler hielt 1927 einen Vortrag zum Thema »Der Mensch im Weltalter des Ausgleichs«. Er sah ein naturnotwendiges Geschick, das in unserer Geschichte waltet, insofern als die Gegensätze der Rassen und der Klassen, der Geschlechter und der Generationen, der Religionen und der Konfessionen, der Weltanschauungen und Weltbilder sich laufend ausgleichen.[26] Ein halbes Jahrhundert später beschrieb Hubert Markl die eingetroffenen Tatsachen: Die Menschheit »schmilzt derzeit mit steigender Geschwindigkeit erstmals zu einer einzigen, globalen Gesamtzivilisation zusammen, die von Pol zu Pol reicht und uns in der Massenhaftigkeit und Gleichförmigkeit ihrer Produkte eher erschreckt als lockt: Vom maschinell gleichförmig vorgekauten Fleischfladen auf dem Plastikteller bis zum Transistorradio, aus dem überall auf unserer Erde ähnlich lärmende Rhythmen und gleichförmig nachgekaute Phrasen quellen.«[27]
Wie nennt man den Ausgleich der Differenzen auf ein gemeinsames Mittelmaß? *Entropie.* Und diese besondere Art von Entropie läuft inzwischen unter einem höchst fragwürdigen Namen: »*Multikulturelle Gesellschaft*«. Dieser Begriff ist schon ein Widerspruch in sich. Denn das Hauptkennzeichen *jeder Kultur* ist gerade, daß sie eine unverwechselbare Eigenart besitzt, daß sie einen bestimmten *Stil* entwickelt hat, der alle ihre Lebensbereiche durchdringt: die Religion, die Kunst, die Gebräuche und Sitten, die Erziehungsziele für die Kinder. Wenn dagegen viele Kulturen in einem Raum zusammengemixt werden, so ergibt das entweder ein neben- und gegeneinander oder – wie in der physikalischen Wärmelehre – Entropie, also ein Gemisch, dessen Wert mit zunehmender Durchmischung sinkt, bis es letzten Endes *keinen Wert mehr hat.* Eine Gesellschaft als »multikulturell« zu bezeichnen heißt nichts anderes als festzustellen, daß sie *keine Kultur hat.*
Bezeichnenderweise ist stets von multikultureller *Gesellschaft* die Rede, nie von einem multikulturellen *Volk*, weil nämlich damit der

Widerspruch allzu deutlich würde, denn *ein Volk* hat noch nie mehrere Kulturen gleichzeitig gehabt, eher schon mehrere Völker *eine Kultur.* »Gesellschaft« paßt aber immer, denn damit wird ohnehin ein künstliches Gebilde bezeichnet. Folglich gingen die neuen Theorien von »der Gesellschaft« aus, welche sich aus unstrukturierten Menschenmassen, in denen jeder *gleich* sein soll, am leichtesten zu einer beliebigen neuen Gesellschaft formieren läßt. Das ergibt dann eine klassenlose, vor allem aber *völkerlose* Gesellschaft. Die Proletarier aller Länder sollten sich enger verbunden fühlen als die Menschen eines Volkes. Das taten sie jedoch zum Kummer der Theoretiker nicht, worauf es die politischen Praktiker mit Zwang versuchten. Doch dieser scheiterte gerade in diesen Jahren. Und wer fegte diese Gesellschaftstheorie hinweg? *Der Aufstand der Völker.* Das konnten gewisse Leute, die sich selbst als »Intellektuelle« verstehen, nun gar nicht begreifen; denn alle ihre gesellschaftlichen Spielmodelle lösten sich nun in Wohlgefallen auf. Die Völker erhoben sich gerade gegen die neue, die Völkergrenzen mißachtende neue Herrenklasse, aber auch gegen die Theoretiker. Das hindert die letzteren im Westen nicht daran, ihre Gesellschaftsmodelle weiter zu jonglieren, darunter das der multikulturellen Gesellschaft.

Doch diese *Multikultur, die keine Kultur mehr ist*, hat eine gewisse Logik auf ihrer Seite:

1. Wer selbst keinen religiösen Glauben mehr hat, dem ist es gleichgültig, welchem der Nachbar anhängt.

2. Wenn Gebräuche und Sitten von Techniken abgelöst sind, verfallen sie der Gleichgültigkeit.

3. Wo es keinen eigenen Stil in der Kunst mehr gibt, läßt man jeden gelten.

4. Wenn sich Wohn- und Ernährungsgewohnheiten weltweit vereinheitlichen, wird jede regionale Wohn- und Eßkultur obsolet.

5. Wenn der Mensch jederzeit zum Wohnungswechsel bereit sein muß, kann er keine Verwurzelung in seiner Kultur gebrauchen.

Wir haben in den größten Teilen der Erde sehr schnell einen Zustand des Menschen erreicht, welchen Oswald Spengler als den für die Weltstadt typischen beschrieb: »Statt eines formvollen, mit der Erde verwachsenen Volkes ein neuer Nomade, ein Parasit, der reine traditionslose, in formlos fluktuierender Masse auftretende

Tatsachenmensch, irreligiös, intelligent, unfruchtbar, mit einer tiefen Abneigung gegen das Bauerntum... also ein ungeheurer Schritt zum Anorganischen, zum Ende...«[28] »Zur Weltstadt gehört nicht ein Volk, sondern eine Masse.« Diese steht allem Überlieferten verständnislos gegenüber und entwickelt eine »der bäuerlichen Klugheit überlegene scharfe und kühle Intelligenz, ihr Naturalismus in einem ganz neuen Sinne, der über Sokrates und Rousseau weit zurück in bezug auf alles Sexuelle und Soziale an urmenschliche Instinkte und Zustände anknüpft, das *panem et circenses*, das heute wieder in der Verkleidung von Lohnkampf und Sportplatz erscheint – alles das bezeichnet der endgültig abgeschlossenen Kultur, der Provinz gegenüber eine ganz neue, späte und zukunftslose, aber unvermeidliche Form menschlicher Existenz.«[29] Was Spengler noch als »Menschen der Weltstädte« beschrieb, das sind die heutigen »neuen Menschen« in Stadt *und* Land, die nicht mehr von Natur und Heimat, sondern von *Umwelt* sprechen, nicht mehr vom Volk, sondern von der *Gesellschaft*, nicht mehr vom Schicksal, sondern von *sozialen Problemstellungen*, nicht mehr von Liebe, sondern von *Partnerschaft*. Wobei der jeweils zweite Begriff ganz deutlich das Merkmal der Austauschbarkeit des Gegenstandes trägt, man kann ihn ohne weiteres wechseln.

Das Gefäß, in dem sich das alles vollzieht, hat auch einen Namen und heißt »Schmelztiegel«, ein Bild, das aus der Technik stammt. (Die Redensart vom Schmelztiegel der Völker kam wohl mit der Besiedelung von Nordamerika auf.) Wer sich noch nicht vorstellen kann, was Entropie ist, der möge an den Schmelztiegel denken, worin verschiedene Stoffe *eingeschmolzen* werden, so daß daraus eine undefinierbare Schmelzmasse entsteht, umso wertloser, je gründlicher viele Bestandteile durchmischt werden. Wer dagegen Edelmetall gewinnen will, muß vorher genau berechnen, was er in den Tiegel hineintut. Wenn man nun die USA als Modell nimmt, dann ist gerade dort die Schmelze nicht gelungen. Die Indianer konnten in drei Jahrhunderten nicht integriert werden. Die Chinesen bildeten eigene Ghettos mit eigener Verwaltung, die ausgezeichnet funktioniert. Die Schwarzen begnügten sich gutmütig bis heute mit untergeordneten Berufen. Als Schmelztiegel wirkten die USA nur in bezug auf die Einwanderer aus Europa – und vielleicht auch das nur, weil das anglikanische Element weit überwog. Im übrigen werden jetzt auch in Amerika die Gegensätze noch größer. Dafür sorgen besonders die »Hispanics« aus Mittel- und Südamerika, die zum großen Teil illegal einsickern. Im Mai 1991 entfesselten diese Straßenschlachten mit der aus Schwarzen bestehenden Polizei, nur zwei Kilometer vom Weißen Haus entfernt.

Je unvereinbarer die Bestandteile in einem Schmelztiegel werden, um so größer wird die Explosionsgefahr. Der Libanon bot ein solches Beispiel über Jahrzehnte, bis ihn Syrien seiner Gewalt unterwarf. Die Völker der Sowjetunion sind in 70 Jahren zu keiner Einheit zusammengewachsen, sie streben jetzt auseinander, sobald sie nicht mehr mit Gewalt zusammengepreßt werden. Jugoslawien splittert sich wieder in Völker auf, obwohl sie gemeinsam slawischen Ursprungs sind. In der Dritten Welt hat es nach ihrer Befreiung immer nur weitere Spaltungen gegeben, nie Zusammenschlüsse. Und je schneller sich die Regionen der Erde von Schmelztiegeln zu Überdruckgefäßen entwickeln, um so heftiger werden die Eruptionen sein. Denn die Welt tritt in das Stadium ein, in dem es nicht nur um die Lebensmittel, sondern um die *Überlebens*mittel geht. In dieser Phase gelten – wenn überhaupt noch etwas gilt – die Familienbindungen, was gerade die islamischen Familien vorexerzieren. »Während Immigranten aus dem Kulturkreis mit jüdisch-hellenistisch-christlicher Religionstradition sich im allgemeinen ohne wesentliche Komplikationen selber in die Kultur des Gastlandes zu integrieren pflegen . . . gilt dies erfahrungsgemäß für Familien mit islamischer, hinduistischer oder buddhistischer Tradition fast gar nicht, da es in der Praxis zumeist an der Bereitschaft zur kulturellen Eingliederung mangelt.«[30] Wo die Mischungen zu bunt und zu heterogen sind, dort wird es zu erbitterten Auseinandersetzungen kommen. Gemischte Gesellschaften funktionieren in Schönwetterlagen der Geschichte; doch beim ersten Windstoß zerplatzen sie wie Seifenblasen.

Es wird in dieser Welt nie eine multikulturelle Gesellschaft geben, die das Adjektiv kulturell wirklich verdient. Je stärker die Völker durcheinander brodeln, um so größer die Entropie, ein um so geringeres Maß an Kultur ist das Ergebnis. Und auch zu einer *friedlicheren Welt* kann dieser Weg gerade nicht führen. Schon Kant wußte, daß der Weg zum Frieden über die Autonomie der Regionen führen müsse; er sah in Sprache und Religion Trennungslinien der Natur, die darauf hinweisen, daß es kein einheitliches Weltimperium geben könne; darum seien nur Handels- und Kommunikations- und Besuchsrecht erlaubt, aber kein dauerndes Gastrecht.[31] Darum folgert auch der Ökonom Mishan: »Die Konflikte und Zwiste unter Ländern und innerhalb der Gastländer werden im gleichen Maße anwachsen wie die illegale Immigration aus ärmeren Ländern in Afrika, Asien und Südamerika in die reicheren westlichen Länder.«[32] Karl Jaspers sagte noch deutlicher voraus: Bei Kollision der materiellen Lebensbedingungen »wird eine tiefere Solidarität der Menschen, die sich im Ursprung ihres Selbstbewußtseins geschichtlich als zueinander gehörend bewußt sind, den Kampf um Sein und Nichtsein gegen das Fremde aufnehmen.«[33] Aber auch ein Philosoph, der die Dinge vom christlich-ethischen Standpunkt aus betrachtet, Hans Jonas, urteilt:

»Die übernationale Sache der Menschheit wäre praktisch unhaltbar, wenn sie die Verleugnung des Näheren zur Bedingung machte, und der Versuch, dies zu erzwingen, könnte nur zum Unheil führen, wovon eines schon die Kompromittierung eben der Idee der Menschheitssache selbst wäre.«[34]

Die »multikulturelle Gesellschaft« ist im Grunde eine waschechte kommunistische Idee, wie sie von Lenin in seinem zitierten Ausspruch prägnant gekennzeichnet wird: eine technokratisch-bürokratisch organisierte Ansammlung von »gleichen« Menschen, die wie Atome zu funktionieren haben. Weil sich die historisch gewachsenen Individuen dagegen sträubten, ließ Stalin um die 20 Prozent aus den eigenen sowjetischen Völkern liquidieren.

5 Das schreckliche Ende des wohlgemeinten Guten

Immer noch haben diejenigen die Welt zur Hölle gemacht, die vorgaben, sie zum Paradies zu machen.

Der deutsche Dichter
Friedrich Hölderlin

Der Mensch ist außerstande zu erkennen, was für sein eigenes Leben letzten Endes gut und richtig ist oder was ihn glücklich machen wird.[35] Da er es nicht einmal für die eigene Person weiß, wie kann er dann wissen, was für sein Volk oder gar für die »Menschheit« das Richtige ist? Roger Sperry kommt zu dem Schluß: »Was heute überaus human, mitfühlend und staatsbürgerlich wie moralisch untadelig sein mag, erweist sich vielleicht später . . . als höchst inhuman, grausam und sündhaft.«[36]

Wir hatten im Kapitel »Was ist Leben?« festgestellt, daß wir den *Sinn* des Lebens nicht kennen, ja nicht einmal wissen, was »Leben« *eigentlich ist.* Die einzige Schlußfolgerung, die übrig blieb, war: Da Leben *ist* – und da dieses seit über drei Milliarden Jahren das Bestreben hat, sich zu erhalten und zu entfalten – wird es wohl richtiger sein, es weiter *zu erhalten,* statt es auszurotten. Wem das nicht genügt, der möge der Natur oder seinem Gott unterstellen, daß die oder der schon wissen werde, *warum* Leben sein soll. *Doch das ZU WISSEN, sind wir nicht geboren.*

Was wir wissen ist: WIE die Natur arbeitet – und schon das ist für uns Menschen furchtbar genug. Zur Erklärung der Schrecknisse haben fast alle Religionen zu den guten auch fürchterliche und grausame Götter eingeführt, weil sie sonst für die Rücksichtslosigkeit der Natur keine Erklärung gehabt hätten. Und auch die christliche Religion, eine Religion der Liebe, kam nicht umhin, *den Teufel* einzuführen, weil ja all die negativen (in den Augen der Menschen negativen) Kräfte irgendwo herkommen mußten. Doch die negativen Kräfte wirken auch positiv. Bei Goethe sind sie »Teil von jener Kraft, die stets das Böse will und doch das Gute schafft«.[37] Und der Philosoph, welcher die negativen Kräfte für absolut unentbehrlich hielt, war Friedrich Nietzsche. In seiner »Genealogie der

Moral« stellt er das sogenannte Gute in Frage: »Wie? wenn im
›Guten‹ auch ein Rückgangssymptom läge, insgleichen eine Gefahr, eine Verführung, ein Gift, ein Narkoticum, durch das etwa die
Gegenwart *auf Kosten der Zukunft* lebte? Vielleicht behaglicher,
ungefährlicher . . .«[38] Das ist ein Kernpunkt der heutigen Umweltproblematik: Der Taumel bisheriger Erfolge berauscht die Menschen; die schlimmen Folgen kommen *später*, und das in ungeahn-
tem Ausmaß. Direkte schlimme Folgen würden mißtrauisch machen, den Verstand schärfen, die Vernunft reinigen; der glückliche
Wahn dagegen schläfert ein, darum ist »*der Schaden der Guten der
schädlichste Schaden*«.[39]

Die hehre *Idee der totalen Menschheitsliebe* hat in der Weltgeschichte immer nur seltene Siege von kurzer Dauer feiern können.
Solche gab es schon in vorchristlicher Zeit.

Der älteste bekannte Total-Humanist dürfte der chinesische Philosoph *Mo-tsu* (479–388) gewesen sein. Er lehrte eine unterschieds-
lose, allumfassende Menschenliebe, die zum weltweiten Frieden
führen sollte. Sein Antagonist *Mencius* erwiderte bereits, daß sie
undurchführbar sei und im übrigen eine Herabwürdigung der Liebe
in der Familie und der zum Vaterland darstelle. Mo-tsu wollte auch
die Tradition durch Vernunft und den Zwang durch Verantwor-
tungsgefühl ersetzen. Auch damit geriet er in Gegensatz zu den
Konfuzianern und den Taoisten. Man sieht, eine solche »reine
Lehre«, wie sie in diesen Jahren in Europa wieder auftritt, gab es
schon vor 2400 Jahren.

Wir finden sie dann wieder in Indien. Im dortigen Maurjareich
herrschte von 272 bis 231 der König *Aschoka*. Nach dem Gemetzel
bei der Eroberung Kalingas (260–) wurde er Anhänger des Buddhismus, tolerierte aber auch Andersgläubige und trieb eine friedliche Politik nach außen und im Innern. Er ermahnte seine Beamten,
die Menschen »so sanft zu behandeln, wie die Ammen die ihnen
anvertrauten Kinder«.[40] Er schuf Hospitäler für Menschen und
Tiere, deren Tötung er einschränkte, wie er überhaupt die »Achtung für die nichtmenschlichen Formen des Lebens« zu steigern
versuchte. Darauf führte es Toynbee zurück, daß die Tiere in
Indien, ob wild oder zahm, zutraulich gegenüber den Menschen
sind. Doch bei den Versuchen, seinen Untertanen das Leben
erträglicher zu machen, scheint der König wenig Erfolg erzielt zu

haben, denn schon vor seinem Tod zeigte das Reich Zeichen der Auflösung und zerbrach 183 –.

Dem Lebensgefühl der Hellenen war eine solche Totalhumanität fremd, wenn sie auch in den Utopien Platos auftaucht. In der Christenheit hat der Humanismus nie die Rolle gespielt, die man eigentlich erwartet hätte. Im Mittelalter sah der Abt *Joachim von Floris* (1130–1202) mit dem dritten Zeitalter, dem des Heiligen Geistes, die Überwindung aller Trennungen zwischen Völkern, Klassen, Religionen und Nationen kommen, verbunden bereits mit dem Fortschritt von Wissenschaft und Technik. Der europäische Humanismus setzte sich dann über Erasmus von Rotterdam zu dem ganz anders gearteten des Jean Jacques Rousseau fort und erlebte in der französischen Revolution seinen Höhepunkt und zugleich den Umschlag ins Abscheuliche. Eine Art von christlichem Humanismus hat in der europäischen Neuzeit die Bahn der Technik begleitet, aber unter anderem zwei Weltkriege unter den christlichen Völkern nicht verhindern können. Die größten historischen Folgen hatte die Marxsche Utopie einer klassenlosen Gesellschaft, zu erstreiten durch das Proletariat aller Länder. Das war der größte Versuch des wohlgemeinten Guten. Seine Beschreibung erübrigt sich, denn wir alle haben ihn miterlebt, und mehrere Völker sind zur Zeit damit beschäftigt, die Trümmer aufzuräumen. Nur eine Großmacht, China, hält noch modifiziert daran fest und hat vielleicht Aussicht, ihn noch ein gutes Wegstück fortzuführen.

Entsprechend unserem Zeitalter ist das wohlgemeinte Gute vorwiegend technischer Art. Darunter ist das bisher größte Projekt *die Atomenergie.* Auch das Menetekel von Tschernobyl hat nicht ausgereicht, um den Menschen die Augen zu öffnen. Der ganze Umfang des Geschehens ist auch nach fünf Jahren noch nicht ins Bewußtsein gedrungen, das sich offensichtlich viel langsamer wandelt als das Cäsium 137 abgebaut wird, dessen Halbwertzeit 30 Jahre beträgt.

In Zweifel gerät inzwischen immer stärker ein altes genuin humanes Projekt mit stolzer Erfolgsbilanz, *die Medizin.* Diese bekam *fast* jede Krankheit in den Griff und verlängert damit die Lebenszeiten – auch dann noch, wenn es schon »kein Leben mehr« ist. »Mit dem Sieg über Krankheit und Tod, mit der Aufhebung einer jahrtausendealten Ordnung hat der Fortschritt bewirkt, daß die Menschen für etwas verantwortlich geworden sind, das früher fatalistisch hingenommen werden mußte.«[41] François de Closets fährt dann fort:»Diese Verantwortung ist nicht leicht zu tragen, weil sie die schiere Existenz der Individuen zum Gegenstand hat. Diese Verantwortung ist der Zwang, zwischen dem Tod des einen oder des anderen zu wählen. Sobald man die Entscheidung nicht mehr der natürlichen Ordnung überläßt, muß man sie selber treffen.«[41] Doch wo sind die Kriterien für die *richtige* Entscheidung? Also folgt man der einfachsten Maxime: Das Leben muß verlängert werden, auch wenn die Agonie des Sterbens noch so qualvoll ist, und der Aufwand unermeßlich wird. Solche Probleme ahnte bereits Goethe, denn er schrieb 1787 an Charlotte von Stein:»Auch muß ich selbst sagen, halt' ich es für wahr, daß die Humanität endlich siegen wird, nur fürcht ich, daß zu gleicher Zeit die Welt ein großes Hospital und einer des andern humaner Krankenwärter werden wird.« Dieser Zustand ist jetzt in den Wohlstandsländern erreicht. Doch Goethe sah eines nicht voraus, daß nun zwar jeder nach dem Krankenwärter ruft, daß aber kaum einer des anderen Krankenwärter *sein will*. Was auf den Kranken *wartet*, sind demzufolge ziemlich inhumane Apparate. Und die ganze Humanität ist kommerzialisiert, wer Geld hat, kann sie kaufen. Selbst ein Herz, eine Niere oder eine Befruchtung läßt sich kaufen, womit eine neue Wachstumsbranche etabliert ist. Und der Normalbürger muß nun viel Arbeitszeit aufwenden, um die Mittel zu verdienen, mit denen er seine und anderer Leiden bezahlen kann.

Selbst der Arzt Albert Schweitzer erkannte:»Die Fortschritte des Wissens und Könnens wirken sich fast wie Naturereignisse an uns aus. Es liegt nicht in unserer Macht, sie so zu leiten, daß sie die Verhältnisse, in denen wir leben, in jeder Hinsicht günstig beeinflussen, sondern sie schaffen für die Einzelnen, die Gesellschaft und die Völker schwere und schwerste Probleme und führen Gefahren mit sich, die sich zum voraus gar nicht ermessen ließen.«[42]

Das Gutgemeinte führte in der Regel zu ganz unerwarteten Folgen, die kaum irgend jemand ahnte. Die unterlegenen Kräfte in der Geschichte, urteilt Jacob Burckhardt, waren oft vielleicht edler und besser, allein die Sieger, obwohl nur von Herrschsucht vorwärts getrieben, führen eine Zukunft herbei, von welcher sie selber noch keine Ahnung haben.«[43] Und das gilt ganz besonders für unsere gesamte derzeitige Zivilisation, welche »die rationelle Organisation der Produktion auf den höchstmöglichen Stand gebracht hat, die Wissenschaft, welche die Materie methodisch weiter erforscht; sie sind indessen immer noch außer Stande, die Auswirkungen ihrer Entdeckungen vorauszusehen. Der industrielle Mensch ist das Opfer seines Unternehmensgeistes«, folgert Maurice Blin.[44] Und dieses Unternehmen ist in historisch kürzester Zeit zu einem *Globalunternehmen* geworden, in das alle Völker hineingerissen wurden, ob sie wollten oder nicht. Und dort ereignen sich *zunächst* die schrecklichsten Folgen.

Die Bevölkerungsexplosion als die verheerendste Entwicklung in der neuesten Geschichte des Menschen ist oben geschildert worden. Viele Länder sind schon seit Jahrzehnten nicht mehr in der Lage, ihre Kinder zu ernähren. Ein Teil verhungert immer. Und die Fernsehteams kommen, um die elend dahinsiechenden Kinder zu filmen und kabeln erschütternde Berichte in ihre Heimatländer. Kirchen und viele Organisationen rufen zu Spenden auf und haben Erfolg. Ein großer Teil der Kinder wird gerettet. Es ist zwar kein voller Erfolg, aber ein Fest der Humanität und der christlichen Nächstenliebe. Das Gute hat gesiegt! Und die guten Menschen hören das in der Kirche und lesen darüber in ihren Zeitungen.

Doch in 15 bis 20 Jahren bekommen diese Kinder bereits wieder Kinder – nicht nur zwei pro Ehe, sondern im statistischen Mittel der Entwicklungsvölker vier und mehr, das heißt, daß sich die Zahl der Münder in 20 bis 30 Jahren verdoppelt. Wieder verhungert ein Teil. Selbst wenn dann die Hungerhilfe verdoppelt werden könnte, wird sich der Anteil der verhungernden ebenfalls erhöhen. Und selbst wenn das drei Generationen durchgehalten werden könnte, dann verhungern in 60 Jahren dreimal soviel, wenn nicht die Hilfe dann schon längst zusammengebrochen sein wird. Jetzt aber erweckt man bei der dortigen Bevölkerung die Illusion, sie könnte sich grenzenlos vermehren, denn schließlich sei noch immer Hilfe gekommen. In ihren eigenen Augen liegt der Anteil der gestorbenen Kinder nicht sonderlich höher als früher auch.

Bei uns werden Schlagzeilen publiziert, daß man mit Pfennigen ein Kind retten könne: »Drei Mark können ein Kind retten.« Dieser Betrag reicht für die Impfung, verlautbart die Weltgesundheitsorganisation, und damit könnten 7,5 Millionen Kinder vor einer gewissen Krankheit geschützt werden. Als ob es damit getan wäre. Ohne Nahrung werden sie trotzdem nicht überleben, doch dafür ist dann die Welternährungsorganisation zuständig. Und für die Schulen ist die UN-Organisation für Erziehung, Wissenschaft und Kultur zuständig, und für die späteren Arbeitsplätze die Weltbank. All diese Organisationen schaffen es aber nicht, haben es noch nie geschafft und werden es in Zukunft immer weniger schaffen – auch nicht mit noch so viel Milliarden. Daß dies mit Milliarden Dollars bewerkstelligt werden könne, ist schon ein grausiger Irrtum, denn es handelt sich nicht um ein ökonomisches, sondern um ein *ökologisches Problem*, inzwischen schon um ein *eschatologisches*.

Es ist dem Menschen in den letzten Jahrhunderten gelungen, viele Krankheiten zu besiegen, vor allem die Säuglingssterblichkeit auf nahe Null zu senken. Das war noch keinem Lebewesen in der Natur gelungen. *Die Überbevölkerung* ist nun die automatische Folge. Goethe wußte schon: »Die Natur füllt mit ihrer grenzenlosen Produktivität alle Räume.«[45] In der sich selbst überlassenen Natur führt die explosive Zunahme bei jeder Art zu einer *kurzfristigen* Katastrophe. Denn fast alle Arten haben weit kürzere Reproduktionszeiten. Der Mensch mit einer Generationszeit von durchschnittlich 30 Jahren kommt aber – da er sich jetzt in dieser Zeit verdoppelt – auch schon mittelfristig in die Katastrophenphase, wenn nicht gar kurzfristig. Doch es kann keine Rede davon sein, daß die Menschen aus bereits eintretenden Katastrophen Schlußfolgerungen zögen.

»Was also ist christlicher« hatte Heinz Haber schon 1973 gefragt: »In diesem Jahr eine Million vor dem Hungertod zu bewahren, um dann in den nächsten drei bis vier Jahren vielleicht drei oder vier Millionen nicht mehr retten zu können ... Diese erschütternden Überlegungen zeigen aber, vor welchen Alternativen wir stehen.«[46] Ich schrieb damals dazu: »Das ist die Tragik des Menschen, daß er nur das tun kann, was heute richtig zu sein *scheint*, nicht das, was auf die Dauer richtig ist. Was heute als gute Tat erscheint, erweist der Lauf der Geschichte als Verbrechen. Und was für das eine Land gut ist, ist nicht gut für das andere.«[47] Weil niemand empfehlen kann, jene Kinder kaltblütig verhungern zu lassen, wird die Tragödie zu ihrem äußersten Ausmaß auflaufen, bis niemand mehr helfen kann.

Das wohlgemeinte Gute wird dann unvorstellbar schrecklich enden.

Das einzige Mittel – nicht um die Katastrophe zu verhindern, nur um sie zu mildern – wäre die Einschränkung der Geburten. Die Menschenwelt scheint aber von dem Wahn beherrscht zu sein, sie könne für ihre Wirtschaft und Politik die schicksalhaft anwachsende Menschenzahl zum Leitmaßstab ihres Handelns nehmen. Daran muß sie scheitern. Wie sollte denn auch die dauernde Steigerung der Menschenzahl auf diesem Planeten ein vernünftiges Ziel sein? Wer könnte ein solches Ziel begründen, selbst wenn es nicht im Tod von Milliarden enden würde? Da wir nicht einmal den Sinn des Lebens kennen, wie sollte dann eine solche Explosion menschlichen Lebens einen Sinn haben? Und sind nicht schon die jetzigen Folgen auf einer von Menschen überfüllten Erde furchtbar genug?

Es gab einige kluge Leute, die das Dilemma kommen sahen, so der englische Philosoph John Stuart Mill 1848: »Es ist nicht sehr befriedigend, wenn man sich eine Welt vorstellt, in der nichts mehr der Spontanität der Natur überlassen ist, in der jedes Fleckchen Land bewirtschaftet ist, um Nahrungsmittel für die Menschen zu erzeugen, in der jede Blumenwiese oder unberührte Weide umgepflügt ist, alle Vierbeiner und Vögel, soweit sie nicht Haustiere sind, als Konkurrenten des Menschen um die Nahrungsversorgung ausgerottet sind, jede Hecke oder jeder überflüssige Baum beseitigt und kaum ein Platz übrig ist, wo ein Busch oder eine Blume wild wachsen könnte, ohne im Namen des landwirtschaftlichen Fortschritts als Unkraut ausgerissen zu werden. Wenn die Erde den großen Teil ihrer Anmut verlieren muß, den sie solchen Dingen verdankt, die bei unbegrenztem Wirtschafts- und Bevölkerungswachstum von ihr verschwinden würden, und dies nur zu dem Zweck, eine größere, nicht aber bessere und glücklichere Bevölkerung zu erhalten, dann kann ich um der Nachwelt willen nur hoffen, daß sie mit einem stationären Zustand zufrieden sein wird, lange ehe er ihr von den Notwendigkeiten aufgezwungen wird.«[48]

Welcher *Sinn* darin liegen soll, den Planeten mit mehr Menschen zu füllen und zu überfüllen, hat noch niemand dargelegt. Auch der Papst sagt es nicht. Der derzeitige stellt sogar noch im Jahre 1991 die ungeheuerliche Behauptung auf: Vielen Menschen werde heute keine Menschenwürde zuerkannt, und manchmal versuche man

»sie durch eine zwangsweise vorgenommene *menschenunwürdige Bevölkerungskontrolle aus der Geschichte zu eliminieren*«. Das ist das Gegenteil der historischen Wahrheit. Durch ihre rasant wachsende Zahl sind doch gerade die meisten Völker der Erde dabei, die Weißen aus der Geschichte zu eliminieren. (Das ist eine völlig wertneutrale Feststellung.) Aber dieser sicher ungeplante Vorgang ist es, der mit aller Wucht des Todes zuerst auf jene zurückschlägt. Man kann den Weißen vielerlei vorwerfen, aber eine derart bedenkenlose Vermehrung wie derzeit in den unterentwickelten Ländern hat es in ihrer Geschichte nie gegeben. Ausgerechnet die Christen handeln nicht so, wie es der Papst möchte, weit stärker vermehren sich die Moslems und Hindus.

Die ungleiche Vermehrung der Völker ist ein wesentlicher *Grund der Kriege* in der Weltgeschichte. Sie gleicht dem Wettergeschehen zwischen Hochdruck und Tiefdruck und drängt wie dort auf Druckausgleich – zum Teil friedlich, öfter mit Gewalt. Das ist auch die *Ursache zahlreicher Völkerwanderungen*, die es in der ganzen Menschengeschichte immer wieder gegeben hat. Früher gab es auch noch leere Räume, die ohne Gewalt besetzt werden konnten. Sibirien war ein solcher Raum, Amerika wurde erst im 16. Jahrhundert zugänglich. *Heute ist der Erdball voll und aufgeteilt.* Das führt dazu, daß die Völker immer eiserner auf ihren Grenzen bestehen. Somit können explodierende Völker nicht mehr einfach ihre Pferde satteln und aufbrechen. Ihr Elend wird immer größer und größer, und die Folgen erfahren wir alle Tage. Und die Ursachensucher sind weltweit unterwegs, obwohl jeder die Ursache kennt: *in den meisten Ländern werden zuviel Menschen geboren!*

Zur Zeit ist es schick, daß sich Europäer einer Schuld gegenüber der Dritten Welt bezichtigen. Mir scheint, die Europäer haben tatsächlich *eine* große Schuld: *jene Länder jemals betreten zu haben.* Alles Weitere war die automatische Folge dieses ersten Schrittes. Die damals mit der Natur noch übereinstimmend lebenden Völker wurden damit aus ihrer Lebensweise herausgerissen. Weniger mit Gewalt, sondern weil sie die Zivilisation als die ihnen überlegene und damit nachahmenswerte Lebensform erfuhren. Aber sie konnten sich zumeist die Denk- und Handlungsweise der Euroamerikaner nicht aneignen. Ihre darauf gerichteten Bemühungen waren genauso fragwürdig wie die der Kolonisatoren, ihnen ihren »way of life« schmackhaft zu machen. *Das ist eine der schicksalhaften Entwicklungen, deren die Weltgeschichte voll ist.* Das Ende der Tragödie ist nun da. Letzten Endes bringen die Europäer jenen Völkern das Verderben, aber unbeabsichtigt, schließlich bereiten *sie es ja auch sich selbst*; denn ihr Versuch mit der technischen Zivilisation kann nur eine kurze Spanne der Weltgeschichte dauern. Die Überlegenen gehen genau aus den Gründen zugrunde, die ihre Überlegenheit ausmachten. Doch vor dem Verhängnis schließen sie tapfer ihre Augen. Werden aber die Europäer, besser die Euroamerikaner für die Vermehrung der anderen Völker die Folgen büßen wollen? Einige Moralapostel gerade unter den Deutschen werden diese Frage mit Ja beantworten. Darunter bezeichnenderweise solche, die sich nicht einmal zum geringsten Verzicht für ihre eigenen Landsleute aufraffen wollten. Aber verbal schwadronieren sie so, als wollten sie mit den Armen in der ganzen Welt *teilen*! Wenn sie realisierten, was das heißt, dann würden sie nicht hierzulande alle Tage laut schreiend »soziale Notstände aufzeigen« und Geld für deren Abstellung fordern.

Der britische Sozialreformer Robert Owen ahnte bereits den Lauf der Dinge, als er schrieb: »Sollte es sich erweisen, daß manche Ursachen des Übels durch die neuen Kräfte, die der Mensch zu erwerben in Begriff ist, nicht zu beseitigen sind, dann wird er erkennen, daß es sich um zwangsläufige und unvermeidbare Übelstände handelt, und dann werden kindische und nutzlose Klagen eingestellt werden.«[49] Mit den letzten Worten irrte Owen; denn je perfekter die Sozialgesetzgebung geworden ist, umso lauter wurden die Klagen bis hinauf zu den Gutverdienenden. Das gehört zu den traurigen Erfahrungen der Gutmeinenden. Der ehemalige Hamburger Bürgermeister Herbert Weichmann schrieb rückblickend: »In den Jahren der mittleren Reife glaubte ich, daß die Beseitigung der Slums oder großstädtischer Elendsquartiere und menschenunwürdiger Wohnungen die Kriminalität beseitigen oder zumindest erheblich mindern würde. Sie tat es nicht. Neue Arten der Kriminalität entstanden, von denen die Gegenwart erschütternd Zeugnis ablegt. In noch späterer Zeit glaubte ich daran, daß allgemeiner, breitgestreuter Wohlstand die Menschen zufrieden machen würde. Auch diese Erwartung wurde enttäuscht. Wachsender Wohlstand schuf wachsende Ansprüche und vielerseits wachsendes Mißvergnügen, wenn sie nicht befriedigt werden konnten.«[50] Was in Hamburg nicht gelang, wie sollte das in den Elendsansammlungen der Dritten Welt gelingen? Die neue und schwere Schuld, die sich ihr gegenüber die Euroamerikaner aufgeladen haben, besteht darin, daß sie leichtfertig den Eindruck verbreitet haben und noch verbreiten, jene Völker könnten den »Wohlstand« der Industrieländer erreichen und sich dabei noch so bedenkenlos vermehren, wie sie das tun. Aber wäre die Botschaft des Verzichts angekommen? Kann sie jemals ankommen? Alle Erfahrungen der Weltgeschichte sprechen dagegen. Die Akteure beider Seiten sind hilflos! Also helfen wir! Da wir nicht nur zu den Reichen, sondern zu den Guten gehören! Vor dem, was kommen wird, schließen alle die Augen – hier wie dort.

6 Der Mensch ist kein göttlicher Lenker!

Dir wird gewiß einmal bei deiner Gottähnlichkeit bange!

Der deutsche Dichter
Johann Wolfgang von Goethe
im »Faust«

Die menschlichen Eingriffe der letzten zwei Jahrhunderte haben die Selbstregulation der Natur zunehmend gestört und werden sie ganz zerstören. Die Menschen haben die großtechnischen Machtmittel nach dem Zweiten Weltkrieg nochmals gewaltig gesteigert und bedenkenlos eingesetzt, so daß sie nun immer schneller mit den Folgen konfrontiert werden, die sie nicht vorausahnten.
Noch im 19. Jahrhundert hatte die begrenzte Voraussicht ausgereicht. Die Störungen in der Natur wirkten höchstens einige Jahre nach, denn sie wurden von dieser selbst wieder ausgeglichen. Erst im 20. Jahrhundert wurden Umwälzungen in der natürlichen Umwelt verursacht, die weder quantitativ noch qualitativ von der Natur bewältigt werden können. Darum wäre jetzt eine viel *weitere Voraussicht* des Menschen erforderlich und noch dazu eine von ungeahnter Komplexität. Jetzt sind Fähigkeiten verlangt, wie sie stets nur den allwissenden und allmächtigen Göttern zugeschrieben wurden.
Erst *nach* den Veränderungen der Umwelt hat sich unser Kenntnisstand über die lebenden Systeme der Erde ganz beträchtlich erhöht. Das ökologische System erweist sich als komplizierter und verletzlicher als jemals gedacht, wobei wir in den letzten Jahren das meiste Wissen aus den Krankheitsbildern der Erde bezogen haben. Die Zeit der sogenannten Aufklärung hatte die Welt auf immer wenigere und einfachere Naturgesetze zurückführen wollen und gehofft, letzten Endes alles auf *eine Weltformel* bringen zu können. Nietzsche hatte es schon als »metaphysischen Wahn« bezeichnet, daß »das Denken an dem Leitfaden der Kausalität bis in die tiefsten Abgründe des Seins« vordringen könne und daß »das Denken das Sein nicht nur zu erkennen«, sondern sogar zu *korrigieren*« vermöge.[51] Er hielt dagegen: »Die Welt ist ins Ungeheure gewachsen und wächst fortwährend: unsere Weisheit lernt endlich, von sich kleiner zu denken; wir Gelehrten sogar, wir fangen eben an, *wenig*

zu wissen . . .«[52] »Wir haben eben gar kein Organ für das *Erkennen*, für die ›Wahrheit‹: wir ›wissen‹ (oder glauben oder bilden uns ein) gerade so viel als es im Interesse der Menschen-Herde, der Gattung, *nützlich* sein mag: und selbst, was hier ›Nützlichkeit‹ genannt wird, ist zuletzt auch nur ein Glaube, eine Einbildung und vielleicht gerade jene verhängnisvolle Dummheit, an der wir einst zu Grunde gehn.«[53]

Die totale Veränderung der Umwelt in Richtung »Nützlichkeit« ist schon eingetreten. Und sie entsprang nicht einem weisen Plan, sondern ergab sich aus der explosiven *Eigendynamik der Technik*, deren revolutionäre Folgen sich erst jetzt in ihrem ganzen Ausmaß herausstellen. Der herrschende Glaube ging davon aus, daß es *nur positive* Folgen geben werde, und das ohne Ende. Aber das Unerwartete ist eingetreten: die *negativen* Folgen überholten die positiven. Darum befindet sich der Mensch heute nicht mehr in der Situation, sich für einen bestimmten Weg entscheiden zu können; denn die »neue Lage« ist schon da, und nur aufgrund dieser könnten jetzt Pläne geschmiedet werden.

Es hat sich herausgestellt, daß die Wirklichkeit ein »unermeßliches Ordnungsgefüge« ist.[54] Die Atomphysik und die Astrophysik, die Medizin und die Genetik, die Ökologie und die Psychologie stießen immerzu auf neue, tiefere Schichten. Und auch der Umweltschutz, der vor 20 Jahren eine einfache Sache zu sein schien, ist auf Tausende neuer Fragen gestoßen. Selbst die scheinbar festgefügte Ordnung des Kosmos ist unsicher geworden; die Bahnen der Gestirne stehen nicht absolut fest.

Während der ganzen langen Geschichte scheint bei den Menschen das Gefühl vorgeherrscht zu haben, daß die Welt absolut geordnet und hierarisch aufgebaut sei, daß an der Spitze des ganzen Weltgefüges eine höchste und letzte Instanz stehe: *eine Gottheit*. Das war gerade im christlichen Bereich sehr ausgeprägt; man braucht sich nur die Deckengemälde der Gotteshäuser zu betrachten. In Plotins Philosophie, in Calderons »Großem Welttheater«, im Prolog zum »Faust« und noch in Hofmannsthals »Großem Welttheater« – um nur einige aus der Fülle zu nennen – finden wir diesen beherrschenden Gedanken: Gott über der Welt thronend. Man dachte sich diesen allmächtigen Lenker des Ganzen notgedrungen als Person, in die Dinge der Welt eigenhändig eingreifend. Und das ist nirgends so deutlich wie im Alten Testament, wo der Mensch mit seinem Gott sozusagen auf Du und Du verkehrt. Stets ist es *ein* Gott, der als Herr über den Erdkreis gedacht wird, nie ein Parlament der Götter. In einigen Religionen intrigieren und kämpfen sie zwar gegeneinander wie Menschen, fassen aber keine Mehrheitsbeschlüsse. Auch in der menschlichen Geschichte ist *ein* Herrscher die Regel gewesen. Selbst in den kommunistischen Staaten ist bisher *ein* Diktator der Normalfall geblieben – entgegen aller Theorie. Ob irdisch oder überirdisch, der Mensch hat stets in einer ihm weit überlegenen Instanz die Garantie für die Ordnung der Welt erblickt.

Nun wissen wir auch längst so viel von der Weltgeschichte, daß niemals und nirgendwo ein Gott in das irdische Geschehen eingegriffen hat. Wie wir uns auch immer die Wesenheit denken, die im Naturgeschehen dieser Erde waltet, es gibt keinen Beweis für deren akuten Eingriff in die Natur- und Menschheitsgeschichte. Das behaupten auch die christlichen Kirchen nicht.[55] »Wenn es Götter gibt, so kümmern sie sich nicht um uns.«[56] Philip Wylie bringt es auf den Punkt: »Gott verletzt nicht das Naturgesetz.«[57] Wenn die Natur nachweislich so angelegt ist, daß sie sich *selbst reguliert*, dann ist Gott jenseits aller akuten Verantwortung. Warum sollte er auch Gesetze, die er selber geschaffen hat, samt der eigengesetzlichen Evolution stören?

Carl Amerys »Wort des Abwesenden Gottes« gipfelt in dessen Frage an den Menschen: »Warum forderst du? Ich fordere nichts von dir. . . . Ich gab dich frei. Ich bin abwesend, weil du es so willst, was schreist du also, daß du in Meinem Auftrag gehandelt, daß du Mir vertraut hast? Ich habe dir alles überlassen – auch die Vorsorge für dich selbst.«[58] In all den Fällen, in denen der beschränkte Mensch anderes *erwartet* hatte und mit Gott hadert wie *Hiob*, muß er sich belehren lassen: »Wo warst du, als ich die Erde gründete? Sag an, wenn du Bescheid weist! Hast du in deinen Tagen je dem Morgen geboten, dem Frührot seinen Ort gewiesen . . .? Sind dir die Tore des Todes aufgetan worden, und hast du die Pförtner des Dunkels gesehen? . . . Bestimmst du die Zeit, da die Steinziegen gebären, überwachst du das Kreißen der Hirschkühe?«[59]

Wie kann sich Gott überhaupt auf eine Diskussion mit dem Menschen über die Naturgesetze einlassen? Wo doch dem Menschen schon die primäre Eigenschaft Gottes, *die Allwissenheit*, fehlt!

Schon Heraklit sagte: »Menschliches Verhalten verfügt nicht über Einsichten, wohl aber göttliches.«[60] Göttliche Einsichten kommen aus höheren Ordnungen, zu denen menschlicher Verstand nicht hinreicht: »Dem Gott ist alles schön und gut und gerecht; die Menschen aber haben das eine als ungerecht, das andere als gerecht angesetzt.«[61]

Der Mensch preist *seinen* Gott gern, wenn er sich ihm in seinem Sinne wohlgefällig zu zeigen scheint, er beklagt sich dagegen, wenn er sich »ungerecht« behandelt fühlt. Allerdings: Wenn ein Gott für die guten Dinge gepriesen werden darf, müßte er auch für die üblen gescholten werden dürfen, zum Beispiel für Naturkatastrophen, für die zugelassene Ausrottung ganzer Völker, worüber schon im Alten Testament recht teilnahmslos berichtet wird; und kurz nach der Schöpfung gibt es den ersten Mord, einen Brudermord sogar. Darum ist es höchst ratsam, Gott so weit hinwegzurücken, daß er weder mit dem Bösen noch mit dem Guten belastet wird.

Der Mensch nahm letzten Endes auch alles so *gottgewollt* hin, gleichgültig ob er sein Schicksal auf den direkten Ratschluß seines Gottes zurückführte oder ob er *im Ganzen* den Willen Gottes walten sah, der alles schon richtig füge. Alles für den Menschen Wesentliche lag ohnehin im Jenseits, dieser Zuflucht- und Trutzburg, die sowohl die christliche wie auch die islamische Religion für ihre Gläubigen bereit hielt. Dieses Urvertrauen, das nur einer Welt entgegengebracht werden konnte, die sich »in Gottes Hand« befand, wurde in der Neuzeit *von den Wissenschaften zerstört*. Deren »Aufklärung« ließ für Gott keinen Raum mehr, bot aber zugleich einen neuen Gott an: den der naturwissenschaftlichen Erkenntnis, der Maschine und des vom Menschen erreichten »Fortschritts«, der eine neue Form der »Erlösung« von allen irdischen Leiden bringen werde. Und der größte Teil derer, die sich »Atheisten« nannten, folgte freudig diesem neuen Glaubensangebot, zumal da keine Taufe, kein ausdrückliches Glaubensbekenntnis gefordert war.

Nur wenige, und das waren die tiefer sinnenden Geister, auch »freie Geister« genannt, mißtrauten dem neuen Angebot. Der Komet unter ihnen war Friedrich Nietzsche. Er hatte am gründlichsten erfaßt, was es bedeutete, wenn Gott aus der Welt verschwunden war. Das große Erschrecken überkam ihn: »*Wir haben ihn getötet, – ihr und ich! . . . Ist nicht die Größe dieser Tat zu groß für uns?*

Müssen wir nicht selber zu Göttern werden, um nur ihrer würdig zu erscheinen? Es gab nie eine größere Tat, – und wer nur immer nach uns geboren wird, gehört um dieser Tat willen in eine höhere Geschichte, als alle Geschichte bisher war!«[62] Die Größe dieser Tat forderte bei Nietzsche eine würdige Antwort und Folgerung. Um den Abgrund wieder zu schließen, schloß Nietzsche, müsse *der Übermensch* geboren werden, der Gottes Statt einnehmen könnte.

Andere Wissenschaftler, ja solche, die heftigst gegen Nietzsche polemisierten, haben sich viel bedenkenloser zugetraut, den Thron Gottes zu besteigen. Sie erboten sich, die gähnende Leere selbst zu schließen. Dazu gehörte auch schon Karl Marx. In jungen Jahren schrieb er: »Radikal sein ist die Sache an der Wurzel fassen. Die Wurzel für den Menschen ist aber der Mensch selbst.« Und: »Die Kritik der Religion endet mit der Lehre, daß der *Mensch das höchste Wesen für den Menschen sei*...«[63]

»Marx hat Hegel sehr gut verstanden, wenn er zu dem Schluß gelangt, daß für den Menschen der Moment gekommen ist, sein Schicksal in seine eigene Hand zu nehmen: ›Die frühere Vielfalt der Geschichte, die jetzt zu Ende geht, hat den Marxschen Übermenschen hervorgebracht, der Gott wieder in sich aufnimmt; von jetzt an wird der verwandelte Übermensch sich selbst verwirklichen und wahre Geschichte durch die revolutionäre Aktion hervorbringen‹.«[64] Dies ist sozusagen die proletarische Version des Übermenschen. In der »Internationale« singen sie ja dann auch: »Es rettet uns kein höh'res Wesen, kein Gott, kein Kaiser, noch Tribun. Uns aus dem Elend zu erlösen, können wir nur selber tun!«

Die bürgerliche Variante vom Menschen, der sich Mut machen will, finden wir in Wilhelm Müllers Liedern zur »Winterreise«, die Schubert komponiert hat: »Will kein Gott auf Erden sein, sind wir selber Götter.«

Ortega y Gasset geht noch weiter: »Und dem mittelmäßigen Menschen unserer Tage, dem neuen Adam... fällt es nicht ein, an seiner Gottähnlichkeit zu zweifeln. Sein Selbstvertrauen ist paradiesisch wie Adams; es hindert ihn daran, sich mit anderen zu vergleichen, was die erste Bedingung für die Entdeckung seiner Unzulänglichkeit wäre.«[65] Sarkastisch könnte man sagen: Der Mensch befand, daß ein Gott nötig sei. Als er keinen mehr auf dem Thron sitzen sah, schloß er eiligst, daß er sich selbst darauf niederlassen müsse. Denn er ahnte kaum, *daß es nicht leicht sein würde, ein Gott zu sein.*

Nietzsche tat sich da viel schwerer und dachte lange nach, womit der Thron zu besetzen sei, und kam schließlich auf *den Übermenschen.* Welch wahnwitzig hoher Anspruch an den Übermenschen gestellt werden müßte, wußte er allein. Wenn Gott nicht existiert, »so hängt alles von mir ab, und ich muß meine Unabhängigkeit beweisen.«[66] »Ich begreife nicht, wie bisher ein Atheist hat wissen können, daß es keinen Gott gibt und sich nicht sofort getötet hat . . . Fühlen, daß Gott nicht ist und nicht zugleich fühlen, daß man damit Gott geworden ist, ist eine Absurdität . . .«.[67] »Sobald man nicht mehr an Gott und an die Bestimmung des Menschen für ein Jenseits glaubt, *wird der Mensch verantwortlich für alles Lebendige . . .«.*[68] Darum endet der erste Teil des »Zarathustra« mit den Worten: *»Tot sind alle Götter: nun wollen wir, daß der Übermensch lebe.«*[69] «Könntet ihr einen Gott *schaffen?* – So schweigt mir doch von allen Göttern! Wohl aber könntet ihr den Übermenschen schaffen.«[70]

Nachdem sich der Mensch die Erde untertan gemacht hat, ist ihm auch *die Verantwortung* für den Lauf der Dinge zugefallen. Das wird kaum noch bestritten. Selbst die Rufe der Wissenschaftler nach einer höchsten und letzten Instanz werden immer lauter. Hubert Markl sagte 1987 in einem Vortrag: »Der Mensch hat sich dann tatsächlich die Erde untertan gemacht; nur recht und billig, vor allem aber auch unabdingbar notwendig, daß er nun für sie Verantwortung und Sorge trägt, daß er in Obhut nimmt, was er bisher nur überwältigte.«[71] Theologen, Künstler und auch Politiker (wenn sie gerade sonntäglich gestimmt sind) erinnern uns an die Verantwortung, »Verantwortung für die Schöpfung« klingt noch besser. Aber offenbar wissen sie samt und sonders nicht, was es mit einer solchen Verantwortung auf sich hat. Sie auf sich zu nehmen, ist nicht nur eine moralische Aufgabe; es handelt sich eben um nicht mehr und nicht weniger als um *die Steuerung unseres Planeten.* Diese soll der Mensch jetzt, wo das Problem – reichlich spät – ruchbar wurde, in die Hand nehmen. Aber nun ist die Mutter Erde nicht mehr die, die sie noch vor hundert Jahren war.

Roger Sperry schrieb: »Die gegenwärtig auf unserer Erde herrschenden Zustände verlangen nach einer einheitlichen Betrachtungsweise, bei der Wertperspektiven auf etwas Höherem aufbauen als bloß der menschlichen Spezies oder ihrer gesellschaftlichen Dynamik: auf etwas Gottähnlicherem [!], das das Wohl der Biosphäre und des Ökosystems als Ganzem in evolutionsgeschichtlichen Zeiträumen im Auge hat. Je mehr der Einfluß des Menschen auf das Ökosystem zunimmt, desto dringender brauchen wir diese höheren Perspektiven«,[72] die Roger Sperry an anderer Stelle als »gottähnlichere Leitvorstellungen« bezeichnet.[73] Doch wie kommen wir zu diesen? »Der ›Mensch‹, der ›Staat‹ oder die ›Vernunft‹ unterscheiden sich von ›Gott‹ darin, daß sie weder allmächtig noch allwissend noch allgültig sind. Es ist daher kein Wunder, daß die Versuche, ›Natur‹ durch vernünftige Intervention zu ersetzen, bislang alle mehr oder weniger deutlich gescheitert sind.«[74] Soweit der Historiker Rolf Peter Sieferle.

Die allseits geforderte und auch vielfach entworfene *Planung* erweist sich als undurchführbar, was schon im gesamten Ostblock bewiesen wurde, obwohl es dort nur um die ökonomisch-gesellschaftliche Planung ging; denn die ökologischen Notwendigkeiten waren noch nicht einmal in den Gesichtskreis geraten. »Die Spontanität der Natur ist gescheitert«, sagt Sieferle, (wozu betont werden muß, daß sie *am Menschen* gescheitert ist) um dann richtig fortzufahren, »wer glaubt aber noch daran, daß die Planung nicht ebenfalls scheitern wird?«[75]

Ungeachtete der Komplexität der Welt-Natur haben sich in den letzten zwanzig Jahren Zehntausende von klugen Köpfen daran gemacht, *Pläne* auszudenken, mit denen die Welt zu retten sei. Fast jedes Buch, das die Krisen des Planeten beschreibt, endet mit Vorschlägen zu seiner Rettung. Schon die Titel kündigen das an: »Die Alternative«, »Das Überlebensprogramm«, »Überlebensstrategie«, »Wege aus der Wohlstandsfalle«, »Auswege in die Zukunft«, »Kursbuch ins dritte Jahrtausend«, »Wir werden überleben«, »Die Zukunftschance«, »Es geht auch anders«, »Modelle für eine neue Welt« bis hin zur »Erdpolitik« und zum »Ökologischen Marshallplan«. Und nun kam auch noch im September 1991 der Club of Rome mit einer »Weltlösungsstrategie«, bei deren Durchsicht man weder die Lösung noch eine Strategie dafür entdeckt.

Da die ungeplante Entwicklung auf diesem Planeten in die totale Katastrophe läuft, denkt natürlich jedermann an eine künftig *zu planende*. Auch ich schrieb 1975: »Jetzt muß die Zukunft geplant werden.«[76] Meine Zweifel, ob das möglich sei, haben sich von Jahr zu Jahr verstärkt. Und die Durchsicht unzähliger vorliegender Pläne hat zu der *Gewißheit* geführt, daß sie *undurchführbar* sind und bleiben werden. Nachdem nun die Planung in der »Zweiten Welt« zusammengebrochen ist, entbehren die »Überlebenspläne« nicht einer gewissen Ironie.

Einer der ersten Pläne mit ökologischer Zielsetzung erschien 1972: das »Planspiel zum Überleben« von Edward Goldsmith und Robert Allen. Bestimmt nicht der letzte ist »Der ökologische Marshallplan« von Lutz Wicke und Jochen Hucke. Diese Pläne sollen hier nicht besprochen werden. Nur soviel: Der erste besteht aus 25 Punkten, von denen in 20 Jahren so gut wie keiner auch nur begonnen wurde; der zweite schiebt großzügig die Milliarden in der Welt hin und her (bis 2030 wären das 18 Billionen Dollar), die von den Geberländern mit Sicherheit *nicht* aufgebracht werden, da sie selbst ihren Wohlstand noch erhöhen wollen und da sie hochverschuldet sind. Im Grundsatz geht dieser Plan von der Annahme aus, die Menschheit könne sich die Zukunft *erkaufen*.

Daß der Mensch nicht im Entferntesten Gott spielen kann, bewies bei kleinen Problemen der Psychiater Dietrich Dörner in Bamberg. Er hatte die Probleme einer *kleinen Stadt* in ein Computer-Programm eingespeist. Die Studenten sollten dann Entscheidungen zum Wohle der Stadt treffen, wobei sie mit einem komplexen, beziehungsreichen System, das sich dynamisch fortentwickelt, umzugehen hatten. Dabei trafen fast alle Versuchspersonen *falsche* Entscheidungen; sie sahen nur die Haupteffekte, doch wenn ein Übel beseitigt wurde, entstanden durch Neben- und Fernwirkungen mehrere neue.[77]

Viele Forscher erkennen, daß die Probleme tiefer liegen, und fordern vom Menschen ein »neues Bewußtsein«. Sie argumentieren, daß er noch ein »steinzeitliches Bewußtsein« mit sich trage. Wie sollte er aber dieses in ein oder zwei Generationen, die wir vielleicht noch Zeit haben, ablegen, nachdem es ihm offenbar in tausend Generationen nicht gelungen ist? Diese Erwartung ist ebenso wahnwitzig wie die, der Mensch könne die Stelle Gottes einnehmen.

Die Evolution vom affenähnlichen zum heutigen Menschen dauerte mindestens drei Millionen Jahre – wieviel Zeit brauchte es wohl dann vom heutigen Menschen bis zu einem gottähnlichen Wesen? Und leider könnten wir auch nur *einen* Gott gebrauchen! Denn Götter streiten sich auch, wenn sie zu mehreren sind. Jedenfalls in den indogermanischen Götterhimmeln war das so.

Bei den langlebigsten Arten von Lebewesen, die wir kennen, den Ameisen, Termiten und Bienen, regiert unumschränkt *eine Königin.* Aber diese hat noch nie Probleme mit dem Fortschritt gehabt, denn das Leben in diesen Staaten blieb über die Millionen Jahre gleich. Außerdem lebt jedes Volk nur für sich in seinem begrenzten Raum.

Der Mensch hat aber mit der Technik, dem Weltverkehr und der planetarischen Kommunikation *einen Bienenstock* aus diesem Erdball gemacht. Niemand hat sich zunächst besorgt darüber gezeigt, was das für Konsequenzen haben müsse, außer einem: Friedrich Nietzsche. Er machte sich mehrmals Gedanken über die zukünftige *Weltregierung.* »Es naht sich, unabweislich, zögernd, furchtbar wie das Schicksal, die große Aufgabe und Frage: wie soll die Erde als Ganzes verwaltet werden?«[78] »Die Erd-Regierung ist ein *nahes* Problem.«[79] Und er sah »die Gefahr, daß die Weltregierung in die Hände der Mittelmäßigen fällt.«[80] Darum beklagte er, daß ein Typus fehle, »der Mensch, welcher am stärksten befiehlt, führt, neue Werte setzt, am umfänglichsten über die ganze Menschheit urteilt und Mittel zu ihrer Gestaltung weiß – unter Umständen sie *opfernd* für ein *höheres* Gebilde. Erst wenn es eine Regierung der Erde gibt, werden solche Wesen entstehen, wahrscheinlich lange *im höchsten Maße mißratend.*«[81] In der Tat, wir haben in den hundert Jahren nach Nietzsche solch »mißratene Wesen«, die um die Weltregierung stritten, schon erlebt und werden weitere erleben. Denn die Aufgabe, »eine Herren-Rasse heraufzuzüchten, die zukünftigen ›Herren der Erde‹«,[82] *wird undurchführbar bleiben* – auch wenn das nun die chemische Industrie mittels Gentechnologie in die Hand nehmen möchte. Solch künftige Erdregenten wären nichts anderes als die *Übermenschen* Nietzsches.

Wer glaubt aber heute noch, daß es den »Übermenschen« oder die »Bewußtseinsänderung« jemals geben wird? »Der Mensch muß lernen, mit sich selber auszukommen und sich so zu akzeptieren, wie er ist. Vor allem muß er sich vor der Versuchung hüten, sein zu wollen wie Gott.«[83] Der Unfall ist auf menschliches Versagen zurückzuführen, heißt es oft lakonisch in den Nachrichten. Der Mensch versagt schon bei kleinen Dingen: beim Autofahren, bei der Steuerung eines Schiffes oder Flugzeuges, was er schließlich einige Jahre gelernt hat. Wie soll er da jemals den Planeten Erde steuern können, was er nie gelernt hat; ja es gibt nicht einmal einen Lehrer, der es ihm beibringen könnte. Und gäbe es solch einen Lehrer – besser *solch einen Gott* –, die Menschen würden den Teufel tun, dessen Anweisungen zu befolgen.

Daß der Mensch andererseits in seinen technischen Leistungen schon als Übermensch erscheine, meinte sogar Albert Schweitzer 1952: »Wagen wir die Dinge zu sehen wie sie sind. Es hat sich ereignet, daß der Mensch ein Übermensch geworden ist«; doch »er bringt die übermenschliche Vernünftigkeit, die dem Besitz übermenschlicher Macht entsprechen sollte, nicht auf... Damit wird nun vollends offenbar, was man sich vorher nicht recht eingestehen wollte, daß der Übermensch mit dem Zunehmen seiner Macht zugleich immer mehr zum armseligen Menschen wird.«[84]

Wir leben nun in der angekündigten Epoche, in der uns die Gottähnlichkeit nur noch Furcht und Bangen einflößen kann. Wer hat denn auch dem Menschen die Gottähnlichkeit versprochen? Der Teufel und die Schlange am Baum der Erkenntnis: Eritis sicut Deus – Ihr werdet sein wie Gott! *Diese Versuchung dauert noch heute fort.* Doch recht behalten wird wiederum Goethe, der 1825 zu Eckermann über den Menschen urteilte: »Die Handlungen des Universums zu messen reichen seine Fähigkeiten nicht hin, und in das Weltall Vernunft bringen zu wollen ist bei seinem kleinen Standpunkt ein sehr vergebliches Bestreben. Die Vernunft des Menschen und die Vernunft der Gottheit sind zwei sehr verschiedene Dinge.«[85]

Die ungeheuer komplizierten und geheimnisvollen Naturvorgänge dieses Planeten, die in diesem Buch nur in groben Zügen dargestellt werden konnten, über deren Ziel wir *nichts* wissen, *könnte nur ein jederzeit allwissender und allmächtiger Gott steuern.* Doch wenn ein solcher auf der Erde erschiene – freiwillig würde sich der Homo sapiens ihm nicht unterwerfen.

Wir Menschen sind winzige Teilchen einer Welt, in der – insgesamt gerechnet – *Leben* und *Tod* sich die Waage halten. In der Vorstellung der Völker waren Leben und Tod entweder zwei Gottheiten, die unentwegt miteinander kämpfen, oder ein Gott *läßt* Leben *und* Sterben. Wo Leben ist, muß auch gestorben werden, und wo *viel* Leben ist, da muß auch *viel* gestorben werden. Im Optimalzustand befinden sich Leben und Tod in einem ausgewogenen Gleichgewicht. Aber für die einzelne Gattung ist das Gleichgewicht nur ein vorübergehendes; bald nimmt das Leben, bald der Tod überhand. Diesem Gesetz des Lebens und Sterbens muß sich der Mensch beugen, und jeder einzelne tut das auch. Dem trägt das christliche Bestattungsritual Rechnung, in dem es heißt: »Der Herr hat's gegeben, der Herr hat's genommen. Der Name des Herrn sei gelobt!« Damit wird anerkannt, daß Gott auch *nehmen*, das geschenkte Leben wieder zurückfordern darf. Der Tod ist nur in den Augen des Menschen das große Unheil. Gott aber *muß*, so lieb er auch sein soll, zugleich der Gott des Unheils sein, auch wenn die Menschen das nicht begreifen können. Und als *Herr des Todes* kann er nicht zulassen, daß ihm dabei jemand ins Handwerk pfuscht. Darum liegt ein tiefer Sinn in jener griechischen Sage: Der Arzt Asklepios, Sohn des Apollon, wurde vom Göttervater Zeus mit dem Blitz erschlagen, *weil er Tote wiedererweckt* und damit die Ordnung der Natur verletzt hatte. Das sollte allen eine Warnung sein, auch den Ärzten von heute, soweit sie das Gleichgewicht zwischen Leben und Tod durcheinander bringen.

Was also der unverständige Mensch den »teuflischen Regelkreis« nennt (so lautet der Titel der ersten Untersuchung des Club of Rome) ist in Wahrheit *der göttliche Regelkreis!* Es wird nie einen anderen Regelkreis geben als den, welchen Jay W. Forrester den »teuflischen« zu nennen beliebt, für den Dennis Meadows »Die Grenzen des Wachstums« ausrechnete und den ich schon 1975 als den »natürlichen Regelkreis« bezeichnete.[86]

Wenn der Mensch selbst wie ein Gott die Welt regieren wollte, dann müßte er nicht nur der Gott sein, der für genügend Leben, sondern auch für genügend Sterben sorgt. Das wäre die letzte und fürchterlichste Verantwortung von allen, die er zu übernehmen hätte, *an der er scheitern muß*. Seine Triumphe, die er für göttliche hält, hat er gern hingenommen, aber die ihm damit automatisch zufallenden weiteren gottgleichen Aufgaben müssen ihn mit Grausen erfüllen. Das ahnte Goethe, der durch Mephistos Mund voraussagte, »Dir wird gewiß einmal bei deiner Gottähnlichkeit bange!« Für dieses unbestimmte *einmal* ist nun die Zeit herangekommen. Wer ein Datum benötigt, der kann die Zündung der ersten Atombombe nennen. Spätestens da mußte dem Menschen angst und bange werden. Aber die Spaltung des Atoms und die bald folgende Fusion ist es nicht allein, sondern es ist die beschriebene Gesamtentwicklung des Menschen, die ihn in die größte Bangigkeit aller Zeiten stürzen – – – *müßte! – Aber sie tut es nicht!* Wir haben uns schnell gewöhnt, »mit der Bombe zu leben«, mit Tschernobyl zu leben, mit Dioxin und wer weiß was allem zu leben; denn unsere Psyche unterliegt dem »Gesetz der gleitenden Fügungen«. Auch darin sind wir Geschöpfe der Natur und *niemals Götter.* Nur ein Gott könnte wissen, worauf das Ganze hinaus soll, was sich in Jahrmillionen auf unserem einsamen Planeten ereignet – *kein sterbliches Wesen weiß es.*

TEIL VI

Das zwangsläufige Ende

1 Unaufhaltsam rollt die Maschinerie

*Die Menschheit ist zu weit vorwärts gegangen, um
noch umkehren, und sie bewegt sich zu rasch, um
anhalten zu können.*

Der britische Staatsmann
Winston Churchill (1932)

Alle Völker der Erde befinden sich weiter auf dem Wachstumstrip.
Die unterentwickelten fallen in dem Wettrennen zwar immer weiter
zurück, aber sie laufen auch, während die entwickelten davonzie-
hen. Es ist ein Wettrennen zwischen Sprintern und Schildkröten.
Die Kurven in Abbildung 4 entlarven auch gelegentliche Heuche-
leien der Industrienationen, ihre Wirtschaft müßte zugunsten der
Entwicklungsländer wachsen. Ziel des *EG-Binnenmarktes* ist ein
Wachstumswettrennen mit den USA, das laut Prognos-Institut die
EG mit + 34 Prozent vor den USA mit + 30 Prozent bis zum Jahr
2000 gewinnt, während Japan mit + 53 Prozent alle überflügelt! Die
weitere Zukunft und die Umwelt interessieren nicht!
Eigenartigerweise reichen gerade den höchstentwickelten Völkern
ihre Reichtümer nie! Ihre Staatshaushalte weisen die höchsten
Verschuldungen auf: In Deutschland überstiegen sie 1990 bei
Bund, Ländern und Gemeinden eine Billion DM, in Japan liegen
sie entsprechend hoch. In den USA beträgt allein die Bundesschuld
350 Milliarden Dollar. Sämtliche Entwicklungsländer tragen einen
Schuldenberg von 1,3 Billionen Dollar. Die Rüstungsausgaben beanspruchen zwar einen hohen Anteil, aber die Hauptursache liegt
in den nie zu stillenden Forderungen nach immer noch höherem
Wohlstand seitens der Einwohner dieser Länder. Viele Bereiche
dieses Wohlstandes werden durch die Staatshaushalte finanziert
und subventioniert.[1] Kostendeckende Fahrpreise müßten bei sämtlichen Verkehrsmitteln weit höher liegen. Und wollte man die
Umweltschäden einbeziehen, dann müßte jede Fahrt das Vielfache
des jetzigen Preises kosten. Überall wird die Energie billig angeboten, weil sie als Antriebsmotor für weitere Steigerungen wirken
soll. Allein schon ihre Verschuldung zwingt die Staaten zu einer
Politik des »wirtschaftlichen Wachstums«, weil sie höhere Steuer-
einnahmen für die Zinsen und zur Abzahlung der Schulden brau-

chen. Doch diese Politik ist längst *unökonomisch* geworden, denn der *Grenz*nutzen wird immer geringer und der Nutzen für die Menschen sinkt noch rapider. Eben darum, weil sich der Nutzen nicht mehr »auszahlt«, muß der Staat immer mehr zuschießen. So »lohnt« es sich nicht mehr, in Europa Nahrungsmittel zu produzieren! Ist das nicht Wahnsinn? Der Grund: Die Menschen wollen nicht einmal für das Lebenswichtigste den Preis zahlen, der die Kosten deckt, weil sie ihr Geld lieber für Unwichtiges ausgeben. Die deutsche Durchschnittsfamilie gab 1960 noch 45 Prozent ihres Einkommens für die Ernährung aus, 1970 waren es 35 Prozent, 1982 schließlich 27 Prozent und 1990 nur noch 24 Prozent. (1927 waren es 52 Prozent.) Das ist sogar schon ein Problem der Entwicklungsländer geworden; denn auch dort erhalten die Bauern keinen angemessenen Preis, der sie veranlassen könnte, ihren Anbau zu erhöhen. Und die Vereinigten Staaten unterbieten die Preise, weil sie mit ökologisch schändlichen Methoden produzieren und überdies noch die Preise subventionieren. Und durch die völlige Freigabe des Handels (GATT) wollen sie die Europäer zwingen, ihre eigene Landwirtschaft dem Ruin auszuliefern!

Die Behandlung der Landwirtschaft in fast allen Ländern der Welt ist allein schon *Selbstmordpolitik!* Welches Tier würde nicht zu allererst an seine Nahrung denken? Aber die Lebensgrundlagen interessieren offenbar nicht! Alles Interesse gehört neuen technischen Spitzenleistungen, die ebenfalls mit Milliarden aus den Staatshaushalten hochgepäppelt werden. In der Bundesrepublik Deutschland wurden die Forschungsausgaben alle zehn Jahre verdoppelt und betrugen 1989 nach Schätzungen des Batelle-Instituts seitens Staat und Wirtschaft 61 Milliarden DM.[2] Diese Hochtechnologien sollen Arbeitsplätze schaffen, haben aber gerade die hervorstechende Eigenschaft, den Menschen vollends überflüssig zu machen.

Dargestellt ist die Entwicklung in den drei Haupt-Wirtschaftsblöcken von 1965–1990. Darin ist die Gesamtleistung der Wirtschaft zugrunde gelegt, nicht das Durchschnittseinkommen pro Kopf. Dieses hängt von der jeweiligen Bevölkerungszunahme ab. Da sich die Kopfzahl in den Entwicklungsländern fast verdoppelte, konnte ihnen das nahezu verdreifachte wirtschaftliche Ergebnis nur einen durchschnittlichen Zuwachs von 50% bringen, was für viele Völker eine Verminderung bedeutet. Der ohnehin riesige Abstand zwischen den Entwicklungsländern und den Industrieländern hat sich in den vergangenen 25 Jahren mehr als verdoppelt.

Entwicklung des realen Bruttosozialprodukts

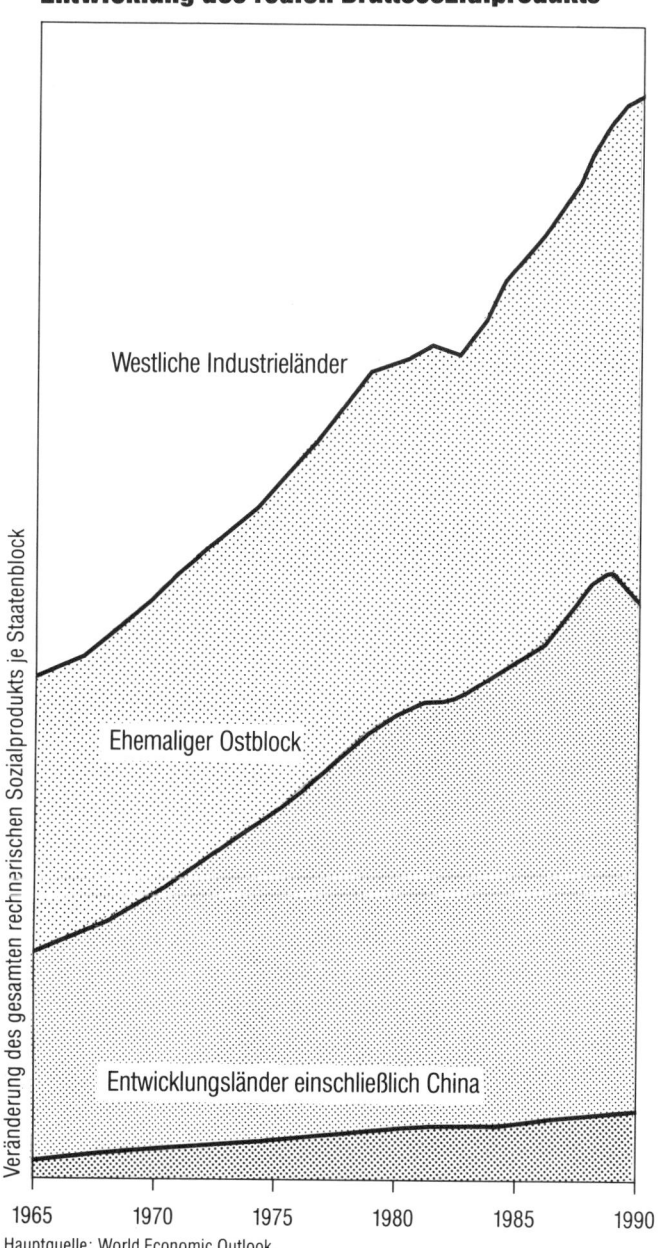

Abb. 4

Westliche Industrieländer

Ehemaliger Ostblock

Entwicklungsländer einschließlich China

Veränderung des gesamten rechnerischen Sozialprodukts je Staatenblock

1965 1970 1975 1980 1985 1990

Hauptquelle: World Economic Outlook.

Im III. Teil dieses Buches wurde geschildert, welch gewaltige Ausdehnung solche Tätigkeiten des Menschen gefunden haben, die zum bloßen Leben *nicht* nötig sind. In den entsprechenden Berufen arbeiten in den hochindustrialisierten Ländern der OECD um die 90 Prozent aller Beschäftigten, also auch der Wähler. Noch schwerer fällt ins Gewicht, daß hier die *entscheidenden* Gruppen der Bevölkerung versammelt sind.

Dazu gehören die Techniker und die *Naturwissenschaftler*, die, in den Hochschulen ohnehin vom Staat finanziert, die wissenschaftlich-technische Entwicklung vorantreiben. Ihr Ehrgeiz und ihre Befriedigung ist mit den Erfolgen ihrer gewiß hochqualifizierten Arbeit verknüpft. Deren fast immer zweischneidige Ergebnisse haben wir besprochen. Vor allem die verheerenden Folgen bis hin zu den Atomwaffen sind offenkundig. Darum gab es schon radikale Vorschläge, der Mensch solle die naturwissenschaftliche Forschung einstellen. Einen entsprechenden Vorstoß unternahm zum Beispiel der Professor für Zell-Biologie an der New Yorker Rockefeller-Universität, Philip Siekevitz, 1970 bei der Jahrestagung der amerikanischen Biophysikalischen Gesellschaft: »Heute sind die Wissenschaftler obenauf; Forschung und Technik setzen die Ziele, und die übrige Welt gehorcht. Können die Wissenschaftler unter diesen Umständen auf ihrer Nicht-Verantwortlichkeit beharren?« Seine Antwort: »Die wissenschaftliche Forschung muß vorerst aufhören.«[3] Doch gültig bleibt weltweit, was der britische Maschinenbauer Dennis Gabor so formulierte: »Wir können mit dem Erfinden nicht aufhören, denn wir sitzen nun einmal auf einem Tiger.«[4]

Ich bin wiederholt dafür eingetreten, die Wissenschaften unbehindert forschen zu lassen, jedoch ihre Ergebnisse *vor der Anwendung* einer gründlichen Prüfung bezüglich der Folgen zu unterwerfen. Das wäre praktisch möglich, da jede Aufnahme einer Produktion so viel Aufwand erfordert, daß sie im Geheimen kaum erfolgen kann, die Gentechnologie ausgenommen. Doch wer soll die Prüfung vornehmen? Das heißt, wo bekommt man erstens völlig unabhängige Prüfer her, und woher sollen die zweitens ihre Maßstäbe für Zulassung oder Ablehnung nehmen oder wer soll ihnen die Maßstäbe geben? Und drittens wird die Sachlage selten eindeutig sein. Denn irgendwelche Nachteile für das Ökosystem birgt *jedes* Projekt

– umgekehrt in den Augen der Menschen auch einige Vorteile. Um also die Umwelt hundertprozentig zu schützen, dürfte *kein* Projekt mehr zugelassen werden. Wenn aber von vornherein keines zugelassen würde, erübrigte sich die Überprüfung aller. In den USA wurde im Jahre 1972 ein Office of Technology Assessment eingerichtet, das die Folgen neuer Techniken abschätzen soll. Man hat nicht gehört, daß sich seitdem bei der Realisierung technischer Vorhaben etwas geändert hätte. In Bonn forderte in den siebziger Jahren die damalige Opposition die Einrichtung einer entsprechenden Institution; doch erst im August 1990 begann ein solcher Ausschuß mit der Arbeit. All diese guten Absichten scheitern an vielerlei Schwierigkeiten und letztlich daran, daß es nie zu einem gemeinsamen Vorgehen aller Länder kommen wird. Carl Friedrich von Weizsäcker sagte sehr deutlich: »Verzicht auf die fortschreitende Technik ist, auch wo er heilsam wäre [!], in einer unerleuchteten Menschheit wie der heutigen politisch und ökonomisch nicht durchsetzbar.« [!] [5] Aber wann war die Menschheit jemals »erleuchtet«?

Die Naturwissenschaftler und Techniker werden auch künftig ihre Projekte stets durchsetzen, denn sie haben einen mächtigen Verbündeten, *die Unternehmer*. Sobald sich diese einen Gewinn versprechen, werden sie jede Neuheit aufgreifen – ohne Rücksicht auf die Folgen. »Wenn es der Produktion nutzt, muß ein Unternehmer die Umwelt verschmutzen, soweit es ihm gesetzlich erlaubt ist. Das ist nicht nur sein Recht, sondern auch seine Pflicht, Besitzern und Belegschaft gegenüber. Tut er es nicht, schadet er dem Werk, hilft er der Konkurrenz, soll er als Unternehmer abtreten und Pfarrer oder Juso werden.« [6] Man sieht, wir leben in einem *Rechtsstaat*, in dem die restlose Ausschöpfung aller Rechte sogar *Pflicht* ist. Recht behielt Oswald Spengler: »Die *privaten* Mächte der Wirtschaft wollen freie Bahn für ihre Eroberung großer Vermögen. Keine Gesetzgebung soll ihnen im Wege stehen. Sie wollen die Gesetze machen, in ihrem Interesse, und sie bedienen sich dazu ihres selbstgeschaffenen Werkzeugs, der Demokratie, der bezahlten Partei.« [7] In der Tat, vor dieser kapitalkräftigsten und damit mächtigsten Gruppe unserer technischen Zivilisation gehen auch Regierungen in die Knie. Das festzustellen, bedeutet noch keine Kapitalismuskritik; denn wodurch sind denn die Unternehmungen so mächtig geworden? *Durch die Konsumenten*, die ihnen noch jeden Tand abgekauft haben. Da sagen dann die Linken: Der arme Konsument werde manipuliert, gegängelt, ja unmündig gehalten. Aber zum Teufel, wenn er so unmündig ist, wieso hat er dann das Recht, bei jeder Wahl seine unmündige Stimme in die Waagschale zu werfen? Das tut er, und – um die Ironie voll zu machen – er gibt dabei in »überwältigender Mehrheit« den Parteien die Stimme, die ihm einen noch höheren Konsumrausch versprechen!

Aber das ist noch nicht alles. Um bei der Verteilung des immer größer werdenden Kuchens nicht zu kurz zu kommen, haben sich die Arbeitnehmer in *Gewerkschaften* zusammengeschlossen. Bei den alljährlichen Lohnkämpfen eilen ihre Forderungen oft der Entwicklung voraus, was wiederum die Arbeitgeber veranlaßt, durch höhere Produktionen mit größerem Energie- und Maschineneinsatz die Gewinnlücke zu schließen. Auch darin kann man eine *Fortsetzung der Evolution* und des Kampfes um das Dasein auf der Erde mit technischen Mitteln sehen. Auch das ist ein Kreislaufsystem, welches eskaliert. Bei dieser neuen Art von Wettbewerb möchten *alle* gewinnen.

Arbeitsplätze schaffen lautet das Dauerthema unserer Zeit. Das *Verlangen nach Arbeitsplätzen* wird jedoch infolge der Massen von Geburten immer unerfüllbarer. *Jährlich 100 Millionen Geburten über die Sterberate hinaus* bedeuten 20 Jahre später Jahr für Jahr etwa 50 Millionen Arbeitsuchende *mehr*, selbst wenn wir nur von einem arbeitswilligen Ehepartner ausgehen. Es müßten also innerhalb von jeweils zehn Jahren *500 Millionen* Arbeitsplätze *zusätzlich* geschaffen werden. Selbstredend möglichst »moderne« Arbeitsplätze, das heißt mit hohem Energie- und Rohstoffverbrauch. Der *Bedarf an Arbeitsplätzen* muß heute dafür herhalten, um die Begründung für den *totalen Krieg* zu liefern, den die Menschen gegen die Natur führen. Doch der Versuch, für eine Erdbevölkerung Arbeit zu schaffen, die sich *in weniger als 100 Jahren zweimal verdoppelt, ist aussichtslos.* Dennoch rufen Regierungen, Parteien und Interessenverbände die Völker auf, ihre Anstrengungen zu erhöhen!

Als die Welt im 19. Jahrhundert industrialisiert wurde, waren Arbeitskräfte gesucht. Einige 100 Millionen ließen sich damals leicht unterbringen. Als dann das Industriezeitalter im 20. Jahrhundert

346

auf vollen Touren lief, entdeckte man, daß auch *Konsumenten* nötig seien. Und diese beiden Komponenten schaukeln sich seitdem immer noch gegenseitig höher. Allein schon die Menschenmassen *verändern die Erde* nicht mehr nur *quantitativ*, sondern auch *qualitativ* in Richtung Entropie. Und man weiß schon jetzt nicht mehr, wo man die Menschen unterbringen soll, nicht nur in bezug auf *Arbeit*, ebenso auf *Wohnungen* und schlicht und einfach wo überhaupt auf der *Landkarte*. Das einzige, was man zur Zeit *noch* einigermaßen schafft, ist, sie zu füttern. Aber ein Lebewesen ohne eigene Betätigung jahraus, jahrein nur zu füttern, bedeutet, es der physischen und psychischen Degeneration auszuliefern. Wahrscheinlich werden diese Massen in revolutionäre Aktionen ausbrechen. Da wird Nietzsche mit seinem lapidaren Schlußsatz »Zur Genealogie der Moral« recht bekommen: »lieber will noch der Mensch *das Nichts* wollen, als *nicht* wollen.«[8]

Nun ist aber der Planet *längst voll bestückt mit naturschädlichen Projekten*. Schon ihr weiterer Betrieb genügt, um die Natur in spätestens 100 Jahren vollends zu zerstören. Erich Fromm prophezeite 1976, »daß es innerhalb von weniger als hundert Jahren zu einer Katastrophe kommen wird, wenn wir nicht aufhören, die Naturschätze der Erde zu verschwenden und die ökologischen Grundlagen für das Überleben des Menschen zu zerstören.«[9] Ich selbst schrieb im Jahre 1984: »Um ›Arbeit zu schaffen‹, stellt man unter anderem Waffen her und exportiert sie. Gewerkschaften fordern das sogar, denn damit werden Arbeitsplätze ›gesichert‹. Werden die Waffen eingesetzt, dann kommt nicht nur deren Produktion erst richtig in Schwung (der II. Weltkrieg brachte die letzte Epoche ohne Arbeitslosigkeit), dann müssen auch zerstörte Länder wieder aufgebaut werden. Der Wechsel von Zerstörung und Aufbau würde offensichtlich für Vollbeschäftigung sorgen . . .«[10]

Aber nicht nur die Arbeitskräfte, welche Waffen produzieren, arbeiten *für den Krieg*, auch die übrigen Beschäftigten der technischen Zivilisationen bedienen einen riesigen Kriegsschauplatz, der sich über den ganzen Planeten ausgedehnt hat; denn allüberall wird der Krieg des Menschen gegen die Natur geführt. Die Infanteristen dieses Krieges waren im 19. Jahrhundert die *Proletarier*, da sie die Dreckarbeit an der Front leisteten. In unserem Jahrhundert sind sie jedoch mit immer besseren und wirksameren Waffen ausgestattet worden. Damit wurde ihre Arbeit sauberer, weniger anstrengend, und die Verdienste stiegen. Der Bagger ersetzte die Schaufel – die Motorsäge die Handsäge – der Preßlufthammer die Hacke – der Kran den Lastenträger – der Traktor das Pferd – der Mähdrescher die Sense und eine Fülle von weiteren Handarbeiten auf einen Schlag – die Melkmaschine den Melker.

Um die genannten Maschinen und unzählige weitere zu erfinden, zu erproben, zu verbessern, instand zu halten, sind ganze Armeen von Wissenschaftlern und Technikern rastlos tätig. Und hier herrscht wie im Krieg zwischen den streitenden Parteien ein Wettkampf um die *bessere* Technik. Und noch größere Armeen befinden sich im Einsatz, um all diese Maschinen und ihre Erzeugnisse zu transportieren, zu lagern, zu verwalten, darüber Buch zu führen, die Abläufe zu kontrollieren und die Nachrichtennetze aufzubauen. Sie alle bringen eigentlich *nichts Produktives* zustande, und dennoch braucht man sie und bezahlt sie gut. Ihr »hoher Lebensstandard« hängt vom reibungslosen Funktionieren des ganzen Räderwerks ab, sie sind ihm damit ausgeliefert. *Zum Urzustand zurückzukehren ist unmöglich.* Aber gerade das beweist, »daß das Unglück schon geschehen ist, daß unsere Knechtschaft in allem Ernst begonnen hat, daß wir ein Geschlecht von Wesen [Maschinen] aufgezogen haben, das zu vernichten nicht mehr in unserer Macht liegt, und daß wir nicht nur versklavt sind, sondern uns auch gänzlich mit unserer Sklaverei abgefunden haben.« Das schrieb der Satiriker Samuel Butler, Verfasser von »Gullivers Reisen«, schon 1853.[11] Genau einhundert Jahre später mußte Alfred Weber feststellen: »Die Maschinerie, die wir in unserem heutigen Daseinsgehäuse verwenden, bildet sich eben nach eigenen Gesetzen unaufhörlich weiter, die auf dem von uns nicht lenkbaren und nicht hemmbaren wissenschaftlichen Fortschritt ruhen ... Seine Weiterbildung legt, generell gesehen, nicht mehr in unseren Händen; eine Umkehr oder ein Heraus ist ausgeschlossen, solange die Wissenschaft eigenevolutiv weiterarbeitet wie jetzt.«[12] Demgemäß haben 1955 schon 18 Nobelpreisträger ihre Ratlosigkeit hinsichtlich der Folgen der Wissenschaft eingestanden und sich in die blinde Hoffnung geflüchtet, daß die Nationen *freiwillig* auf den Einsatz der Atombomben verzichten würden, die sie ihnen zuvor entwickelt hatten. Die bittere Wahrheit am Ende des Jahrhunderts ist aber die, daß immer mehr Länder nach der Atombombe streben, darunter solche, die von bedenkenlosen Gewaltherrschern regiert werden. Darum schloß der Philosoph Karl Löwith: »Eine unheimliche Koinzidenz von Fatalismus und Fortschrittswille kennzeichnet jetzt alles Denken über den Fortgang der Geschichte. Der Fortschritt ist nun über uns verhängt, er ist zum Verhängnis geworden.« [13]

Das Ganze ging von den christlichen Völkern dieses Planeten aus. Sie haben allen anderen Völkern damit ihre völlig neue Lebensgestaltung aufgezwungen, geraten aber nun damit selbst in die Krise. Das erkannte der französische Schriftsteller und Politiker Alexis de Tocqueville schon vor anderthalb Jahrhunderten. »Die christlichen Völker scheinen mir heute«, so schrieb er, »ein erschreckendes Schauspiel zu bieten; die Bewegung, die sie davonträgt, ist schon zu stark, als daß man sie aufhalten könnte; doch sie ist noch nicht so reißend, daß man darüber verzweifeln müßte, sie zu lenken: Die christlichen Völker halten ihr Schicksal in ihren Händen, aber bald wird es ihnen entgleiten... Aber daran denken wir kaum. Von einem rasch fließenden Strom dahingetrieben, heften wir den Blick hartnäckig auf einige Trümmer, die man noch am Ufer wahrnimmt, während die Strömung uns mit sich führt und rücklings dem Abgrund zuträgt.« [14] Die Bewegung war seinerzeit längst nicht so reißend wie heute, doch *lenkbar war sie nie*! Heute gleicht die Menschheit einem mächtigen Stau loser Stämme auf einem breiten Strom, kurz vor dem senkrechten Absturz. Noch geht es träge dahin, kurz vor dem Abgrund scheint der Strom noch zu zögern, die Stämme werden auch von schroffen Klippen noch einige Momente aufgehalten, um dann plötzlich in die Tiefe zu donnern.

2 Freiwilliger Verzicht ist dem Leben fremd

> *Es gibt keine weise Umkehr, keinen klugen Verzicht.*
>
> Der deutsche Historiker
> Oswald Spengler

Lewis Mumford schloß sein Standardwerk mit den Sätzen: »Nur eine grundlegende Umorientierung unserer vielgerühmten, technologischen Lebensweise wird diesen Planeten davor retten, zu einer toten Wüste zu werden. Und ohne eine solche weitreichende Veränderung der menschlichen Wünsche, Gewohnheiten und Ideale werden die notwendigen materiellen Maßnahmen zum Schutz der Menschheit – von deren weiterer Entwicklung ganz zu schweigen – nicht angewendet werden können... Um zu ihrer Rettung zu gelangen, wird die Menschheit eine Art spontaner religiöser Bekehrung vollziehen müssen.«[15] Mumford behauptet dann, solche Wandlungen seien in der Geschichte schon oft vorgekommen. *Aber das trifft nicht zu!* Da es auf diesem Planeten noch nie eine technische Zivilisation gegeben hat, die auch nur im Entferntesten mit der unsrigen vergleichbar wäre, kann es auch noch nie einen solchen Wandel gegeben haben.

Mumford meinte, auf die »Achsenzeit« des achten bis sechsten Jahrhunderts v. Chr. verweisen zu können, als eine Reihe von religiösen Propheten und Philosophen gegen die schädlichen Folgen von Wohlleben, Geld und Macht angekämpft und Enthaltsamkeit gepredigt hatte.[16] Er muß aber zugeben, daß sich diese Denkweisen selbst unter den damaligen ungemein leichteren Umständen nie allgemein durchsetzen konnten und auch die Entstehung der späteren völlig konträren europäischen Zivilisationen nicht verhindert haben. Mumford tröstet sich, das habe daran gelegen, daß ihre Enthaltsamkeitslehren keinen *diesseitigen Lohn* verhießen, sondern diesen in ein imaginäres Jenseits verlegten.[17] In seinem »Epilog« stellt Mumford mehrmals die Frage, in welchem Maße *unsere Zeitgenossen* bereit seien, »die Anstrengungen und Opfer auf sich zu nehmen, die für eine solche menschliche Erneuerung notwendig sind.« *(Also auch ohne diesseitigen Lohn!)* Mit einer gehörigen Portion Skepsis setzt er immer wieder auf die »*einzelne Seele*«.

Heute sind aber die einzelnen Seelen stärker als jemals in der Geschichte auf sofortigen Lohn aus, und der kann in den Augen einer überwältigenden Mehrheit nur ein materieller sein. Die herrschenden Gesellschaftssysteme basieren heute auf Leistung und Belohnung. Im neuen Gesellschaftssystem müßte das Gegenteil, der *materielle Verzicht*, an der Spitze der Werte stehen!

In meinem Buch »Ein Planet wird geplündert« habe ich die Frage »Verzicht statt Leistung?« aufgeworfen und die Gangbarkeit dieses Weges offen gelassen.[18] Als Konsequenz dieses Buches steht jedoch fest: Die Evolution des Lebens auf unserem Planeten resultiert aus einem *endlosen Leistungswettbewerb*; ein Wettbewerb mit dem Ziel der *Nicht-Leistung ist nicht vorstellbar. Alle* Lebewesen gehen stets an die Grenze ihrer Leistungsfähigkeit; doch sie können diese nicht ständig steigern. Nur der Mensch vermochte seine Leistungen so enorm zu steigern, daß ihm nun der Planet Erde nicht mehr ausreicht. Die Technik erlaubte eine gewaltige Erhöhung der natürlichen Leistung mit künstlichen Mitteln. *Gefährlich* wurde sie erst seit ihrer exorbitanten Zunahme in unserem Jahrhundert. Wenn jedoch die 100 000 menschlichen Generationen vor uns nicht genetisch auf Leistung hin programmiert gewesen wären, dann hätten sie den Kampf ums Dasein nicht überlebt. Wir erkannten ja gerade eine Ursache des Verfalls der Hochkulturen darin, daß ihre späten Erben nicht mehr zur Leistung bereit waren. Die Überlebenden aber befanden sich zu allen Zeiten im endlosen Wettstreit – früher um das *nackte Leben*, heute um das immer *bessere*.

Gerade die Demokratien sind *Leistungs*gesellschaften. Die Parteien stehen in einem Leistungswettbewerb und die Politiker in einem Leistungsstreß. Und der Wähler befördert doch nur solche »Volksvertreter« in die Parlamente, die seine Interessen (wie er sie versteht) wirksam vertreten, nicht solche, die dagegen verstoßen. Also richten sich beider Interessen nach dem Hier und Heute. Und alle erreichten »Besitzstände« werden mit Zähnen und Klauen verteidigt. Solange diese Besitzstände, auch »Lebensstandard« genannt, nicht angetastet werden, sind natürlich alle *für* den Umweltschutz. Aber dafür zu sorgen, ist Sache der Fachleute; wozu bezahlt man sie denn sonst? Möglichst billige technische Auswege möchten alle haben, denn in der Technik sind wir super.

Fährt man erst einmal mit eingebautem Katalysator, dann hat man das reinste Gewissen!

Obwohl irgendwann im nächsten Jahrhundert das Erdöl zur Neige geht, kam in der Schweiz eine »Autopartei« sofort ins Parlament. Ihr Ziel ist nicht etwa das Auto, denn niemand will es den Schweizern wegnehmen, sondern die unbegrenzte Fahrtgeschwindigkeit. Eben dabei ist bekanntlich der Energieverbrauch höher und die Belastung der Umwelt größer. Selbst in einer so aufgeklärten Bevölkerung wie der schweizerischen ermittelte das Institut für Marktanalyse, daß zwar immer mehr Menschen die Umweltproblematik kennen; aber ihr eigenes Verhalten wollen sie nur ändern, wenn dies nicht mehr Arbeit oder sonstigen Aufwand kostet, und dabei soll die Wirksamkeit der Produkte und ihre Verpackung keineswegs geringer werden.[19]

In den USA wurde bei den letzten Kongreßwahlen in einzelnen Staaten über eine ganze Reihe von Umweltschutzentwürfen abgestimmt. *Nicht ein einziger erhielt eine Mehrheit!* In Kalifornien bekam der Plan »The big Green« doppelt soviel Gegenstimmen wie Befürworter. Wo doch gerade dort der Wassernotstand seit nun schon sechs Jahren die Abhängigkeit von der Natur vor Augen führt. In Missouri lehnten Dreiviertel der Wähler den Schutz der Flüsse im Ozark-Gebirge ab. In Oregon war eine große Mehrheit gegen strengere Regelungen zur Wiederverwendung von Müll.

Erich Fromm war einer unter den vielen Optimisten, die da meinten, daß die nötigen Veränderungen die Zustimmung der Bevölkerungsmehrheit finden könnten. Er hoffte sogar, daß die Bevölkerung für *Verbraucherstreiks* mobilisiert werden könnte. Solches würde funktionieren, wenn es sehr viel reifere Konsumenten gäbe; *doch es gibt keine reifen Konsumenten, die an die Zukunft denken.* Der Mensch ist so veranlagt, daß er harte Anforderungen der unmittelbaren Gegenwart durchsteht, aber die künftige Umwelt läßt ihn kalt, zumal deren Kollaps ja nicht auf einen Schlag eintreten wird. Und für kommende Zusammenbrüche verlangt er erst einmal handgreifliche Beweise – und die können nur bereits eingetretene Katastrophen liefern.

Angesichts der Überlebensfrage sind einige Wissenschaftler und Theologen schon weiter gegangen und haben eine *neue Askese* gefordert.[20] Der Physiker Carl Friedrich von Weizsäcker schrieb

1978 einen Aufsatz über die Frage »Gehen wir einer asketischen Weltkultur entgegen?«[21] Im gleichen Jahr sprach er den lapidaren Satz: »Eine demokratische Askese aber, eine asketische Demokratie hat es bis heute nicht gegeben.«[22]

Soweit es schon in früheren Zeiten eine *freiwillige Entsagung*, meist unter dem Namen *Askese*, gegeben hat, war diese religiös begründet. Besonders buddhistische und christliche Religionsgemeinschaften sahen in dem Verzicht auf irdische Güter und Genüsse eine verdienstvolle Leistung. In Europa spielt die asketische Bewegung keine Rolle mehr, aber Reste leben in Nordamerika fort. *Die Amischen*, vom Oberrhein herkommend, leben in verschiedenen Staaten der USA mit insgesamt 100000 Anhängern. Sie treiben Landwirtschaft ohne Einsatz jeglicher Maschinen, ohne Strom und alles, was an diesem hängt wie Licht, Radio und Fernsehen. Ihr einziges Buch ist die Bibel, und ihr Glaube feit sie immer noch gegen die Anfechtungen der amerikanischen Superzivilisation. Eigentlich leben sie so, wie das in Europa noch bis ins 19. Jahrhundert der Fall gewesen ist. Sie könnten den Untergang unserer Zivilisation ohne weiteres überleben, falls es kein atomarer ist.[23]

Sollte das menschliche Leben auf unserem Planeten auf Dauer Bestand haben, dann müßte es sich in dieser naturnahen Weise abspielen. Wie hart (nach gegenwärtigen Begriffen) ein solches Leben und das der Naturvölker ist, davon haben die heutigen Propagandisten eines »natürlichen Lebens« keine blasse Ahnung. Denen hat schon Nietzsche zu recht die Leviten gelesen: »›Gemäß der Natur‹ wollt Ihr *leben*? Oh ihr edlen Stoiker, welche Betrügerei der Worte! Denkt euch ein Wesen, wie es die Natur ist, verschwenderisch ohne Maß, gleichgültig ohne Maß, ohne Absichten und Rücksichten, ohne Erbarmen und Gerechtigkeit, fruchtbar und öde und ungewiß zugleich, denkt euch die Indifferenz selbst als Macht – wie *könntet* ihr gemäß dieser Indifferenz leben? . . . In Wahrheit steht es ganz anders: indem ihr entzückt den Kanon eures Gesetzes aus der Natur zu lesen vorgebt, wollt ihr etwas Umgekehrtes, ihr wunderlichen Schauspieler und Selbst-Betrüger! Euer Stolz will der Natur, sogar der Natur, eure Moral, euer Ideal vorschreiben und einverleiben . . .«[24] Damit ist ein großer, ich befürchte der größte Teil, der heutigen grünen Bewegung treffend charakterisiert und darüberhinaus der Gesellschaft, die sich für »umweltbewußt« hält.

Der Mensch hat sich in seiner Geschichte wie sämtliche Lebewesen der Natur gebeugt, nicht weil er es *wollte*, sondern weil er es *mußte*. Erst in den letzten Jahrhunderten erlag er zunehmend dem Irrtum, daß er sich ihr nicht mehr beugen müsse. Die Möglichkeiten zur Umgestaltung der Natur haben sich vertausendfacht, und speziell dem abendländischen Menschen wie neuerdings dem japanischen gelingt es nicht, etwas sein zu lassen, was er tun könnte. Und die freie Entfesselung der Kräfte der westlichen Völker hat in den letzten Jahren den Sieg über die gefesselten Kräfte des Ostblocks errungen. Demnach stehen heute die Chancen für eine asketische Bewegung im Osten Europas noch schlechter als in der westlichen Welt.

Heute ließe sich die Askesebewegung nicht mit der Hoffnung auf »ewigen Lohn« beflügeln, sie müßte sich von *Vernunftgründen* leiten lassen. Die Menschen müßten sich *bewußt* entscheiden, ein Leben zu führen, das ihren Nachkommen die Chance offenhält, überhaupt zu existieren. Der Logik nach müßte ein solches Ziel nachvollziehbar sein. Doch wir sind keine so logischen Wesen. Derartige Antriebskräfte bleiben schwach. Der Horizont ist wie eh und je räumlich und zeitlich begrenzt. »Solange nicht mehr Menschen mitmachen, bleibt wenig Hoffnung, die Zerstörung der Erde aufzuhalten.« Mit diesem Satz endet der »Worldwatch Institute Report« 89/90. Doch wer macht überhaupt mit? Sogar Erich Fromm mußte zugeben, »daß der einzelne die sich am Horizont abzeichnende Katastrophe den Opfern vorzieht, die er jetzt bringen müßte.«[25] Die »Süddeutsche Zeitung« beschrieb die reale Bewußtseinslage im Oktober 1991 mit der Schlagzeile: »Von den nötigen fundamentalen Veränderungen zum Schutz der Umwelt sind die Menschen Lichtjahre entfernt«.[26] Die »einzelne Seele« neigt auch zu der Annahme, auf *mich* kommt es nicht an, *ich allein ändere nichts!* – und mindestens 90 Prozent aller Reden, Schriften und Bilder sind voll der Gegenpropaganda! Und diese hat mit einer Behauptung sogar Recht, daß das jetzige ökonomisch-politische System zusammenbräche, wenn die Völker zum Konsumverzicht übergingen. Das wußte ein Staatsmann wie Churchill schon 1932. Der bei weitem *wirksamste Verzicht*, der *auf Kinder*, stößt auf völliges Unverständnis bei denen, die sonst nichts haben als Kinder. Die menschliche Gattung hat sich der natürlichen Regulation ihrer

Anzahl, die von widrigen Naturkräften besorgt wurde, mittels medizinischer Künste entzogen und steht jetzt vor der harten Notwendigkeit, sich selbst regulieren zu müssen, sich also selbst Beschränkungen aufzuerlegen. Sie zeigte sich aber außerstande, ihre eigene Zahl zu regulieren. Mit wenigen Ausnahmen in Europa gelingt es den Völkern nicht, ihre Geburten zu begrenzen. Dort, wo es Regierungen mit Druck versuchten, scheiterten sie am Unverständnis und am offenen Widerstand der Individuen. Die Überfüllung ist der Preis der Freiheit, die bereits zu immer schlimmer werdender Unfreiheit aller führt. In dieser elementarsten Frage siegt die angeborene Natur über alle logischen Überlegungen. Von ihrem Ursprung aus sind die Geschöpfe der Natur auf Ausbreitung und Verdrängung aus, um ihre Verluste scheren sie sich wenig. Nur der abendländische Mensch hat wohl immer ein wenig daran gedacht und tut es auch jetzt. Doch das ändert nichts an der Entwicklung der übrigen Weltbevölkerung, die wie eine unheimliche Naturkatastrophe die Erde überflutet.

3   Befohlener Verzicht muß scheitern

Denn Täter werden nie den Himmel zwingen;
Was sie vereinen wird sich wieder spalten,
Was sie erneuern über Nacht veralten,
Und was sie stiften Not und Unheil bringen.

Der deutsche Dichter
Reinhold Schneider

Wäre der freiwillige Verzicht der Demokratie gemäß, so der ange-
ordnete Verzicht der Diktatur. Doch konnte jemals ein Diktator
seinem Volk auf die Dauer vorenthalten, was andere hatten? Das
ging nur in Kriegszeiten. Doch in solchen konnten sogar Demokratien ihren Bürgern von der Antike bis zur Gegenwart »Blut,
Schweiß und Tränen« abverlangen. Wenn ein Gewaltherrscher
längere Zeit regieren will, dann muß auch er um eine gewisse
Balance zwischen den Erwartungen seiner Untertanen und seinen
eigenen Plänen bemüht sein. Die Propaganda schafft zwar viel,
doch nicht alles. Einen Diktator, der seine Propagandamaschine für
die Erhaltung der Natur eingesetzt hätte, hat es noch nicht gegeben.
Die Gefahr für unsere Umwelt und Zukunft darzustellen, war
bisher lediglich ein Thema der Medien in den Demokratien, wo
aber die Gegenpropaganda auch alle Freiheit bis hin zur Narrenfreiheit genießt.

Nationale und internationale Wirtschaftsmächte sind stets auf Ausdehnung, niemals auf Einschränkung ihres Handels und Handelns
bedacht. Und sie sind in mächtigen Verbänden organisiert bis hin
zum »Allgemeinen Zoll- und Handelsabkommen« (GATT). Ihr
Ziel ist die Vergrößerung des Welthandels, Befreiung von allen
seinen Fesseln, auch wenn dabei lebenswichtige Bereiche zuschan-
den gehen. Die Amerikaner verlangen von Europa, daß es seine
Bauern opfert. Und die Europäische Gemeinschaft opfert zur Zeit
die gesamte Natur dem freien *Binnenmarkt.*

Wenn also in einem Land der Versuch einer konsequenten ökologischen Politik gestartet würde, stünde es selbst bei kräftigster Unterstützung durch das eigene Volk einer Welt von Feinden gegenüber.
Aus dieser Sachlage schließen einige, daß eine Ökodiktatur immer
eine *Weltdiktatur* sein müsse. So äußert sich unter anderen der

Mediziner Dimitri Chorafas: »Ein Stopp, ja schon eine wesentliche Verlangsamung des Wachstums setzen eine Weltdiktatur voraus, die ganzen Industriezweigen jede Expansion verbietet... Man müßte den Menschen sagen, daß sie die Dinge, die sie begehren... nicht bekommen können.«[27] Ich habe die Möglichkeit einer totalen Weltregierung schon in »Ein Planet wird geplündert« geprüft, mit dem Ergebnis, daß sie weder realisierbar ist noch wünschenswert wäre.[28] Den Vorwurf, ich hätte dort eine Weltdiktatur gefordert, haben sich einige Ignoranten aus ihren roten Fingern gesogen. Was schon damals meine Ahnung war, ist zur Gewißheit geworden: Eine Weltregierung müßte allen Streit in der Welt mit Gewalt unterdrükken. Ein ökologisches Gleichgewicht entsteht jedoch nur aus einem Gleichgewicht *streitender* Mächte, wie die gesamte Evolutionsgeschichte beweist. Keine Weltregierung und kein Weltdiktator kann die Funktion Gottes übernehmen – also müßten sie scheitern. Es wird nie zu einer Weltregierung, geschweige denn einer Welt-Ökodiktatur kommen. Die Weltregierung ist ein rein technizistischer Gedanke, kein ökologischer. Der große Vorteil der Natur war seit jeher ihre *Diversifikation*, ihre räumliche und zeitliche Wandlungsfähigkeit. Schon diese aufzuheben heißt, ihr die Überlebensfähigkeit abzuschneiden. *Die Vereinheitlichung der Welt ist ein Meilenstein zum Ende der Welt.* Das wird vielleicht heute verständlicher, wo gerade das bisher gewaltigste Vereinheitlichungsexperiment der Weltgeschichte mißglückt ist. Nicht nur die Völker des Ostblocks flogen auseinander, auch die der Sowjetunion selbst und sogar die Jugoslawiens streben voneinander weg.

Handlungsfähig sind nur die Nationalstaaten und darunter auch nur die gut organisierten, wovon es nur wenige gibt. Aber auch die bestorganisierten Staaten mit gebildetster Bevölkerung können dieser keinen Lebensstil des Verzichts zumuten, solange nicht der Leidensdruck dazu zwingt. Carl Friedrich von Weizsäcker sagte 1978: »Wir haben in der Tat keine andere Wahl als die, uns durch unsere selbsterzeugten Probleme bewußt unter denjenigen Leidensdruck setzen zu lassen, ohne den nie eine Bewußtseinsänderung geschieht.«[29] Das heißt also *weitermachen*, bis der Leidensdruck kommt. In der damaligen konkreten Situation hieß das: Bauen wir also Atomkraftwerke! Nun ist mit Tschernobyl der Leidensdruck hereingebrochen. Aber hat er etwas verändert?

Nein! Selbst in der ehemaligen Sowjetunion werden die anfälligen Atomkraftwerke weiter betrieben. Und die Bevölkerung des Landes steht unter zu vielerlei Leidensdruck, als daß sie so sehr an die Gefahren dieser Werke denken würde.

Arnold Toynbee erwartete 1975 den kommenden Leidensdruck für uns, die entwickelten Völker, von den bald versiegenden freiwilligen Rohstofflieferungen der unterentwickelten Länder. Dieser Druck ist ausgeblieben, denn die Unterentwickelten *müssen* infolge ihrer Bevölkerungsexplosion weiterhin ihre Rohstoffe verkaufen, sogar billig verkaufen, um sich selbst über Wasser zu halten. Und selbst unter den reichen Erdölländern herrscht längst Angebotskonkurrenz, welche die Preise niedrig hält. So ist den westlichen Industrieländern eine Atempause in den Schoß gefallen. Diese hatte eben auch die Folge, daß der Erdölschock von 1973 schnell verdrängt wurde. Außerdem durften sich die westlichen Länder über den Zusammenbruch der Sowjetunion unter den Rüstungslasten freuen. Aber das ist die Freude von Kindern, die noch nicht wissen, was ihnen selbst bevorsteht.

Darum sind auch die düsteren Ankündigungen über die Zukunft der Demokratien wieder aus den Sinnen entschwunden. Hatte doch der Ökonom Friedrich Hayek angekündigt: »Das einzige, was die moderne Demokratie nicht überleben wird, ist die Notwendigkeit einer wesentlichen Senkung des Lebensstandards im Frieden oder auch nur ein lang anhaltender Stillstand des wirtschaftlichen Fortschritts.«[30] In Amerika traut der Theologe Francis Schaeffer seinen Landsleuten andererseits zu, daß die Mehrheit »den Verlust von Freiheiten ertragen wird, ohne ihre Stimme zu erheben, solange ihr eigener Lebensstil nicht bedroht ist«.[31] Das heißt also, daß die Menschen eine Diktatur eher hinnehmen werden, um ihren verschwenderischen Lebensstil zu bewahren, als eine, die ihnen diesen nimmt!

Auf welche Weise eine ökologische Überlebenspolitik auch immer versucht würde, die Folgen wären: *verminderte Einkommen, teurere Waren, größere Arbeitslosigkeit.* Eine solche Entwicklung könnten nur lebensmüde Politiker riskieren. Denn schon nach wenigen Monaten würden sie mittels der *Dolchstoßlegende* hinweggefegt werden. Allein ihnen würde man die ganze Schuld dafür aufbürden, daß es nicht mehr so fröhlich weitergehe wie vorher.

Hätten wir nur dieses verdammte »Experiment Zukunft« nicht begonnen, dann wäre noch alles wie früher! würde man fluchen. Der Begriff Dolchstoßlegende entstand in Deutschland nach 1918: Hätte man nur den Waffenstillstand nicht geschlossen, dann wäre der Krieg nicht verloren gegangen. Der Dolchstoß sei von rückwärts, von der Politik gekommen. Es war aber damals die Oberste Heeresleitung, die nachweislich von der Regierung den Waffenstillstand verlangt hatte, da die Truppen am Ende ihrer Kräfte waren. – Um so sicherer würde eine solche Legende in unserem Falle entstehen – solange der Zusammenbruch des jetzigen zivilisatorischen Systems noch nicht zur Tatsache geworden ist, die jeder am eigenen Leibe spürt. Heute stellt sich aber das Problem, daß einer noch immer siegreichen Armee mitten im Vormarsch der Rückzugsbefehl erteilt werden müßte! Niemand wil ihn geben, da er damit Kopf und Kragen riskieren würde.

Weil niemand die ganze Schuld stellvertretend, sich opfernd auf sich nehmen und Erfolg dabei haben kann, wird der Krieg gegen die Erde *bis zum bitteren Ende* weitergeführt werden. »Es gibt keine weise Umkehr, keinen klugen Verzicht!«[32] Selbst wenn eine tollkühne Führung den Versuch zur Rettung wagen würde, sie müßte noch während der Operation an den uneinsichtigen Massen scheitern.

Außerdem, wir leben inzwischen im *Zeitalter der Massen*. Massen, die nicht von der Vernunft, sondern von der Demagogie geleitet werden, wenn sie nicht sogar, wie Ortega y Gasset meint, taub sind. »Geht es weiter wie bisher, so wird es in Europa – und rückwirkend in der ganzen Welt – von Tag zu Tag deutlicher werden, daß die Massen in jeder Beziehung unlenkbar sind. In den schweren Stunden, die für unseren Erdteil heraufziehen, ist es möglich, daß sie plötzlich verängstigt, einen Augenblick lang den guten Willen haben werden... die Führung überlegener Gruppen anzunehmen. Aber selbst dieser gute Wille wird scheitern. Denn die Grundverfassung ihrer Seele ist Unzugänglichkeit und Unbelehrbarkeit; es ist ihr angeborener Fehler, nichts zu berücksichtigen, was außerhalb ihres Horizontes ist, seien es Tatsachen, seien es Personen.«[33] Der Massenmensch kann die späteren *Folgen* seines heutigen Tuns nicht erkennen, schlimmer: er *will sie auch gar nicht wissen*. Nachdem schon ein Jahrhundert der Drang zur großen Zahl auf allen Gebieten herrscht, ist im Jahre 1989 *die Massenansammlung* zu einem entscheidenden politischen Machtfaktor geworden. Diesmal war das Ergebnis begrüßenswert, aber wie wird es ein andermal sein? Denn die bloße Masse, die sich emotional und noch ziellos dahinwälzt, ist die unbeständigste und unberechenbarste politische Kraft. Diesmal wurde ihre Macht bejubelt, aber solche Massen werden uns noch das Fürchten lehren. Und die Masse, welche die Herrschaft erringt, wird schnell erfahren, wie hilflos sie dann dasteht. Im erbitterten Kampf der Cliquen endeten die meisten Revolutionen, deren Urheber sich einig waren, *wogegen* sie kämpften, aber feindlich im *wofür*. Am Ende der blutigen Auseinandersetzungen kam in der Regel der Diktator, der es verstand, mit Massen umzugehen. In sein Kalkül gehören die Wünsche der Massen, und die sind aufs Unmittelbare, nicht auf die Zukunft gerichtet! Und das Fatale an der Weltgeschichte ist, daß bei der erfolgreichen Bekämpfung aktueller Übel die nächsten und größeren Übel bereits erzeugt werden.

Der tierische Ameisenhaufen ist hilflos und stirbt, wenn er keine Königin mehr hat. Der Menschenhaufen ist hilflos, wenn ihm kein Gott die nötigen Befehle gibt. Nur ein solcher hätte die Autorität, den nötigen Verzicht durchzusetzen. So wie früher Götter die Autorität hatten, dem Menschen seine ökonomischen Überschüsse abzuverlangen, womit sie der ständigen Eskalation im »wirtschaftlichen Wachstum« bis zur Katastrophe entzogen waren.

4 Zukunftspolitik ist und bleibt unmöglich

Es gibt keinen Weg, der heraus oder darum herum oder hindurch führt.

Der englische Schriftsteller
Herbert George Wells

Im Jahre 1969 sagte der damalige Generalsekretär der Vereinten Nationen, U Thant:»Ich will die Zustände nicht dramatisieren. Aber nach den Informationen, die mir zugehen, haben nach meiner Schätzung die Mitglieder dieses Gremiums noch etwa ein Jahrzehnt zur Verfügung, ihre alten Streitigkeiten zu vergessen... den menschlichen Lebensraum zu verbessern, die Bevölkerungsexplosion niedrig zu halten und den notwendigen Impuls zur Entwicklung zu geben«, sonst werden »die erwähnten Probleme derartige Ausmaße erreicht haben, daß ihre Bewältigung menschliche Fähigkeiten übersteigt.«[34] Seitdem sind nicht zehn, sondern 22 Jahre verflossen! Und im Juni 1992 will eine zweite Mammut-Konferenz in Rio de Janeiro »Antworten auf die Schicksalsfragen formulieren, wie die Menschheit den Weg zu einer Entwicklung finden kann, die sich ohne Zerstörung der natürlichen Lebensgrundlagen und damit langfristig durchhalten läßt«.[35] Das heißt, man wird auch 1992 noch nichts *tun*, sondern Antworten formulieren. Ich wage vorauszusagen, daß man tagelang feilschen wird, um auf den kleinsten gemeinsamen Nenner zu kommen. Und der wird so beschaffen sein, daß es jedem Land überlassen bleibt, ob es davon einen Bruchteil in die Tat umsetzt oder nichts. Und es wird lediglich eine Fachkonferenz sein, in Abwesenheit der Führer der entscheidenden Industrienationen der Welt, die nur den üblichen Schauauftritt wahrnehmen werden. Diese treffen sich bekanntlich jährlich auf dem Welt-*Wirtschafts*-Gipfel und entscheiden – auch nichts. Sie bekräftigen sich allerdings gegenseitig ihre Absicht, das »wirtschaftliche Wachstum« und damit den Weg in die Katastrophe zu beschleunigen.

Um mit der mächtigsten und darum auch schädigendsten Nation der Erde zu beginnen: Deren Staatssekretär des Inneren Stewart Udall kennzeichnete schon 1966 Amerika als eine »Katastrophe von kontinentalen Ausmaßen« und zitierte den Bürgermeister von Cleveland mit dessen Worten, »wenn wir nicht aufpassen, erinnert man sich an uns als die Generation, die einen Menschen auf den Mond schoß, während man selbst knietief im Müll steckte«.[36] Doch was ist in den USA in immerhin einem viertel Jahrhundert geschehen? Präsident Richard Nixon hatte 1969 die erste große Umweltrede gehalten, doch fünf Jahre später stürzte er über die Verfehlungen, die unter dem Stichwort »Watergate« bekannt sind. Jimmy Carter wird in die Geschichte eingehen als der Präsident, der den Report »Global 2000« in Auftrag gab. Niemand vermochte die Prognosen des umfassenden Berichts zu widerlegen; doch die Welt verhält sich heute so, als existierten diese nicht. Die pauschale Zusammenfassung der 1400 Seiten lautet, um nur die allerwichtigsten Sätze zu zitieren: »Wo 1975 zwei Menschen auf der Erde lebten, werden es im Jahre 2000 drei sein. Vier Fünftel der Weltbevölkerung werden in unterentwickelten Regionen leben. Die Kluft zwischen den Reichsten und den Ärmsten wird sich vertieft haben. Die Umwelt wird wichtige Fähigkeiten zur Erhaltung von Leben verloren haben. Die Welt wird anfälliger sein für Naturkatastrophen, ebenso für von Menschen verursachte Störungen. Wenn die Grundlagen heutiger Politik weitgehend unverändert bleiben... wird die Welt der Zukunft auch infolge verpaßter Gelegenheiten eine andere sein. Tatsächlich lassen sich, wenn überhaupt, nur wenige der ›Global 2000‹ angesprochenen Probleme mit raschen technologischen und politischen Eingriffen handhaben. Sie sind vielmehr mit den schwierigen sozialen und ökonomischen Weltproblemen unauflöslich verflochten.«[37] Solche Untersuchungen wurden nicht etwa widerlegt, sondern ganz einfach ignoriert. Carters Nachfolger Reagan hat gehandelt, er hat den Schreckensbericht ins Altpapier geworfen, um einen neuen Boom der Ökonomie ohne Rücksicht auf die Ökologie zu entfachen. In der Bundesrepublik Deutschland tat Helmut Kohl seit 1982 das gleiche, wie hätte er sonst auch Kanzler werden können. Der Deutsche Bundestag hat zwar ein Jahr nach der Veröffentlichung von »Global 2000« darüber debattiert und sogar eine Entschließung gefaßt. Die Bundesregierung solle gebeten [!] werden, die sich ergebenden Schlußfolgerungen zu prüfen [!] und darzustellen, was diese für die Bundesrepublik Deutschland selbst sowie für ihre auswärtige und Entwicklungspolitik bedeuteten [!]. Und das war's dann auch. Seit fast einem Jahrzehnt ist nichts mehr zu hören gewesen. Ein immerhin noch etwas sensibles Land wie die Schweiz ließ 1983/84 einen eigenen Bericht erstellen, um dann »ein großes Fragezeichen zur praktischen Durchsetzung der gemachten Aussagen« zu setzen; denn »dem Papier dürfte in der Alltagspolitik bei der Suche nach Lösungen als Entscheidungsgrundlage kaum ein besonders großer Stellenwert zukommen«.[38] In sämtlichen übrigen Industrieländern ist die Haltung entsprechend.

Der Club of Rome tagt immer mal wieder und wirkt dabei zunehmend müder. Und jährlich erscheint der Bericht des Worldwatch Institute unter Leitung des renommierten Lester Brown und bleibt auch folgenlos.

Eine bescheidene Opposition gegen die Wachstumsökonomie und für die Erhaltung der Natur hat sich inzwischen in allen Industrieländern gebildet. Sie hat es bereits vom Ansatz her unendlich schwer; denn wenn sie *für die Natur* eintritt, muß sie *gegen* deren Feind, *den Menschen*, Front machen. Das haben nicht einmal alle Naturschützer begriffen; sonst würde ein großer Teil von ihnen nicht gleichzeitig *mehr Rechte* für Menschen fordern. Über diesen grundsätzlichen Widerspruch zerstreiten sich Umwelt- und Naturschutzverbände sowie sogenannte »grüne Parteien«.

Trotz aller ökologischer Katastrophen sind Umweltparteien höchst selten bis in die Parlamente vorgedrungen, um dort ein Schattendasein als Miniopposition zu führen. In Deutschland, wo sie als Mehrheitsbeschaffer schon mal in Landesregierungen eingetreten sind, mußten sie sich auf so viele Kompromisse einlassen, daß sie Erfolg- und Glaubwürdigkeit einbüßten. Betrachtet man die europäischen Länder, so kommt das leidige Ergebnis heraus, daß die Umweltbewegung um 1980 überall stärker war als heute.

Schon »Nullwachstum« wird von den Reichsten abgelehnt.

Alle herrschenden Mächte sind sich darin einig, daß sogar die Aufrechterhaltung des jetzigen Produktions- und Konsumniveaus, was sie abfällig »Nullwachstum« nennen, strikt abzulehnen sei. Die wohlhabendsten Nationen lehnen es als »Stagnation« am heftigsten ab.

Unter den ökologisch bewußteren Wissenschaftlern hat sich in den letzten Jahren ein Begriff eingebürgert: *Gleichgewichtswirtschaft* oder auch *Stabilitätswirtschaft*. Der amerikanische Ökonom Herman Daly spricht von »Steady State Economics«. Alle verstehen darunter mehr oder weniger deutlich die Aufrechterhaltung des

Status quo der heutigen Weltwirtschaft in bezug auf Energie- und Rohstoffverbrauch. Das bedeutet aber nichts anderes, als daß die Energievorräte kontinuierlich um die gleichbleibende Menge weiter abnehmen und damit ihrer sicheren Erschöpfung entgegengehen. Ihr *Aus* läßt sich nur darum nicht genau festlegen, weil die Höhe der Vorräte in der Erde nicht sicher zu ermitteln ist. Herman Daly vergleicht die Gleichgewichtswirtschaft treffend mit einer Kerze, die zwar kontinuierlich niederbrennt, aber dennoch eines Tages verlöschen wird.

Eine solche Vorstellung vom Gleichgewicht hat also mit dem *ökologischen Gleichgewicht* auf diesem Planeten nichts gemein. Sie bliebt ein widernatürlicher Eingriff des Menschen, der nur begrenzte Zeit funktioniert und dabei sich selbst aufzehrt. Von einem ökologischen Gleichgewicht dürfen wir nur dann sprechen, wenn die jährliche Entnahme aus der Natur nicht höher ist als die jährliche Reproduktion der Natur. Dieser Zustand bestand in der gesamten Erdgeschichte bis etwa 1800, vielleicht sogar noch bis um 1900.

Dieses echte ökologische Gleichgewicht wurde vom Menschen innerhalb eines Jahrhunderts unwiderruflich zerstört und ist nicht mehr herstellbar. Bei einem dahingehenden *Versuch* müßte der erste Schritt in einem Abschwören der Steigerungen, der zweite in einer *Minderung* der jetzigen Verbrauchsraten bestehen. Damit wäre eine Verlängerung der Lebensfrist der Gattung homo sapiens zu erreichen. Sicher ist, daß jedes Jahr der verzögerten Umkehr einige Jahre der Überlebensfrist kosten wird. Wäre 1973 nicht nur die Stabilisierung des Erdölverbrauchs eingetreten, sondern auch die der sonstigen Energie- und Rohstoffeinsätze, dann wären bis 1990 allein um die 20 Milliarden Tonnen SKE eingespart worden. Doch weder 1973 noch heute ist von Stabilisierung oder gar von Verminderung die Rede, sondern nur von der Notwendigkeit weiteren wirtschaftlichen Wachstums, wobei man zwei Prozent Steigerung schon als Rezession beklagte! Die Gründe für solche wundersamen Ansichten haben wir behandelt.

Fazit: Der Mensch kommt aus der Industriegesellschaft, die eine Gesellschaft zur Bestattung unserer Erde ist, nicht mehr heraus. Er kann nicht einmal die Produktion sinnloser Güter aufgeben. Täte er das, dann würden sofort einige hundert Millionen arbeitslos, während einige hundert Millionen schon geborener und noch ungeborener Arbeitsuchender zusätzlich anstehen. Der Satz vom »ökologischen Umbau der Industriegesellschaft« ist dummes Geschwätz. Denn das ganze Wesen der Industriegesellschaft besteht darin, daß sie antiökologisch ist. Retten könnte uns nur der »Ausstieg aus der Industriegesellschaft«. Dazu sind aber schon fünfmal zuviel Menschen auf diesem Planeten – und nach einer Generation werden es bereits *achtmal zuviel* sein! Sie ohne Arbeit zu lassen, schüfe brodelnde Dampfkessel überall in der Welt, die in Kettenreaktionen explodieren würden. Also werden alle Völker lieber weiter an ihrer Selbstvernichtung arbeiten, und ihre Regierungen werden sie dabei anleiten – ungeachtet dessen, daß sie damit nur eine geringe Galgenfrist gewinnen.

Es ist müßig, das Thema *»Ökologische Gesellschaft«* zu vertiefen. Denn für ein ökologisches Leben könnte man nur einige Versprengte finden, die auch bald von den uneinsichtigen Massen niedergewalzt werden würden. Und ein derart großer Planet, auf dem fünf bis zehn Milliarden Menschen ein *ökologisches* Leben führen könnten, müßte erst noch gefunden werden.

Selbst denjenigen, die sich heutzutage stolz als Ökologen ausgeben, ist selten klar, welch harte Konsequenzen ein ökologiekonformes Leben für sie selber hätte. Sie reden vielmehr von einer diffusen »Humanökologie«, die ein Sammelsurium von naturwissenschaftlichen, ethischen, religiösen und rein emotionalen Argumenten darstellt. Es ist die gleiche Mischung, die auch den politischen Tageskampf beherrscht.

Die Wohlstandsländer der Welt haben nur noch einen allerletzten Glauben, daß der »Fortschritt« weitergehen werde, und zwar in Gestalt irdischer und materieller Güterfülle. Sie fürchten sich instinktiv davor, daß ihnen dieser Glaube auch noch genommen werden könnte. Darum haben nur solche Umweltschützer Zuspruch, die den Fortschrittsglauben im Grunde nicht antasten, ja die mit Umweltschutz sogar einen »besseren Fortschritt« in Aussicht stellen. Darin treffen sie sich mit den Wirtschaftsmanagern, die immer bereiter werden, ihre Wachstumsraten mit kosmetischen Verschönerungen zu versehen, denn sie haben gemerkt, daß es sich auszahlt, mit Grün zu werben. Und die Parteien tun das ebenso.

Der Fortschritt hat die Gesellschaft in Atome zersplittert. Das ist ein

Vorgang, der schon in den ersten Hochkulturen begann, in der technischen Zivilisation aber nun den kritischen Punkt überschritten hat. Je weiter die Arbeitsteilung getrieben wird, umso verwundbarer wird das Leben jeder Gemeinschaft. In ihr herrschen die Regeln der Technik: immerzu werden neue Schwachstellen entdeckt, die durch Zusatzeinrichtungen behoben werden. So besteht dann zum Beispiel das Auto aus einigen Tausend Teilen und das Flugzeug aus Millionen Teilen. Ähnlich sucht man die Sozialgesetzgebung zu perfektionieren, so daß der Dschungel von Sonderbestimmungen und Ausnahmeregelungen immer undurchsichtiger wird, wobei zugleich die Kosten explodieren.

Eigenartigerweise erwartet der Staatsbürger allen Ernstes, daß diese überfrachtete Zivilisationsmaschinerie stets reibungslos laufen werde, während er doch schon aus der Erfahrung innerhalb seiner Familie wissen müßte, daß eben nie alles reibungslos läuft. Jede menschliche Gesellschaft war auch in früheren Zeiten eine *Risikogesellschaft*. Aber früher waren die Risiken deutlich zu sehen, und sie kamen gemächlich. In dem Bestreben, die bekannten Risiken abzuschaffen, hatten die modernen Gesellschaften Erfolg; doch dabei schufen sie neue Risiken von weit größerem Ausmaß und unübersehbarer Vielfalt, die noch dazu mit rasender Geschwindigkeit einander jagen. Doch all die neuen Errungenschaften wirken wie Drogen, deren Entzug nicht mehr gelingt. Globale Steuerungsversuche müssen schon an der Vielschichtigkeit und der Verflechtungen der weltgesellschaftlichen Zustände sowie an den höchst unterschiedlichen Entwicklungen scheitern.

5 Das Ende

In jeder Art seid ihr verloren; –
Die Elemente sind mit uns verschworen,
Und auf Vernichtung läuft's hinaus.

Der deutsche Dichter Goethe
im Faust II

So wie die technische Kultur, wir sprechen lieber von technischer
Zivilisation, absolut einmalig in der Geschichte des Menschen ist,
so einzigartig wird auch ihr Ende sein. Sie wird nicht an kultureller
Degeneration des Menschen zugrunde gehen – wie könnte sie das
auch, wo doch der kulturelle Stand der Völker höchst unterschied-
lich geblieben ist – sondern an der *physischen Ausplünderung* der
Erde, wobei heute alle Völker einmütig handeln. Fundamentale
Änderungen aller Lebensverhältnisse sind in weniger als 100 Jahren
eingetreten. Der Erdkreis quillt erstmalig an Menschen über; die
Grenzen der natürlichen Räume, der Grundstoffvorräte und der
Belastbarkeit der Natur sind infolge der Menschenmassen weit
überschritten. Der Rest der Tragödie ist nur noch eine *Frage der
Zeit*, in der jetzt alle Vorgänge eskalieren. Welle auf Welle neuer
Probleme brandet heran, jede höher als die vorhergehende.
Aufgrund der Lösung aus der tierischen Vergangenheit, »mit der
Tatsache einer gegen sich selbst gekehrten, gegen sich selbst Partei
nehmenden Tierseele war auf Erden etwas so Neues, Tiefes, Uner-
hörtes, Rätselhaftes, Widerspruchsvolles *und Zukunftsvolles* gegeben, daß der Aspekt der Erde sich damit wesentlich veränderte. In
der Tat, es brauchte göttlicher Zuschauer, um das Schauspiel zu
würdigen, das damit anfing und dessen Ende durchaus noch nicht
abzusehen ist, – ein Schauspiel, zu fein, zu wundervoll, zu paradox,
als daß es sich sinnlos-unvermerkt auf irgend einem lächerlichen
Gestirn abspielen dürfte!«[39] Nietzsche meint weiter, daß sich mit
dem Menschen »Etwas vorbereite, als ob der Mensch kein Ziel,
sondern nur ein Weg, ein Zwischenfall, eine Brücke, ein großes
Versprechen sei...« Das große Versprechen glaubte Nietzsche in
seiner Vision vom *Übermenschen* gefunden zu haben. Darin sah er
die Rettung vor dem Untergang, den auch er kommen sah und doch
nicht wahrhaben wollte; es war *sein* Aufbäumen gegen das Unver-

meidliche. Spengler erkannte das Dilemma Nietzsches: »Es ist von tiefster Bedeutung, daß Nietzsche vollkommen klar und sicher ist, solange es sich um die Frage handelt, was zertrümmert, was umgewertet werden soll; er verliert sich in nebelhafte Allgemeinheiten, sobald das Wozu, das Ziel in Rede steht. Seine Kritik an der Dekadenz ist unwiderleglich, seine Übermenschenlehre ein Luftgebilde.«[40] Der Grund mag darin liegen, daß sogar Nietzsche eine irgendwie geartete Hoffnung brauchte. Den Weg *zurück* sah auch er abgeschnitten; denn unser »*Trieb zur Erkenntnis*« ist eine Leidenschaft, wenngleich eine unglückliche. Vielleicht geht der Mensch an dieser »Leidenschaft der Erkenntnis« zugrunde, aber selbst diese Aussicht schreckt ihn nicht; »wir wollen Alle lieber den Untergang der Menschheit, als den Rückgang der Erkenntnis! Und zuletzt: wenn die Menschheit nicht an einer *Leidenschaft* zu Grunde geht, so wird sie an einer *Schwäche* zu Grunde gehen: was will man lieber? Dies ist die Hauptfrage. Wollen wir für sie ein Ende im Feuer und Licht oder im Sande?«[41] Daß wir schon 100 Jahre später in diesem Dilemma stecken würden, konnte Nietzsche noch nicht ahnen. Daß der Mensch an seiner Erkenntnis zugrunde gehen kann, hat er allerdings wiederholt ausgesprochen.

Goethes Faust verwettet darauf seine Seele, daß er in seiner Begierde nach Erkenntnis nie zu befriedigen sein werde. Er kann sich, wie jeder faustische Mensch, mit seinem irdischen Schicksal nicht abfinden.

»So sind am härtesten wir gequält:
Im Reichtum fühlend was uns fehlt.«[42]
Das technische Zeitalter eröffnete solchen Menschen neue Dimensionen für ihren Tatendrang. Erneut flackerte die Utopie auf, in ein endgültiges und glückseliges Stadium der menschlichen Geschichte eintreten zu können. Der späte Goethe sah skeptisch die Umrisse eines solchen Zeitalters um sich erstehen[43] und verwendete das Menetekel für den Schluß seines größten Werkes. Dort wird das Alte abgebrochen, weil es dem »Fortschritt« im Wege steht: die Hütte des alten Ehepaares Philemon und Baucis. Sie sollen »umgesiedelt« werden; doch leider sträuben sie sich ganz unvernünftig gegen ihr Glück, eine moderne Neubauwohnung beziehen zu dürfen, folglich wurden sie eben von den dienstbaren Gesellen gleich mitsamt der brennenden Hütte »weggeräumt«. – Der *erblindete* (!)

Faust ist es, der das künftige Paradies erschaut. Da wimmelt es von Arbeitskräften, und er ermahnt den Aufseher:

»Ermuntre durch Genuß und Strenge,
Bezahle, locke, presse bei!
Mit jedem Tage will ich Nachricht haben
Wie sich verlängt der unternommene Graben.«

Faust meint, »Räume vielen Millionen« zu eröffnen (»Verdichtung« nennt man das heute), und seine letzten Worte sind:

»Solch ein Gewimmel möcht' ich sehn,
Auf freiem Grund mit freiem Volke stehn.
Zum Augenblicke dürft' ich sagen:
Verweile doch, du bist so schön!«

Hier beginnt der Streit der Deuter, ob auf Grund dieser Worte Mephisto die Wette gewonnen oder verloren hat. Goethe läßt ihn die Wette verlieren, denn Faust hatte im Konjunktiv gesprochen: »Zum Augenblicke *dürft'* ich sagen: ...« Und der hellsichtige Mephisto wußte schon, daß es bloße Phantasien des blindgewordenen Faust sind; denn ausgerechnet diesen »letzten, schlechten, leeren Augenblick, der Arme wünscht ihn fest zu halten.«[44] Mephisto sieht weiter:

»Du bist doch nur für uns bemüht
Mit deinen Dämmen, deinen Buhnen;
Denn du bereitest schon Neptunen,
Dem Wasserteufel, großen Schmaus.
In jeder Art seid ihr verloren; –
Die Elemente sind mit uns verschworen,
Und auf Vernichtung läuft's hinaus.«

Und das ist heute, 160 Jahre nach der Vollendung des zweiten Teils der »Faust«-Tragödie, zu einer konkreten Sorge geworden: Die Erwärmung der Erde läßt den Weltwasserspiegel ansteigen – und je höher der Mensch seine Dämme zieht, umso größer wird der Schmaus für Neptun werden; denn je höher die Dämme, umso größer sind die Landflächen, die später der See zur Beute fallen werden. Aber Goethe wäre nicht der große Dichter, wenn er den Dammbau gegen das Wasser nicht als Symbol dafür eingesetzt hätte, daß des Menschen Mauern gegen die Natur insgesamt vergeblich sind. Die Elemente arbeiten unablässig an der *Entropie*, und der Mensch unterstützt sie dabei seit Goethe Jahr für Jahr *stärker.* Was den blinden Faust »ergötzt«, das Geklirr der Spaten, rührt nicht vom Dammbau, sondern vom Aushub seines Grabes! Dies symbolisiert die endzeitliche Menschheit, die fröhlich ihr eigenes Grab schaufelt, aber in ihrer Blindheit das nicht weiß! »Die Menschen sind im ganzen Leben blind«, läßt Goethe ausdrücklich von »Frau Sorge« konstatieren. Nur Faust ist also einer der wenigen Sehenden gewesen, der erst kurz vor seinem Tod erblindet.

Der faustische Mensch versucht, seit er denkt, diese Welt zu transzendieren, in metaphysische Bereiche vorzustoßen. Er will nicht »nur von dieser Welt« sein, sondern möglichst *unsterblich*. Das bewiesen schon die frühesten Kulturen ganz deutlich in ihren größten Bauten. Unzufrieden mit seinem irdischen Dasein, beanspruchte der Mensch seit jeher *ein metaphysisches Schicksal*. Er hat nun alle Aussicht, dieses zu bekommen – aber ganz anders, als er sich das vorgestellt hat. Der französische Wissenschaftler und Politiker Maurice Blin schließt sein unvergleichliches Buch »Die veruntreute Erde« mit folgenden Sätzen: »Nachdem die Menschheit für alle Zeit mit dem Schlummer der Natur und den Köstlichkeiten der Kultur gebrochen hat, stößt sie über das Leben hinaus in das Reich der Metaphysik vor, wo in einer unerhörten Erschütterung Freiheit und Schicksal aufeinander prallen. Diese Aussicht blendet die Menschheit, und sie möchte noch einen Augenblick lang die Augen geschlossen halten. Doch dazu ist es zu spät. Das Abenteuer ist in seinem Ursprung übernatürlich. Alles deutet darauf hin, daß es dies auch an seinem Ende sein wird.«[45]

Ob Ähnliches schon einmal auf irgend einem Planeten geschehen ist? Daß in Millionen Jahren ein Lebewesen entstand, das an seiner eigenen Tüchtigkeit zugrunde ging? Wir wissen es nicht und werden es nie wissen! – Und dennoch wird das Ende des Menschen ein ganz natürliches, nämlich *naturgesetzliches* sein. Und so weit hat es der menschliche Geist gebracht, daß er die Vorgänge nachvollziehen und auch vorausschen kann. Die gefühllosen Elemente bleiben letztlich die Herren der Lage auf diesem Planeten. Die Menschen sind Sklaven der Siege geworden, die sie über die Materie und die belebte Natur erfochten haben. Sie *irren*, wenn sie jetzt die Materie und das Leben zu beherrschen glauben. »Der Irrtum ist der kostspieligste Luxus, den sich der Mensch gestatten kann; und wenn der Irrtum gar ein physiologischer Irrtum ist, dann wird er lebensge-

fährlich. Wofür hat folglich die Menschheit bisher am meisten gezahlt, am schlimmsten gebüßt? Für ihre ›Wahrheiten‹: denn dieselben waren allesamt Irrtümer in physiologicis ...«[46]
Die physiologischen Folgen, die uns erwarten, schilderte schon Leonardo da Vinci präzise: »Die Flüsse werden also ohne Wasserzufuhr bleiben, das fruchtbare Erdreich wird nicht mehr schwellende Triebe hervorbringen, die Felder werden nicht mehr prangen im Schmuck des wogenden Getreides. Alle Tiere werden sterben, da sie kein Gras zum Äsen finden werden, und die Nahrung wird ihnen völlig fehlen, sogar den raubgierigen Löwen und Wölfen und anderen Tieren, die vom Raub leben. Auch den Menschen wird schließlich, nach vielen Vorkehrungen, nichts anderes übrigbleiben, als das Leben aufzugeben, und das Menschengeschlecht wird aussterben. Auf solche Weise wird die fruchtbare und fruchtbringende Erde, nun ganz verlassen, alsbald wüst und öde werden.«[47]
Leonardo nennt an dieser Stelle die Gründe dafür nicht, aber seine anderen Äußerungen lassen keine Zweifel, daß er die technische Entwicklung und die Machtübernahme des Menschen meint, der »alles Geschaffene nur vernichtet«.[48] Er sieht auch die furchtbaren Waffen voraus, die alle Menschen vernichten können. »Ihr armen Menschen, euch helfen nicht die uneinnehmbaren Festungen, weder die hohen Mauern eurer Städte noch die Vielzahl ihrer Bewohner noch eure Häuser und Paläste! Da bleibt kein Platz außer in winzigen Löchern und unterirdischen Höhlen, wo ihr, nach Art der Krebse und Grillen und anderer ähnlicher Tiere, Schutz und Rettung finden könntet.«[49]
In der zweiten Hälfte des 20. Jahrhunderts prallen nun unvorstellbare Menschenmassen und gewaltige Massenvernichtungswaffen aufeinander. Der französische Nobelpreisträger für Wirtschaftswissenschaft des Jahres 1988, Maurice Allais, hält aus guten Gründen die Menschenmassen für weit gefährlicher: »Alle sprechen zu Recht von der Atombombe. Aber die Gefahr der Atombombe ist gar nichts verglichen mit der Gefahr, die aus der Bevölkerungsexplosion resultiert. Falls die Atombombe eingesetzt wird, dann wegen der Folgen des Bevölkerungswachstums.«[50] Hinzu kommt, daß immer mehr Staaten über Atomwaffen verfügen werden. Der Irak stand kurz davor. Neuerdings häufen sich die Meldungen über Schwarzhandel mit waffenfähigen Kernbrennstoffen.[51]

In Afrika brechen einige Staaten heute schon zusammen, und jährlich kommen weitere hinzu. Die Menschenmassen lassen sich nicht mehr regieren und ernähren. Andere Staaten um den Äquator erleiden das gleiche Schicksal. Die vor zehn Jahren noch nicht bekannte Infektionskrankheit *Aids* verbreitet sich dort am rasantesten. Doch selbst diese Entwicklung verhindert nicht, daß die Bevölkerung des Kontinents von jetzt 650 Millionen jährlich um drei Prozent zunimmt, sich also in 23 Jahren verdoppelt! Das wachsende Elend wird jedenfalls die Zahl der Staatsstreiche, Revolutionen, Massenaufstände, auch Stammeskriege noch weiter erhöhen. Der Afrikaner Tévoédjrè schrieb schon früher, »daß wir bei jeder drohenden Gefahr wirtschaftlichen Zusammenbruchs Zeuge willkürlicher und umfangreicher Austreibung ganzer Stämme von ›Fremden‹ sind, deren Besitz unter Mißachtung des Rechts gestohlen oder konfisziert wird. Ja, man begeht die Grausamkeit, Schwangere, Säuglinge und Greise, die nur in Frieden leben wollen, über die Grenzen zu treiben. Und wir sprechen von Afrika als ›human und brüderlich‹!«[52] Aber was reden wir von Afrika? Das Gleiche passierte im Jahre 1991 in Jugoslawien.

Verschiedene Staaten werden immer öfter ihre Nachbarn überfallen, bei denen noch etwas zu holen ist – und sei es nur trinkbares Wasser, oder auch nur zur Ablenkung von den eigenen inneren Kalamitäten. Darum wird die Nachfrage nach Waffen steigende Konjunktur haben, und es werden sich immer welche finden, die solche Geschäfte heimlich betreiben, und in den Industrieländern Betriebe, welche auf diese Weise ihre *Arbeitsplätze sichern*. Der rasche Wandel der politischen Lage bringt es mit sich, daß der Verbündete von heute der Feind von morgen ist.

Der Philosoph Alfred Weber hatte schon 1953 aufgrund der Bevölkerungsexplosion befürchtet, daß »ein Todeskampf um die Futterplätze auf der Erde« entbrennen werde, bei dem ganze Bevölkerungskomplexe von Hunderten von Millionen radikal ausgerottet werden, wenn die Menschheit nicht die zur Gewohnheit gewordene Art der Erdausbeutung aufgibt.[53] Aber seitdem ist doch die Ausbeutung erst so richtig in Fahrt gekommen! Daran hat auch Aurelio Pecceis Warnung, daß es schon zu Lebzeiten unserer Kinder und Kindeskinder drei Milliarden Tote geben könnte, wenn es so weitergeht, nichts geändert.[54]

Mit gleicher Eindringlichkeit sprach Andrej Sacharow 1968 von drohenden Lebensmittelkrisen, »die zu einem einzigen Hungermeer zusammenfließen, zu einer Welle von unerträglichen Leiden, Verzweiflung, Vernichtung und Haß Hunderter Millionen von Menschen. Diese Katastrophe bedroht die gesamte Menschheit . . . sie wird überall Kriege hervorrufen, allgemeines Absinken des Lebensstandards nach sich ziehen.«[55] Zwei Jahrzehnte später ging der damalige Außenminister der Sowjetunion, Eduard Schewardnadse vor der Außenpolitischen Gesellschaft in New York soweit zu sagen: »Eines Tages könnten wir beginnen, nicht um politische Vorherrschaft oder Einflußsphären zu kämpfen, sondern um den Zugang zu Wasser, frischer Luft und sogar zu einem grünen Rasen.«[56]

Völkerwanderungen gigantischen Ausmaßes haben in allen Kontinenten längst begonnen, die mit keiner der früheren zu vergleichen sind. Nach Schätzungen des Internationalen Roten Kreuzes sind um die 500 Millionen schon unterwegs, und um das Jahr 2000 werden es 1000 Millionen sein: Flüchtlinge vor Natur-, Umwelt- und Hungerkatastrophen, Elendsflüchtlinge und Opfer politischer Umstürze. Das sind so viele Menschen wie im Mittelalter auf der ganzen Erde lebten! Wenn jetzt nur die Hälfte, ein Viertel oder gar noch weniger Menschen den Planeten bevölkerten, hätten wir vielleicht noch eine Chance. *Das Leben geht an zuviel Leben zugrunde.*

Zu Zeiten der früheren geschichtlichen Völkerwanderungen, die sich über Jahrhunderte hinzogen, gab es noch leere Räume in Hülle und Fülle – und trotzdem bekriegten sich die Völker. Jetzt ist der Planet besetzt. »Wegen Überfüllung geschlossen!« könnte heute jeder Staat an seine Grenzen schreiben; denn es gibt kein Land mehr, das unter ökologischen Kriterien nicht überlastet wäre. »Es muß folglich ›Raumkriege‹ geben, rationaler, populärer und schrecklicher als irgendein Konflikt der Vergangenheit. Wer wollte so blind sein, diese Möglichkeit zu bestreiten?« Das schrieb der französische Zukunftsforscher Bertrand de Jouvenel in seinem Buch »Die Kunst der Vorausschau« 1967.[57]

Im Jahre 1975 habe ich deutlich ausgesprochen, daß es in den kommenden Jahren eine Motivationsänderung in den Streitpunkten der Weltpolitik geben werde, daß es dann nicht mehr um verschiedene Gesellschaftssysteme, sondern um die nackten Lebensbedingungen geht: fruchtbare Böden, Wasser und Grundstoffe. Ein intensiver Kampf der überfüllten Räume werde entbrennen, in dem es nicht um etwas Zugewinn oder Verlust, sondern buchstäblich um Leben und Tod geht. Die Kriege der Zukunft würden daher an Furchtbarkeit alles bisher Dagewesene in den Schatten stellen.[58] Aus der Faszination des Unnötigen wird ein Kampf um das Allernötigste werden.

Wenn der Historiker bedenkt, aus welch fraglichen Gründen sich Menschen zu allen Zeiten massenhaft umgebracht haben – Menschenopfer der Heiden, Hexenverbrennung der Christen, bis hin zu den Massenmorden unter Stalin und Hitler in unserer unmittelbaren Gegenwart – dann muß er daran zweifeln, daß die Menschen sich wohlwollender gegeneinander benehmen werden, wenn es um das *eigene Überleben* geht. Je länger dem Wahn gehuldigt wird, die Vermehrung der Menschen *könne so weitergehen*, umso grauenvoller wird der Ausgang sein. Die Flut des Lebens ist in der gesamten Natur auch stets *eine sich selbst vernichtende Entwicklung* gewesen.

Noch geht es nicht um kriegerische Verschiebung der Grenzen. Unter anderem darum nicht, weil die Nachbarländer in der Regel auch voll sind, und weil die Welt jetzt eine instinktive Furcht hat, Grenzen zu verschieben, denn damit könnte das ganze künstliche Gefüge der Weltaufteilung einstürzen. Also bleibt es zunächst beim Aus- und Einsickern rasch zunehmender Zahlen von Entwurzelten über die Staatsgrenzen. Dabei werden die Zielländer bevorzugt, in denen Wohlstand herrscht. Der freie Weltverkehr, technisch überhaupt kein Problem mehr, transportiert Personen, Infektionen und Drogen in unkontrollierbarem Ausmaß. Binnen weniger Jahre wird die rasant steigende Zahl der Eindringenden das Ordnungs- und Wohlstandsgefüge der Zielländer in der nördlichen Hemisphäre ins Wanken bringen. Die Gegenreaktion der einheimischen Bevölkerung erfolgt spätestens dann, wenn die Arbeitsplätze für sie selbst nicht mehr ausreichen. Die diesbezügliche Eskalation ist bereits im Gange.

Der frühere Oberstadtdirektor von Hannover, zuletzt Intendant des Norddeutschen Rundfunks, Martin Neuffer, schrieb 1982 in seinem Buch »Die Erde wächst nicht mit«: »Der Auswanderungsdruck aus den Ländern der Dritten Welt mit ihrem explosiven Bevölkerungswachstum wird sich angesichts von Elend, Hunger und Hoffnungslosigkeit um ein Vielfaches steigern. Die aktivsten Gruppen werden mit dem Mut, der Hartnäckigkeit und der Verschlagenheit der äußersten Verzweiflung auszubrechen suchen. Sie werden auf allen Wegen, mit allen Mitteln, unter allen Gefahren in endlosen Massen herandrängen – überallhin, wo es nur um ein geringes besser zu sein scheint als in ihrer Heimat. . . . Die reicheren Länder werden sich gegen diesen Ansturm zur Wehr setzen. Sie werden Befestigungsanlagen an ihren Grenzen errichten, wie sie heute nur zum Schutz von Kernkraftwerken dienen. Sie werden Minenfelder legen und Todeszäune und Hundelaufgehege bauen . . . Das sind keine freundlichen Aussichten. Doch es hat keinen Sinn, die Augen vor ihnen zu verschließen.«[59] Die Bevölkerungsexplosion in der südlichen Hemisphäre und am Äquator detoniert so gewaltig, daß das von Neuffer aufgestellte Szenario schon jetzt anläuft. Die Vereinigten Staaten beginnen zur Zeit mit dieser Art von Abwehr. Sie errichten an der Grenze zu Mexiko zunächst auf den kritischsten 26 Kilometern einen drei Meter hohen Stahlzaun.[60]

Eine Aufnahme großer Menschenmassen in der nördlichen Hemisphäre würde nicht nur diese Staaten ins Chaos stürzen, sondern auch der südlichen Welt keine spürbare Entlastung bringen, da ihr Geburtenüberschuß jede denkbare Abwanderung mehrfach übertrifft. Da helfen leider keine wohlgemeinten Absichten, die Lebensumstände dort soweit zu »verbessern«, daß die Menschen zum Bleiben veranlaßt werden könnten.

Es lag in der Logik der Geschichte, daß der Ost-West-Konflikt beendet wurde; denn der Nord-Süd-Konflikt beginnt. Der *Golfkrieg* war wohl noch nicht der erste Krieg zwischen Nord und Süd; aber er war der erste, bei dem die USA und die Sowjetunion nicht offen oder hinterrücks gegeneinander Partei ergriffen. Es kam erstmalig in der bisherigen Geschichte zu einer *Solidarität der nördlichen Halbkugel*. Und es war der erste Krieg, bei dem die Technik total über Menschenmassen siegte. Das Verhältnis der Verluste mag etwa bei 1:1000 gelegen haben. Das sagt vieles über die künftigen Machtverhältnisse aus. Doch das ist für den Norden ein zwiespältiger Trost; denn der Golfkrieg beweist, daß die Verlu-

ste an nicht nachwachsenden Ressourcen die Verluste an nachwachsenden Kämpfern auch um das Tausendfache übertreffen.
Und es ist ein böses Zeichen, daß dieser Tatsache kaum Beachtung
geschenkt wird. So waren zum Beispiel die brennenden Ölquellen
den Nachrichtenmedien nur selten der Erwähnung wert, nicht
einmal die kuwaitische Regierung schien deren Löschung sonderlich dringend zu interessieren. Dies ist ein krasser Beweis dafür,
welch geringen Stellenwert die Lebensgrundlagen nach wie vor
haben. Dies ist eine Probe aufs Exempel, mit welch gleichgültiger
Behandlung ökologischer Systeme die Völker in ihre letzte Schlacht
marschieren werden: die Natur wird nicht zählen, nur das eigene
kurzfristige Überleben.

Die Frage, *woran* die Menschen letzten Endes zugrunde gehen
werden, zu beantworten, ist noch schwieriger als die, woran der
Wald stirbt. Zu vieles wird zusammenkommen und ineinandergrei-
fend sich gegenseitig verstärken, als daß Fristen berechenbar wären. Seitdem es Leben auf diesem Planeten gibt, sind die Gesche-
nisse nie berechenbar gewesen und die Geschichte des Menschen
schon gar nicht. Könnte ein Mensch alles überblicken, dann wäre er
ja ein Gott.

Was jedoch zu allen Zeiten berechenbar bleibt, ist das, was der
Mensch *braucht*, um zu überleben. Um die 20 große Entwicklungen, die wir beschrieben haben, gefährden unser Leben auf diesem
Planeten – und zwar schon jede einzelne für sich allein. Gemeinsam
werden sie sich aber schnell gegenseitig verstärken und damit
eskalieren. Dafür sorgen die vielen Vernetzungen der planetarischen Zivilisation von heute. Alle Gefahren resultieren aus der
genialen Erfindungsgabe des europäischen Menschen und lösen
kurzfristig Katastrophen aus, wie sie von der Natur nie erzeugt
wurden und auch nie von ihr verkraftet werden können. Es sind
Veränderungen, wie sie die Natur nur in Zehntausenden von Jahren
vollbringt, die aber der technische Mensch jetzt in einem Jahr
schafft. Bei seinem Tun hat er die Folgen nie bedacht, und ihm fehlt
auch die Gabe, diese vorauszusehen. Die Vorausberechnung gelingt jeweils nur für die *einzelne* Ursache und deren Folge, nicht für
das *Zusammenwirken* vieler Ereignisse.

Wir wissen, daß das Leben auf dieser Erde schon durch bestimmte
einzelne Ereignisse beendet werden kann. Total durch einen gro-

ßen Atomkrieg oder auch durch eine globale Infektion mit noch unbekannten Bakterien oder Viren, die sich auch aus der Genmanipulation ergeben können. Die *sichersten* Katastrophen werden infolge der Vermehrung der Menschen eintreten. Die Fruchtbarkeit der Menschen zerstört zunächst die Fruchtbarkeit der Erde und dann ihn selbst. Hunger, Infektionskrankheiten, Kriege und totale Zusammenbrüche der staatlichen Ordnung werden Milliarden Menschen das Leben kosten. Aus allen fortschrittlichen Einrichtungen werden über Nacht Gefahrenquellen, die niemand bedacht hatte.

Der bis 1939 noch heile Planet ist innerhalb von 50 Jahren in ein Minenfeld umgewandelt worden. Auch ohne ABC-Waffen existieren folgende Großminen in allen Kontinenten: über 400 Atomkraftwerke, einige Hundert Zwischenlager abgebrannter Brennelemente, einige Dutzend Wiederaufbereitungsanlagen, viele Kernbrennstoff-Fabriken. Dazu kommen Tausende chemischer Fabriken, Erdölplattformen und Tanker. Nun werden auch noch Tausende von Labors eingerichtet, die mit Genen aller Art manipulieren und experimentieren.

Unterdessen zerbrechen jetzt schon große Staaten, werden Kriege und Bürgerkriege geführt wie eh und je. Und diese können an Zahl und Ausmaß nur zunehmen, schon weil die Menschendichte unheimlich zunimmt; denn die Massen haben keine Ausweichräume mehr. Die politische Welt ist gefährlich labil geworden, für fest gehaltene Strukturen stürzen über Nacht ein. Die Superatommacht Sowjetunion zerfiel in wenigen Tagen. Dem legalen Präsidenten wurde die Befehlsgewalt über das riesige Arsenal der Atomwaffen entrissen. Solche Ereignisse werden sich in der Welt wiederholen und selten einen derart guten Ausgang finden. Und selbst bei diesem drohen aus der einen Atommacht Sowjetunion mehrere Atommächte zu werden, mit entsprechend aufgesplitterten Risiken.

Verglichen mit künftigen kriegerischen Überlebenskämpfen wird der II. Weltkrieg harmlos erscheinen. Schon der Zusammenbruch der *Stromversorgung* führt sofort zum Chaos. Die Lichter verlöschen. Die Kochgeräte bleiben kalt, die Kühlschränke werden warm. Die Züge in Stadt und Land bleiben stehen und auch die Fahrstühle in den Hochhäusern. Die Telefone stehen still, Radio und Fernsehen bleiben stumm. Die wunderbaren Computer rechnen nicht mehr, die Buchhaltungen der Banken brechen zusammen, aber Geld, Aktien und Versicherungen werden ohnehin wertlos sein. Medikamente wird es nicht mehr geben, sobald die Vorräte aufgebraucht sind.

Längst laufen anschauliche Filme darüber, wie unsere Welt untergehen wird. Auch das ist ein Geniestreich des Menschen, der vor hundert Jahren noch nicht ausgedacht war. Nach jedem Film gehen die Zuschauer wie gewohnt schlafen und ändern nichts – so wenig dieses Buch etwas ändern wird. Viele ernsthafte Leute hoffen, daß es sich nur um Irrtümer handelt. Sagte nicht schon der dänische Philosoph Sören Kierkegaard, daß die Welt untergehen werde unter dem Jubel der witzigen Köpfe, die da meinen werden, es sei ein Witz? In der Tat, die Irrtümer lauern an allen Stationen der Weltgeschichte. Wir deuteten sie als *Mutationen* des *Geistes*. Wir können es auch mit Nietzsche etwas weniger freundlich formulieren: »Nicht nur die Vernunft von Jahrtausenden – auch ihr Wahnsinn bricht an uns aus. Gefährlich ist es, Erbe zu sein.«[61] Und bei Goethe lautet es: »Das Übel häuft sich von Generation zu Generation!« – denn »wir überliefern auch diese geerbten Gebrechen mit unseren eigenen vermehrt, unseren Nachkommen.«[62] Darum meinte Goethe in diesem Gespräch mit Eckermann auch, es komme ihm oft vor, »als wäre die Welt nach und nach zum Jüngsten Tage reif.«

Die weit vorausgeeilte Vorhut des Menschengeschlechts hat sich auf ein übermenschliches Wagnis eingelassen. Sie hat dabei grandiose Triumphe gefeiert, an denen sich alle berauschen. Wenn wir aber die Zahl der Sterblichen bedenken, die je auf unserem Planeten gelebt haben, dann hat nur ein verschwindender Bruchteil in Hochkulturen gelebt, und selbst in diesen ist es nur einem Teil »gut gegangen«, aber *zufrieden* waren nicht einmal diese! Nur zur Zeit geht es einigen hundert Millionen gut. Doch der Preis, der für deren Verschwendung nun fällig wird, ist der eigene Untergang. »Wir bauen uns eine technische und ökologische Katastrophe auf«, schrieb der Schweizer Dichter Friedrich Dürrenmatt in seiner letzten Betrachtung »Menschheit im Universum der Katastrophen«, welcher er in den Stunden vor der Nacht des Todes die letzte Fassung gab.[63]

378

Und *wie schnell* sinkt am Ende alles dahin! Zur Entwicklung der menschlichen Kulturen waren Jahrtausende nötig, zur technischen Zivilisation ein kurzer Sprung von lediglich 150 Jahren. Und in die heutige Supertechnik katapultierten uns die letzten 50 Jahre! Zu ihrer Vernichtung wird es noch weniger Jahre bedürfen – sollte es eine atomare sein, dann nur Stunden.

Bis zum Zweiten Weltkrieg schleppte sich die Weltgeschichte gemächlich fort und fort, teils als Komödie, teils als Tragödie. Daß nun die Tragik überhand nimmt, ist die direkte Folge der Größe des Menschen oder seines edlen Wahns; denn Tragik entsteht nur dort, wo auch Größe ist. Und Größe haben vorauseilende Menschen in ihren geistigen und künstlerischen Werken der letzten Jahrtausende sowie in ihren wissenschaftlich-technischen Leistungen der letzten Jahrhunderte wahrhaftig bewiesen. Doch die technischen Siege haben das Gefüge der Natur gesprengt. Der Titanismus mündet jetzt unmittelbar ins Verhängnis. Die Tragik unserer gegenwärtigen Endzeit liegt darin, daß gerade die stolzen Triumphe und Siege das unvermeidliche Ende der Menschenzeit ankündigen. Was immer vom Menschen übrig bleiben mag, seine Supertechnik muß in sich zusammenstürzen. Damit wird auch das Fenster in den Weltraum, von dem wir eingangs sprachen, wieder zuschlagen.

6 Gibt es ein Danach?

Himmel und Erde werden vergehen, zusammen
mit uns vergehen. Ob es dann ganz zu Ende ist?
Wir wissen es nicht.

Der chinesische Philosoph Liä Dsi

Es gibt frühere überzeugende Aussagen darüber, daß die Frist des Lebens auf unserem Planeten begrenzt ist. Besonders die berühmte von Friedrich Nietzsche, die er zweimal mit leichter Abweichung niederschrieb: »In irgend einem abgelegenen Winkel des in zahllosen Sonnensystemen flimmernd ausgegossenen Weltalls gab es einmal ein Gestirn, auf dem kluge Tiere das *Erkennen* erfanden. Es war die hochmütigste und verlogenste Minute der Weltgeschichte, aber doch nur eine Minute. Nach wenigen Atemzügen der Natur erstarrte das Gestirn, und die klugen Tiere mußten sterben. Es war auch an der Zeit: denn ob sie schon viel erkannt zu haben, sich brüsteten, waren sie doch zuletzt, zu großer Verdrossenheit, dahinter gekommen, daß sie alles falsch erkannt hatten. Sie starben und fluchten im Sterben der Wahrheit. Das war die Art dieser verzweifelten Tiere, die das Erkennen erfunden hatten.«[64] Wenn Nietzsche von wenigen Atemzügen – angesichts der Ewigkeit – spricht, so denkt er in Jahrmillionen, bis unsere Erde erkaltet. Er meint also die geologische Entwicklung wie auch schon Liä Dsi im vierten Jahrhundert vor Christus[65], wie auch Oswald Spengler, der davon sprach, daß zu guter Letzt die Erde und das Sonnensystem verschwinden werden.[66] Aber Nietzsche erkannte auch die andere Gefahr, daß die klugen Tiere *an ihrer Erkenntnis* sterben könnten, nicht erst durch Erstarrung der Erde. Sie hatten geglaubt, ihren eigenen Fähigkeiten vertrauen und sie in weltverändernde Taten umsetzen zu dürfen. Heute, 120 Jahre später, erkennen einige wenige Menschen, daß dies ein Irrtum gewesen ist, und verfluchen ihn bereits. Doch ist es nicht ein grandioses Phänomen, daß eine Art von klugen Tieren imstande ist, *mit eigener Hand* alles Leben auf unserem Planeten zu vernichten und damit auch sich selbst? Wer kann bestreiten, daß dazu eine solche Genialität gehört, wie sie vielleicht im ganzen Universum kein zweites Mal wiederkehrt? Doch nicht wir Menschen haben sie errungen, sondern die Natur hat sie uns verliehen.

Zur Genialität des Menschen gehört auch, daß er sich zu allen Zeiten herrliche *Himmelreiche* erträumt hat. Über die Jahrtausende verlegten die verschiedenen Religionen alles Erstrebenswerte ins *Jenseits*. Nach dem Tode werde die geplagte Seele in die ewigen Himmel der Seligkeit aufsteigen. Zu guter Letzt glaubten die technisch siegreichen Euroamerikaner, den Himmel auf dieser Erde einrichten zu können. Ihr neuer Glaube nahm religiöse Züge an, folglich kam es zu Kriegen um den *richtigen* Weg zum Himmel auf Erden. Der kommunistische Weg scheiterte. Damit scheint der kapitalistisch-demokratische Weg den Sieg errungen zu haben; doch das ist eine Täuschung, die tödlich endet. Denn gerade seine weit effektivere Technik und Wirtschaft wird zwangsläufig die Erde noch *schneller* ruinieren, zumal er überdies der Bevölkerungsexplosion, die er erst ermöglicht hat, völlig hilflos ausgeliefert ist. Der »freie« Westen lebt genauso in irdischen Wahnvorstellungen wie der Kommunismus. Der extremste Wahn ist der des Auszugs der Menschen in den Weltraum, also *ins Nichts*! Die tragische Folge der letzten Wahnideen des Menschen ist, daß er seine Lebensbasis, seinen Planeten Erde ins Nichts befördert.

Dennoch bleibt es die Faszination unseres blauen Planeten, daß eine an sich unbegreifliche Entwicklung einen derartigen Kulminationspunkt erreichen konnte. Dazu gehört auch unsere Erkenntnis, daß uns ein Darüberhinaus nicht mehr offen steht, weil diesmal alle physischen Möglichkeiten, die unser Planet geboten hat, ausgeschöpft worden sind. Damit ist uns der Rückweg abgeschnitten. Die Rettungsschiffe sind verbrannt; doch die meisten wissen es nicht und werden es nie wissen.

Die Tragödie kann nun mit einem atomaren Donnerschlag enden oder in einem weniger bühnenwirksamen Dahinsiechen der lebenden Wesen, zu denen der Mensch gehört. Letzterer wird noch unwägbare hin und her wogende Kämpfe führen mit ungewissem Ausgang im einzelnen, aber mit gewissem, was das schließliche Ende der Gattung Mensch betrifft.

Es ist kein Kampf »hie Mensch – hie Natur«, der auf diesem Planeten geführt wird, sondern ein mörderischer Krieg *innerhalb der Natur*, da ja der Mensch ein Teil von ihr ist. Nicht mehr nur ein Teilchen, oh nein; wie könnten wir ein atomar und mit chemischen Giften bewaffnetes Wesen noch als »Teilchen« bezeichnen? Leonardo da Vinci ist wohl der erste gewesen, der die ganze Furchtbarkeit des technikbewaffneten Menschen erfaßt hat. Und er wußte genau, wovon er sprach, da er selbst nicht wenig zu dessen Bewaffnung beigesteuert hat. Somit gehört er nicht zu den »Propheten«, die auf Grund göttlicher Eingebung oder einer »inneren Stimme« Weissagungen in die Welt gesetzt haben. Auf solche lasse ich mich nicht ein. Es blieb den Theologen überlassen, Phantasmagorien wie »Die Offenbarung des Johannes« in die Bibel aufzunehmen. Leonardo erblickte im Heraufkommen des modernen Menschen einen Sprengsatz, der die gesamte Natur zu zerstören sich anschickte. Darum nannte er das Menschengeschlecht »etwas Unnützes auf der Welt, das alles Geschaffene nur vernichtet!«[67] Er kennzeichnet den Menschen nicht nur als unnütz, sondern als höchst *schädlich* für die Lebewelt. Darum der Stoßseufzer: »O Erde, warum tust du dich nicht auf? Warum stürzest du sie nicht in die tiefen Spalten deiner riesigen Abgründe und Höhlen und bietest dem Himmel nicht mehr den Anblick eines so grausigen und entsetzlichen Unwesens?«[68]

Nietzsche bezeichnete 400 Jahre später den Menschen als »eine kleine überspannte Tierart, die – glücklicher Weise – ihre Zeit hat; das Leben auf der Erde überhaupt ein Augenblick, ein Zwischenfall, eine Ausnahme ohne Folge, etwas, das für den Gesamt-Charakter der Erde belanglos bleibt . . .«.[69] Zehn Jahre früher hatte er folgende Gedanken: »Vielleicht ist das ganze Menschentum nur eine Entwicklungsphase einer bestimmten Tierart von begrenzter Dauer: so daß der Mensch aus dem Affen geworden ist und wieder zum Affen werden wird, während Niemand da ist, der an diesem verwunderlichen Komödienausgang irgend ein Interesse nehme . . . so könnte auch durch den einstmaligen Verfall der allgemeinen Erdkultur eine viel höher gesteigerte Verhäßlichung und endliche Vertierung des Menschen, bis in's Affenhafte, herbeigeführt werden.«[70] Nietzsche fügte damals noch hoffnungsvoll hinzu: »Gerade weil wir diese Perspektive ins Auge fassen können, sind wir vielleicht im Stande, einem solchen Ende der Zukunft vorzubeugen.« Andererseits folgt ebenfalls in »Menschliches, Allzumenschliches« der kühne Gedanke: »Der Irrtum hat aus Tieren Menschen gemacht; sollte die Wahrheit im Stande sein, aus dem Menschen wieder ein Tier zu machen?«[71]

Wer könnte darauf kommen, daß ausgerechnet Mao Tse-tung exakt zum gleichen Gedankengang kam? Wortwörtlich: »Die kommunistische Gesellschaft wird einen Anfang haben und ein Ende ... Es gibt nichts in der Welt, das nicht entsteht, sich entwickelt, verschwindet. Affen wurden zu Menschen, die Menschheit entstand. Am Ende wird auch das Menschengeschlecht verschwinden, aus ihm wird vielleicht etwas anderes, und dann wird auch die Erde zu bestehen aufhören. Die Erde wird erlöschen, die Sonne wird erkalten«.[72] Mao berief sich dabei auf den deutschen Universalgelehrten Ernst Haeckel (1834–1919), der über die Weltentwicklung urteilte, daß ihr weder ein bestimmtes Ziel noch ein besonderer Zweck (im Sinne der menschlichen Vernunft) nachzuweisen sei. Somit ließen sich vielleicht Maos und Nietzsches Ansichten auf die Haeckels zurückführen. Bezeichnenderweise hat Mao kein Testament hinterlassen, da er aufgrund seiner Philosophie wußte, daß sich die Nachfolger ohnehin an nichts dergleichen halten würden. Der immerwährende Wandel trägt die Menschen ganz woanders hin, als sie gern möchten.

Die Wahrheit wäre lediglich das, was nötig ist, um als Lebewesen zu überleben. So gesehen wäre die gesamte technische Kultur ein grandioser *Irrtum* gewesen. In dieser Richtung liegt Robert Ardreys Erwägung: »Wenn es eine Hoffnung für den Menschen gibt, dann deshalb, weil wir Tiere sind.«[73] Damit unterstellt er, daß der *animalische Instinkt* mit dem Willen zum Leben wenigstens in einem Rest des Menschengeschlechts noch stark genug sein könnte, um per Anpassung auch die widrigsten Lebensbedingungen durchzustehen. In den Eiszeiten wird das nicht anders gewesen sein, aber es gab damals keine vom Menschen ersonnenen Gifte.

Die Grundbedingung für ein Überleben des Menschen wäre natürlich, daß große Teile des Pflanzen- und Tierreiches erhalten blieben. Doch diese Chance droht ihnen der Mensch zu rauben. *Der atomare Komplex* mit all seinen Langzeitwirkungen gefährdet den Bestand *alles* höheren Lebens auf unserem Planeten, nicht nur des menschlichen. Ein großer Atomkrieg mit der folgenden atomaren Nacht würde das Pflanzen- und Tierreich mitvernichten. Die Filme darüber gibt es schon. Vielleicht könnten auch dann noch primitive Insekten und Würmer überleben sowie einige einfache Pflanzen. Auch über das weitere Leben in den Meeren läßt sich schwer etwas voraussagen. Wäre über die Millionen Jahre eine *erneute Evolution* möglich? Sie würde dann sicher nicht die gleichen Stufen durchlaufen und auch nicht die gleichen Gattungen hervorbringen, die wir Glücklichen noch kennenlernen durften.

Selbst wenn es nie zu einem Atomkrieg kommt, eine Strahlenverseuchung der Naturkreisläufe wird es dennoch geben. Fünfhundert Kernkraftwerke werden bald in Betrieb sein, und um das Jahr 2030 werden sie als strahlende Ruinen dastehen. Und wie viele werden bis dahin noch dazugekommen sein? Einige werden wie das in Tschernobyl oder auf noch schlimmere Weise explodieren, andere durch Erdbeben oder Kriegshandlungen zerstört werden. Die nähere Umgebung wird dabei jeweils total verstrahlt, und im Laufe der Zeit wird die Zahl solch unbewohnbarer Flecken auf den Landkarten zunehmen. Aber auch der Gesamtpegel der Strahlung wird sich zwangsläufig erhöhen. »Die Gefahr einer radioaktiven Verseuchung der Umwelt infolge von Kernreaktorunfällen nimmt ebenso zu wie die Möglichkeit einer weiteren Verbreitung von Kernwaffen«, stellte der Report »Global 2000« fest.[74] Zur Zeit produzieren die Kernkraftwerke in der Welt fast 100 000 Tonnen abgebrannter Brennstäbe jährlich. Die angesammelte Menge wird bis zum Jahr 2030 um die drei Millionen Tonnen erreichen. Dazu kommen Millionen Kubikmeter schwach radioaktiver Abfälle. Einige Nebenprodukte der Reaktoren haben Zerfallszeiten, die fünfmal so lang sind wie die Periode der überlieferten Geschichte.[75] Inzwischen liegen schon Massen davon in aller Welt herum, offen über der Erde, in Kühlhaltebecken (deren Stromversorgung nicht ausfallen darf) meist neben den Atomkraftwerken, der geringste Teil in Bergwerken. Wer wird sich in den kommenden Notzeiten darum kümmern? Wo nicht einmal in heutigen Wohlstandszeiten eine befriedigende Lagerung gefunden wurde!

Die Chemie ist in einem einzigen Jahrhundert zu einer gewaltigen »Wachstumsbranche« emporgeschossen. Sollte sie nur noch weitere hundert Jahre in der jetzt erreichten Intensität produzieren, dann werden Böden, Gewässer und sogar die Luft derart von chemischen Verbindungen durchsetzt sein, daß allein daran ganze Gattungen zugrunde gehen müssen. Hinzu kommen die *Metalle*, von denen jährlich sechs Millionen Tonnen über die Atmosphäre verbreitet werden.

Der Mensch wird sich zunächst mittels der medizinischen Gegengifte sozusagen eine Weile über Wasser halten. Aber auch ihm wird nur noch selten *gesundes* Wasser und *unvergiftete* Nahrung zur Verfügung stehen. Darum ist es nur eine Frage der Zeit, wann die Menschen dahinsiechen werden. Es ist fraglich, ob Reste von ihnen Jahrhunderte durchzuhalten vermögen, bis die Natur die Gifte und Strahlungen wieder verdaut haben könnte. Denn die ultraviolette Strahlung aus dem Weltraum, die Isotope aus der Kernspaltung werden *die Gene* aller Lebewesen mehr oder weniger stark beschädigen. Und welche Folgen die Manipulation des Menschen mit den Genen haben wird, läßt sich nicht voraussagen.

Sollten diese drei Globalkalamitäten einzeln und in ihrem Zusammenwirken nicht übermäßig steigen, dann dürften wesentliche Teile der Flora und Fauna überleben, doch kaum der Mensch und in keinem Fall sein heutiger Lebensstil. So wie es zur Zeit aussieht, kann das pflanzliche und tierische Leben nur noch durch eine baldige Katastrophe des menschlichen Lebens gerettet werden. Doch eine atomare dürfte es eben nicht sein! Die Dezimierung auf einige hundert Millionen wäre aber Voraussetzung des Überlebens der meisten übrigen Gattungen. Deren Restbestand bedingt wiederum die Anzahl der Menschen, die ja von ihnen leben müssen.

Einiges kann über das künftige Aussehen der Länder vorausgesagt werden. *Ruinenlandschaften* werden das Bild beherrschen. Die schon heute sichtbaren Industrieruinen sind nur die Vorboten der Zeit, in der die Landschaften weitaus dichter damit bestückt sein werden als heute mit den Resten der mittelalterlichen Ritterburgen. Doch während man diese in Quadratmetern quantifizieren kann, wird man bei jenen in Quadratkilometern rechnen müssen. Die Frage, *was wird dereinst daraus*, hat sich unser technisches Zeitalter nie gestellt. Auch das ein Beispiel für des Menschen Unfähigkeit, den Planeten zu verwalten. Unüberlegt und bedenkenlos wurden und werden in wenigen Jahren Ruinen für Jahrtausende gebaut. Der abtretende Mensch wird die Erde als Trümmerfeld hinterlassen. Was aus den Millionen von Städten für Milliarden von Menschen werden wird, hat uns schon Bert Brecht gesagt: *Von den Städten wird bleiben: der durch sie hindurchging, der Wind.* « [76]

Die gleiche Ahnung hatte auch Friedrich Schiller [77]:

»Jahrelang mag, jahrhundertelang die Mumie dauern,
Mag das trügende Bild lebendiger Fülle bestehn,

Bis die Natur erwacht, und mit schweren, ehernen Händen
An das hohle Gebäu rühret die Not und die Zeit,
Einer Tigerin gleich, die das eiserne Gitter durchbrochen
Und des numidischen Walds plötzlich und schrecklich gedenkt,
Aufsteht mit des Verbrechens Wut und des Elends die Mensch-
heit
Und in der Asche der Stadt sucht die verlorne Natur.«
Von der Natur wird leider nicht viel zu finden sein. Aber im Schutt
der Städte werden noch Reichtümer liegen: Äxte, Hämmer, Sägen,
Schraubstöcke und andere Handwerkszeuge, dazu Nägel und
Drähte. Auch die Feldbestellung wird leichter sein als in der
Steinzeit, wo sich die Menschen alle Werkzeuge erst mühsam
anfertigen mußten. Vielleicht wird aber die verschwindende Anzahl von Menschen wieder als Jäger und Sammler ihr Auskommen
haben. *Es könnte aber auch sein, daß kein einziger Mensch überlebt.*
Eine Vorstellung, die selbst für Herbert George Wells bedrückend
ist, wenn nicht einmal eine kleine Minderheit »Zeuge des Lebens
bis zu seinem unausbleiblichen Ende« bleiben sollte.[78]

Es sind schon etliche aufgetaucht, die das Ende des Menschen
begrüßen; »daß keine Hoffnung mehr ist, vermag sie hoffnungsfroh
zu stimmen«, so den Münsteraner Philosophen Ulrich Horstmann.
»Die Menschenleere ist vorstellbar«, schreibt er.[79] Wieso auch
nicht. Sogar das absolute Nichts haben sich Menschen schon vorgestellt, seit sie zu denken anfingen. Philosophen, zum Beispiel
Wilhelm Leibniz, haben sich die Frage gestellt, warum ist überhaupt Etwas und nicht vielmehr das Nichts? Bei der frühen Suche
nach Erklärungen entstanden die *Schöpfungsmythen*, in denen
erzählt wird, wie aus dem Nichts die Erde, insbesondere *das Leben*
geworden sei. Und so gut wie jeder Mensch hat Angst vor dem
Nichts, mit dem er im Bewußtsein des eigenen Todes stets konfrontiert wird. Wenn Arthur Schopenhauer das buddhistische Credo,
»daß wir besser nicht da wären«, aufnimmt, dann ist das wohl schon
»der letzte matte Stoß des Geistes«, von dem H. G. Wells spricht.[80]
Der Mensch hat in seiner Geschichte stets mit großem Geschick das
Geschehen so gedeutet, als sei es »gottgewollt«. Insofern ist es
durchaus nicht überraschend, wenn nun auch einige unseren unvermeidlichen Untergang als Sieg feiern möchten. Ja manche sehen

darin den Plan eines Gottes, der sich von Anfang an das Nichts *ersehnte*. So der jugendliche Philosoph Philip Batz, der sich Mainländer nannte und im Alter von 33 Jahren 1876 konsequent Selbstmord beging. Aber was müßte das für ein seltsamer *Gott* sein, der vier Milliarden Jahre lang so um die 1000 Millionen verschiedener Arten ins Leben schickt, um schließlich das Nichts zu erreichen, welches er doch wohl *ohne* jede Anstrengung hätte haben können. *Die Leere* ist vielmehr des Teufels Wunsch, wie es Mephisto sagt: »Ich liebte mir dafür das Ewig-Leere.«[81] Der *Wille zum Nichts* scheint einer der neuesten trügerischen Höhenflüge des Geistes, eine seiner Mutationen zu sein. »Das Paradies ist die Abwesenheit des Menschen«, sinniert der rumänisch-französische Schriftsteller Emile Cioran, wo doch die Natur niemals ein Paradies gewesen ist. Das scheint er wie Horstmann nicht bedacht zu haben, der über »die ewige Seligkeit des Versteinerten und der Steine« ins Schwärmen gerät.[82]

Diese Denker, die das Leben desavouieren wollen, hat schon Nietzsche abgefertigt: »Sonderbare Schwärmer, die im *Absterben* der Menschheit das Heil und Ziel des Willens sehen!«[83] In der Argumentation dieses Buches, gemäß dem »Gesetz der gleitenden Fügungen«, könnten wir darin auch eine vorauseilende Anpassung an das Unvermeidliche sehen; einen weiteren Beweis dafür, daß der Mensch selbst noch dem Absurden Positives abzugewinnen versteht. Doch hier möchte ich mich lieber H. G. Wells anschließen: *Wir wurden von dem Willen zum Leben gezeugt und werden um das Leben kämpfend sterben.*

Das ändert nichts an unserem gesicherten *Wissen* darüber, daß wir den Kampf verlieren werden. Die Menschen werden in dem Kampf eben darum unterliegen, weil sie allzu *rücksichtslose Kämpfer* sind. Anders formuliert: Sie sind zum Überleben auf einem begrenzten Erdball zu tüchtig![84] Die von den Menschen losgetretenen Lawinen rollen nun hernieder und begraben das Leben unter sich. Aufzuhalten sind sie nicht, wir können uns nur noch über ihre Geschwindigkeit ein wenig streiten.

Auf unserer verkürzten Zeitskala heißt das: Wenn tausend Jahre gleich einer Nachtwache sind, dann ist der lange Mittsommertag der Menschen, während dem die Kulturen der letzten zweieinhalb Jahrtausende blühten, jetzt vorüber. Die erst vor einer Stunde in der heraufziehenden Dämmerung entzündeten elektrischen Lichter strahlen noch hell in den Weltraum hinaus. Doch bald nach Einbruch der Dunkelheit naht die Mitternacht – und die Lichter werden verlöschen. Was im Rest der Nacht noch geschehen wird und wie bald, wissen wir nicht. Doch der triumphreiche Tag des Menschen war von ihm selbst – unbewußt – so angelegt, daß es keinen lichten Morgen mehr geben wird. *Die Europäische Kultur*, über die hinaus keine Steigerung mehr möglich ist – wie schon über die Griechische nicht, mit Ausnahme unserer grandiosen und tödlichen Supertechnik – ist *die letzte* dieses Planeten. Wir haben ihren Höhepunkt gerade erst überschritten, so daß wir noch von ihm aus das ganze phantastische Schauspiel überblicken können, das auf unserem einsamen Himmelskörper über Milliarden Jahre gelaufen ist und nun als Tragödie *endet*.

Anmerkungen

Vorbemerkungen

Wenn nur der Autor aufgeführt ist, beziehen sich die Seitenzahlen auf das im Literaturverzeichnis erstgenannte Werk von ihm, andernfalls wird ein Hauptwort des Titels genannt.

Alle *Hervorhebungen* in Zitaten sind solche des jeweiligen Autors. Die Titel der Tageszeitungen werden wie folgt abgekürzt:

»Frankfurter Allgemeine Zeitung« = FAZ
»Neue Zürcher Zeitung« = NZZ
»Süddeutsche Zeitung« = SZ

Vorwort

[1] Eugène Ionesco in seiner Rede anläßlich der Eröffnung der Salzburger Festspiele 1972. Erschienen im Desch-Verlag, München 1972.

[2] Thomas von Randow in: »Die Zeit« 9.6.1972.

[3] Zitiert bei Meadows 11.

[4] Thomas E. Lovejoy in: »Worldwatch Institute Report« 89/90 322.

[5] Fromm 19 f.

[6] Wells 27 f.

[7] Zitiert nach Hans-Otto Wölber in: »Deutsche Zeitung« 21.12.1979.

[8] Heidegger: Metaphysik 29.

[9] Nietzsche 8–132.

[10] Nietzsche 2–48.

[11] Burckhardt 8.

[12] Wells 12.

Einleitung

[13] FAZ 28.9.1988.

[14] »The Evolution of the Universe« in »Nature« 162, S. 680.

[15] Verschiedene andere Berechnungen kommen auf ein weit höheres Alter des Universums, bis zu 33 Milliarden Jahren.

[16] »American Scientist« 67–6 (1979, S. 653. NZZ 10.9.1980).

[17] »Thema – Magazin zur Forschung und Wissenschaft an den Schweizer Hochschulen Nr. 3, Juni 1987.

[18] Nietzsche 8–147.

[19] Nietzsche 3–467 f.

[20] Nietzsche 9–502.

[21] Nietzsche 9–454.

[22] Nietzsche 1–877.

[23] Nietzsche 2–549.

[24] Nietzsche 1–875.

[25] Fuller 387.

[26] Miroslav T. Bomar: »Mikrobiologie der Ernährung« in: »Fridericiana – Mitteilungen der Universität Karlsruhe« Juni 1983.

[27] Nach Mitteilungen der Arbeitsgemeinschaft für Pflanzenphysiologie an der Universität Göttingen, wo intensiv darüber geforscht wird. (FAZ 13.2.1991).

[28] Schneider, Reinhold 128.

[29] Der Schweizer Geologe Rudolf Trümpy in seiner Abschiedsrede am 3.12.1986. (NZZ 8.4.1987).

[30] Eigen 26.

[31] Erben 193f.

[32] SZ 23.9.1985.

[33] SZ 19.9.1988.

[34] Erben 195.

[35] NZZ 27.9.1989.

[36] Erben 205.

[37] Eigen 33.

[38] Arber 14.

[39] Arber 5.

[40] Arber 13.

[41] SZ 23.11.1981: Bericht über einen Vortrag von Manfred Eigen.

[42] Arber 16.

[43] Eigen 25.

[44] Arber 21.

[45] Arber 19f.

[46] »Universitas« 41 (1986) S. 795.

[47] SZ 15.9.1988: Bericht über die 55. Dahlem-Konferenz.

[48] Wieser 95.

[49] Christine und Ernst Ulrich von Weizsäcker in »Universitas« 41 (1986) S. 797.

[50] SZ 15.9.1988.

[51] Wieser 99f. in Anlehnung an Riedl und Wagner.

[52] NZZ 6.5.1990.

[53] FAZ 13.6.1990: Bericht über die Jahrestagung der Deutschen Zoologischen Gesellschaft.

[54] »Die Welt« 21.11.1981.

[55] »Die Zeit« 6.2.1987.

[56] FAZ 21.12.1988.

[57] FAZ 13.6.1990.

[58] Mark Moffet in »National Geographic Research« 4 (1988) S. 386. SZ 13.10.1988.

[59] »Behavioral Ecology and Sociobiology« 26, S. 17.

[60] NZZ 5.9.1984.

[61] »Wissenschaftsmagazin der Johann-Wolfgang-Goethe-Universität« Frankfurt Heft 2 (1984). Die Ameisen werden in dem umfassenden Werk von Bert Hölldobler und Edward Wilson beschrieben, das leider nicht in Deutsch erschienen ist.

[62] FAZ 3.8.1990.

[63] »New Scientist« 1410 (1984) S. 18.

[64] »Behavioral Ecology and Sociobiology« 27 (1991) S. 395.

[65] Burckhardt 32.

[66] Blin 21f.

[67] NZZ 6.5.1990.

[68] William B. Provine: »Progress in Evolution an Meaning in Life« in M. H. Nitecki (Hrsg.): »Evolutionary Progress« 70f. Chicago, The University of Chicago Press 1989.

[69] Scheler 93.

[70] Nietzsche 11–117.

[71] Lorenz, Rückseite des Spiegels.

[72] SZ 14.4.1990.

[73] Vortrag, gehalten bei der 34. Tagung der Nobelpreisträger in Lindau 1984 (NZZ 26.9.1984).

[74] Ardrey 374f.

[75] Weizsäcker: »Die Einheit der Natur« – zwölf Vorlesungen 106.

[76] Nietzsche 9–484. Vgl. 9–457: »Und was wäre denn ohne Furcht, Neid, Habsucht aus dem Menschen geworden!«.

[77] FAZ 6.4.1989.

[78] SZ 20.2.1989.

[79] NZZ 27.3.1985.

[80] Nestle 157.

[81] Löbsack: Letzte Jahre 76. NZZ 27.3.1985.

[82] Ardrey 29f.

[83] »bild der wissenschaft« 3, 1990.

84 NZZ 27.3.1985.
85 FAZ 20.6.1990.
86 Nietzsche 2–24f.
87 Burckhardt 65.
88 Nietzsche 3–382. Vgl. 11–125.
89 Nietzsche 1–760.
90 Nietzsche 2–24f.
91 Gruhl: Gleichgewicht 203–209.
92 Nietzsche 2–27.
93 Gruhl: »Häuptling Seattle hat gesprochen«. Rixdorfer Verlag, Berlin 1989.
94 Nietzsche 5–328.
95 Burckhardt 41f.
96 Burckhardt 43.
97 Burckhardt 98.
98 Nietzsche 11–293.
99 Nietzsche 13–442.
100 Nietzsche 12–374.
101 Burckhardt 39f.
102 Blin 280.
103 »Nature« 336, S. 336.
104 SZ 15.4.1981.
105 Markl 8.
106 Jacques Roumain, zitiert von Tévoédjrè 105.
107 Nietzsche 2–680.
108 »Science« 211 (1981) S. 41.
109 Liebmann 99.
110 SZ 27.9.1990.
111 »Sowjetunion heute« 5 (1989).

112 Toynbee 44f.
113 Manfred Reitz in: NZZ 20.4.1988.
114 Sänger-Bredt 34 und 37.
115 Chargaff 46.
116 Nietzsche 4–276.
117 Scheler 92.
118 Nietzsche 11–565.
119 Nietzsche 11–552. Vgl. 1–760.
120 Nietzsche 11–576f.
121 Nietzsche 12–213.
122 Nietzsche 11–556.
123 Nietzsche 7–157.
124 Nietzsche 7–198.
125 Nietzsche 7–161.
126 Nietzsche 7–86.
127 Nietzsche 8–365.
128 Nietzsche 8–179.
129 Wieser 5.
130 Nietzsche 11–167.
131 Nietzsche 11–634.
132 Emerson 75.
133 Emerson 77f. Vgl. Nietzsche 11–166: »Bisher sind beide Erklärungen des Lebens nicht gelungen, weder die aus der Mechanik, *noch die aus dem Geiste*.«
134 Nietzsche 3–96.
135 Friedrich Georg Jünger 86.
136 Sperry 38.
137 Goethe III 317.

Teil II

1 Vgl. Einband.
2 Nietzsche 13–87. Vgl. Goethe: »Die Menschheit, das ist ein Abstraktum.«
3 Spengler 607.
4 Spengler 596.
5 Burckhardt 31.
6 Spengler 629f.
7 Spengler 614.
8 Burckhardt 57.
9 Burckhardt 98.

10 Toynbee 70.
11 Toynbee 264.
12 Toynbee 266.
13 Toynbee 85.
14 Toynbee 58.
15 Toynbee 59.
16 Ein gutes Beispiel bietet das Römische Reich, wie Edgar Quinet beschrieb. Vgl. Seite 131 dieses Buches. (Zitiert bei Tévoédjrè 202.)

17 Spengler 977.
18 Toynbee 225.
19 Toynbee 288.
20 Toynbee 236.
21 SZ 28.12.1990. Vgl. Landes 50.
22 Toynbee 484.
23 Toynbee 185.
24 Toynbee 228.
25 Toynbee 230.
26 Toynbee 220.
27 Toynbee 149.
28 Toynbee 237.
29 Toynbee 40 + 407 + 335.
30 Time-Life-Buch: »Die Erfindung der Schrift« 22. Die Schrift der Hethiter wurde nach 1930 entziffert.
31 »Chronik der Menschheit« 130.
32 Gut beschrieben von Robert Claibome im Time-Life-Buch »Die Erfindung der Schrift« 1974.
33 Nestle 184.
34 Toynbee 120.
35 Toynbee 441.
36 Toynbee 442. Vgl. Bataille 74–92: »Opfer und Kriege der Azteken«.
37 Harris: »Kannibalen und Könige«.
38 Toynbee 165.
39 Toynbee 165.
40 Toynbee 145.
41 Heraklit 27.
42 Diogenes Laertius VII 85.
43 Spengler 623 f.
44 Toynbee 169.
45 Die Arianer folgten der Lehre des alexandrinischen Priesters Arius (260–336), wonach Jesus nicht Gottes Sohn sei, sondern von Gott aus dem Nichts erschaffen wurde. Das Konzil von Nizäa (325) erklärte dagegen Vater und Sohn als wesensgleich und verdammte den Arianismus als Irrlehre. Doch unter Kaiser Konstantin (337–361) war der Arianismus die offizielle Theologie des Römischen Reiches. Bei einigen germanischen Stämmen lebte der Arianismus fort; der gotische Bibelübersetzer Ulfilas war Arianer.
46 So der Bonner Historiker Gerhard Schormann laut »Spiegel« Nr. 43, 1984 in dem Artikel über die Hexenverfolgung, unter Berufung auf Gunnar Heinsohn/Otto Steiger: »Die Vernichtung der weisen Frauen«, in: »Mammut«, März Verlag, Herbstein 1984.
47 Spengler 623.
48 Laotse 58.
49 Toynbee 201.
50 Toynbee 159.
51 Mansfeld 53 f.
52 Mansfeld 63.
53 Mansfeld 63.
54 Mansfeld 97.
55 Mansfeld 165.
56 Mansfeld 225.
59 Mansfeld 259.
60 Heraklit 15.
61 Toynbee 159.
62 Toynbee 161.
63 Mumford 695.
64 Zitiert bei Cavanna 282.
65 Vgl. Joseph Needham: »Science in Traditional China«. Harvard University Press, Cambridge, Massachusetts 1981.
66 Mumford 726.
67 Kleinwort 72.
68 Zitiert bei Friedrich 136.
69 Storr: »Possible Substitutes for War« 147.
70 Blin 277.
71 Burckhardt 26.
72 Zitiert von Max Weber: »Die protestantische Ethik« 182 f.
73 Mumford 727.
74 Zitiert bei Tévoédjrè 201 f.
75 Kaul 525.

[76] Zitiert bei Kaul 525 f.
[77] Nietzsche 12–286 f.
[78] Nietzsche 1–159.
[79] Nietzsche 11–285.
[80] Stammel: »Die Indianer« 180 f.
[81] Nietzsche 13–337.
[82] Scheler 67.
[83] Haken 86.
[84] Chargaff 176.
[85] Nietzsche 12–519 f.
[86] Vgl. die in der Royal Library in Windsor aufbewahrten Entwürfe, besonders die zur Sintflut. (Clarke 152 ff).
[87] Nietzsche 8–145.
[88] Nach Heidegger 100.
[89] Burckhardt 261.
[90] Nietzsche 12–385.
[91] Jaspers I 372.

[92] Pascal 13.
[93] Vgl. Scheler 15.
[94] Ardrey 289 f.
[95] Dubos 174.
[96] Nietzsche 11–285.
[97] Rolland: Meister Breugnon« 400 f.
[98] Heraklit 45.
[99] Jaspers I 235.
[100] Nietzsche 1–825.
[101] Nietzsche 12–185.
[102] Nietzsche 13–492 f.
[103] Nietzsche 8–156.
[104] Nietzsche 3–383.
[105] Nietzsche 3–567.
[106] Nietzsche 8–138.
[107] Vgl. Nietzsche 13–341.
[108] Emerson 208.
[109] Nietzsche 13–360.

Teil III

[1] Whitehead 37.
[2] Landes 27.
[3] Mumford 510.
[4] Toynbee 39.
[5] Zitiert nach der Zusammenfassung von Lewis Mumford 469.
[6] Francis Bacon bei Mumford 456.
[7] Mumford 462.
[8] Burnham 40.
[9] Basler 17.
[10] Blin 286.
[11] World Resources 1990/91.
[12] Spengler 1190.
[13] Spengler 1188.
[14] Burckhardt 132.
[15] Zitiert bei F. G. Jünger 26.
[16] F. G. Jünger 26.
[17] Hegel: »Philosophie der Religion II 158.
[18] Landes 34.
[19] Spengler Technik: 71.
[20] Mumford 514.
[21] Vgl. Caravanna 251.

[22] Laut Benjamin Nelson bei Cavanna 265.
[23] Landes 25.
[24] 1. Mose 11, 5–9.
[25] Nietzsche 9–459.
[26] Vgl. Veblen: »Die Theorie der feinen Leute«.
[27] Goethe XI 69.
[28] Zitiert nach Emerson 242.
[29] Nietzsche 9–459 und 467.
[30] Spengler 1186.
[31] Spengler: Technik 71.
[32] Spengler: Technik 82.
[33] Nietzsche 3–185.
[34] Homer: »Odyssee« XVIII 137.
[35] Emerson 239.
[36] 1. Mose 9, 1–3.
[37] Eckermann 395.
[38] Goethe XI 24.
[39] Amery 203 f. Vgl. 193: »Die Überzeugung also, daß die ganze Schöpfung auf Verheißung angelegt ist; daß die Kreatürlichkeit

des Menschen, sein Leid und sein
Tod, ein Skandal ist, daß wir Menschen die einzigen Geschöpfe sind,
zu denen der Schöpfer ein besonde-
res Verhältnis angebahnt hat; daß infolgedessen die Welt eine einzige
Beute ist, die wir nach unserem Gut-
dünken verteilen können, solange
wir die Spielregeln gegenüber unseren Mitchristen beachten.«

[40] Nietzsche 6–217.

[41] Ardrey 331.

[42] FAZ 28. 8. 1990.

[43] Toynbee 25.

[44] Landes 99.

[45] Fucks: »Formeln zur Macht«.

[46] Spengler: Technik 71 f.

[47] World Resources 1990–91 142.

[48] Heraklit 23.

[49] Mansfeld 263.

[50] Gruhl 102–109.

[51] Mansfeld 255.

[52] Gruhl 115–117.

[53] Informationsdienst des Instituts
der deutschen Wirtschaft
26. 4. 1991.

[54] Nr. 37 S. 25.

[55] Laut Berechnungen des »Umwelt-
und Forschungsinstituts« Heidel-
berg.

[56] Untersuchung des Ifo-Instituts
(SZ 13. 4. 1987).

[57] »Der Spiegel« Nr. 37 (1989) S. 29.

[58] Bericht über die Tagung für internationale Tourismus-Politik in
Washington 1990 (FAZ
20. 12. 1990).

[59] Studie der Airbus-Gesellschaft
(FAZ 26. 9. 1990).

[60] Statistisches Jahrbuch der Bundesrepublik 1990 308 f.

[61] Fischer-Welt-Almanach '91 995.

[62] Gehlen 162.

[63] Friedrich 132.

[64] Friedrich 139.

[65] Seite 41–102.

[66] Gehlen 162.

[67] Hannah Arendt: »Elemente 89«.
Zitiert bei Gehlen 144.

[68] Heidegger 28.

[69] SZ 12. 4. 1990.

[70] Zitiert bei Mumford 590.

[71] Jouvenel: Leistungsgesellschaft
107.

[72] »Welt am Sonntag« 15. 4. 1979.

[73] Nietzsche 1–69.

[74] Vgl. das Gedicht »Prometheus«
von Goethe II 64.

[75] »Die Welt« 19. 9. 1981.

[76] Wolfram Ziegler: »Ansatz zur
Analyse der durch technisch-zivili-
satorische Gesellschaften verursachten Belastung von Ökosyste-
men«. Jahrbuch der TU-München
1984, S. 305–319.

[77] Heimemdahl, Eckart: »Zukunft
im Kreuzverhör« 9 f.

[78] Goethe XII 93 ff.

[79] SZ 24. 4. 1991.

[80] SZ 13. 7. 1989.

[81] »Das Landvolk« 16. 6. 1984.

[82] Zitiert bei Mumford 695.

[83] »Pierrot« Hamburg Heft 1 Januar
1987.

[84] Chargaff 149.

[85] FAZ 13. 12. 1990.

[86] Chargaff 153 f.

[87] Nach einem Bericht der FAZ vom
7. 5. 1981. Friedrich Wagner zitiert
Burnet: »Die Auswirkung dessen,
was in diesem höchst verfeinerten
Universum von Zellkulturen, Bakterien und Viren vorgeht, auf den
Menschen . . . ist bestenfalls zweideutig und schlimmstenfalls tief erschreckend.« (Wagner 43).

[88] Chargaff 92.

[89] Chargaff 91.

[90] Gruhl 98–102.

[91] SZ 26. 9. 1990.

92 FAZ 7. 5. 1981.
93 SZ 14. 7. 1981.
94 SZ 14. 7. 1981.
95 FAZ 7. 5. 1981.
96 FAZ 12. 6. 1991.
97 NZZ 12. 3. 1990.
98 »Der Spiegel« 39, 1980.
99 FAZ 11. 6. 1991.
100 SZ 23. 3. 1989.
101 Vgl. Moony, Pat Roy: »Saat-Mul-
tis und Welthunger«. Rowohlt,
Reinbek 1981.
102 SZ 21. 1. 1987.
103 SZ 24. 4. 1991.
104 NZZ 13. 2. 1991.
105 »bild der wissenschaft« 12, 1990.
106 »Nature« Vol. 334 (1988) S. 522.
107 »Der Spiegel« 39, 1980.
108 SZ 6. 7. 1987.
109 SZ 28. 3. 1991.
110 Bericht von Stephan Wehowski in
der genannten Nummer der SZ.
111 SZ 16. 1. 1990.
112 Wagner 43.
113 Bericht von Martin Urban in der
SZ vom 6. 7. 1987.
114 Chargaff 154.
115 Chargaff 164f.
116 Nietzsche 11–181.
117 Rifkin 279.
118 FAZ 19. 6. 1991.
119 SZ 4. 5. 1991.
120 Beck 329. Das deutsche Fernseh-
magazin »Report« berichtete am
3. 9. 1991: Ein Amerikaner ver-
schickt für 599 Dollar eine »Heim-
werkerbox« an jeden, der Gen-
manipulationen zu Hause versuchen will. Für 80 Dollar Aufpreis
bekommt er auch Cholerakulturen.
121 Spengler: Technik 79.
122 Spengler 1185.
123 Mumford 548.
124 Der Mediziner Friedrich Dittmar
26.
125 E. und J. Goncourt, Journal Band
II 512f. Zitiert bei Chargaff 65
und 69.
126 Closets 45.
127 SZ 25. 8. 1989.
128 SZ 13. 10. 1982.
129 Zitiert bei Mumford 331.
130 Fuller 389f.
131 Fuller 393.
132 Fuller 397.
133 Fuller 394f.
134 Fuller 402f.
135 Verfaßt von Gerard K. O'Neill
für »bild der wissenschaft« 5
(1976).
136 Sänger 103.
137 Sänger 32.
138 Kahn 21.
139 NZZ 14. 5. 1989.
140 Sacharow 82. Asteroiden oder
Planetoiden sind kantige Brok-
ken, die wie Planeten auf ellipti-
schen, doch sehr exzentrischen
Bahnen um die Sonne laufen;
vorwiegend zwischen der Mars-
und Jupiterbahn, also weiter von
der Erde entfernt als die Sonne.
Nur die größten vier haben
Durchmesser zwischen 750 und
200 Kilometer, um die 200 einen
von über 100 Kilometer.
141 Das erklärte der sowjetische
Weltraumbiologie Oleg Gazenko
auf der Weltraumkonferenz in
Wien. (»Die Welt« 14. 8. 1982).
142 SZ 3. 10. 1988.
143 SZ 13. 6. 1991.
144 Die SZ berichtete am 25. 11. 1978
über entsprechende Pläne der
Sowjetunion.
145 NZZ 5. 9. 1980.
146 SZ 24. 7. 1989. Hans Moravec
schrieb inzwischen auch ein mit
seinen Phantasien angefülltes
Buch: »Mind Children« (1990).

[147] »Pro Zukunft« Jahrgang 3 (1989) – Informationsdienst der Internationalen Bibliothek für Zukunftsfragen«, Salzburg. Vgl. SZ 4.1.1990, wo über die »World Future Society« berichtet wird, daß diese für sich in Anspruch nehme, nicht im Kaffeesatz zu lesen, sondern wissenschaftlich fundierte Arbeit zu leisten. In dieser Zukunftswelt werden natürlich Gefängnisse überflüssig, weil das Verhalten von Menschen mit elektronischen und chemischen Einpflanzungen rund um die Uhr kontrolliert werden kann. Der Ersatz defekter Gene werde eine allgemein gebräuchliche medizinische Praxis im ersten Jahrzehnt des neuen Jahrtausends sein.
[148] Gruhl: Gleichgewicht 92–106.
[149] »Profiles of the Future«. Zitiert bei Mumford 691.
[150] Ernst Jünger »Der Überfluß« aus: »Das abenteuerliche Herz – Figuren und Capriccios«. Klett-Cotta, Stuttgart 1979.
[151] Fromm 149f.
[152] Nietzsche 13–461.
[153] Nietzsche 9–471, ebenso 473.
[154] Mumford 17. Vgl. auch 56f.
[155] Nietzsche 1–831.
[156] Nestle 120.
[157] Nietzsche 8–257f.
[158] Vgl. Kapitel II/8 dieses Buches.
[159] Montherlant.
[160] Richet 15.
[161] Nietzsche 2–232.
[162] Goethe II 290.
[163] Eckermann 259.
[164] Nietzsche 3–474.
[165] Nietzsche 5–332f.
[166] Nietzsche 3–382. Vgl. Richet 13: »Wo überhaupt keine Vernunft vorhanden ist, kann man nicht unvernünftig sein! Je mehr man aber mit Intelligenz begabt ist, umso eher ist man geeignet, in einem Meer von Albernheiten zu ertrinken!«
[167] Nietzsche 2–324.

Teil IV

[1] NZZ 22.12.1981.
[2] Laut Mitteilung des Niedersächsischen Landesverwaltungsamtes (SZ 9.7.1989).
[3] Meadows 163.
[4] Braunbek 69.
[5] Forrester 95.
[6] Metternich 239.
[7] »Die Welt« 30.1.1989.
[8] »Die Welt« 3.10.1978.
[9] Wieser 68. Vgl. die Ausführungen Ardreys 221ff.
[10] Spengler 675.
[11] Mumford 485.
[12] NZZ 2.10.1990.
[13] NZZ 11.6.1987.
[14] SZ 28.12.1990.
[15] SZ 31.10.1990.
[16] SZ 14.1.1991.
[17] SZ 27.1.1973.
[18] Löbsack: Letzte Jahre 217.
[19] Ardrey 227.
[20] Knaul 210.
[21] Dubos 264.
[22] Dubos 166.
[23] Leonardo 211.
[24] Markl 16.
[25] SZ 3.5.1991.
[26] NZZ 9.8.1990.
[27] SZ 18.2.1991.
[28] Vgl. Gruhl: »Die heutige angeblich vernunftbegabte Menschheit

verhält sich, was ihre eigene Zukunft betrifft, genauso irrational wie irgendeine Population des Tierreiches. Ja, im Tierreich reagieren wenigstens einige Arten mit dem Instinkt.« (»Ein Planet wird geplündert« 177).

[29] SZ 8. 11. 1989.

[30] NZZ 5. 6. 1989.

[31] NZZ 11. 8. 1990.

[32] »Our Common Future.« Oxford University Press, Oxford–New York 1987.

[33] Besonders Seite 173 und 185.

[34] Zitiert nach Löbsack 16.

[35] NZZ 26. 4. 1989. Verfasser: Paul H. Brunner und Peter Baccini von der Eidgenössischen Anstalt für Wasserwirtschaft.

[36] SZ 22. 6. 1990.

[37] NZZ 10. 10. 1984.

[38] SZ 7. 6. 1989.

[39] SZ 3. 1. 1991 und 17. 10. 1990. »New Scientist« Nr. 1738. Die Sicherheitsvorgabe für Astronauten ist bereits bescheiden: Sie sollen im All nicht gefährdeter sein als im Straßenverkehr. Aber in 30 Jahren könnte es schon zu gefährlich sein, ins Weltall zu fliegen. Die astronomischen Beobachtungen werden von den auf 3,5 Millionen geschätzten Kleinteilchen schon jetzt gestört.

[40] Whitehead 73.

[41] Whitehead 3.

[42] Klötzli 279.

[43] Aus dem »Bericht an den Wirtschaftsausschuß des Kongresses der USA. Gekürzt in deutsch bei Gruhl: »Glücklich werden die sein . . .« 245–254.

[44] Riffkin 303 unter Berufung auf Henri Bergson und Alfred North Whitehead.

[45] Nach Angaben der FAO in: »World Resources 1990–91«.

[46] Metternich 168f.

[47] Sedlmayr 53.

[48] SZ 27. 9. 1988.

[49] »Worldwatch-Report 89/90« 21 f.

[50] SZ 25. 5. 1985.

[51] »Worldwatch-Report 90/91« 83.

[52] NZZ 3. 4. 1985.

[53] »Worldwatch-Report 90/91« 90.

[54] Vorgetragen beim »Mainauer Gespräch« 1984 (SZ 30. 11. 1984).

[55] Das berichtete der Kieler Zoologe Berndt Heydemann auf dem 17. Internationalen Kongreß für Entomologie in Hamburg (SZ 24. 8. 1984).

[56] Müller: »Zukunftsperspektiven« 236.

[57] Nach Berechnungen des Worldwatch Instituts: Report 1989/90 17 ff.

[58] NZZ 17. 6. 1991.

[59] Vortrag von Gerald Stanhill (NZZ 9. 6. 1982).

[60] Nach Bericht von Alexej Jablokow, stellvertretender Vorsitzender des Umweltausschusses im Obersten Sowjet (SZ 9. 4. 1991).

[61] Buchwald 349.

[62] Buchwald 423f.

[63] SZ 28. und 29. 11. 1990.

[64] SZ 2. 4. 1990.

[65] SZ 26. 1. 1990.

[66] Bericht der Zeitung »Naturwissenschaften« 75 (1988) S. 423–431.

[67] »National Geographic Magazine« November 1990.

[68] »Nature« Vol. 348, S. 711.

[69] Basler 47.

[70] »Worldwatch-Report 90/91« 191.

[71] »Nature« Vol. 345, S. 659.

[72] NZZ 27. 6. 1984.

[73] Der Klimatologe Peter Fabian in der SZ vom 2. 5. 1989 und 23. 3. 1987.

[74] »Nature« Vol. 325, S. 602.

[75] »Umschau« 1986, Heft 6, S. 316.
Dort schreibt Karlheinz Ballschmi-
ter: »Wir können zwar den Boden-
see sanieren und den Rhein, aber
schon nicht mehr die Nordsee und
noch viel weniger den Nordatlantik
oder die Atmosphäre. Was drin ist
und stabil ist, bleibt unserem Zu-
griff schon entzogen.«

[76] Metternich 268.

[77] »Worldwatch-Report 1989/90« 111.

[78] FAZ 8. 6. 1988.

[79] FAZ 7. 1. 1989.

[80] SZ 1. 7. 1991.

[81] SZ 6. 7. 1991.

[82] SZ 27. 6. 1991.

[83] SZ 8. 7. 1991.

[84] Metternich 54.

[85] Kleinworth 117.

[86] Kleinworth 118.

[87] Richet 96.

[88] Vgl. Artikelserie von Fritz Vorholz
in: »Die Zeit« Nr. 14 und 15, 1990.

[89] NZZ 16. 6. 1989.

[90] »Worldwatch-Report 90/91«.

[91] »naturopa nachrichten« Nr. 90.

[92] Richet 94.

[93] Gerhard Huber in: NZZ
20. 4. 1984.

[94] Zitiert bei Kohlenberg 188.

[95] »Science« Vol. 251, S. 932.

[96] Das ergab die Auswertung von
2000 meteorologischen Stationen;
die Erdoberfläche hatte 1990 eine
Durchschnittstemperatur von 15°
Celsius (SZ 11. 1. 1991).

[97] USA-Umweltbehörde.

[98] »Worldwatch-Report 90/91«
150.

[99] »Worldwatch-Report 90/91«
167 ff. Graßl 168 ff.

[100] NZZ 10. 11. 1990.

[101] Toynbee 482.

[102] Kleinworth 55.

[103] Kleinworth 16.

[104] Reinhold Schneider 18.

[105] Toynbee 476.

[106] Toynbee 486.

[107] John Locke: »Zwei Abhandlun-
gen über die Regierung«. Frankfurt 1967, 221.

[108] Kleinworth 8.

[109] Kleinworth 13. Dieses treffende
Wort konnte in Goethes Werken
nicht geortet werden.

[110] Toynbee 497. Vgl. Mumford 768.

[111] Nietzsche 1–830.

[112] Zitiert bei Schramm 86.

[113] Verbeek 69.

[114] Gemäß der Daten von Reinhard
Kaplan: »Organismenvielfalt und
unser Weltbild« in: »Naturwissenschaftliche Rundschau 42 (1989),
S. 354–359.

[115] NZZ 9. 10. 1990. Vgl. Kapitel I/1
dieses Buches.

[116] »Die Zeit« 6. 2. 1987.

[117] Richet 100 f.

[118] Die Stelle war bei Romain Rolland nicht auffindbar.

[119] Arber 24.

[120] Arber 26.

Teil V

[1] NZZ 30. 1. 1991.

[2] Vgl. Gruhl 123–133.

[3] Hamburger Freizeit-Forschungs-
institut (SZ 8. 5. 1985). Vgl.
Umfrage der »New York Times«
1989 (FAZ 1. 6. 1991).

[4] NZZ 19. 7. 1990.

[5] FAZ 7. 5. 1991.

[6] Amery: Natur 140.

[7] Amery: Natur 143 f.

[8] Daly 118 f.

[9] Daly 119.

[10] NZZ 20. 8. 1989.
[11] Vgl. Mishan 223 f.
[12] Markl 20.
[13] Toynbee in »Universitas« 21. Jahrgang, 1. Band 457.
[14] SZ 2. 12. 1990.
[15] SZ 23. 5. 1991.
[16] »Spiegel« 5. 4. 1982.
[17] Ehrlich 53.
[18] Dubos 213.
[19] Dubos 261 f.
[20] SZ 4. 12. 1990.
[21] SZ 23. 5. 1991.
[22] Bericht der Sendung »Report« am 30. 7. 1991.
[23] FAZ 2. 2. 1991.
[24] Heidegger 29.
[25] Friedrich 139.
[26] Veröffentlicht von Friedrich Cohen: »Philosophische Weltanschauung«. Bonn 1929.
[27] Markl: Evolution 30 f.
[28] Spengler 45.
[29] Spengler 46.
[30] »Populationsdynamik und Artentod« in Lindauer: »Die Erde unser Lebensraum.« Klett, Stuttgart 1987, 110.
[31] Kant: »Zum ewigen Frieden« 32 f.
[32] Mishan 49.
[33] Jaspers I 373.
[34] »Menschenbild und Zukunftsdenken« in Keller, II.: »Denken über die Zukunft«. Ringier, Zürich 1986 S. 114.
[35] Kant IV 418.
[36] Sperry 164.
[37] Goethe XI 55.
[38] Nietzsche 5–253. Vgl. 13–461: »Der Wahn, der glücklich macht, ist verderblicher als der, welcher direkt schlimme Folgen hat: letzterer schärft, macht mißtrauisch, reinigt die Vernunft, – ersterer schläfert sie ein . . .«.
[39] Nietzsche 6–369.
[40] Toynbee 207.
[41] Closets 210.
[42] Schweitzer 99.
[43] Burckhardt 263.
[44] Blin 289.
[45] Goethe: »Über Naturwissenschaft« III 307.
[46] Haber 123.
[47] Gruhl 176.
[48] Mill 234 f.
[49] Zitiert bei Polanyi 320.
[50] »Welt am Sonntag« 30. 1. 1977.
[51] Nietzsche 1–99.
[52] Nietzsche 12–308.
[53] Nietzsche 3–593.
[54] Kilga: »Der Mensch im Bewußtseinswandel« (NZZ 15. 9. 1982).
[55] Ergebnis einer Konferenz west- und osteuropäischer sowie amerikanischer Theologen: »an eine rettende ›Intervention‹ des Schöpfers wird nicht geglaubt«. (NZZ 22. 1. 1990).
[56] Nietzsche 9–660.
[57] Wylie 237.
[58] Amery 251 f.
[59] Hiob 38,4 ff und 39.
[60] Nestle 275.
[61] Mansfeld 276.
[62] Nietzsche 3–481.
[63] Marx-Engels-Werke I 385.
[64] Cavanna 281, der aus Eric Voegelin: »The Ecumenic Age« 332 zitiert.
[65] Ortega 49.
[66] Nietzsche 13–143 f.
[67] Nietzsche 13–145.
[68] Nietzsche 9–651.
[69] Nietzsche 4–102.
[70] Nietzsche 4–109.
[71] Markl 21.
[72] Sperry 100 f.
[73] Sperry 164.
[74] Sieferle 195.

[75] Sieferle 196.
[76] Gruhl 290.
[77] Löbsack: Letzte Jahre 234 f.
[78] Nietzsche 11–580.
[79] Nietzsche 11–72.
[80] Nietzsche 11–150.

[81] Nietzsche 11–213.
[82] Nietzsche 12–87.
[83] Karl Bruno Leder in: SZ 8. 9. 1984.
[84] Zitiert bei Fromm 12 f.
[85] Eckermann 142.
[86] Gruhl 31–46.

Teil VI

[1] Vgl. Gruhl: Gleichgewicht 70–89.
[2] SZ 2. 10. 1989.
[3] »akut« 3, 1971.
[4] Zitiert bei Closets 52.
[5] Rede am 14. 3. 1978 in Bonn, Bulletin der Bundesregierung Nr. 26 1978.
[6] Der Journalist Claus Jacobi 1974 in der »Wirtschaftswoche«, Nr. 27.
[7] Spengler 1193.
[8] Nietzsche 5–412.
[9] Fromm 160.
[10] Gruhl: Glücklich werden die sein . . . 281.
[11] Zitiert bei Mumford 558.
[12] Alfred Weber 90 f.
[13] Löwith 27.
[14] Tocqueville 20 f.
[15] Mumford 807.
[16] Vgl. Seite 118 dieses Buches.
[17] Mumford 718.
[18] Seite 281–287.
[19] NZZ 17. 7. 1990.
[20] Vgl. Gruhl: »Askese?« in Herderbücherei »Initiative« 63 Freiburg 1985.
[21] Carl Friedrich von Weizsäcker: Merkur 32, 1978.
[22] Siehe Anmerkung 5.
[23] Bernd G. Längin: »Die Amischen – Vom Geheimnis des einfachen Lebens.« List, München 1990.
[24] Nietzsche 5–21 f.
[25] Fromm 20.
[26] SZ 5. 10. 1991.
[27] Chorafas 78.

[28] Gruhl 298–305.
[29] Siehe Anmerkung 5.
[30] Hayek 261.
[31] Zitiert bei Rifkin 270.
[32] Spengler: Technik 88.
[33] Ortega 47.
[34] Zitiert bei Meadows 11.
[35] So die NZZ am 9. 12. 1990.
[36] Dubos 203 f.
[37] Aus der Zusammenfassung von »Global 2000« S. 34–87.
[38] NZZ 18. 7. 1984.
[39] Nietzsche 5–323.
[40] Spengler 466.
[41] Nietzsche 3–265 f.
[42] »Faust II«, letzter Akt wie auch die folgenden Zitate.
[43] In den »Wahlverwandtschaften« sagt Otilie: »Was mich aber drückt ist doch eine Handelssorge, leider nicht für den Augenblick, nein! für alle Zukunft. Das überhand nehmende Maschinenwesen quält und ängstigt mich, es wälzt sich heran wie ein Gewitter, langsam, langsam; aber es hat seine Richtung genommen, es wird kommen und treffen.« (Goethe XV 148 f).
[44] Goethe XII 290.
[45] Blin 290. Der Titel der französischen Originalausgabe lautet: »Le travail et les dieux« (1976).
[46] Nietzsche 13–504.
[47] Leonardo 11.
[48] Leonardo 863.
[49] Zitiert bei Mumford 327.

50 Interview in: »Die Welt« 30. 1. 1989.
51 FAZ 16. 7. 1991.
52 Tévoédjrè 200.
53 Alfred Weber 18.
54 Zitiert bei Löbsack 298.
55 Sacharow 29 f.
56 SZ 4. 10. 1989.
57 Jouvenel 138.
58 Gruhl 319 f.
59 Neuffer 61.
60 epd (SZ 17. 8. 1991).
61 Nietzsche 4–100.
62 Eckermann 590 f.
63 FAZ 12. 1. 1991.
64 Nietzsche in: »Über das Pathos der Wahrheit«, niedergeschrieben in den Weihnachtstagen 1872 und »in herzlicher Verehrung und als Antwort auf mündliche und briefliche Fragen« Frau Cosima Wagner gewidmet. (1–759 f) Vgl. die entsprechende Stelle in: »Über Wahrheit und Lüge im außermoralischen Sinne.« (1–875).
65 Liä Dsi 37.
66 Spengler 217.
67 Leonardo 8.
68 Leonardo 863.
69 Nietzsche 13–488. Vgl. 13–50: »Es sind schon viele Tierarten verschwunden; gesetzt, daß auch der Mensch verschwände, so würde in der Welt nichts fehlen.«
70 Nietzsche 2–205 f.
71 Nietzsche 2–324.
72 Klaus Mehnert über das Gespräch Maos mit Bundeskanzler Helmut Schmidt in Peking. (»Welt am Sonntag« 30. 11. 1975).
73 Ardrey 289.
74 »Global 2000« 85.
75 »Global 2000« 85 f.
76 Brecht 262.
77 Schiller: »Der Spaziergang«.
78 Wells 50.
79 Horstmann 27.
80 Wells 26.
81 »Faust II« (Goethe XII 291).
82 Horstmann 21.
83 Nietzsche 7–162.
84 »Sind wir zum Überleben zu tüchtig?«, so lautete der Titel einer »Spiegel«-Serie im Jahre 1990, Nr. 35–37.

Literatur

Amery, Carl: »Das Ende der Vorsehung – Die gnadenlosen Folgen des Christentums.« Rowohlt, Reinbek 1972.

–: »Natur als Politik – Die ökologische Chance des Menschen.« Rowohlt, Reinbek 1976.

Anders, Günther: »Die Antiquiertheit des Menschen – I. Über die Seele im Zeitalter der zweiten industriellen Revolution.« C. H. Beck, München 1956.

–: »Die Antiquiertheit des Menschen – II. Über die Zerstörung des Lebens im Zeitalter der dritten industriellen Revolution.« C. H. Beck, München 1980.

Arber, Werner: »Erbgut – Der Schlüssel zum Reichtum der belebten Natur.« Rektoratsrede der Universität Basel am 27. 11. 1987. Helbing und Lichtenhahn, Basel 1987.

Ardrey, Robert: »Der Gesellschaftsvertrag – Das Naturgesetz von der Ungleichheit der Menschen.« Molden, Wien 1970.

Basler, Ernst: »Strategie des Fortschritts.« Huber, Frauenfeld 1973.

Bataille, George: »Das theoretische Werk Band I – Die Aufhebung der Ökonomie.« Roger & Bernard, München 1967.

Beck, Ulrich: »Risikogesellschaft – Auf dem Weg in eine andere Moderne.« Suhrkamp, Frankfurt am Main 1986.

Binswanger, Hans Christoph / Geissberger, Werner / Ginsburg, Theo: »Der NAWU-Report – Wege aus der Wohlstandsfamilie.« S. Fischer, Frankfurt am Main 1979.

Binswanger, Hans Christoph: »Geld und Magie – Deutung und Kritik der modernen Wirtschaft anhand von Goethes *Faust*.« Edition Weitbrecht, Stuttgart 1985.

Birch, Charles: »Confronting the Future – Australia and the world: the next hundred years.« Penguin Books, Harmondsworth 1975.

Bischof, Ulrich: »Die Informationslawine.« Econ, Düsseldorf 1967.

Blin, Maurice: »Die veruntreute Erde – Der Mensch zwischen Technik und Mystik.« Herder, Freiburg 1977.

Boulding, Kenneth E.: »Ökonomie als Wissenschaft.« Piper, München 1976.

Braunbek, Werner: »Die unheimliche Wachstumsformel.« List, München 1973.

Brecht, Berthold: »Die Gedichte.« Suhrkamp, Frankfurt am Main 1981.

Brück, Rüdiger: »Krone der Schöpfung? – Der Mensch schafft das Zeitalter der Wüste.« Hartmann, Karlsruhe 1964.

Buchwald, Konrad: »Nordsee – Ein Lebensraum ohne Zukunft?« Die Werkstatt, Göttingen 1990.

Burckhardt, Jacob: »Weltgeschichtliche Betrachtungen.« Kröner, Stuttgart 1978.

–: »Die Kultur der Renaissance in Italien.« Reclam, Stuttgart 1987.

Burnham, James: »Das Regime der Manager.« Union Deutsche Verlagsgesellschaft, Stuttgart 1949.

–: »Begeht der Westen Selbstmord?« Econ, Düsseldorf 1965.

Capra Fritjof: »Wendezeit – Bausteine für ein neues Weltbild.« Scherz, Bern 1983.

Carson, Rachel: »Der stumme Frühling.« Biederstein, München 1962.

Cavanna, Henry (Hrsg.): »Schrecken des Jahres 2000.« Klett, Stuttgart 1977.

Chargaff, Erwin: »Unbegreifliches Geheimnis – Wissenschaft als Kampf für und gegen die Natur.« Klett-Cotta, Stuttgart 1980.

–: »Das Feuer des Heraklit – Skizzen aus einem Leben vor der Natur.« Klett-Cotta, Stuttgart 1979.

Chorafas, Dimitris N.: »Die kranke Gesellschaft.« Ullstein, Berlin 1974.

»Chronik der Menschheit.« Harenberg, Dortmund 1988.

Cioran, Emile M.: »Geschichte und Utopie.« Ernst Klett, Stuttgart 1955.

Closets, François de: »Vorsicht Fortschritt! – Über die Zukunft der Industriegesellschaft.« S. Fischer 1970.

Cloud, Preston (Hrsg.): »Wovon können wir morgen leben?« Fischer Taschenbuch, Frankfurt am Main 1973.

Club of Rome: »Die globale Revolution.« Spiegel Extra, Hamburg 1991.

Cobb, John B.: »Der Preis des Fortschritts.« Claudius, München 1972.

Commoner, Barry: »Wachstumswahn und Umweltkrise.« C. Bertelsmann, München 1971.

Cramer, Friedrich: »Fortschritt durch Verzicht – Ist das biologische Wesen Mensch seiner Zukunft gewachsen?« Nymphenburger Verlagsbuchhandlung, München 1973.

Daly, Herman: »Steady-State Economics.« W. H. Freeman and Company, San Francisco 1977.

– (Hrsg.): »Economics, Ecology, Ethics – Essays toward a Steady-State Economy.« W. H. Freeman and Company, San Francisco 1973.

Demoll, Reinhard: »Bändigt den Menschen – Gegen die Natur oder mit ihr?« Bruckmann, München 1954.

Diogenes Laertius: »Werke.« VI.

Ditfurth, Hoimar von: »Wir sind nicht nur von dieser Welt – Naturwissenschaft, Religion und die Zukunft des Menschen.« Hoffmann und Campe, Hamburg 1981.

–: »So laßt uns denn ein Apfelbäumchen pflanzen – es ist soweit.« Rasch & Röhring, Hamburg 1985.

Dittmar, Friedrich: »Umweltschäden regieren uns.« Nicolai, Herford 1971.

Drewermann, Eugen: »Der tödliche Fortschritt – Von der Zerstörung der Erde und des Menschen im Erbe des Christentums.« Friedrich Pustet, Regensburg 1981.

–: »Der Krieg und das Christentum – Von der Ohnmacht und Notwendigkeit des Religiösen.« Friedrich Pustet, Regensburg 1982.

Dschung Dsi: »Das wahre Buch vom südlichen Blütenland.« Diederichs, Düsseldorf–Köln 1982.

Dubos, René: »Der entfesselte Fortschritt – Programm für eine menschliche Welt.« Gustav Lübbe, Bergisch Gladbach 1970.

Eckermann, Johann Peter: »Gespräche mit Goethe in den letzten Jahren seines Lebens.« Aufbau-Verlag, Berlin–Weimar 1982.

Ehrlich, Paul: »Die Bevölkerungsbombe.« Carl Hanser, München 1971.

Eibl-Eibesfeldt, Irenäus: »Der Mensch, das riskierte Wesen – Zur Naturgeschichte menschlicher Unvernunft.« Piper, München 1991.

Eigen, Manfred: »Zeugen der Genesis.« Jahrbuch der Max-Planck-Gesellschaft 1979.

Emerson, Ralph Waldo: »Natur und Geist.« Eugen Diederichs, Jena 1907.

Erben, Heinrich K.: »Intelligenzen im Kosmos? – Die Antwort der Evolutionsbiologie.« Ullstein Sachbuch, Frankfurt am Main–Berlin 1986.

–: »Die Entwicklung der Lebewesen – Spielregeln der Evolution.« Piper, München 1988.

Feldhaus, Franz M.: »Leonardo der Techniker und Erfinder.« Eugen Diederichs, Jena 1922.

Fetscher, Irving: »Überlebensbedingungen der Menschheit – Zur Dialektik des Fortschritts.« Piper, München 1980.

Ford, Franklin L.: »Der politische Mord von der Antike bis zur Gegenwart.« Junius, Hamburg 1990.

Forrester, Jay W.: »Der teuflische Regelkreis – Das Globalmodell der Menschheitskrise.« Deutsche Verlags-Anstalt, Stuttgart 1972.

Freyer, Hans: »Gedanken zur Industriegesellschaft.« Hase und Koehler, Mainz 1970.

Friedrich, Heinz: »Kulturverfall und Umweltkrise – Plädoyers für eine Denkwende.« Deutscher Taschenbuch Verlag, München 1982.

Fromm, Erich: »Haben oder Sein – Die seelischen Grundlagen einer neuen Gesellschaft.« Deutsche Verlags-Anstalt, Stuttgart 1976.

Fucks, Wilhelm: »Formeln zur Macht.« Deutsche Verlags-Anstalt, Stuttgart 1965.

Fuller, R. Buckminster: »Konkrete Utopie – Die Krise der Menschheit und ihre Chance zu überleben.« Econ, Düsseldorf 1974.

Furth, Peter: »Phänomenologie der Enttäuschungen – Ideologiekritik nachtotalitär.« Fischer Taschenbuch, Frankfurt am Main 1991.

Gehlen, Arnold: »Moral und Hypermoral – Eine pluralistische Ethik.« Athenäum, Frankfurt am Main 1969.

Geyer, Horst: »Über die Dummheit – Ursachen und Wirkungen der intellektuellen Minderleistung des Menschen.« Musterschmidt, Göttingen 1954.

Giarini, Ori / Loubergé, Henri: »The Dimenshing Returns of Technology.« Pergamon Press, Oxford 1978.

»Global 2000 – Report to the President.« 2001 Versand, Frankfurt am Main 1980.

Goethe, Johann Wolfgang von: »Goethe's sämtliche Werke in vierzig Bänden.« Cotta'scher Verlag Stuttgart–Tübingen 1840.

Goldsmith, Edward / Allen, Robert: »Planspiel zum Überleben – Ein Aktionsprogramm.« Deutsche Verlags-Anstalt, Stuttgart 1972.

Goldsmith, Edward: »The Stable Society.« Wadebridge Press, Cornwall 1978.

Graßl, Hartmut / Klingholz, Reiner: »Wir Klimamacher – Auswege aus dem globalen Treibhaus.« S. Fischer, Frankfurt am Main 1990.

Grosser, Alfred: »Die Ermordung der Menschheit – Der Genozid im Gedächtnis der Völker.« Hanser, München 1990.

Gruhl, Herbert: »Ein Planet wird geplündert – Die Schreckensbilanz unserer Politik.« Fischer Taschenbuch, Frankfurt am Main, 13. Aufl. 1990.

–: »Das irdische Gleichgewicht – Ökologie unseres Daseins.« Deutscher Taschenbuch Verlag, München 1985.

–: »Glücklich werden die sein . . . – Zeugnisse ökologischer Weltsicht aus vier Jahrtausenden.« Ullstein Taschenbuch, Sachbuch, Berlin 1989.

–: »Der atomare Selbstmord.« Ullstein Taschenbuch, Sachbuch, Frankfurt am Main–Berlin 1988.

–: »Überleben ist alles.« (Autobiographie). Ullstein Taschenbuch, Berlin 1989.

Grzimek, Bernhard: »Tierleben – Sonderband *Ökologie*.« Kindler, Zürich 1973.

Guardini, Romano: »Das Ende der Neuzeit.« Hess, Basel 1950.

Guggenberger, Bernd: »Bürgerinitiativen in der Parteiendemokratie.« Kohlhammer, Stuttgart 1980.

Guhde, Edgar: »Natur und Gesellschaft – Einführung in ökologisches Denken und Handeln.« Die blaue Eule, Essen 1984.

Gunnarson, Bo: »Japans ökologisches Harakiri.« Rowohlt, Reinbek 1974.

Haber, Heinz: »Stirbt unser blauer Planet?« Deutsche Verlags-Anstalt, Stuttgart 1973.

–: »Eiskeller oder Treibhaus – Zerstören wir unser Klima?« Herbig, München 1989.

Haken, Hermann: »Erfolgsgeheimnisse der Natur – Synergetik: Die Lehre vom Zusammenwirken.« Ullstein Sachbuch, Frankfurt am Main–Berlin 1988.

Hamm, Manfred: »Tote Technik – Ein Wegweiser zu den antiken Stätten von morgen.« Deutscher Taschenbuch Verlag, München 1984.

Harmann, Willis W.: »Gangbare Wege in die Zukunft?« Darmstädter Blätter, Darmstadt 1978.

Harris, Marvin: »Kannibalen und Könige – Die Wachstumsgrenzen der Hochkulturen.« Klett-Cotta, Stuttgart 1990.

Hauser, Jürg: »Bevölkerungs- und Umweltprobleme der Dritten Welt.« Band 1. Paul Haupt, Bern–Stuttgart 1990.

–: »Bevölkerungslehre für Politik, Wirtschaft und Verwaltung.« Paul Haupt, Bern–Stuttgart 1982.

Haverbeck, Werner Georg: »Die andere Schöpfung – Technik ein Schicksal von Mensch und Erde.« Urachhaus, Stuttgart 1978.

Hayek, Friedrich A.: »Der Weg zur Knechtschaft.« Moderne Industrie, München 1971.

Heidegger, Martin: »Einführung in die Metaphysik.« Niemeyer, Tübingen 1953.

Heimann, Eduard: »Soziale Theorie und Wirtschaftssysteme.« Mohr, Tübingen 1963.

Heimendahl, Eckart (Hrsg.): »Zukunft im Kreuzverhör.« Bertelsmann, Gütersloh 1970.

Helfritz, Hans: »Amerika – Inka, Maya und Azteken.« Ueberreuter, Wien 1979.

Heraklit: »Fragmente.« Artemis, München 1983.

–: »Fragmente.« Heimeran, München 1965.

Herbig, Jost: »Das Ende der bürgerlichen Vernunft – Wirtschaftliche, technische und gesellschaftliche Zukunft.« Carl Hanser, München 1974.

Hesiod: »Sämtliche Werke.« Deutsch von Thassilo von Scheffer, Dieterich-'sche Verlagsbuchhandlung, Leipzig 1938.

Himmelheber, Max: »Scheidewege.« (Siehe unter Jahrbücher.)

Hirsch, Fred: »Die sozialen Grenzen des Wachtums – Eine ökonomische Analyse der Wachstumskrise.« Rowohlt, Reinbek 1980.

Hofmannsthal, Hugo von: »Gesammelte Werke in zehn Einzelbänden.« Fischer Taschenbuch, Frankfurt am Main 1979.

Höhler, Gertrud: »Die Anspruchsgesellschaft – Von den zwiespältigen Träumen unserer Zeit.« Econ, Düsseldorf 1979.

Hölldobler, Bert / Wilson, Edward O.: »The Ants.« Springer, Berlin 1990.

Horstmann, Ulrich: »Ansichten vom Großen Umsonst – Essays.« Mohn, Gütersloh 1991.

Hösle, Vittorio: »Philosophie der ökologischen Krise – Moskauer Vorträge.« C. H. Beck, München 1991.

Huxley, Aldous: »Dreißig Jahre danach oder Wiedersehn mit der wackeren neuen Welt.« Piper, München 1960.

Hyams, Edward: »Der Mensch, ein Parasit der Erde? – Kultur und Boden im Wandel der Zeitalter.« Eugen Diederichs, Düsseldorf–Köln 1956.

Illich, Ivan: »Selbstbegrenzung – Eine politische Kritik der Technik.« Rowohlt, Reinbek 1975.

–: »Die sogenannte Energiekrise oder die Lähmung der Gesellschaft.« Rowohlt, Reinbek 1974.

–: »Entmündigung durch Experten – Zur Kritik der Dienstleistungsberufe.« Rowohlt Taschenbuch, Reinbek 1979.

Ionesco, Eugène: »Die bedrohte Kultur« – Rede zur Eröffnung der Salzburger Festspiele 1972. Kurt Desch, München 1972.

Jacobi, Claus: »Die menschliche Springflut.« Ullstein, Berlin 1970.

Jänicke, Martin: »Wie das Industriesystem von seinen Mißständen profitiert.« Westdeutscher Verlag, Opladen 1979.

Jaspers, Karl: »Philosophie.« 3 Bände. Springer, Berlin 1956.

Johnson, Warren: »Der schwierige Weg zur Genügsamkeit.« Goldmann 1982.

Jonas, Hans: »Das Prinzip Verantwortung – Versuch einer Ethik für die technologische Zivilisation.« Insel, Frankfurt am Main 1979.

Jouvenel, Bertrand de: »Die Kunst der Vorausschau.« Luchterhand, Neuwied 1967.

–: »Jenseits der Leistungsgesellschaft – Elemente sozialer Vorausschau und Planung.« Rombach, Freiburg 1970.

406

Jünger, Ernst: »Das abenteuerliche Herz.« Ullstein, Berlin 1982.

Jünger, Friedrich Georg: »Die Perfektion der Technik.« Vittorio Klostermann, Frankfurt am Main 1946.

Kahn, Hermann: »Vor uns die guten Jahre – Ein realistisches Modell unserer Zukunft.« Molden, Wien–München 1977.

Kaiser, Peter: »Vor uns die Sintflut.« Langen Müller, München 1985.

Kaltenbrunner, Gerd-Klaus (Hrsg.): »Adieu ihr Städte! – Die Sehnsucht nach einer wohnlicheren Welt.« Herderbücherei Initiative 19, Freiburg 1977.

–: »Der asketische Imperativ – Strategien der Selbstbeherrschung.« Herderbücherei Initiative 63, Freiburg 1985.

–: »Wege der Weltbewahrung – Sieben konservative Gedankengänge.« MUT-Verlag, Asendorf 1985.

Kant Immanuel: »Gesammelte Schriften.« Hrsg. von der Preußischen Akademie der Wissenschaften, Berlin 1902–1941.

–: »Zum ewigen Frieden – Ein philosophischer Entwurf.« Reclam, Stuttgart 1987.

Kapp, William: »Volkswirtschaftliche Kosten der Privatwirtschaft.« Mohr, Tübingen 1958.

Kaufmann, Richard: »Todeskontrolle – Der Fortschritt, der den Hunger brachte.« Ullstein, Berlin 1981.

King, Alexander: »Der Zustand unseres Planeten.« Deutsche Verlags-Anstalt, Stuttgart 1977.

Klages, Ludwig: »Sämtliche Werke.« Bouvier/Grundmann, Köln 1974.

Kleinworth, Daniel (Hrsg.): »Zurück zur Natur – Grüne Weisheiten aus drei Jahrtausenden.« Wilhelm Heyne, München 1984.

Klötzli, Frank: »Unserer Umwelt und wir – Eine Einführung in die Ökologie.« Hallwag, Bern–Stuttgart 1980.

Knaul, Eckart: »Das biologische Massenwirkungsgesetz – Ursache von Aufstieg und Untergang der Kulturen.« Türmer, Berg 1985.

Kohlenberg, Karl F.: »Enträtselte Zukunft – 5000 Jahre Irrtum, Verhängnis, Schuld.« Langen Müller, München 1972.

Koestler, Arthur: »Der Mensch – Irrläufer der Evolution.« Fischer Taschenburg, Frankfurt am Main 1989.

Krippendorf, Jost: »Die Landschaftsfresser.« Hallwag, Bern 1975.

Kuhn, Helmut / Wiedmann, Franz: »Die Philosophie und die Frage nach dem Fortschritt.« Anton Pustet, München 1960.

Kükelhaus, Hugo: »Organismus und Technik – Gegen die Zerstörung der menschlichen Wahrnehmung.« Fischer Taschenbuch, Frankfurt am Main 1979.

Küng, Emil: »Wohlstand und Wohlfahrt.« Mohr, Tübingen 1972.

–: »Wege und Irrwege in die Zukunft.« Seewald, Stuttgart 1979.

Kumm, Jürgen: »Wirtschaftswachstum – Umwelt – Lebensqualität.« Deutsche Verlags-Anstalt, Stuttgart 1975.

Lackner, Stephan: »Die friedfertige Natur – Symbiose statt Kampf.« Kösel, München 1982.

Landes, David S.: »Der entfesselte Prometheus – Technologischer Wandel und industrielle Entwicklung in Westeuropa von 1750 bis zur Gegenwart.« Kiepenheuer & Witsch, Köln 1973.

Laotse: »Tao Te King – Das Buch vom Weltgesetz und seinem Wirken.« (Otto Wilhelm Barth) Scherz, Bern–München–Wien 1967.

Le Bon, Gustave: »Psychologie der Massen.« Kröner, Stuttgart 1982.

Leder, Karl Bruno: »Nie wieder Krieg? – Über die Friedensfähigkeit des Menschen.« Kösel, München 1982.

Leipert, Christian: »Die heimlichen Kosten des Fortschritts – Wie Umweltzerstörung das Wirtschaftswachstum fördert.« S. Fischer, Frankfurt 1989.

Leonardo da Vinci: »Tagebücher und Aufzeichnungen.« Paul List, Leipzig 1940.

»Leonardo da Vinci in Selbstzeugnissen und Bilddokumenten« dargestellt von Kenneth Clark. Rowohlt Taschenbuch, Reinbek 1982.

Leonardo da Vinci: »Philosophische Tagebücher.« Rowohlt, Hamburg 1958.

Liä Dsi: »Das wahre Buch vom quellenden Urgrund.« Eugen Diederichs, Düsseldorf–Köln 1981.

Liebmann, Hans: »Ein Planet wird unbewohnbar – Ein Sündenregister der Menschheit von der Antike bis zur Gegenwart.« Piper, München 1971.

Linder, Staffan: »Das Linder-Axiom oder: Warum wir keine Zeit mehr haben.« Bertelsmann, Gütersloh 1971.

Löbsack, Theo: »Versuch und Irrtum – Der Mensch: Fehlschlag der Natur.« Bertelsmann, Gütersloh 1974.

–: »Die letzten Jahre der Menschheit – Vom Anfang und Ende des Homo sapiens.« C. Bertelsmann, München 1982.

Lohmann, Michael (Hrsg.): »Gefährdete Zukunft – Prognosen angloamerikanischer Wissenschaftler.« Deutscher Taschenbuch Verlag, München 1973.

Lorenz, Konrad: »Die acht Todsünden der zivilisierten Menschheit.« Piper, München 1973.

–: »Die Rückseite des Spiegels – Versuch einer Naturgeschichte menschlichen Erkennens.« Piper, München 1973.

Lovejoy, Arthur O.: »Die große Kette der Wesen.« Suhrkamp, Frankfurt am Main 1985.

Lovelock, James: »Das Gaia-Prinzip – Die Biographie unseres Planeten.« Artemis & Winkler, Zürich–München 1991.

Löwith, Karl: »Das Verhängnis des Fortschritts.« Siehe Kuhn (Hrsg.).

Malthus, Thomas: »Versuch über das Bevölkerungs-Gesetz.« Expedition des Merkur, Berlin 1879.

Mansfeld, Jaap: »Die Vorsokratiker I – Milesier, Pythagoreer, Xenophanes, Heraklit, Parmenides.« Reclam, Stuttgart 1983.

Markl, Hubert: »Ökonomie und Ökologie – Wissenschaftliche Forschung und ökologische Herausforderungen.« Festvortrag anläßlich des 75jährigen Jubiläums des Industrieverbandes Pflanzenschutz e. V. am 13. Mai 1987 in Mainz.

–: »Dasein in Grenzen – Die Herausforderung der Ressourcenknappheit für die Evolution des Lebens.« Universitätsverlag, Konstanz 1984.

–: »Evolution, Genetik und menschliches Verhalten – Zur Frage wissenschaftlicher Verantwortung.« Piper, München 1986.

McKibben, William: »Das Ende der Natur.« List, München 1989.

Meadows, Dennis: »Die Grenzen des Wachstums – Bericht des Club of Rome zur Lage der Menschheit.« Deutsche Verlags-Anstalt, Stuttgart 1972.

–: »Wachstum bis zur Katastrophe?« Deutsche Verlags-Anstalt, Stuttgart 1974.

Meadwos, Dennis / Meadows, Donella: »Das globale Gleichgewicht – Modellstudien zur Wachstumskrise.« Deutsche Verlags-Anstalt, Stuttgart 1973.

Mesarović, Mihailo / Pestel, Eduard: »Menschheit am Wendepunkt – Zweiter Bericht an den Club of Rome zur Weltlage.« Deutsche Verlags-Anstalt, Stuttgart 1974.

Metternich, A.: »Die Wüste droht – Die gefährdete Nahrungsgrundlage der menschlichen Gesellschaft.« Friedrich Trüjen, Bremen 1947.

Meyer-Abich, Klaus M.: »Frieden mit der Natur.« Herder, Freiburg 1979.

Mill, John Stuart: »Gesammelte Werke.« Scientia, Aalen 1968.

Mishan, Edward Joshua: »Die Wachstumsdebatte – Wachstum zwischen Wirtschaft und Ökologie.« Klett-Cotta, Stuttgart 1980.

Moll, L. H. Walter: »Taschenbuch für Umweltschutz.« 3 Bände. Steinkopff, Darmstadt 1980.

Monod, Jacques: »Zufall und Notwendigkeit – Philosophische Fragen der modernen Biologie.« Deutscher Taschenbuch Verlag, München 1975.

Montherlant, Henry de: »Tagebücher 1930–1944.« Kiepenheuer & Witsch, Köln 1957.

Müller, A. M. Klaus: »Die präparierte Zeit – Der Mensch in der Krise seiner eigenen Zielsetzungen.« Radius, Stuttgart 1972.

– (Hrsg.): »Zukunftsperspektiven zu einem integrierten Verständnis der Lebenswelt.« Steinkopf, Stuttgart 1976.

Müller, Max: »Der Kompromiß – Vom Unsinn und Sinn menschlichen Lebens.« Karl Alber, Freiburg 1980.

Mumford, Lewis: »Mythos der Maschine – Kultur, Technik und Macht.« Fischer Taschenbuch, Frankfurt am Main 1977.

Nestle, Wilhelm: »Die Vorsokratiker.« Eugen Diederichs, Düsseldorf–Köln 1956.

Neuffer, Martin: »Die Erde wächst nicht mit – Neue Politik in einer übervölkerten Welt.« C. H. Beck, München.

Nicholson, Max: »Umweltrevolution – Der Mensch als Spielball und als Herr der Erde.« Desch, München 1970.

Nietzsche, Friedrich: »Sämtliche Werke – Kritische Studienausgabe.« Herausgegeben von Giorgio Colli und Mazzino Montinari in 15 Bänden. Deutscher Taschenbuch Verlag, München 1980.

North, Richard: »Wer bezahlt die Rechnung? – Die wirklichen Kosten unseres Wohlstands.« Peter Hammer, Wuppertal 1988.

Opitz, Peter: »Das Weltflüchtlingsproblem – Ursachen und Folgen.« C. H. Beck, München.

Ortega y Gasset, José: »Der Aufstand der Massen.« Rowohlt, Hamburg 1956.

Padrutt, Hanspeter: »Der epochale Winter – Zeitgemäße Betrachtungen.« Diogenes, Zürich, 1984.

Pascal, Blaise: »Größe und Elend des Menschen.« Auswahl aus den »Pensés.« Insel, Frankfurt am Main 1982.

Peccei, Aurelio: »Die Qualität des Menschen – Plädoyer für einen neuen Humanismus.« Deutsche Verlags-Anstalt, Stuttgart 1977.

Pestel, Eduard: »Das Deutschlandmodell.« Deutsche Verlags-Anstalt, Stuttgart 1978.

Picht, Georg: »Prognose, Utopie, Planung – Die Situation des Menschen in der Zukunft der technischen Welt.« Klett, Stuttgart 1971.

Pico della Mirandola, Giovanni: »Über die Würde des Menschen.« Manesse, Zürich 1988.

Pindar: »Die Dichtungen und Fragmente.« Übersetzt von Ludwig Wolde, Dieterich'sche Verlagsbuchhandlung, Leipzig 1942.

Polanyi, Karl: »The Great Transformation.« Europaverlag, Wien 1977.

Postman, Neil: »Wir amüsieren uns zu Tode – Urteilsbildung im Zeitalter der Unterhaltungsindustrie.« S. Fischer, Frankfurt am Main 1985.

Rapoport, Anatol (Hrsg.): »Konflikt in der vom Menschen gemachten Umwelt.« Darmstädter Blätter, Darmstadt 1974.

Reichholf, Josef H.: »Das Rätsel der Menschwerdung – Die Entstehung des Menschen im Wechselspiel mit der Natur.« Deutsche Verlags-Anstalt, Stuttgart 1990.

Richet, Charles: »Der Mensch ist dumm! – Satirische Bilder aus der Geschichte der menschlichen Dummheiten.« E. Berger, Berlin 1922.

Riedl, Rupert: »Evolution und Erkenntis – Antworten auf Fragen unserer Zeit.« Piper, München 1985.

Rieppel, Olivier: »Unterwegs zum Anfang – Geschichte und Konsequenzen der Evolutionstheorie.« Artemis, Zürich 1989.

Rifkin, Jeremy: »Entropie – Ein neues Weltbild.« Hoffmann & Campe, Hamburg 1982.

Rilke, Rainer Maria: »Werke« in sechs Bänden. Insel, Leipzig 1927.

Röhl, Roland: »Natur als Waffe.« Piper, München 1981.

Rolland, Romain: »Meister Breugnon.« Coron, Zürich 1968.

Röpke, Wilhelm: »Jenseits von Angebot und Nachfrage.« Eugen Rentsch, Erlenbach–Zürich 1958.

Sacharow, Andrej D.: »Wie ich mir die Zukunft vorstelle.« Diogenes, Frankfurt am Main 1968.

Sänger, Eugen: »Raumfahrt – Technische Überwindung des Krieges.« Rowohlt, Hamburg 1958.

Sänger-Bredt: »Die geopferte Intelligenz – Warnungen einer Biologin.« Econ, Düsseldorf 1981.

Schadewaldt, Wolfgang: »Die Anfänge der Philosophie der Griechen.« Suhrkamp Taschenbuch, Frankfurt am Main 1988.

Schäfer, Hans: »Folgen der Zivilisation – Therapie oder Untergang?« Umschau, Frankfurt am Main 1974.

Schäfer, Wilhelm: »Der kritische Raum – Über den Bevölkerungsdruck bei Tier und Mensch.« Waldemar Kramer, Frankfurt am Main 1971.

Scheler, Max: »Die Stellung des Menschen im Kosmos.« Francke, Bern–München 1983 (10. Aufl.).

Schloemann, Martin: »Wachstumstod und Eschatologie – Die Herausforderung christlicher Theologie durch die Umweltkrise.« Calwer Verlag, Stuttgart 1973.

Schmidbauer, Wolfgang: »Homo consumens – Der Kult des Überflusses.« Deutsche Verlags-Anstalt, Stuttgart 1972.

–: »Alles oder Nichts – Über die Destruktivität von Idealen.« Rowohlt, Reinbek 1980.

Schneider, Hans G.: »Die Zukunft wartet nicht.« Deutsche Verlags-Anstalt, Stuttgart 1971.

Schneider, Reinhold: »Winter in Wien – Aus meinen Notizbüchern 1957/58.« Herder, Freiburg 1958.

Schramm, Engelbert (Hrsg.): »Ökologie-Lesebuch – Ausgewählte Texte zur Entwicklung ökologischen Denkens von Beginn der Neuzeit bis zum Club of Rome (1971).« Fischer Taschenbuch, Frankfurt am Main 1984.

Schulze, Reinhard: »Die Geburt der Milliardengesellschaft – Krise und Chance des Menschen.« List, München 1975.

Schumann, Harry: »Die Seele und das Leid.« Carl Reißner, Dresden 1919.

Schumpeter, Joseph: »Theorie der wirtschaftlichen Entwicklung.« Duncker und Humblot, Berlin 1932.

–: »Kapitalismus, Sozialismus und Demokratie – Mensch und Gesellschaft.« A. Francke, Bern 1946.

Schütze, Christian: »Das Grundgesetz vom Niedergang – Arbeit ruiniert die Welt.« Carl Hanser, München 1989.

Schwabe, Gerhard Helmut: »Umwelt heute – Beiträge zur Diagnose.« Eugen Rentsch, Erlenbach–Zürich 1973.

Schweitzer, Albert: »Kultur und Ethik.« C. H. Beck, München 1960.

–: »Aus meinem Leben und Denken.« Fischer Taschenbuch, Frankfurt am Main 1983.

Scitovsky, Tibor: »Psychologie des Wohlstands – Die Bedürfnisse des Menschen und der Bedarf des Verbrauchers.« Campus, Frankfurt 1977.

Sedlmayr, Hans: »Gefahr und Hoffnung des technischen Zeitalters.« Otto Müller, Salzburg 1970.

Sieferle, Rolf Peter: »Die Krise der menschlichen Natur – Zur Geschichte eines Konzepts.« Suhrkamp, Frankfurt am Main 1989.

– (Hrsg.): »Natur – Ein Lesebuch.« C. H. Beck, München 1991.

Smith, Adam: »Eine Untersuchung über Natur und Ursachen des Volkswohlstandes.« 3 Bände. Gustav Fischer, Jena 1908–1923.

Spengler Oswald: »Der Untergang des Abendlandes – Umrisse einer Morphologie der Weltgeschichte.« Deutscher Taschenbuch Verlag, München 1972.

–: »Der Mensch und die Technik – Beitrag zu einer Philosophie des Lebens.« C. H. Beck, München 1931.

Sperry, Roger: »Naturwissenschaft und Wertentscheidung.« Piper, München 1985.

Stammel, H. J.: »Indianer.« Bertelsmann, Gütersloh 1979.

Strey, Gernot: »Umweltethik und Evolution – Herkunft und Grenzen moralischen Verhaltens gegenüber der Natur.« Vandenhoeck & Rupprecht, Göttingen 1989.

Stumpf, Harald: »Leben und Überleben – Einführung in die Zivilisationsökologie.« Seewald, Stuttgart 1976.

Taylor, Gordon Rattray: »Die biologische Zeitbombe – Revolution der modernen Biologie.« Fischer Taschenbuch, Frankfurt am Main 1968.

–: »Das Selbstmordprogramm – Zukunft oder Untergang der Menschheit.« Fischer Taschenbuch 1973.

Tévoédjrè, Albert: »Armut und Reichtum der Völker.« Jugenddienst-Verlag, Wuppertal 1980.

Thürkauf, Max: »Pandorabüchsen der Wissenschaft – Das Geschäft mit dem Energiehunger.« Die Kommenden, Freiburg 1974.

Tocqueville, Alexis de: »Die Demokratie in Amerika.« Deutscher Taschenbuch Verlag, München 1976.

Toffler, Alvin: »Der Zukunftsschock.« Scherz, München 1870.

Toynbee, Arnold: »Menschheit und Mutter Erde – Die Geschichte der großen Zivilisationen.« Ullstein Sachbuch, Frankfurt am Main–Berlin–Wien 1982.

–: »Die Zukunft des Westens.« Nymphenburger, München 1964.

Veblen, Thorsten: »Theorie der feinen Leute.« Kiepenheuer & Witsch 1958.

Verbeek, Bernhard: »Die Anthropologie der Umweltzerstörung – Die Evolution und der Schatten der Zukunft.« Wissenschaftliche Buchgesellschaft, Darmstadt 1990.

Vester, Frederic: »Das Überlebensprogramm.« Kindler, München 1972.

Vico Giambattista: »Die neue Wissenschaft über die gemeinschaftliche Natur der Völker.« Allgemeine Verlagsanstalt, München 1924.

Vogt, William: »Die Erde rächt sich.« Nest, Nürnberg 1950.

Vonessen, Franz: »Die Herrschaft des Leviathan.« Klett-Cotta, Stuttgart 1978.

Vorsokratiker, Die: (Siehe unter Mansfeld und Nestle).

Wagner, Friedrich: »Menschenzüchtung – Das Problem der genetischen Manipulierung des Menschen.« C. H. Beck, München 1969.

–: »Die Wissenschaft und die gefährdete Welt.« C. H. Beck, München 1964.

Weber, Alfred: »Der Dritte oder der Vierte Mensch – Vom Sinn des geschichtlichen Daseins.« Piper, München 1953.

Weber, Max: »Die protestantische Ethik.« Siebenstern Taschenbuch, München 1954.

Weizsäcker, Carl Friedrich von: »Die Einheit der Natur – Studien.« Hanser, München 1971.

–: »Wege in der Gefahr – Eine Studie über Wirtschaft, Gesellschaft und Kriegsverhütung.« Hanser, München 1977.

Wells, Herbert George: »Der Geist am Ende seiner Möglichkeiten.« Amstutz, Herdeg, Zürich 1946.

Whitehead, Alfred North: »Die Funktion der Vernunft.« Reclam, Stuttgart 1974.

–: »Wie entsteht Religion?« Suhrkamp, Frankfurt am Main 1985.

Whitman, Walt: »Grashalme.« In Auswahl übertragen von Johannes Schlaf. Reclam, Stuttgart 1969.

Wicke, Lutz / Hucke, Jochen: »Der ökologische Marshallplan.« Ullstein, Frankfurt am Main –Berlin 1989.

Wiener, Norbert: »Mensch und Menschmaschine.« Alfred Metzner, Frankfurt am Main 1952.

Wieser, Wolfgang: »Vom Werden zum Sein – Energetische und soziale Aspekte der Evolution.« Paul Parey, Berlin–Hamburg 1989.

Wilson, Edward O.: »Biologie als Schicksal – Die soziobiologischen Grundlagen menschlichen Verhaltens.« Ullstein, Berlin 1980. (Siehe auch: Hölldobler.)

Wöhlcke, Manfred: »Umweltzerstörung in der Dritten Welt.« C. H. Beck, München 1987.

Wolf, Heinz Georg: »Der Schrott von morgen.« Deutscher Taschenbuch Verlag, München 1985.

Wylie, Philip: »Das Wundertier – Der Mensch neu gesehen.« Econ, Düsseldorf 1968.

Jahrbücher

»Energy Statistics Yearbook.« United Nations, New York.

»Fischer Weltalmanach.« S. Fischer, Frankfurt am Main.

»Metallstatistik.« Metallgesellschaft, Frankfurt am Main.

»Mineral Commodity Summaries.« U. S. Department of the Interior – Bureau of Mines, Washington.

»Scheidewege – Jahresschrift für skeptisches Denken.« Herausgegeben von Max Himmelheber, Baiersbronn.

»Statistisches Jahrbuch für die Bundesrepublik Deutschland.« Metzler-Poeschel, Stuttgart.

»World Economic Outlook.« International Monetary Fund, Washington.

»World Resources.« Oxford University Press, New York–Oxford.

»Worldwatch Institute Report.« Deutsch: »Zur Lage der Welt.« S. Fischer, Frankfurt am Main.

Register

Ziffern in *kursiv* bedeuten: Das Thema ist in einem ganzen Kapitel behandelt.

419

421

Die nächtlichen Aufnahmen unseres Planeten im schwarzen Weltraum wurden von Satelliten der US-Luftwaffe aus 800 Kilometer Höhe in den Jahren 1974–84 zusammengetragen. Schon weil sich die Erde dreht, mußten die Fotos zu verschiedenen Zeiten aufgenommen werden, zu denen die betreffenden Gebiete auch möglichst wolken- und nebelfrei waren. Außerdem mußten die Jahreszeiten und das Licht des Mondes berücksichtigt werden. Die gelungenen Bilder wurden dann zur vorliegenden Mercatorprojektion zusammengesetzt. – Die auf der Erde strahlenden Lichter und der Schein der Feuer können in solcher Schärfe erfaßt werden, daß noch der Schein einer 100-Watt-Birne erkennbar wäre. Bei der Projektion auf den zwei Buchseiten des Nachsatzpapiers fallen natürlich alle Feinheiten weg. Deutlich zu erkennen sind die Wohn-, Industrie- und Verkehrszentren der Menschen vor allem in Europa, Nordamerika und Ostasien, deren millionenfache Lichtquellen bis in den Welt-